全国中医药行业高等教育"十三五"规划教材

全国高等中医药院校规划教材（第十版）

大学计算机基础教程

（供中医、中药、药学、公共管理等专业用）

主　编

刘师少（浙江中医药大学）

副主编（以姓氏笔画为序）

丁亚涛（安徽中医药大学）　　　　王金虹（山西中医学院）
王瑾德（上海中医药大学）　　　　叶　青（江西中医药大学）
肖二钢（天津中医药大学）

编　委（以姓氏笔画为序）

孔令治（长春中医药大学）　　　　刘珊珊（甘肃中医药大学）
杨雨珠（云南中医学院）　　　　　何雪英（山东中医药大学）
沈　鑫（浙江中医药大学）　　　　张未未（北京中医药大学）
张幸华（南京中医药大学）　　　　迟　言（黑龙江中医药大学）
洪佳明（广州中医药大学）　　　　徐海利（黑龙江中医药大学佳木斯学院）
高　原（成都中医药大学）　　　　蒋厚亮（湖北中医药大学）
彭荧荧（湖南中医药大学）　　　　燕　燕（辽宁中医药大学）

中国中医药出版社
·北　京·

图书在版编目（CIP）数据

大学计算机基础教程/刘师少主编 . —北京：中国中医药出版社，2016. 8（2021. 11重印）

全国中医药行业高等教育"十三五"规划教材

ISBN 978 - 7 - 5132 - 3463 - 4

Ⅰ . ①大…　Ⅱ . ①刘…　Ⅲ . ①电子计算机 - 中医学院 - 教材　Ⅳ . ①TP3

中国版本图书馆 CIP 数据核字（2016）第 130155 号

请到"医开讲 & 医教在线"（网址：www.e-lesson.cn）
注册登录后，刮开封底"序列号"激活本教材数字化内容。

中国中医药出版社出版

北京经济技术开发区科创十三街 31 号院二区 8 号楼
邮政编码　100176
传真　010 64405721
河北品睿印刷有限公司印刷
各地新华书店经销

开本 850 × 1168　1/16　印张 18.5　字数 449 千字
2016 年 8 月第 1 版　2021 年 11 月第 9 次印刷
书　号　ISBN 978 - 7 - 5132 - 3463 - 4

定价　57.00 元
网址　www. cptcm. com

如有印装质量问题请与本社出版部调换（010 64405510）

服务热线　010 64405510

购书热线　010 64065415　010 64065413

微信服务号　zgzyycbs

书店网址　csln. net/qksd/

官方微博　http：// e. weibo. com/cptcm

淘宝天猫网址　http：// zgzyycbs. tmall. com

全国中医药行业高等教育"十三五"规划教材

全国高等中医药院校规划教材（第十版）

专家指导委员会

名誉主任委员

王国强（国家卫生计生委副主任　国家中医药管理局局长）

主　任　委　员

王志勇（国家中医药管理局副局长）

副主任委员

王永炎（中国中医科学院名誉院长　中国工程院院士）

张伯礼（教育部高等学校中医学类专业教学指导委员会主任委员
　　　　天津中医药大学校长）

卢国慧（国家中医药管理局人事教育司司长）

委　　　　员（以姓氏笔画为序）

王省良（广州中医药大学校长）

王振宇（国家中医药管理局中医师资格认证中心主任）

方剑乔（浙江中医药大学校长）

左铮云（江西中医药大学校长）

石　岩（辽宁中医药大学校长）

石学敏（天津中医药大学教授　中国工程院院士）

卢国慧（全国中医药高等教育学会理事长）

匡海学（教育部高等学校中药学类专业教学指导委员会主任委员
　　　　黑龙江中医药大学教授）

吕文亮（湖北中医药大学校长）

刘　星（山西中医药大学校长）

刘兴德（贵州中医药大学校长）

刘振民（全国中医药高等教育学会顾问　北京中医药大学教授）

安冬青（新疆医科大学副校长）

许二平（河南中医药大学校长）

孙忠人（黑龙江中医药大学校长）

孙振霖（陕西中医药大学校长）

严世芸（上海中医药大学教授）

李灿东（福建中医药大学校长）

李金田（甘肃中医药大学校长）

余曙光（成都中医药大学校长）

宋柏林（长春中医药大学校长）

张欣霞（国家中医药管理局人事教育司师承继教处处长）

陈可冀（中国中医科学院研究员　中国科学院院士　国医大师）

范吉平（中国中医药出版社社长）

周仲瑛（南京中医药大学教授　国医大师）

周景玉（国家中医药管理局人事教育司综合协调处处长）

胡　刚（南京中医药大学校长）

徐安龙（北京中医药大学校长）

徐建光（上海中医药大学校长）

高树中（山东中医药大学校长）

高维娟（河北中医学院院长）

唐　农（广西中医药大学校长）

彭代银（安徽中医药大学校长）

路志正（中国中医科学院研究员　国医大师）

熊　磊（云南中医药大学校长）

戴爱国（湖南中医药大学校长）

秘 书 长

卢国慧（国家中医药管理局人事教育司司长）

范吉平（中国中医药出版社社长）

办公室主任

周景玉（国家中医药管理局人事教育司综合协调处处长）

李秀明（中国中医药出版社副社长）

李占永（中国中医药出版社副总编辑）

全国中医药行业高等教育"十三五"规划教材

编审专家组

组 长

王国强（国家卫生计生委副主任 国家中医药管理局局长）

副组长

张伯礼（中国工程院院士 天津中医药大学教授）

王志勇（国家中医药管理局副局长）

组 员

卢国慧（国家中医药管理局人事教育司司长）

严世芸（上海中医药大学教授）

吴勉华（南京中医药大学教授）

王之虹（长春中医药大学教授）

匡海学（黑龙江中医药大学教授）

刘红宁（江西中医药大学教授）

翟双庆（北京中医药大学教授）

胡鸿毅（上海中医药大学教授）

余曙光（成都中医药大学教授）

周桂桐（天津中医药大学教授）

石 岩（辽宁中医药大学教授）

黄必胜（湖北中医药大学教授）

前 言

为落实《国家中长期教育改革和发展规划纲要（2010-2020年）》《关于医教协同深化临床医学人才培养改革的意见》，适应新形势下我国中医药行业高等教育教学改革和中医药人才培养的需要，国家中医药管理局教材建设工作委员会办公室（以下简称"教材办"）、中国中医药出版社在国家中医药管理局领导下，在全国中医药行业高等教育规划教材专家指导委员会指导下，总结全国中医药行业历版教材特别是新世纪以来全国高等中医药院校规划教材建设的经验，制定了"'十三五'中医药教材改革工作方案"和"'十三五'中医药行业本科规划教材建设工作总体方案"，全面组织和规划了全国中医药行业高等教育"十三五"规划教材。鉴于由全国中医药行业主管部门主持编写的全国高等中医药院校规划教材目前已出版九版，为体现其系统性和传承性，本套教材在中国中医药教育史上称为第十版。

本套教材规划过程中，教材办认真听取了教育部中医学、中药学等专业教学指导委员会相关专家的意见，结合中医药教育教学一线教师的反馈意见，加强顶层设计和组织管理，在新世纪以来三版优秀教材的基础上，进一步明确了"正本清源，突出中医药特色，弘扬中医药优势，优化知识结构，做好基础课程和专业核心课程衔接"的建设目标，旨在适应新时期中医药教育事业发展和教学手段变革的需要，彰显现代中医药教育理念，在继承中创新，在发展中提高，打造符合中医药教育教学规律的经典教材。

本套教材建设过程中，教材办还聘请中医学、中药学、针灸推拿学三个专业德高望重的专家组成编审专家组，请他们参与主编确定，列席编写会议和定稿会议，对编写过程中遇到的问题提出指导性意见，参加教材间内容统筹、审读稿件等。

本套教材具有以下特点：

1. 加强顶层设计，强化中医经典地位

针对中医药人才成长的规律，正本清源，突出中医思维方式，体现中医药学科的人文特色和"读经典，做临床"的实践特点，突出中医理论在中医药教育教学和实践工作中的核心地位，与执业中医（药）师资格考试、中医住院医师规范化培训等工作对接，更具有针对性和实践性。

2. 精选编写队伍，汇集权威专家智慧

主编遴选严格按照程序进行，经过院校推荐、国家中医药管理局教材建设专家指导委员会专家评审、编审专家组认可后确定，确保公开、公平、公正。编委优先吸纳教学名师、学科带头人和一线优秀教师，集中了全国范围内各高等中医药院校的权威专家，确保了编写队伍的水平，体现了中医药行业规划教材的整体优势。

3. 突出精品意识，完善学科知识体系

结合教学实践环节的反馈意见，精心组织编写队伍进行编写大纲和样稿的讨论，要求每门教材立足专业需求，在保持内容稳定性、先进性、适用性的基础上，根据其在整个中医知识体系中的地位、学生知识结构和课程开设时间，突出本学科的教学重点，努力处理好继承与创新、理论与实践、基础与临床的关系。

4. 尝试形式创新，注重实践技能培养

为提升对学生实践技能的培养，配合高等中医药院校数字化教学的发展，更好地服务于中医药教学改革，本套教材在传承历版教材基本知识、基本理论、基本技能主体框架的基础上，将数字化作为重点建设目标，在中医药行业教育云平台的总体构架下，借助网络信息技术，为广大师生提供了丰富的教学资源和广阔的互动空间。

本套教材的建设，得到国家中医药管理局领导的指导与大力支持，凝聚了全国中医药行业高等教育工作者的集体智慧，体现了全国中医药行业齐心协力、求真务实的工作作风，代表了全国中医药行业为"十三五"期间中医药事业发展和人才培养所做的共同努力，谨向有关单位和个人致以衷心的感谢！希望本套教材的出版，能够对全国中医药行业高等教育教学的发展和中医药人才的培养产生积极的推动作用。

需要说明的是，尽管所有组织者与编写者竭尽心智，精益求精，本套教材仍有一定的提升空间，敬请各高等中医药院校广大师生提出宝贵意见和建议，以便今后修订和提高。

国家中医药管理局教材建设工作委员会办公室

中国中医药出版社

2016 年 6 月

编写说明

　　随着计算机、信息科学和信息技术的飞速发展和计算机应用领域的不断扩大，系统地学习和掌握计算机知识、具备较强的计算机应用能力已成为信息社会对大学生的基本要求。面对大学新生在中小学阶段已广泛接受计算机教育的现状，本科阶段的计算机基础教育以培养和提高大学生计算机理论素养和实际操作能力为主。

　　本教材以提高计算机应用能力为主线，以案例导向、融合医学、面向应用、注重实用为特色，强调计算机基本原理、基础知识、操作技能三者的有机结合。全书共 5 章，主要包括计算机基础知识、计算机系统（计算机硬件系统、计算机软件系统）、办公信息处理技术（Office 2010、文字处理软件 Word 2010、电子表格处理软件 Excel 2010、演示文稿 PowerPoint 2010）、计算机网络基础知识与应用（计算机网络概述、Internet 应用、信息安全基础、计算机网络发展应用）、多媒体技术基础（多媒体技术概述、多媒体信息处理技术）。全书力求做到语言简洁、层次清晰、图文并茂。既注重计算机操作技能，又注重基础理论；既通俗易懂，又突出案例，特别是医学应用的案例。通过案例导向，加深学生对知识点的理解、掌握，提高使用计算机解决实际问题的能力。

　　本教材各章均配有相关知识测试、思考题和上机实训题，以强化知识的巩固和实际操作技能。为满足教学要求，教材配有教学课件和相关素材文件。

　　本教材内容广泛，涵盖高等院校非计算机专业计算机基础课所需的基本教学内容，可作为高等院校中医、中药、药学、公共管理等非计算机专业大学计算机基础、计算机应用基础等课程的教材，实际教学中可根据课时进行删选。也可作为其他各类计算机基础教学和自学者的参考书。

　　本教材由多年从事计算机基础课程教学、具有丰富教学经验的教师集体编写，具体分工是：第 1 章由肖二钢、张未未、彭荧荧编写；第 2 章由叶青、燕燕、高原、何雪英编写；第 3 章由刘师少、沈鑫、刘珊珊、杨雨珠、迟言、张幸华编写；第 4 章由王金虹、丁亚涛、孔令治、蒋厚亮编写；第 5 章由王瑾德、洪佳明编写。全稿由刘师少进行统稿。徐海利负责教材的教学资源数字化整理工作。

　　由于信息技术发展速度快，本书涉及新内容又较多，若有疏漏之处，欢迎同行和读者批评、指正，以便再版时修订。

《大学计算机基础教程》编委会

2016 年 3 月

目　录

1 计算机基础知识

1.1 计算机概述

计算机是 20 世纪人类最伟大的发明之一，它是一种现代化的信息处理工具。它对信息进行处理并提供结果，其结果（输出）取决于所接收的信息（输入）及相应的处理算法。它已经远不只是一种计算工具，与多媒体技术、通信网络结合，已渗透到国民经济和生活的各个领域，极大地改变着人们的生活和工作方式，成为社会进步的巨大推动力和衡量一个国家数字化、信息化水平的重要标志。

1.1.1 计算机的发展

1. 计算机发展简史

（1）计算机的起源　世界上第一台电子计算机 ENIAC（Electronic Numerical Integrator and Computer）（图 1 - 1）于 1946 年 2 月诞生在美国宾夕法尼亚大学莫尔学院。ENIAC 的研制者是以美籍匈牙利人冯·诺依曼（J. Von Neumann，图 1 - 2）为领导的研制小组，他为这台计算机的研制成功提供了理论基础和指导。

图 1 - 1　世界上第一台电子计算机 ENIAC

1945 年 6 月，冯·诺依曼与戈德斯坦、勃克斯等人联名发表了一篇长达 101 页洋洋万言的报告，即计算机史上著名的"101 页报告"。这份报告奠定了现代电脑体系的结构根基，直到今天，仍被认为是现代电脑科学发展的里程碑式文献。报告明确规定了计算机的五大部件，并

NOTE

用二进制替代十进制运算，大大方便了机器的电路设计。埃德瓦克方案的革命意义在于"存储程序"，即程序也被当作数据存进了机器内部，以便电脑能自动依程序执行指令，再也不必接通什么线路。人们后来把根据这一方案思想设计的机器统称为"诺依曼机"。

图 1-2　冯·诺依曼（1903—1957）　　　　图 1-3　阿兰·图灵（1912—1954）

但学术界公认的电子计算机理论和模型是由英国数学家阿兰·图灵（Alan Mathison Turing，图 1-3）于 1936 年发表的一篇名为《论可计算数及其在判定问题中的应用》的论文中奠定的。因此，当美国计算机协会（Association of Computing Machinery，ACM）在 1966 年纪念电子计算机诞生 20 周年（即图灵论文发表 30 周年）之际，决定设立计算机界的第一个奖项——"图灵奖"，以纪念这位计算机科学理论的奠基人。"图灵奖"也被称为计算机界的"诺贝尔奖"。

（2）计算机的发展阶段　现今距 ENIAC 的诞生已经有 70 年了。在这段时期，计算机以惊人的速度发展。根据计算机所使用的电子元器件不同，计算机的发展经历了传统意义上的 4 个时代。

①第一代：电子管计算机（1946～1957 年）

1946 年 2 月 14 日，标志现代计算机诞生的 ENIAC 在费城公之于世。ENIAC 是计算机发展史的里程碑，它通过不同部分之间的重新接线编程，拥有并行计算能力。ENIAC 使用了 18000 个电子管、70000 个电阻器，有 500 万个焊接点，耗电 160 千瓦，其运算速度比 Mark Ⅰ 快 1000 倍，它是第一台普通用途计算机。

与此同时，美国数学家冯·诺依曼提出了现代计算机的基本原理——存储程序控制原理。1949 年，冯·诺依曼和莫尔根据存储程序控制原理造出的新计算机 EDSAC（Electronic Delay Storage Automatic Calculator）在英国剑桥大学投入运行。EDSAC 是世界上第一台存储程序计算机，是所有现代计算机的原型和范本。

② 第二代：晶体管计算机（1958～1964 年）

1956 年，晶体管在计算机中使用，晶体管和磁芯存储器推动了第二代计算机的产生。第二代计算机体积小、速度快、功耗低、性能更稳定。在这一时期出现了高级语言 COBOL 和 FORTRAN，以单词、语句和数学公式代替了含混的二进制机器码，使计算机编程更容易。新的职业（如程序员、分析员和计算机系统专家）和整个软件产业由此诞生。

③第三代：中小规模集成电路计算机（1965～1970 年）

虽然晶体管相比于电子管是一个明显的进步，但晶体管依然会产生大量的热量，损害计算机内部零件的敏感部分。1958 年，德州仪器的工程师 Jack Kilby 发明了集成电路（Integrated Circuit，IC），将 3 种电子元件结合到一片小小的硅片上，由此，才将计算机变得更小，功耗更低，速度更快。这一时期的发展还包括开始使用操作系统，使得计算机在中心程序的控制协调下可以同时运行许多不同的程序。

④第四代：大规模、超大规模集成电路计算机（1971 年至今）

集成电路出现以后，扩大规模成为计算机唯一的发展方向。大规模集成电路（Large – Scale Integration，LSI）可以在一个芯片上容纳几百个元件。到 20 世纪 80 年代，超大规模集成电路（Very – Large – Scale Integration，VLSI）在芯片上容纳了几十万个元件，后来的 ULSI 将数字扩充到百万级。可以在硬币大小的芯片上容纳如此数量的元件，使得计算机的体积和价格不断下降，而功能和可靠性不断增强。2009 年 Intel 公司推出酷睿 i 系列，采用了领先的 32 纳米工艺，下一代 14 纳米工艺正在研发（图 1 - 4）。

图 1 - 4　电子管、晶体管、集成电路

计算机发展阶段如表 1 - 1 所示。

表 1 - 1　计算机发展阶段表

	起止年代	主要元件	速度（次/秒）	特点与应用领域
第一代	1946～1957 年	电子管	5 千～1 万	计算机发展的初级阶段，体积巨大，运算速度较低，耗电量大，存储容量小。主要用来进行科学计算
第二代	1958～1964 年	晶体管	几万～几十万	体积减小，耗电较少，运算速度较高，价格下降，不仅用于科学计算，还用于数据和事物处理及工业控制
第三代	1965～1970 年	中小规模集成电路	几十万～几百万	体积和功耗进一步减少，可靠性和速度进一步提高。应用领域扩展到文字处理、企业管理、自动控制等
第四代	1971 年至今	大规模、超大规模集成电路	几千万～千百亿	性能大幅度提高，价格大幅度降低，广泛用于社会生活的各个领域。如在办公自动化、电子编辑排版、数据库管理、图像和语音识别、专家系统等领域大显身手

（3）计算机的发展趋势　自第一台计算机产生至今的半个多世纪里，计算机的应用得到不断拓展，计算机类型不断分化，这就决定计算机的发展也朝不同的方向延伸。当今计算机技术正朝着巨型化、微型化、网络化和智能化方向发展。

①巨型化：指计算机具有极高的运算速度、大容量的存储空间、更加强大和完善的功能，主要用于航空航天、军事、气象、人工智能、生物工程等学科领域。目前，我国在巨型机的研

究领域处于世界先进水平，主要机型有"天河"系列和"曙光"系列。

②微型化：这是大规模及超大规模集成电路发展的必然。从第一块微处理器芯片问世以来，其发展速度与日俱增。计算机芯片的集成度每18个月翻一番，而价格则减一半，这就是信息技术发展功能与价格比的摩尔定律。计算机芯片集成度越来越高，可实现的功能越来越强，使计算机微型化的进程越来越快，普及率越来越广。目前，笔记本计算机、掌上电脑、手表电脑和智能型移动通讯终端设备等正在快速发展，逐步改变着人们的生活方式。

③网络化：网络化是计算机技术和通信技术紧密结合的产物。20世纪90年代以来，随着Internet的飞速发展，计算机网络已广泛应用于政府、学校、企业、科研、家庭等领域，越来越多的人接触并了解到计算机网络的概念。计算机网络将不同地理位置上具有独立功能的不同计算机通过通信设备和传输介质互连起来，在通信软件的支持下，实现网络中的计算机之间的资源共享、信息交换、协同工作。计算机网络的发展水平已成为衡量国家现代化程度的重要指标。在社会经济发展中发挥着极其重要的作用。

④多媒体化：现代计算机不仅用来进行计算，还能处理声音、图像、文字、视频和音频信号。

⑤智能化：计算机人工智能的研究是建立在现代科学基础之上。智能化是计算机发展的一个重要方向，新一代计算机将可以模拟人的感觉行为和思维过程的机理，进行"看""听""说""想""做"，具有逻辑推理、学习与证明的能力。智能化是让计算机具有模拟人的感觉和思维过程的能力。图1-5为采用虚拟现实技术生产的汽车驾驶模拟器。

2. 未来的计算机

迄今为止，无论计算机如何更新换代，几乎都遵循冯·诺依曼结构。按照摩尔定律，每18个月微处理器硅片上晶体管的数量就会翻一番。随着大规模集成电路工艺的发展，芯片的集成度越来越高，但也越来越接近工艺甚至物理的极限。人们意识到，在传统计算机的基础上大幅度提高计算机的性能必将遇到难以逾越的障碍，从基本原理上寻找计算机发展的突破口才是正确的道路。很多专家把目光投向了最基本的物理原理。

图1-5 采用虚拟现实技术的汽车模拟器

因为过去几百年，物理学原理的应用导致了一系列应用技术的革命，未来以超导、光子、量子和分子计算机为代表的第五代计算机将推动新一轮计算技术的革命。

（1）超导计算机 所谓超导，是指在接近绝对零度的温度下，电流在某些介质中传输时所受阻力为零的现象。1962年，英国物理学家约瑟夫逊提出了"超导隧道效应"，即由超导体－绝缘体－超导体组成的器件（约瑟夫逊元件），当对其两端加电压时，电子就会像通过隧道一样无阻挡地从绝缘介质中穿过，形成微小电流，而该器件的两端电压为零。目前制成的超导开关器件的开关速度，已达到几微微秒（0.000000000001秒）的高水平。这是当今所有电子、半导体、光电器件都无法比拟的，比集成电路要快几百倍。超导计算机运算速度比现在的电子计算机快100倍，而电能消耗仅是电子计算机的千分之一，目前如果一台大中型计算机每小时耗电10千瓦，那么，同样运算能力的超导计算机只需一节干电池就可以工作了。

（2）光子计算机　光子计算机利用光子取代电子进行数据运算、传输和存储。在光子计算机中，不同波长的光代表不同的数据，这远胜于电子计算机中通过电子"0""1"状态变化进行的二进制运算，光的并行、高速性质决定了光子计算机的并行处理能力很强，具有超高运算速度。光子在光介质中传输所造成的信息畸变和失真极小，光传输、转换时能量消耗和热量散发极低，对使用环境条件的要求比电子计算机低得多。

人类利用光缆传输数据已经有二十多年的历史了，用光信号来存储信息的光盘技术也已广泛应用。然而要想制造真正的光子计算机，需要开发出可以用一条光束来控制另一条光束变化的光学晶体管这一基础元件。以现在的技术手段，科学家们虽然可以实现这样的装置，但尚难进入实用阶段。

1990年初，美国贝尔实验室成功研制了一台光学数字处理器，向光子计算机的研制迈进了一大步。近二十几年来，光子计算机的关键技术，如光存储技术、光互联技术、光集成器件等方面的研究都已取得突破性进展，为光子计算机的研制、开发和应用奠定了基础。

（3）量子计算机　把量子力学和计算机结合起来的可能性是在1982年由美国著名物理学家理查德·费因曼首次提出的。随后，英国牛津大学物理学家戴维·多伊奇于1985年初步阐述了量子计算机的概念，并指出量子并行处理技术会使量子计算机比传统的图灵计算机功能更强大。

量子计算机是根据原子所具有的量子学特性来工作的，是运用量子信息学，基于量子效应构建的一个完全以量子位为基础的计算机。它利用一种链状分子聚合物的特性来表示开与关的状态，利用激光脉冲来改变分子的状态，使信息沿着聚合物移动，从而进行运算。

量子计算机有自身独特的优点和广阔的发展前景。首先，量子计算机能够进行量子并行计算，理论上可达每秒10000亿次，足够让物理学家去模拟原子爆炸等复杂的物理过程。其次，量子计算机用量子位存储数据。再次，量子计算机具有与大脑类似的容错性，当系统的某部分发生故障时，输入的原始数据会自动绕过损坏或出错部分进行正常运算，并不影响最终的计算结果。量子计算机不仅运算速度快、存储量大、功耗低，而且高度微型化和集成化。

美国、英国、以色列等国家都先后开展了有关量子计算机的基础研究。据专家预见，再过30年左右，量子计算机将普及，量子计算设备将可以嵌入任何物体当中去。

（4）分子计算机　脱氧核糖核酸（DNA）分子计算机，也称生物计算机，主要由生物工程技术产生的蛋白质分子组成的生物芯片构成，通过控制DNA分子间的生化反应来完成运算。运算过程就是蛋白质分子与周围物理化学介质相互作用的过程。其转换开关由酶来充当，而程序则在酶合成系统本身和蛋白质的结构中明显表示出来。20世纪70年代，人们发现DNA处于不同状态时可以表示信息的有或无。DNA分子中的遗传密码相当于存储的数据，DNA分子间通过生化反应，从一种基因代码转变为另一种基因代码。反应前的基因代码相当于输入数据，反应后的基因代码相当于输出数据。只要能控制这一反应过程，就可以制成DNA计算机。

美国计算机科学家伦纳德·艾德曼已成功研制出一台DNA计算机，DNA分子本质上就是数学式，用它来代表信息是非常方便的，试管中的DNA分子在某种酶的作用下迅速完成生物化学反应。28.3克DNA的运行速度超过现代超级计算机的10万倍。

虽然超导、光子、量子和分子计算机的研究还处在实验初期阶段，但由于它们具有很高的

NOTE

应用价值，美国、欧洲各国和日本政府一直投入巨资资助相关研究，预计在未来几十年内，这几种新型计算机可取得突破性进展。

1.1.2　计算机的分类

计算机发展到今天，种类已经非常繁多。了解计算机所属的类型，能指导我们最大限度发挥计算机的潜力。下面从不同的角度对计算机进行分类。

1. 按数据处理类型

按信息的数据处理类型分类可以将计算机分为模拟计算机（Analog Computer）和数字计算机（Digital Computer）两种。

模拟计算机是用连续变化的模拟量表示数据并实现其运算功能。模拟量是以电信号的幅值来模拟数值或某物理量的大小，如电压、电流、温度等都是模拟量。模拟计算机所接受的模拟数据，经过处理后，仍以连续的数据输出。一般来说，模拟计算机解题速度快，但不如数字计算机精确，且通用性差。模拟计算机一般用于过程控制和模拟处理。

数字计算机所处理的数据都是以"0"和"1"表示的二进制数字，是不连续的数字量。数字计算机的优点是精度高、存储量大、通用性强。通常所说的"计算机"一般都是指电子数字计算机。

2. 按使用范围分类

按使用范围可以将计算机分为通用计算机和专用计算机。

通用计算机功能齐全，通用性强，能适用于一般科技计算、学术研究，工程设计和数据处理等广泛用途的计算。通常所说的计算机均指通用计算机。

专用计算机功能单一，结构简单，成本较低，专门用来解决某类特定问题或专门与某些设备配套使用。例如，飞机自动驾驶仪和坦克火控系统中使用的计算机等，都属于专用计算机。

3. 按性能分类

这是常规的分类方法，所依据的性能主要包括存储容量、运算速度等方面。根据这些性能可以将计算机分为巨型计算机、大型计算机、小型计算机和微型计算机。

（1）巨型计算机　巨型计算机（图1-6）实际上是一个巨大的计算机系统，主要用来承担重大科学研究、国防尖端技术和国民经济领域的大型计算课题及数据处理任务。如大范围天气预报，整理卫星照片，原子核的探索，研究洲际导弹、宇宙飞船等，制定国民经济的发展计划。这类任务项目繁多，时间性强，要综合考虑各种各样的因素，依靠巨型计算机才能较顺利地完成。2010年11月6日，国际"Top500"在美国新奥尔良州正式发布第36届最新全球超级计算机500强排行榜，中国的"天河一号"以峰值速度4700万亿次、持续速度2566万亿次/秒浮点运算的优异性能位居榜首。使中国成为继美国之后世界上第二个能够自主研制千万亿次超级计算机的国家。

（2）大型计算机　大型计算机一般配备在大中型机构中使用，并采用以它为中心的多终端工作模式。这类机器通常用于大型企业、商业管理或大型数据库管理系统中，也可用作大型计算机网络中的主机。在大型计算机的研发、销售方面，美国IBM公司占据领导地位，其生产的大型计算机广泛应用于金融、证券等行业。图1-7展示了IBM公司生产的一台大型计算机z10。

图 1-6　巨型计算机

图 1-7　IBM mainframe z10

（3）小型计算机　小型计算机是指采用8～32个处理器，性能和价格介于PC服务器和大型主机之间的一种高性能64位计算机。一般而言，小型机具有高运算处理能力、高可靠性、高服务性、高可用性等四大特点。现在生产UNIX服务器的厂商主要有IBM、HP和已经并入甲骨文的SUN公司。典型机器如IBM曾经生产的RS/6000等。

（4）微型计算机　微型计算机是以微处理器为核心，它最主要的特点是小巧、灵活、便宜。通常一次只能供一个用户使用。

微型计算机是为满足个人需要而设计的计算机，一般以微处理器为核心，最主要的特点是小巧、灵活、便宜。也称为个人计算机（Personal Computer，PC），通常一次只能供一个用户使用。一般分为台式计算机、笔记本电脑和平板电脑三大类。

台式计算机可放置在桌面上，使用墙壁上的电源供电。台式计算机按照主机箱的摆放角度不同，可以分为卧式计算机和立式计算机两种，现在的办公室、学校和家庭使用的计算机基本都是台式计算机。

笔记本电脑是一种体积小、质量轻，将屏幕、键盘、存储器和处理器合为一个整体的个人计算机。笔记本电脑可以使用交流电和充电电池供电，适合外出使用，在室外、机场或教室中均可使用，性能与台式计算机相当，但价格相对较高。

平板电脑是带有手写板或绘图板的触控式屏幕的笔记本电脑，没有键盘，以屏幕代替键盘，而且屏幕能朝上折叠成一个水平手写面，平板电脑需要安装手写输入应用软件才能更好地使用。

NOTE

4.　按工作模式分类

工作站（Workstation）是一种以个人计算机和分布式网络计算为基础，主要面向专业应用领域，具备强大的数据运算与图形、图像处理能力，为满足工程设计、动画制作、科学研究、软件开发、金融管理、信息服务、模拟仿真等专业领域而设计开发的高性能计算机。

服务器（Server）指一个管理资源并为用户提供服务的计算机软件，通常分为文件服务器、数据库服务器和应用程序服务器。运行以上软件的计算机或计算机系统也被称为服务器。

1.1.3　计算机的应用

1.　科学计算

科学计算亦称数值计算，是指用计算机完成科学研究和工程技术中所提出的数学问题的计算，是计算机最早的应用领域。由于计算机具有计算速度快，计算精度高的特点，它能够承担起运算量大、精度要求高、时效性强的数值计算课题。在天文、地质、生物、数学等基础科学研究，以及空间技术、新材料研制、原子能研究等高新技术领域都占有重要的地位。

云计算（cloud computing）是分布式计算技术的一种，其最基本的概念是透过网络将庞大的计算处理程序自动分拆成无数个较小的子程序，再交由多部服务器所组成的庞大系统经搜寻、计算分析之后将处理结果回传给用户。透过这项技术，网络服务提供者可以在数秒之内，达到处理数以千万计甚至亿计的信息，达到和"超级计算机"同样强大效能的网络服务。

云计算的基本原理是通过使计算分布在大量的分布式计算机上，而非本地计算机或远程服务器中，从而使企业数据中心的运行与互联网相似。这使得企业能够将资源切换到需要的应用上，根据需求访问计算机和存储系统。这是一种革命性的举措，就好像是从单台发电机模式转向了电厂集中供电的模式。它意味着计算能力也可以作为一种商品进行流通，就像煤气、水电一样，取用方便，费用低廉。

2.　数据处理

数据处理是指非科技工程方面的所有计算和任何形式的数据资料的输入、分类、加工、存储及检索等。其特点是需要处理的原始数据量大。如文字、图像、声音、影像都是现代计算机的处理对象，虽然数据量大，但计算方法较为简单，结果一般以表格或文件形式存储、输出，可用于工资管理、人力资源管理、学籍成绩管理等。

数据是信息的具体表现形式，所以数据处理也称为信息处理。信息处理是现代化管理的基础，它不仅可应用于处理日常的事务，还能支持科学的管理与决策。一个企业，从市场预测、情报检索，到经营决策、生产管理，无不与数据处理有关。随着信息处理应用的扩大，硬件也朝着大容量存储器和高速度、高质量输入/输出设备的方向发展，同时，也在软件上推动了数据库管理系统、表格处理软件、绘图软件以及用于分析和预测应用的软件包的开发。信息处理是目前计算机应用最广泛的领域。

3.　过程控制

过程控制也称为实时控制，是用计算机实时采集检测数据，按最佳值迅速对控制对象进行自动控制或自动调节的过程。利用计算机进行过程控制，不仅大大提高了控制的自动化水平，而且大大提高了控制的及时性和准确性，从而能改善劳动条件，提高质量，节约能源，降低成本。过程控制系统是一种实时处理系统，对计算机的响应时间有一个较高的要求。实时处理系统指计算机对输入的信息以足够快的速度进行处理，并在一定的时间内做出某种反应或进行某种控制。

例如，在汽车工业方面，利用计算机控制机床，甚至整个装配流水线，不仅可以实现精度要求高、形状复杂的零件加工自动化，而且可以使整个车间或工厂实现全自动化。

4. 计算机辅助系统

计算机辅助系统指人们利用计算机运算速度快、精确度高、模拟能力强的特点，把传统的经验和计算机技术结合起来，代替人们完成复杂而繁重工作的一门技术系统。主要有计算机辅助设计（Computer Aided Design，CAD），计算机辅助制造（Computer Aided Manufacturing，CAM）和计算机辅助教学（Computer Aided Instruction，CAI）。

计算机辅助设计是利用计算机系统辅助设计人员进行工程或产品设计，以实现最佳设计效果的一种技术。它已广泛地应用于飞机、汽车、机械、电子、建筑和轻工等领域。例如，在电子计算机的设计过程中，利用 CAD 技术进行体系结构模拟、逻辑模拟、插件划分、自动布线等，从而大大提高了计算机设计工作的自动化程度。在建筑设计过程中，还可以利用 CAD 技术进行力学计算、结构计算、绘制建筑图纸等，不但提高了设计速度，而且大大提高了设计质量。

计算机辅助制造是利用计算机系统进行生产设备的管理、控制和操作的过程。例如，在产品的制造过程中，用计算机控制机器的运行，处理生产过程中所需的数据，控制和处理材料的流动以及对产品进行检测等。使用 CAM 技术可以提高产品质量，降低成本，缩短生产周期，提高生产率和改善劳动条件。

计算机辅助教学是指利用计算机系统使用课件来进行教学。课件可以用多媒体创作工具或高级语言来开发制作，它能使学生对学习产生兴趣，引导学生循序渐进地学习，提高学习的效率与质量。CAI 的主要特色是交互式教育、因材施教和个别指导，开展计算机辅助教育使学校的教育模式发生了根本性的变化。

5. 人工智能

人工智能（Artificial Intelligence）简称 AI，有时也译作"智能模拟"，因为它的主要目的是用计算机来模拟人的智能活动，如判断、理解、学习、问题求解等。人工智能涉及多个学科领域，如机器学习、计算机视觉、自然语言理解、专家系统、机器翻译、智能机器人、定理自动证明等。人工智能的应用主要有机器人（Robots）、专家系统（Expert System）、模式识别（Pattern Recognition）、智能检索（Intelligent Search）等。

机器人可分为工业机器人和智能机器人。工业机器人由事先编好的程序控制，通常用于完成重复性的规定操作。智能机器人具有感知和识别能力，能"说话"和"回答"问题。

专家系统是用于模拟专家智能的一类软件。需要时只须由用户输入要查询的问题和有关数据，专家系统通过推理判断向用户做出解答。

模式识别的实质是抽取被识别对象的特征，即所谓模式，与事先存在于计算机中的已知对象的特征进行比较与判别。主要通过识别函数和模式校对来实现。文字识别、声音识别、邮件自动分检、垃圾邮件筛选、指纹识别、机器人景物分析等都是模式识别应用的实例。

智能检索以文献和检索词的相关度为基础，综合考查文献的重要性等指标，对检索结果进行排序，以提供更高的检索效率。智能检索的结果排序同时考虑相关性和重要性，相关性采用

NOTE

各字段加权混合索引，因此相关性分析更准确，重要性指通过对文献来源的权威性分析和引用关系分析等实现对文献质量的评价，除存储经典数据库中代表已知"事实"外，智能数据库和知识库中还存储供推理和联想使用的"规则"，因而智能检索具有一定的推理能力。这样的结果排序更加准确，更能将与用户愿望最相关的文献排到最前面，提高检索效率。

6. 网络应用

网络应用计算机技术与现代通信技术的结合构成了计算机网络与因特网。计算机网络的建立，不仅解决了一个单位、一个地区、一个国家中计算机与计算机之间的通信，以及各种软、硬件资源的共享，也大大促进了国际间的文字、图像、声音和视频等各类多媒体数据的传输与处理。

目前，网络实时交谈、电子邮件和网络电话已成为人们交流的重要手段。网络电视、网络游戏、网上学习、网上购物、网上证券交易和电子商务等已经成为我们生活的一部分。

电子商务（Electronic Commerce，EC，或 Electronic Business，EB）是指在计算机网络上以电子形式进行的金融交易，它包括了因特网能够支持的所有形式的商业和市场营销，是因特网上最主要的应用，如网络购物、网络银行、网络股票交易和电子拍卖等。

电子商务活动主要分为企业对企业（Business – To – Business，B2B）、企业对消费者（Business – To – Consumer，B2C）、消费者对消费者（Consumer – To – Consumer，C2C）三种模式。B2B 模式是指一个企业从另一个企业购买商品或服务，如阿里巴巴网站等；B2C 模式是指企业为个人消费者提供商品或服务，如京东商城、亚马逊网上书店等；C2C 模式是指消费者之间相互销售商品，如淘宝网等。

7. 其他应用

由于计算机科学技术的迅速发展，特别是计算机网络技术和多媒体技术的迅速发展，计算机不断应用于新的领域。卫星通信技术与计算机技术的结合，产生了全球卫星定位系统（GPS）和地理信息系统（GIS）。计算机同多种媒体的结合产生了多媒体技术，多媒体技术在电影、电视、音乐、舞蹈和虚拟现实（VR）中得到广泛的应用。

1.1.4　计算机在医药学领域中的应用

1. 医院信息系统

医院信息系统（Hospital Information System，HIS）是指利用计算机软硬件技术、网络通信技术等现代化手段，对医院及其所属各部门的人流、物流、财流进行综合管理，对在医疗活动各阶段产生的数据进行采集、存储、处理、提取、传输、汇总、加工，从而为医院的整体运行提供全面的自动化管理及各种服务的信息系统。医院信息系统是现代化医院建设中不可缺少的基础设施与支持环境。

医院信息系统分为临床诊疗、药品管理、费用管理、综合管理与统计分析和外部接口五大部分。

（1）临床诊疗部分　临床诊疗部分（CIS）主要以病人信息为核心，将整个病人诊疗过程作为主线，医院中所有科室将沿此主线展开工作。随着病人在医院中每一步诊疗活动的进行，产生并处理与病人诊疗有关的各种诊疗数据与信息。整个诊疗活动主要由各种与诊疗有关的工作站来完成，并将这部分临床诊疗信息进行整理、处理、汇总、统计、分析等工作。此部分包括门诊医生工作站、住院医生工作站、护士工作站、临床检验系统（LIS）、医学影像系统（PACS）、手术室麻醉系统、电子病历系统（EMR）等。CIS 部分应该是 HIS 中主要功能和性能的精华所在，也是提高医疗质量和规范服务水平的关键所在。所以无论是新建 HIS，还是 HIS 的升级换代，都应该把工作的重心放在 CIS 的研发和应用上。

（2）**药品管理部分**　药品管理部分主要包括药品的管理与临床使用。在医院中药品从入库到出库直到病人的使用，是一个比较复杂的流程，它贯穿病人的整个诊疗活动中。这部分主要处理的是与药品有关的所有数据与信息。共分为三部分：一部分是基本物流管理部分，包括药库、药房及发药等进、销、存管理；另一部分是临床部分，包括合理用药的各种审核，用药咨询、教育与服务；第三部分是药价监控管理部分，其中包括药价调整、利润分析、统计报表等。

（3）**费用管理部分**　费用管理部分属于医院信息系统中最基本的部分，它与医院中所有发生费用的部门有关，处理的是整个医院中各有关部门产生的费用数据，并将这些数据整理、汇总，传输到各自的相关部门，供各级部门分析、使用并为医院的财务与经济收支情况服务，包括门急诊挂号，门急诊划价收费，住院病人的入、出、转情况，卫生材料、物资及设备，科室核算以及财务核算等费用管理。

（4）**综合管理与统计分析部分**　综合管理与统计分析部分主要包括病案的统计分析、管理，并将医院中的所有数据汇总、分析、综合处理供领导决策使用，包括病案管理、医疗统计、院长查询与分析、病人咨询服务等。这一部分最能反映医院现代化管理手段和水平。全程数字化跟踪与控制是综合管理的目标，统计分析是现代化医院管理决策的基础。

（5）**外部接口部分**　随着社会的发展及各项改革的进行，医院信息系统已不是一个独立存在的信息系统，它必须考虑与社会相关系统的互联问题。因此，医院信息系统必须提供与医疗保险系统、社区医疗系统、远程医疗系统及上级卫生主管部门的接口。网络信息接口有许多技术问题、安全问题、管理问题、标准化问题、运行维护问题需要认真解决和对待，如有不慎将直接影响信息系统运行的效率，甚至引发安全方面的大问题。

2. 国家公共卫生信息系统

国家公共卫生信息系统（PHIS）是卫生行业信息系统的一个主要内容。和医院信息系统主要管理单个医院的内部信息相对，国家公共卫生信息系统则主要对全国范围内的各种公共卫生信息进行管理，实现对疾病的预防控制和对公共卫生的管理，尤其是实现对突发公共卫生事件的应急管理。

国家公共卫生信息系统建设的总体目标是综合运用计算机技术、网络技术和通信技术，构建覆盖各级卫生行政部门、疾病预防控制中心、卫生监督中心、各级各类医疗卫生机构的高效、快速、通畅的信息网络系统，网络触角延伸到城市社区和农村卫生室；通过加强法制建设，规范和完善公共卫生信息的收集、整理、分析，提高信息质量；建立中央、省、市三级突发公共卫生事件预警和应急指挥系统平台，提高医疗救治、公共卫生管理、科学决策以及突发公共卫生事件的应急指挥能力。

3. 医药研发领域

随着生命科学理论和计算分析方法的快速发展，计算机科学已经参与和渗入生物技术与医药研发的前期研究中，出现了生物信息学与分子动力学等一些具有重大潜力的技术，高性能计算在生物医药产业的产品设计和研发中占据越来越重要的地位。

在生物信息学领域，基因组学研究需要利用超级计算机对大量、复杂的生物和基因数据进行测序、拼接、比对等分析处理，提供基因组信息以及相关数据系统，以解决生物、医学的重大问题。

在新药研发领域，需要使用超级计算机快速完成高通量药物虚拟筛选，传统情况下一个新药研制需要 10 年以上时间，平均花费约 10 亿美元，需要筛选数十万甚至上百万种化合物，依托超级计算机的高通量虚拟筛选将使研发周期平均缩短 1 年半左右、投入减少上亿元。

在分子动力学模拟领域，由于实验手段的局限性，迫切需要超级计算机提供的计算能力以进行大规模的分子动力学模拟，通过模拟结果分析和验证蛋白质在分子和原子水平上的变化，弥补其他实验手段的不足。

4. 健康物联网和健康云

健康信息化是提高医疗质量和服务效率的重要手段之一。健康物联网将使健康信息化从互联网时代向物联网时代发展。健康物联网和健康云是健康信息化发展的里程碑，将对改善人们的健康水平，提高生活品质和健康服务水平起到重要的作用，并将促进健康服务模式的改变。

健康服务信息系统是健康物联网与健康云在医疗卫生和健康行业中的应用。健康服务信息系统是通过健康物联网的健康传感装置智能采集人体的生理和运动信息，进行数据预处理（前端智能），经过传输网络，将健康信息送达健康云，存储于健康信息决策中心，并对信息进行决策分析（后端智能），最终实现一条龙健康服务（包括健康提示、报警和紧急救援等）的智能系统。健康服务信息系统 = 健康物联网（健康互联网 + 健康传感网）+ 健康云，通过健康服务信息系统可以实现远程医疗会诊、远程医疗监护、智能提醒服药、在线预约服务等。

5. 虚拟现实技术

虚拟现实（VR）技术是利用计算机技术建立一种逼真的虚拟环境，集成了计算机图形学、多媒体、人工智能、传感器、网络、并行处理等技术的最新发展成果，浏览者通过数字手套、立体头盔、立体眼镜和三维鼠标等传感器与计算机发生联系，最终产生一个拟人化的三维逼真的虚拟环境。

VR 技术的医学应用是指对特定的医学环境的真实再现，是从医学图像开始，发展到虚拟人体、虚拟医疗系统、虚拟实验室和药物研究。计算机仿真技术通过具体模型，进行模拟操作，实现医疗操作的科学化、精确化。

6. 医学统计和数据挖掘

医学统计学（medical statistics）是以医学理论为指导，运用数理统计学原理和方法研究医学资料的搜集、整理与分析，从而掌握事物内在客观规律的一门学科。医学统计分析主要包括统计设计、资料的统计描述和总体指标的估计、假设检验、相关与回归、多因素分析、健康统计等几个方面知识。常用计算机医学统计分析软件有 SPSS 和 SAS。

数据挖掘是指从大量数据中获取有效的、新颖的、潜在有用的、最终可理解的模式的过程，能够发现隐含在大规模数据中的知识，从而指导决策。数据挖掘主要涉及特征化区分、关联或相关分析分类、聚类、演变分析等。常用计算机数据挖掘软件有 SPSS Clementine 和 SAS Enterprise Miner。

1.2　信息技术基础

现代社会已经进入信息化社会，在信息社会中，越来越多的人从事信息技术工作，而信息收集、处理和发布需要各种信息技术的支持。主要的信息技术有计算机（Computer）技术、通信（Communication）技术和控制（Control）技术，合称为3C，其中计算机技术是信息技术的核心。

1.2.1　数据与信息

1. 信息的定义

信息可定义为人们对于客观事物属性和运动状态的反映，客观世界中任何事物都在不停地运动和变化，呈现出不同的状态和特征，是人们进行社会活动、经济活动及生产活动时的产物，信息经加工处理形成知识，知识用以参与指导人们的社会活动、经济活动及生产活动。

信息是有价值的，是可以被感知的。在信息社会中，信息一般可与物质或能量相提并论，它是一种重要的资源，人们不断地获取、加工信息，运用信息为社会各个领域服务。信息是知识、技术、资源和财富。

2. 数据的定义

数据是反映客观事物存在方式和运动状态的记录，是信息的载体。数据所反映的事物是它的内容，而符号是它的形式。数据表现信息的形式是多种多样的，不仅有数字、文字符号，还可以有图形、图像、声音、视频和动画等。

数据与信息在概念上是有区别的。从信息处理的角度看，任何事物的存在方式和运动状态都可以通过数据来表示，数据经过加工处理后，使其具有知识性并对人类活动产生作用，从而形成信息。从计算机的角度看，数据泛指那些可以被计算机接受并能够被计算机处理的符号，是数据库中存储的基本对象。

1.2.2　信息技术的基本概念

1. 信息技术

联合国教科文组织对信息技术（Information Technology，IT）的定义如下：

（1）应用在信息加工和处理中的科学、技术和工程的训练方法和管理技巧。

（2）上述方面的技巧和应用。

（3）计算机及其与人、机的相互作用。

（4）与之相应的社会、经济和文化等诸多事物。

一般来说，信息采集、加工、存储和利用过程中的每一种技术都是信息技术。信息技术对人们的生产、生活产生了巨大的影响，它正改变人们的工作和生活方式，使人们获得更多的生活乐趣，也使人们的生活方式从工业社会那种极端的社会化生活，逐步过渡到信息社会的个性化生活。当前世界各国发展的过程就是一个信息化的过程，人类正进入信息化社会。

2. 信息产业

信息技术的发展对传统产业结构产生了重大影响，产生了有无限发展潜力的信息产业，并成为世界上最大的产业。信息产业以信息产生、加工和应用为核心，它给传统农业、工业和服务业注入了新的活力，加快了农业现代化、工业自动化和服务高效化。

1.2.3　信息技术的内容

信息技术包含信息基础技术、信息系统技术和信息应用技术三个方面的内容。

1. 信息基础技术

信息基础技术是信息技术的基础，包括新材料、新能源、新器件的开发和制造技术，其中发展最快、应用最广、影响最大的是微电子技术和光电子技术。

（1）微电子技术　微电子技术是随着集成电路，尤其是超大规模集成电路而发展起来的一门新技术。微电子技术包括系统电路设计、物理器件、工艺技术、材料制备、自动测试以及封装、组装等一系列专门的技术，微电子技术是微电子学中的各项工艺技术的总和。

第二次世界大战中、后期，由于军事需要对电子设备提出了不少具有根本意义的设想，并研究出一些有用的技术。特别是 20 世纪 70 年代，微电子技术进入了以大规模集成电路为中心的新阶段。随着集成度日益提高，集成电路正向集成系统发展，电路的设计也日益复杂、费时和昂贵。实际上如果没有计算机的辅助，较复杂的大规模集成电路的设计是不可能的。

此外，与大规模集成电路和超大规模集成电路的高速发展相适应，有关的器件材料科学和技术、测试科学和计算机辅助测试、封装技术和超净室技术等都有重大发展。电子技术发展很快，在工艺技术上，微细加工技术，如电子束、离子束、X 射线等复印技术和干法刻蚀技术日益完善，使生产上达到亚微米以至更高的光刻水平。

（2）光电子技术　光电子技术是继微电子技术之后迅猛发展的综合性技术。从 20 世纪 70 年代起，随着半导体光电子器件和硅基光导纤维两大基础元件在原理和制造工艺上的突破，光子技术和电子技术开始结合并形成了具有强大生命力的信息光电子技术和光伏产业。

光电子技术是一个庞大的体系，它包括信息传输（如光纤通信、空间和海底光纤通信）；信息处理（如计算机光互连、光计算和光交换等）；信息获取（如光学传感和遥感、光纤传感等）；信息存储（如光盘、全息存储技术等）；信息显示（如大屏幕平板显示、激光打印和印刷等）。还包括光化学、生物光子学、激光医学、有机光子学与材料、激光加工、光子武器等分支学科和应用领域。

采用光子作为信息的载体，其传输速度可达到飞秒（10^{15} 秒）量级，比电子快 3 个数量级以上。另外，光子强大的并行处理能力使其具有超出电子的信息容量与处理速度的潜力。充分利用电子和光子的各自优点，必将大大改善电子通信设备、电子计算机和电子仪器的性能，使目前的信息技术上升到新的阶段。

2. 信息系统技术

信息系统技术是指涉及信息的采集、传输、处理、控制、存储设备和系统的技术。感测技术、通信技术、计算机技术和控制技术是它的核心和支撑技术。

信息采集技术是利用信息的前提条件，主要包括传感技术、遥测技术和遥感技术；信息传输技术就是通信技术，是信息技术的支撑，通信技术的功能是使信息在大范围内快速、准确、有效地传递，以便让广大用户共享，发挥其作用；信息处理技术是对获取的信息进行加工和转换，使信息安全地存储、传输，并能方便地检索、生成和利用；信息控制技术是利用信息传递和信息反馈来实现对信息系统进行控制的技术；信息存储技术是把信息快速保存到信息存储介质上的技术。

3. 信息应用技术

信息应用技术是面向应用的信息技术，是在信息管理、信息控制和信息决策过程中发展起来的具体技术，如工厂的自动化、办公自动化、家庭自动化、人工智能和互联通信技术等。

1.3 计算机中信息的表示

数据是计算机处理的对象，有数值数据、字符数据和图形、图像、声音、视频等多媒体数据。数值数据用来表示数量的多少，包括整数、小数、浮点数等，它们一般都带有表示数值正负的符号位。字符数据和多媒体数据是非数值数据。这些数据在计算机内部一律采用二进制表示。计算机内部采用二进制表示信息，其主要原因有以下四点：

1. 电路简单

计算机是由逻辑电路组成，逻辑电路通常只有两个状态，即开和关。这两种状态正好用来表示二进制数的两个数码0和1。

2. 工作可靠

这两个状态代表的两个数码在数字传输和处理中不容易出错，因而计算机工作的可靠性就非常高。

3. 简化运算

二进制运算法则简单，使计算机运算器结构大为简化，控制也随之简化。

4. 逻辑性强

计算机的工作是建立在逻辑运算基础上的，逻辑代数是逻辑运算的理论依据。二进制数的0和1两个数码可以用来代表逻辑代数中的"真"与"假"。

1.3.1 数制及相互转换

1. 数制的概念

（1）进位计数制　用数字符号排列，由低位向高位进位计数的方法称作进位计数制。一种进位计数制包含一组数码符号和两个基本因素：数码、基数和位权。

数码：一组用来表示某种数制的符号。

基数：数制所使用的数码个数，用R表示，称R进制。进位规律是"逢R进一"，如十进制的基数是10，则"逢十进一"。

位权：某个数字在某一个固定位置上所代表的值，处在不同的位置所代表的值也是不同的。

对于任意一个具有n位整数和m位小数的R进制数N，按各位的位权展开可表示为：

$$(N)_R = a_{n-1}R^{n-1} + a_{n-2}R^{n-2} + \cdots + a_1R^1 + a_0R^0 + a_{-1}R^{-1} + \cdots + a_{-m}R^{-m}$$

NOTE

【例 1 – 1】 $(9578)_{10} = 9 \times 10^3 + 5 \times 10^2 + 7 \times 10^1 + 8 \times 10^0$

（2）常用进位计数制基数的表示方法　计算机中通常使用的数制有十进制、二进制、八进制和十六进制。常用的进位计数制的表示方法有圆括号下标法和字母表示法。

①圆括号下标法：将数用圆括号括起来，将基数写在右下角标。

【例 1 – 2】 $(1101)_2$、$(167)_{16}$

②字母表示法：在数字后面加一个英文字母表示该数所用的数制。十进制用 D 表示，二进制用 B 表示，八进制用 O 表示，十六进制用 H 表示。

【例 1 – 3】 1001B、188D、56O、167H

（3）常用进位计数制位权的表示方法

①十进制（Decimal）：基数是 10，它有 10 个数字符号，即 0，1，2，3，4，5，6，7，8，9。逢十进一。

【例 1 – 4】 $(2580)_{10} = 2 \times 10^3 + 5 \times 10^2 + 8 \times 10^1 + 0 \times 10^0$

②二进制（Binary）：基数是 2，它只有 2 个数字符号，即 0 和 1。逢二进一。

【例 1 – 5】 $(1010)_2 = 1 \times 2^3 + 0 \times 2^2 + 1 \times 2^1 + 0 \times 2^0 = (10)_{10}$

③八进制（Octal）：基数是 8，它有 8 个数字符号，即 0，1，2，3，4，5，6，7。逢八进一。

【例 1 – 6】 $(1007)_8 = 1 \times 8^3 + 0 \times 8^2 + 0 \times 8^1 + 7 \times 8^0 = (519)_{10}$

④十六进制（Hexadecimal）：基数是 16，它有 16 个数字符号，除了十进制中的 10 个数可用外，还使用了 6 个英文字母，即 0，1，2，3，4，5，6，7，8，9，A，B，C，D，E，F。其中 A～F 分别代表十进制数的 10～15。逢十六进一。

【例 1 – 7】 $(BAD)_{16} = 11 \times 16^2 + 10 \times 16^1 + 13 \times 16^0 = (2989)_{10}$

计算机中常用的进位计数制表示法如表 1 – 2 所示，常用数制的对应关系如表 1 – 3 所示。

表 1 – 2　计算机中常用的进位计数制的表示

进位制	二进制	八进制	十进制	十六进制
规则	逢二进一	逢八进一	逢十进一	逢十六进一
基数	$R = 2$	$R = 8$	$R = 10$	$R = 16$
数符	0，1	0，1，2，…，7	0，1，2，…，9	0，1，2，…，9，A，B，…，F
位权	2^i	8^i	10^i	16^i
表示符	B	O	D	H

表 1 – 3　常用数制的对应关系

二进制	十进制	八进制	十六进制
0	0	0	0
1	1	1	1
10	2	2	2
11	3	3	3
100	4	4	4
101	5	5	5

续表

二进制	十进制	八进制	十六进制
110	6	6	6
111	7	7	7
1000	8	10	8
1001	9	11	9
1010	10	12	A
1011	11	13	B
1100	12	14	C
1101	13	15	D
1110	14	16	E
1111	15	17	F

2. 进制间的转换

（1）二进制、八进制、十六进制数据转换成十进制数据　将一个非十进制数转换成十进制数，只要将它写成按权展开的表达式，然后求出表达式的值。

【例 1-8】将二进制数 101.01 转换成十进制数。

$(101.01)_2 = 1 \times 2^2 + 0 \times 2^1 + 1 \times 2^0 + 0 \times 2^{-1} + 1 \times 2^{-2} = (5.25)_{10}$

【例 1-9】将八进制数 12.6 转换成十进制数。

$(12.6)_8 = 1 \times 8^1 + 2 \times 8^0 + 6 \times 8^{-1} = (10.75)_{10}$

【例 1-10】将十六进制数 2AB.6 转换成十进制数。

$(2AB.6)_{16} = 2 \times 16^2 + 10 \times 16^1 + 11 \times 16^0 + 6 \times 16^{-1} = (683.375)_{10}$

（2）十进制转换成二进制、八进制、十六进制

①将十进制数转换成二进制数：整数部分和小数部分需分别转换，然后再合并。整数部分除以 2 取余数，结果逆序输出，小数部分乘以 2 取整数，结果顺序输出。

【例 1-11】将十进制数 36.6875 转换为二进制数。首先用除 2 取余法转换成整数部分。

所转换的结果为 $(36)_{10} = (100100)_2$。

然后，用乘 2 取整法将小数部分 $(0.6875)_{10}$ 转换为二进制形式。

所转换的结果为 $(0.6875)_{10} = (0.1011)_2$，因此 $(36.6875)_{10} = (100100.1011)_2$。

②将十进制数转换成八进制数和十六进制数：整数部分和小数部分需分别转换，然后再合并。八进制整数部分除以 8 取余数，逆序输出，小数部分乘以 8 取整数，顺序输出。同样地，

NOTE

$$
\begin{array}{r}
0.6875 \\
\times \quad 2 \\
\hline
1.3750
\end{array}
$$
…… 整数部分为1   高位

$$
\begin{array}{r}
0.3750 \\
\times \quad 2 \\
\hline
0.7500
\end{array}
$$
…… 整数部分为0

$$
\begin{array}{r}
0.7500 \\
\times \quad 2 \\
\hline
1.5000
\end{array}
$$
…… 整数部分为1

$$
\begin{array}{r}
1.5000 \\
\times \quad 2 \\
\hline
1.0000
\end{array}
$$
…… 整数部分为1   低位

十六进制是除以 16 取余数，乘以 16 取整数。

【例 1 – 12】将 $(171.71875)_{10}$ 转换为八进制数。

$(171)_{10}$ 转换为八进制为 $(253)_8$，$(0.71875)_{10}$ 转换为八进制为 $(0.56)_8$。

结果为 $(171.71875)_{10} = (253.56)_8$

（3）二进制数与八进制数相互转换 将二进制数转换成八进制数，方法为：以小数点为基准，整数部分从右向左，小数部分从左向右，每三位一组，不足三位时，整数部分在高端以 0 补齐，小数部分在低端以 0 补齐。然后，把每一组二进制数用一位相应的八进制数表示，小数点位置不变，即得到八进制数。

【例 1 – 13】$(11100.1011)_2 = (34.54)_8$。

$$
\begin{array}{cccc}
011 & 100 & .\ 101 & 100 \\
\downarrow & \downarrow & \downarrow & \downarrow \\
3 & 4 & .\ 5 & 4
\end{array}
$$

将八进制数转换成二进制数的方法则是一个相反的过程，即把八进制数中的每一位数都用相应的三位二进制数来代替。

【例 1 – 14】$(27.16)_8 = (10111.00111)_2$

$$
\begin{array}{cccc}
2 & 7 & .\ 1 & 6 \\
\downarrow & \downarrow & \downarrow & \downarrow \\
010 & 111. & 001 & 110
\end{array}
$$

（4）二进制数与十六进制数相互转换 从二进制数转换为十六进制数，是以 4 位二进制数为一组进行转换。

【例 1 – 15】$(11100.10111)_2 = (1C.B8)_{16}$

$$
\begin{array}{cccc}
0001 & 1100 & .\ 1011 & 1000 \\
\downarrow & \downarrow & \downarrow & \downarrow \\
1 & C. & B & 8
\end{array}
$$

相反地，将十六进制数转换为二进制数，只要把每一位数对应写成 4 位二进制数即可。

【例 1 - 16】 $(2A.1E)_{16} = (101010.0001111)_2$

$$2 \quad A \ . \ 1 \quad E$$
$$\downarrow \quad \downarrow \quad \downarrow \quad \downarrow$$
$$0010 \quad 1010. \quad 0001 \quad 1110$$

（5）八进制数与十六进制数相互转换　在将八进制数与十六进制数相互转换时，可以先将要转换的数转换成二进制数，然后将二进制数转换成另一种进制数。

3. 二进制的运算规则

（1）二进制数据的算术运算　二进制的算术运算包括加法、减法、乘法和除法。

①加法：加法运算法则为 $0+0=0$，$0+1=1$，$1+0=1$，$1+1=10$（向高位进位）。

【例 1 - 17】 计算 $1101+110101$，根据加法法则计算结果为：1000010。

$$\begin{array}{r} 1101 \\ + \ 110101 \\ \hline 1000010 \end{array}$$

②减法：减法运算法则为 $0-0=0$，$1-1=0$，$1-0=1$，$0-1=1$（向高位借1）。

【例 1 - 18】 计算 $11011-1100$，根据减法法则计算结果为：1111。

$$\begin{array}{r} 11011 \\ - \ \ 1100 \\ \hline 1111 \end{array}$$

③乘法：乘法运算法则为：$0\times0=0$，$0\times1=0$，$1\times0=0$，$1\times1=1$。

【例 1 - 19】 计算 1011×101，得到结果为 110111。

$$\begin{array}{r} 1011 \\ \times \quad 101 \\ \hline 1011 \\ 0000 \\ 1011 \\ \hline 110111 \end{array}$$

④除法：除法运算法则为：$0\div1=0$，$1\div1=1$。

【例 1 - 20】 计算 $1100101\div1011$，得到的近似值为 1001。

$$\begin{array}{r} 1001 \\ 1011 \overline{\smash{\big)}\,1100101} \\ 1011 \\ \hline 1101 \\ 1011 \\ \hline \text{余数}\cdots\cdots 10 \end{array}$$

（2）二进制的逻辑运算　一般来说，在计算机中，逻辑量用于判断某一事件是否成立，成立为 1（真），事件发生；不成立为 0（假），事件不发生。逻辑量间的运算称为逻辑运算，

NOTE

结果仍为逻辑量。基本逻辑运算包括与（常用符号×、·、∧表示）、或（常用符号+、∨表示）、非（常用符号⁻表示）。二进制数的逻辑运算和数学运算不同，只是本位数字进行逻辑运算，不存在进位和借位。

①逻辑与：当一个事件的条件同时具备（为真）时，这一事件才会发生（为真），只要有一个条件不具备（为假），这一事件就不会发生（为假）。

逻辑与运算的规则为：$0 \wedge 0 = 0$，$0 \wedge 1 = 0$，$1 \wedge 0 = 0$，$1 \wedge 1 = 1$

②逻辑或：决定一个事件的条件中，有一个或一个以上条件具备（为真）时，这一事件就会发生（为真），只有当所有条件都不具备（为假），这一事件才不会发生（为假）。

逻辑或运算的规则为：$0 \vee 0 = 0$，$0 \vee 1 = 1$，$1 \vee 0 = 1$，$1 \vee 1 = 1$。

③逻辑非：逻辑非运算表示逻辑的否定。

逻辑非的运算规则为：$\bar{0} = 1$，$\bar{1} = 0$。

4. 信息的计量单位

在计算机内部，数据都是以二进制的形式存储和运算的。计算机数据的表示经常使用到以下几个概念：

（1）位　二进制数据中的一位（bit），音译为比特，是计算机存储数据的最小单位。一个二进制位只能表示0或1两种状态。

（2）字节　字节（Byte，简称B）是计算机数据处理的最基本的单位，并主要以字节为单位解释信息。一个字节由8个二进制位组成，即1B＝8bit。计算机存储器容量大小是以字节数来度量的，经常使用的单位有B、kB、MB、GB、TB。

$1B = 8bit$

$1kB = 2^{10}B = 1024B$

$1MB = 2^{10}kB = 2^{20}B$

$1GB = 2^{10}MB = 2^{20}kB = 2^{30}B$

$1TB = 2^{10}GB = 2^{20}MB = 2^{30}kB = 2^{40}B$

1.3.2　数值在计算机中的表示

一个正常的数含有符号位和小数点，数据存储在计算机中，一要受二进制存储空间位数的限制，二要对符号位和小数点进行处理。符号位的处理是通过符号位的数值化来完成的，而小数点的处理是通过定点数和浮点数来体现的。

1. 机器数与真值

一个带符号的二进制数由两部分组成，即数的符号部分和数的数值部分。符号通常用"＋"和"－"来表示正和负。习惯上，在计算机中用"0"表示"＋"，用"1"表示"－"。例如带符号的数＋1010111，可以表示为0（符号位）1010111，这种把符号数值化了的数据表示形式称为机器数：把原来带有"＋""－"的数据表示形式称为真值。

2. 原码、反码与补码

在计算机中，表示机器数的常用方法有3种：原码、反码和补码。在这3种机器数的表示形式中，符号部分的规定是相同的，所不同的仅是数值部分的表示形式。不同的表示形式，运算的方式也不相同。

（1）原码　数值的原码表示方法为，假设数据长度为 n 位的二进制数，将最高位用作符号位，其余 n－1 位代表数值本身的绝对值（以二进制形式表示）。例如，假设数据长度为 8 位，+7 的原码为 00000111，－7 的原码为 10000111。

（2）反码　正数的反码与原码相同。负数的反码其最高符号位为 1，其余各位为该数绝对值的原码按位取反（1 变 0、0 变 1）。例如，+7 的反码为 00000111，－7 的反码为 11111000。

（3）补码　正数的补码与原码相同。负数的补码等于它的反码加 1。例如，+7 的补码为 00000111，－7 的补码为 11111001。

补码表示法可以将加减法运算统一为用加法完成，从而简化机器的运算器电路。

3. 定点数和浮点数

小数在计算机中通常有两种表示方法，一种是约定所有数值数据的小数点隐含在某一个固定位置上，称为定点表示法，简称定点数；另一种是小数点位置可以浮动，称为浮点表示法，简称浮点数。

（1）定点纯小数　定点纯小数是把小数点的位置固定在符号位之后、数据的最高位之前。这种格式的数据绝对值小于 1。对于大于 1 的数可以按比例缩小，然后进行运算。

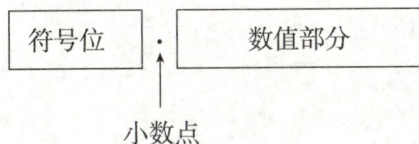

（2）定点纯整数　定点纯整数约定的小数点位置在有效数值部分最低位之后。对于数的小数部分采取按比例扩大处理。

（3）浮点数　如果要处理的数据中既有整数部分，又有小数部分，则采用定点表示格式就不合适了。为此，计算机中还使用浮点表示法，即小数点位置不固定，是可以浮动的，类似十进制中的科学计数法。在计算机中通常把浮点数分成阶码和尾数两部分来表示。阶码表示小数点在该数中的位置，尾数表示数的有效数值。

例如，二进制数 －1001110110.101011 可以写成 －0.1001110110101011×2^{10}。假设以 32 位表示一个浮点数，且规定阶码为 8 位，尾数为 24 位，则这个数在机器中的格式为：

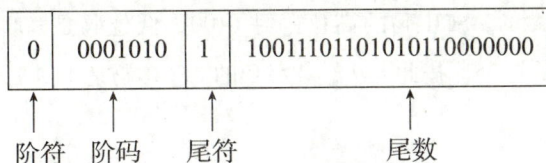

由此可见，浮点数的表示范围要比定点数大得多，但也不是无限的。当计算机中参与运算的数超出了浮点数的表示范围时会发生溢出。

1.3.3　字符在计算机中的表示

文本是计算机中最常见的一种数据形式，它包括字母、标点、符号、西文字符和汉字字符等。由于计算机只能直接接受、存储和处理二进制数，所以必须将各种文本信息按照规定的编码转换成二进制数代码。

1. ASCII 码

ASCII 码（American Standard Code for Information Interchange，美国标准信息交换码），是由美国国家标准局提出的一种信息交换标准代码，是目前计算机中使用最广泛的西文字符编码。ASCII 虽然是美国国家标准，但已经被国际标准化组织（ISO）认定为国际标准，在世界范围内通用。基本的 ASCII 字符集共有 128 个字符，其中有 96 个可打印字符，包括常用的字母、数字、标点符号等，另外还有 32 个控制字符，如表 1-4 所示。

表 1-4　标准 ASCII 字符编码表

$d_3d_2d_1d_0$ （低 4 位）	$d_7d_6d_5d_4$ 位（高 4 位）							
	0000	0001	0010	0011	0100	0101	0110	0i11
0000	NUT	DLE	SP	0	@	P	、	p
0001	SOH	DCI	!	1	A	Q	a	q
0010	STX	DC2	"	2	B	R	b	r
0011	ETX	DC3	#	3	C	S	c	s
0100	EOT	DC4	$	4	D	T	d	t
0101	ENQ	NAK	%	5	E	U	e	u
0110	ACK	SYN	&	6	F	V	f	v
0111	BEL	TB	,	7	G	W	g	w
1000	BS	CAN	(	8	H	X	h	x
1001	HT	EM	)	9	I	Y	i	y
1010	LF	SUB	*	:	J	Z	j	z
1011	VT	ESC	+	;	K	[	k		
1100	FF	FS	,	<	L	\	l		
1101	CR	GS	-	=	M	]	m	}
1110	SO	RS	.	>	N	^	n	~
1111	SI	US	/	?	O	-	o	DEL

【例 1-21】查找字母 A 的 ASCII 码。要确定某个字符的 ASCII 码，在表中确定其位置后，根据其所在位置的列和行，将列中的高位码和行中的低位码合在一起就是该字符的 ASCII 码。从表 1-4 中查得字母 A 的 ASCII 码的高位码是 0100，低位码是 0001，则 A 的 ASCII 码是 01000001，用十进制表示是 65。按此方法，数字 0 的 ASCII 码是十进制数 48，数字 9 的 ASCII 码是十进制数 57 等。

其中，常用的控制字符的作用如下：

LF（Line Feed）：换行

SP（Space）：空格

CR（Carriage Return）：回车

DEL（Delete）：删除

从表 1-4 中可以看出，十进制码值 0~32 和 127（即 NUL-US 和 DEL）共 34 个字符为非图形字符（又称为控制字符），其余 94 个字符称为图形字符（又称为普通字符）。在这些字符中，0~9、A~Z、a~z 都是顺序排列的，且小写比大写字母码值大 32，这有利于大、小写字母之间的编码转换。

计算机的内部存储与操作常以字节为单位，即 8 个二进制位为单位。因此一个字符在计算机内实际是用 8 位表示。正常情况下，ASCII 码最高位为 0。

2. 汉字编码

计算机处理汉字信息时，由于汉字具有特殊性，因此汉字的输入、存储、处理及输出过程中所使用的汉字代码不相同。例如，用于汉字输入的输入码，用于机内存储和处理的机内码，用于输出显示和打印的字模点阵码（或称字形码）。各种汉字编码的关系如图 1-8 所示。

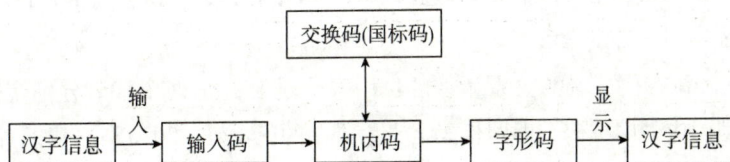

图 1-8　汉字编码的关系

（1）汉字的输入码（外码）　汉字输入码是为了利用现有的计算机键盘，将形态各异的汉字输入计算机而编制的代码，简称外码。目前在我国推出的汉字输入编码方案已达数百种，其表示形式大多用字母、数字或符号。

编码方案大致可以分为三类：

①音码：以汉字拼音为基础，按照汉字的发音进行编码的代码，如全拼码、简拼码、双拼码等。这种输入法的优点是简单易学，几乎不需要专门的训练就可以掌握，但汉字的同音字太多，重码率太高，按字音输入后还要选字，影响输入速度。现在许多输入法增加了智能组词的功能，如搜狗拼音输入法、紫光拼音输入法等，很好地弥补了这方面的缺陷。

②形码：以汉字字形的固有特点为依据，按汉字书写的形式进行编码的代码，如广泛使用的五笔字型码、郑码等。优点是见字识码，首先拆分汉字，然后对应编码再进行组合，对不认识的字也能输入，速度快。缺点是比较难掌握，需专门学习并记住字根，学会拆字和编码规则。

③音形码：以汉字的基本形为主，音为辅，或者以音为主，形为辅的一种音形结合的编码，如自然码。它集中了音形两种码的特点，取形简单，容易掌握，简化了形码的拆字难度，既具有形码的速度又具有音码的易学优点。

无论是基于哪一种编码的输入法，都是用户输入汉字的手段，在计算机内部是以汉字的内码表示的。

（2）汉字国标码、区位码　《信息交换用汉字编码字符集·基本集》是我国于 1980 年制定的国家标准 GB2312-80，是国家规定的用于汉字信息处理使用的代码依据。GB2312-80 中规定了信息交换用的 6763 个汉字和 682 个非汉字图形符号（包括几种外文字母、数字和符号）。6763 个汉字又按其使用频度、组词能力以及用途大小分成一级常用汉字 3755 个，二级常用汉字 3008 个。

在此标准中，每个汉字（图形符号）采用 2 个字节表示，每个字节只用低 7 位。由于低 7 位中有 34 种状态是用于控制字符，因此，只有 94（128-34=94）种状态可用于汉字编码。这样，双字节的低 7 位只能表示 94×94 = 8836 种状态。

国标 GB2312 - 80 规定，全部国标汉字及符号组成 94×94 的矩阵，在该矩阵中，每一行称为一个"区"，每一列称为一个"位"。这样，就组成了 94 个区（01～94 区），每个区内有 94 个位（01～94）的汉字字符集。区码和位码简单地组合在一起（即两位区码居高位，两位位码居低位）就形成了"区位码"。区位码可唯一确定某一个汉字或汉字符号，反之，一个汉字或汉字符号都对应唯一的区位码，如汉字"学"的区位码为"4908"（即在 49 区的第 8 位）。

所有汉字及符号的 94 个区划分成如下四个组：

①1～15 区为图形符号区，其中，1～9 区为标准区，10～15 区为自定义符号区。

②16～55 区为一级常用汉字区，共有 3755 个汉字，该区的汉字按拼音排序。

③56～87 区为二级非常用汉字区，共有 3008 个汉字，该区的汉字按部首排序。

④88～94 区为用户自定义汉字区。

汉字区位码和国标码二者的关系为：区位码（十进制）的两个字节分别转换为十六进制后加 2020H 得到对应的国标码，即国标码 = 十六进制的区位码 + 2020H；例如，汉字"学"位于 49 区 08 位，区位码为 4908，转换为国标码过程为：将区位号 4908 转换为十六进制表示为 3108H，再将 3108H + 2020H = 5128H，得到国标码 5128H。

（3）汉字的机内码 汉字的机内码是供计算机系统内部进行汉字存储、加工处理、传输统一使用的二进制代码，又称为汉字内部码或汉字内码，简称内码。正是由于内码的存在，输入汉字时可以使用不同的编码方式，输入计算机后再统一转换成内码，不同的系统使用的汉字机内码有可能不同。目前使用最广泛的一种为两个字节的机内码，是将国标 GB2312 - 80 交换码的两个字节的最高位由 0 变为 1 而得到的，俗称变形国标码。这种格式的机内码其最大优点是表示简单，且与交换码之间有明显的对应关系，也解决了中西文机内码存在二义性的问题。内码转换格式为机内码 = 国标码 + 8080H，例如，"中"的国标码为十六进制 5650H，其对应的机内码为十六进制 D6D0H，同样，"国"字的国标码为 397AH，其对应的机内码为 B9FAH。

（4）汉字的字形码 汉字字形码是汉字字库中存储的汉字字形的数字化信息，用于汉字显示和打印时产生字形。目前汉字字形码一般是点阵式字形码和矢量式字形码两种。

字形码是汉字的输出码，输出汉字时都采用图形方式，无论汉字的笔画多少，每个汉字都可以写在同样大小的方块中。汉字字形点阵有 16×16 点阵、24×24 点阵、48×48 点阵，如图 1-9 所示。一个汉字方块中行数、列数分得越多，描绘的汉字也就越细微，但占用的存储空间也就越多。例如，16×16 点阵的含义为用 256（16×16 = 256）个点来表示每个汉字的字形信息。每个点有黑白两种状态，分别用二进制数的 1 和 0 来对应表示，点阵中所有黑点组成了汉字字形。对 16×16 点阵的字表码，需要用 32 个字节（16×16÷8 = 32）表示；24×24 点阵的字形码需要用 72 个字节（24×24÷8 = 72）表示。

汉字字形的矢量编码是将汉字视为由笔画组成的图形。把汉字字形分布在精密点阵上，如 256×256 点阵，抽取这个汉字每个笔画的特征作标值，组合起来得到这个汉字字形的矢量信息。由于每个汉字的轮廓特征差异很大。所以，每个汉字字形在矢量字库中所占的长度也不尽相同，从矢量汉字字库读取汉字字形信息要比点阵字库更复杂。

汉字字库是汉字字形数字化后，以二进制文件形式存储在存储器中形成的汉字字模库。汉字字模库亦称汉字字形库，简称汉字字库。

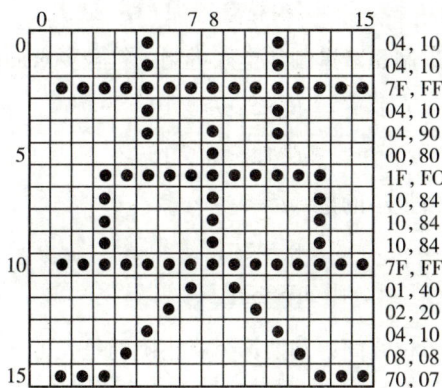

图 1 - 9 点阵字形

3. Unicode 码

Unicode（Universal Multiple - Octet Coded Character Set）是由多家硬件及软件主导厂商共同研制开发的，可以容纳全世界所有语言文字的字符编码方案。Unicode 编码将世界上使用的所有字符都列出来，并给每一个字符一个唯一特定数值，统一地表示世界上的主要文字。目前，Unicode 编码最多可以支持上百万个字符的编码，足以表示中文、日文等语言书写的文档资料。

1.3.4 多媒体信息在计算机中的表示

随着计算机技术的高速发展，多媒体技术的应用越来越广泛，它已成为信息技术的重要发展方向。多媒体技术使计算机具有综合处理声音、文字、图像和视频的能力，它有丰富的声、文、图，影像信息极大地改善了人们使用计算机的方式，使计算机渗透到人们生活的各个领域，给人们工作、生活和娱乐带来了深刻的影响。有关多媒体信息将在第 5 章中详细介绍。

习题与实验

一、选择题

1. 第二代电子计算机的主要电子元器件是

    A. 电子管   B. 晶体管

    C. 继电器   D. 集成电路

2. 计算机可分为模拟计算机和数字计算机 2 种，这种分类是依据是

    A. 按信息的数据处理类型   B. 按使用范围

    C. 按性能   D. 按工作模式

3. 利用计算机来模仿人的高级思维活动，如智能机器人、专家系统等，被称为

    A. 科学计算   B. 数据处理

    C. 人工智能   D. 过程控制

4. 有关信息的采集、传输、处理、控制、存储的设备和系统的技术被称为

    A. 信息基础技术   B. 信息系统技术

    C. 信息应用技术   D. 信息采集技术

5. 计算机内部采用二进制表示信息，其主要原因不包括

    A. 电路简单   B. 工作可靠

NOTE

C. 逻辑性强　　　　　　　　　　D. 符合习惯

6. 下列四组数依次为二进制、八进制和十六进制，符合要求的是

A. 11，78，19　　　　　　　　　B. 12，77，10

C. 11，77，1E　　　　　　　　　D. 12，80，10

7. 在下列一组数中，数值最小的是

A. 1789D　　　　　　　　　　　B. 1FFH

C. 10100001B　　　　　　　　　D. 227O

8. 计算机中存储容量的单位之间，其换算公式正确的是

A. 1kB = 1024MB　　　　　　　　B. 1TB = 220kB

C. 1MB = 1024kB　　　　　　　　D. 1MB = 1024GB

9. 什么表示法可以将加减法运算统一为用加法完成，从而简化机器的运算器电路

A. 原码　　　　　　　　　　　　B. 补码

C. 反码　　　　　　　　　　　　D. ASCII 码

10. 在计算机中，对汉字进行传输、处理和存储时使用汉字的

A. 字形码　　　　　　　　　　　B. 国标码

C. 输入码　　　　　　　　　　　D. 机内码

二、填空题

1. 按应用范围可以将计算机分为_____和专用计算机。

2. 目前，主要的信息技术有计算机技术、通信技术和控制技术，合称为_____。

3. _____是反映客观事物存在方式和运动状态的记录，是信息的载体。

4. 计算机内部的所有数据均采用_____表示。

5. 将二进制数 01100100B 转换成十六进制数是_____。

6. 十进制数 237.75 用二进制表示是_____。

7. 小数在计算机中通常有定点数和_____两种表示方法。

8. _____是计算机数据处理的最基本单位。

9. 汉字"大"的区位码为 1453H，其机内码为_____H。

10. 24 × 24 点阵的汉字，其字形占_____字节。

三、思考题

1. 简述计算机的发展阶段及发展趋势。

2. 列举计算机在信息社会的主要应用。

3. 简述在计算机内部使用二进制数表示信息的主要原因。

4. 在汉字信息处理系统中存在哪些编码方式？

5. 计算机中常用的进位计数制有哪些？简述其各自特点。

四、实验

1. 打开第 1 章实验中的 pdf 文档"H7N9 型禽流感知识 . pdf"，输入其内容，并保存为"H7N9 型禽流感知识 . docx"。

2. 使用 Word 软件制作一个人简历。简历无格式要求，需要脉络清晰，表意准确，可使用文本框、剪贴画、艺术字等功能，版面尽量做到美观大方。

2 计算机系统

2.1 计算机系统概述

一个完整的计算机系统包括硬件系统和软件系统两大部分。硬件系统是计算机系统中由电子、机械和光电类器件组成的各种计算机部件和设备的总称，是组成计算机的物理装置，是计算机完成各项工作的物质基础。软件系统是在计算机硬件设备上运行的各种程序、相关文档和数据的总称。计算机硬件系统和软件系统共同构成一个完整的计算机系统，它们相辅相成，缺一不可。计算机系统的组成如图 2-1 所示。

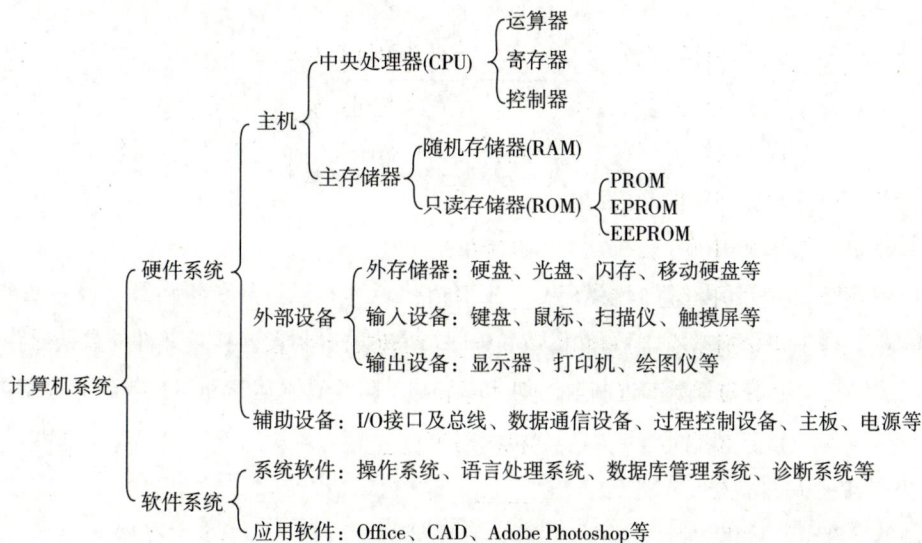

图 2-1 计算机系统的组成

2.2 计算机硬件系统

1946 年，美籍匈牙利数学家冯·诺依曼等人在题为《电子计算机装置逻辑设计的初步讨论》一文中，深入系统地阐述了以"存储程序"概念为指导的计算机逻辑设计思想（存储程序原理），勾勒出了一个完整的计算机体系结构。冯·诺依曼的这一设计思想是计算机发展史上的里程碑，标志着计算机时代的真正开始，冯·诺依曼也因此被誉为"现代计算机之父"。

NOTE

现代计算机虽然在结构上有多种类别，但就其本质而言，多数都是基于冯·诺依曼提出的计算机体系结构理念，因此，也被称为冯·诺依曼型计算机。

冯·诺依曼型计算机的基本思想如下：

（1）计算机硬件应包括运算器、控制器、存储器、输入设备和输出设备五大基本部件。

（2）计算机内部应采用二进制来表示指令数据。每条指令一般具有一个操作码和一个地址码。其中操作码表示运算性质，地址码表示操作数在存储器的位置。

（3）将编好的程序和原始数据送入内存储器中，然后启动计算机工作，计算机可在不需要操作人员干预的情况下，自动逐条取出指令并执行任务。

2.2.1　计算机硬件系统组成

冯·诺依曼提出的计算机"存储程序"工作原理决定了计算机硬件系统由五大部分组成，即运算器、控制器、存储器、输入设备、输出设备。如图 2-2 所示。

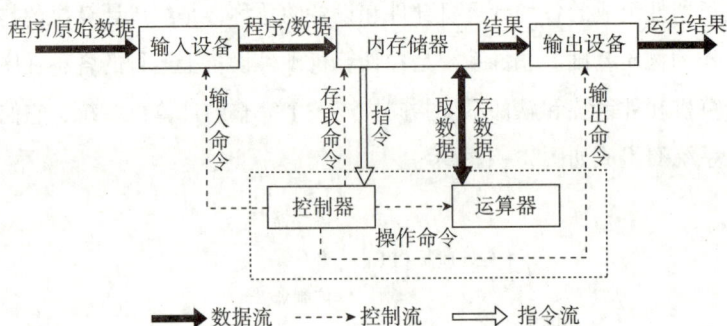

图 2-2　冯·诺依曼型计算机硬件体系

1. 运算器

运算器是整个计算机系统的计算中心，主要由执行算术运算和逻辑运算的算术逻辑单元（Arithmetic Logic Unit，ALU）、存放操作数和中间结果的寄存器及连接各部件的数据通路组成，用以完成程序指令指定的基于二进制数的加、减、乘、除等算术运算和与、或、非等基本逻辑运算。

2. 控制器

控制器是整个计算机的指挥中心，主要由程序计数器（PC）、指令寄存器（IR）、指令译码器（ID）、时序控制电路和微操作控制电路等组成。在系统运行过程中，控制器不断生成指令地址、取出指令、分析指令、向计算机的各个部件发出操作控制信号，指挥各个部件高速协调地工作。

运算器和控制器合称为中央处理器（Central Processing Unit，CPU），是计算机的核心部件。

3. 存储器

存储器是用来存储数据和程序的部件。计算机可根据需要随时向存储器存取数据。向存储器存放数据，称为"写入"；从存储器取出数据，称为"读出"。存储器中有许多存储单元，每一个单元可以存放一个字或字节的信息。为了使计算机能识别这些单元，每个存储单元有一个编号，称为"地址"。存储器的工作方式就是根据存储单元的地址来实现对所要存储的字或字节进行存（写入）和取（读出），通常称为按地址访问存储器。地址是识别存储器中不同存储单元的唯一标志。存储在计算机中的信息都是以二进制代码形式表示的，必须使用具有两种稳定状态的物理器件来存储信息。这些物理器件包括磁芯、半导体器件、磁表面器件等。

4. 输入设备

输入设备用于输入人们要求计算机处理的数据、字符、文字、图形、图像、声音等信息，以及处理这些信息所必需的程序，并将它们转换成计算机能接受的形式（二进制代码）。输入设备有键盘、鼠标、扫描仪、光笔、手写板、麦克风（输入语音）、触摸屏等。

5. 输出设备

输出设备用于将计算机处理结果或中间结果以人们可识别的形式（如显示、打印、绘图等）表达出来。常见的输出设备有显示器、打印机、绘图仪、音响设备等。

辅助存储器（外存储器）可以将存储的信息输入到主机，主机处理后的数据也可以存储到辅助存储器（外存储器）中，因此，辅助存储器（外存储器）设备既可以作为输入设备，也可以作为输出设备。

2.2.2 计算机工作原理

按照冯·诺依曼型计算机体系结构，数据和程序存放在存储器中，控制器根据程序中的指令序列进行工作，简单地说，计算机的工作过程就是运行程序指令的过程。

1. 计算机指令

（1）指令及其格式　指令是能被计算机识别并执行的二进制代码，它规定了计算机能完成的某一种操作。例如加、减、乘、除、存数、取数等都是一个基本操作，分别用一条指令来完成。一台计算机所能执行的全部指令的集合称为该计算机的指令系统。

计算机硬件只能识别并执行机器指令，用高级语言编写的源程序必须由程序语言翻译系统把它们翻译为机器指令后，计算机才能执行。

计算机指令系统中的命令都有规定的编码格式。一般一条指令分为操作码和地址码两部分。其中操作码规定了该指令进行的操作种类，如加、减、乘、除、存数、取数等；地址码给出了操作数地址、结果存放地址以及下一条指令的地址。指令的一般格式如图 2 - 3 所示。

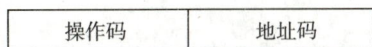

操作码	地址码

图 2 - 3　指令的一般格式

（2）指令的分类与功能　计算机指令系统一般有下列几类指令。

①数据传送型指令：数据传送型指令的功能是将数据在存储器之间、寄存器之间以及存储器与寄存器之间进行数据传送。例如，取数指令将存储器某一存储单元中的数据取出后存入寄存器；存数指令将寄存器中的数据写入某一存储单元。

②数据处理型指令：数据处理型指令的功能是对数据进行运算和交换。例如：加、减、乘、除等算术运算指令；与、或、非等逻辑运算指令。

③程序控制型指令：程序控制型指令的功能是控制程序中指令的执行顺序。例如：无条件转移指令、条件转移指令、子程序调用指令和停机指令。

④输入/输出型指令：输入/输出型指令的功能是实现输入/输出设备与主机之间的数据传输。例如：读指令、写指令。

NOTE

⑤硬件控制指令：硬件控制指令的功能是对计算机的硬件进行控制和管理。例如：动态停机指令、空操作指令等。

2. 计算机的工作原理

计算机在工作过程中，主要有两种信息流：数据信息和指令控制信息。数据信息指的是原始数据、中间数据和结果数据等，这些信息从存储器进入运算器进行运算，所得的运算结果再存入存储器或传递到输出设备等。指令控制信息是由控制器对指令进行分析、解释后向各部件发出的控制命令，指挥各部件协调地工作。

指令的执行过程如图 2-4 所示，其中左半部分是控制器，包括指令寄存器、指令计数器、指令译码器等；右上部分是运算器（包括累加器、算术与逻辑运算部件等）；右下部分是内存储器，其中存放程序和数据。

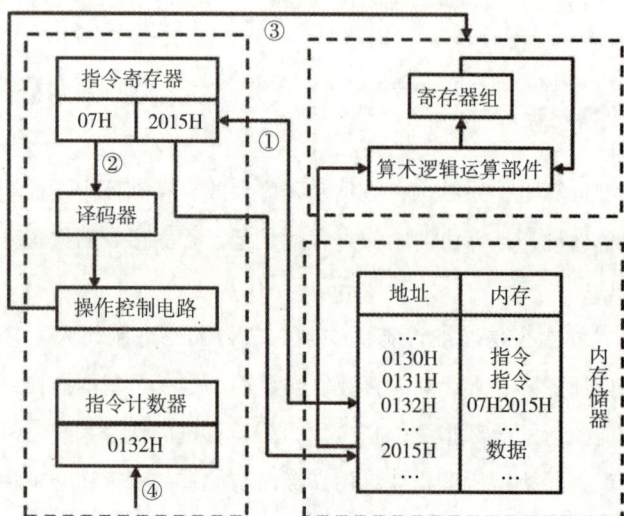

图 2-4　指令的执行过程

下面以指令的执行过程简单说明计算机的基本工作原理。指令的执行过程可分为以下步骤。

（1）取指令。即按照指令计数器中的地址（图中为 0132H），从内存储器中取出指令（图中的指令为 07H2015H），并送往指令寄存器中。

（2）分析指令。即对指令寄存器中存放的指令（图中的指令为 07H2015H）进行分析，由操作码（07H）确定执行什么操作，由地址码（2015H）确定操作数的地址。

（3）执行指令。即根据分析的结果，由控制器发出完成该操作所需要的一系列控制信息，完成该指令所要求的操作。

（4）执行指令的同时，指令计数器加 1，为执行下一条指令做好准备，如果遇到转移指令，则将转移地址送入计数器。

2.2.3　计算机性能指标

计算机是由多个组成部分构成的一个复杂系统，技术指标繁多，涉及面广，评价计算机的性能就要结合多种因素，综合分析。

计算机的性能涉及体系结构、软硬件配置、指令系统等多种因素，一般说来主要有下列技术指标。

1. 字长

字长是指计算机运算一次能同时处理的二进制数据的位数。字长越长，作为存储数据，计算机的运算精度就越高；作为存储指令，则计算机的处理能力就越强。通常，字长是 8 位的整倍数，如 8 位、16 位、32 位、64 位等。

2. 主频

主频是指微型计算机中 CPU 的时钟频率（CPU Clock Speed），也就是 CPU 运算时的工作频率。一般来说，主频越高，一个时钟周期里完成的指令数也越多，当然 CPU 的速度也就越快。由于微处理器发展迅速，微型计算机的主频也在不断提高，目前流行的 CPU 时钟频率的单位是 GHz。

3. 运算速度

计算机的运算速度通常是指每秒钟所能执行加法的指令数目，常用百万次/秒（MIPS）来表示。这个指标能更直观地反映计算机的运算速度。

4. 存储容量

存储容量是衡量计算机中存储能力的一个指标，它包括内存容量和外存容量。这里主要指内存的容量。显然，内存容量越大，机器所能运行的程序就越大，处理能力就越强。尤其是当前多媒体 PC 机的应用多涉及图像信息处理，要求存储容量会越来越大，甚至没有足够大的内存容量就无法运行某些软件。目前微型计算机的内存容量一般在 2GB 以上。

5. 存取周期

内存储器的存取周期也是影响整个计算机系统性能的主要指标之一。简单讲，存取周期就是 CPU 从内存储器中存取数据所需的时间。目前，内存的存取周期在 7～70ns。

6. 外设扩展能力和兼容性

一台微型计算机可配置外部设备的数量以及配置外部设备的类型，对整个系统的性能有重大影响。如显示器的分辨率、多媒体接口功能和打印机型号等，都是外部设备选择时要考虑的问题。

所谓兼容性（Compatibility）是指一个系统的硬件或软件与另一个系统或多种系统的硬件或软件的兼容能力，也就是系统间某些方面具有的并存性，即两个系统之间存在一定程度的通用性。兼容的程序可使机器承前启后，便于推广，也可减少工作量。因此这也是用户通常要考虑的特性之一。

7. RASIS 特性

可靠性（Reliability）、可用性（Availability）、可维护性（Serviceability）、完整性（Integrality）和安全性（Security）统称 RASIS 特性，它们是衡量计算机系统性能的五大功能特性。

可靠性表示计算机系统在规定的工作条件下和预定的工作时间内持续正确运行的概率。可靠性一般用无故障时间或平均故障间隔（Mean Time Between Failure，MTBF）衡量，MTBF 越大，系统可靠性越高。

可维护性表示系统发生故障后尽可能修复的能力，一般用平均修复时间（Mean Time To Repair，MTTR）表示，MTTR 越小，系统的可维护性越好。

8. 软件配置情况

软件配置情况直接影响微型计算机系统的使用和性能的发挥。通常应配置的软件有操作系统、计算机语言以及工具软件等，另外还可配置数据库管理系统和各种应用软件。

9. 性能价格比

性能是指机器的综合性能，包括硬件、软件的各种性能。价格指整个计算机系统的价格。显然，性能价格比值越大越好，它是客户对经济效益的选择依据之一。

2.2.4　微型计算机硬件组成

微型计算机简称微机，又称为个人电脑（PC），属于第四代计算机。微机的一个突出特点是利用大规模集成电路和超大规模集成电路技术，将运算器和控制器制作在一个集成电路芯片上（微处理器，即 CPU）。微机具有体积小、重量轻、功耗少、可靠性高、对使用环境要求低、价格便宜、易于成批量生产等特点，从而得以迅速普及、深入到当今社会的各个领域，是计算机发展史中又一个里程碑。图 2 - 5 是微型计算机（台式机、笔记本）的外型。

图 2 - 5　微型计算机外型

1. 微型计算机的基本结构

微型计算机硬件的系统结构与冯·诺依曼机在结构上无本质的差异，微处理器、主存储器、输入/输出接口之间采用总线连接。

微型计算机的结构如图 2 - 6 所示。

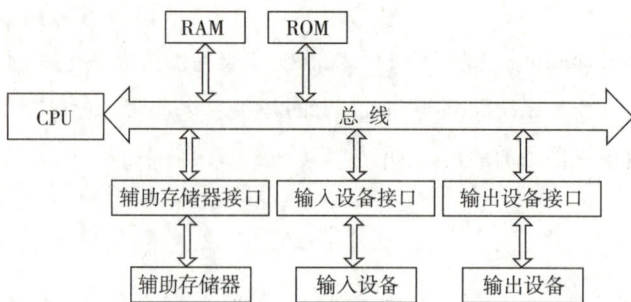

图 2 - 6　微型计算机的结构示意图

（1）微处理器　随着人类科学技术水平的发展和提高，20 世纪 60 年代末，半导体技术、微电子制作工艺有了突破性的发展，在此技术前提下，将计算机的运算器、控制器以及相关的部件集中制作在同一块大规模或超大规模集成电路上，即构成了整体的中央处理器（Central Processing Unit，CPU），由于处理器的体积大大减小了，故称为微处理器。习惯上把微处理器直接称为 CPU。

1971 年，Intel 公司研制推出的 4004 处理芯片，标志着微处理器的诞生，之后的 30 多年，微处理器不断向更高的层次发展，由最初的 4004 处理器（字长 4 位，主频 1MHz），发展到现在的双核、四核或十六核 CPU 等。

（2）系统总线　总线是将计算机各个部件联系起来的一组公共信号线。计算机采用总线结构形式，具有系统结构简单、系统扩展及更新容易、可靠性高等优点，但由于必须在部件之间采用分时传送操作，因而降低了系统的工作速度。微机的系统结构中，连接各个部件之间的总线称为系统总线。系统总线根据传送的信号类型可分为数据总线（Data Bus，DB）、地址总线（Address Bus，AB）和控制总线（Control Bus，CB）三部分。

①数据总线：用于传送数据信息。数据总线是双向三态形式的总线，它既可以把 CPU 的数据传送到存储器或 I/O 接口等其他部件，也可以将其他部件的数据传送到 CPU。数据总线的位数是微型计算机的一个重要标志，通常与微型计算机的字长相一致。例如 Intel 8086 微处理器字长 16 位，其数据总线宽度也是 16 位。需要指出的是，数据的含义是广义的，它可以是真正的数据，也可以是指令代码或状态信息，有时甚至是一个控制信息，因此，在实际工作中，数据总线传送的不一定是真正意义上的数据。

②地址总线：是专门用来传送地址的，由于地址只能从 CPU 传向外部存储器或 I/O 端口，所以地址总线总是单向三态的，这与数据总线不同。地址总线的位数决定了 CPU 可直接寻址的内存空间大小，比如 8 位微机的地址总线为 16 位，则其最大可寻址空间为 $2^{16}=64\mathrm{kB}$，16 位微机的地址总线为 20 位，可寻址空间为 $2^{20}=1\mathrm{MB}$。一般来说，若地址总线为 n 位，则可寻址空间为 2^n 字节。

注：单向指信息只能沿一个方向传送。三态指除了输出高、低电平状态外，还可以处于高阻抗状态（浮空状态）。高阻抗状态下，端口既不是输入状态，也不是输出状态，端口的绝缘电阻很高，不消耗功率，也不会引起逻辑错误，相当于断路状态，可让出总线供其他器件使用。

③控制总线：控制总线用来传送控制信号和时序信号。控制信号中，有微处理器送往存储器和 I/O 接口电路的，如读/写信号、片选信号、中断响应信号等；也有其他部件反馈给 CPU 的，比如中断申请信号、复位信号、总线请求信号、准备就绪信号等。因此，控制总线的传送方向由具体控制信号而定，一般是双向的；控制总线的位数要根据系统的实际控制需要而定。实际上控制总线的具体情况主要取决于 CPU。

2. 微型计算机的硬件组成

从外观上看，一套基本的微机硬件由主机箱、显示器、键盘、鼠标组成，还可增加一些外部设备，如打印机、扫描仪、音视频设备等。在主机箱内部，包括主板、CPU、内存、硬盘、光盘驱动器、各种接口卡（适配卡）、电源等。其中 CPU、内存是计算机结构的"主机"部分，其他部件与显示器、键盘、鼠标、音视频设备等都属于"外设"。对于计算机硬件的选购，不能只追求高配置、高性能，应根据用途考虑合理的性能价格比。如一般的办公应用，选用主流标准配置即可；音乐编辑创作，则要考虑选择高性能的音频处理部件；图像影视编辑制作，则要考虑选择图形处理器、大容量存储器、高端显示器、高性能显示卡等部件。

（1）主板　主板（Main Board）又称为系统板、母板或电脑板，是微机的核心连接部件。

NOTE

微机硬件系统的其他部件全部都是直接或间接通过主板相连接，主板实物如图 2-7 所示。

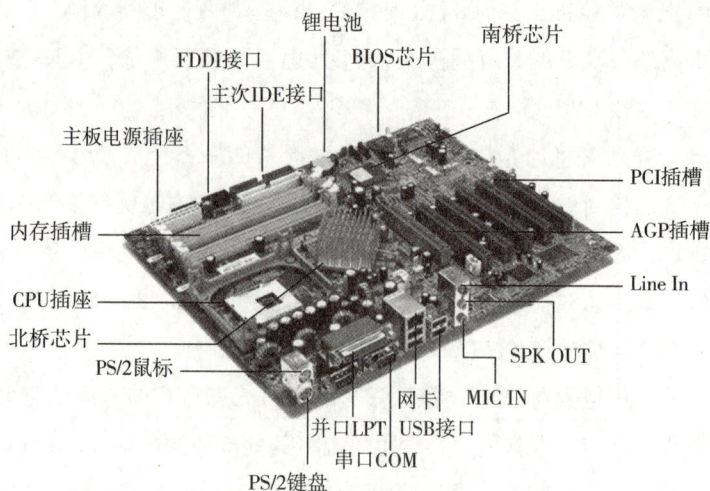

图 2-7 电脑主板实物

主板由以下几大部分组成：

①主板芯片组：主板芯片组（Chipset），也称为逻辑芯片组，是与 CPU 相配合的系统控制集成电路，一般为两个集成电路，用于接收 CPU 指令、控制内存、总线和接口等。主板芯片组通常分为南桥和北桥两个芯片。芯片所谓的南桥和北桥，是根据这两个电路芯片在主板所处的位置而约定俗成的称谓，将主板的背板端口向上放置，从地图方位的角度看，靠近 CPU、内存、布局位置上的芯片称为"北桥"；靠近总线、接口、布局位置下的芯片称为"南桥"。主板芯片组的主要品牌有：ASUS（华硕）、GIGABYTE（技嘉）、MSI（微星）、ASRock（华擎科技）、Colorful（七彩虹）、（ONDA）昂达等。

A. 北桥芯片组：北桥芯片组的作用是控制内存、CPU 和显示卡，一块主板的科技含量、技术指标、性能都在这部分芯片体现，可以说北桥芯片组是主板的灵魂。

B. 南桥芯片组：南桥芯片组的作用与北桥芯片组是不同的，南桥芯片常用来控制硬盘、PCI 总线及设备、USB 接口、AMR（Audio/Modem Riser，音频/Modem 扩展卡）接口和 CNR（Communication and Network Riser，通信与网络扩展卡）、提供 DMA66 的支持，提供温度监控和能源控制等功能。

AMR 和 CNR 通常在 AGP 插槽旁边或者在主板的最右侧。

②内存芯片：主板上还有一类用于构成系统内部存储器的集成电器，统称为内存芯片，主要是 ROM BIOS 芯片和 CMOS RAM 芯片。

A. ROM BIOS 芯片：ROM BIOS 芯片的作用非常大，该芯片中保存的指令是控制主板最基本的指令，包括各种设备的初始化、控制、启动等，可谓一发牵千军。令人畏惧的 CIH 病毒就是破坏 BIOS 中的数据，而使得主板无法进行任何工作。

同时，如果用户使用了新的硬件设备，更新 BIOS 的内容，也就是将这个芯片中的指令集更新，就可以支持新添置的设备了。

BIOS 芯片常见的品牌有 WINBOND、SST、ATMEL、Intel 等，但经常表面会粘有一片贴纸，上面常有 AWARD 的字样，这是因为 AWARD 是世界上最知名的 BIOS 指令编制公司，还有两家是 PHOENIX（已和 AWARD 合并）和 AMI。

B. CMOS RAM 芯片：CMOS RAM 芯片（CMOS 是一种制作工艺名称）用于存储不允许丢失的系统 BIOS 硬件配置信息，如硬盘驱动器类型、显示模式、内存大小和系统工作状态参数等。主板上安装有一块纽扣锂电池来保证 CMOS RAM 芯片的供电。

③CPU 接口和内存插槽：主板上的 CPU 插槽是一个方形的插座，不同型号的主板，其 CPU 接口的规格不同，接入的 CPU 类型也不同。从连接方式来看，有对应于 CPU 的 PGA（针栅阵列）和 LGA（栅格阵列）封装方式两种主流接口类型。主要有用来插 Intel 奔腾和赛扬芯片的 SOCKET 370 插槽，以及用来插 AMD 雷鸟和毒龙的 SOCKET462 插槽。不同的插座是不能混用的。

采用 PGA 方式封装的 CPU，对外电路的连接由几百个针脚组成，对应的 CPU 接口由对应数目的插孔组成；采用 LGA 方式封装的 CPU，取消了针脚，取代为一个个排列整齐的金属圆形触点，对应的 CPU 接口由对应数目的具有弹性的触须组成。

目前主流的内存插槽是双列直插存储器模块（Dual Inline Memory Module，DIMM）插槽（台式 PC），采用 DDR3 技术，有两列 240 个电路连接点，也叫 240 线插槽。

④IDE 设备及软驱接口：电子集成驱动器（Integrated Device Electronics，IDE，本意是指把控制器与盘体集成在一起的硬盘驱动器）接口，也叫高级技术附加装置（Advanced Technology Attachment，ATA）接口，用于将硬盘和光盘驱动器接入系统，采用并行数据传输方式，IDE 连接器有 40 根针。

目前诞生了许多优化的 IDE 传输模式，例如 DMA33、DMA66 和 DMA100 等，这些都提高了 IDE 的传输能力。注意 DMA66 和 DMA100 需要连接 80 线的连接线，但 IDE 插槽仍然是 40 针的，因为 DMA 线中有 40 条只是地线而已，所以不要误认为会有 80 针的 IDE 连接插槽。

目前性能更好、连接更方便的串行 ATA（Serial ATA，SATA）接口有逐步取代 IDE 接口的趋势。软驱接口一般也称为 Floppy 接口或 FDD 接口，用于将软盘驱动器接入系统，但软驱的作用如今越来越少了。

⑤I/O 扩展插槽：微机硬件系统是一个由复杂的电子元器件构成的组合设备，由于技术发展迅速、器件工艺造价等多方面因素的制约，多数元器件无法与 CPU 以同样的时钟频率工作，从而形成"瓶颈"现象。在实际的微机系统结构中，为了兼顾不同部件的特点，充分提高整机性能，采用了多种类型的总线。

A. 从连接范围、传输速度以及作用的对象，总线可分为以下几种。

a. 片内总线：是 CPU 内部各功能单元（部件）的连线，延伸到 CPU 外，又称 CPU 总线。

b. 前端总线（Front Side Bus，FSB）：是 CPU 连接到北桥芯片的总线。

c. 系统总线：主要指南桥芯片与 I/O 扩展插槽之间的连线。

B. 随着技术的不断改进，主要有下列几个总线标准。

a. 工业标准体系（Industry Standard Architecture，ISA）总线：主板上对应的 I/O 插槽称为 ISA 插槽，目前大部分芯片组已经将 ISA 插槽取消了。

b. 外围部件互联（Peripheral Component Interconnect，PCI）总线：主板上对应的 I/O 插槽称为 PCI 插槽，是目前微机主要的设备扩展接口之一，用于连接多种适配卡，如连接声卡、网卡、电视卡。因为目前的 PCI 接口卡很多，所以主板上数目最多的就是 PCI 插槽了，一般是 2~6 个。

c. 加速图像接口（Accelerated Graphics Port, AGP）：简称 AGP 插槽，是一种全新的图形处理器接口界面，它摆脱了原有的所有接口都需要附加在 PCI 总线上的设计。AGP 总线是一种直接与 CPU 沟通的总线，摆脱了 PCI 的束缚，AGP 的速度也很高，目前 AGP8×接口总线的传输速率可达到每秒 2.1GB 以上，对于处理大数据级的 3D 图像传输是最有利的。因为 AGP 目前只是一种专用的图像接口，所以只有 AGP 结构的显示卡，没有其他的 AGP 接口设备。

d. 调整外围部件互联（PCI Express, PCI - E）总线：是新一代的系统总线，采用串行传输方式，具有更高的速度。每个设备可以建立独立的数据传输通道，实现点对点的数据传输。目前主板上的 PCI - E 插槽专门用于连接显示适配卡。

⑥端口：端口（Port）是系统单元和外部设备的连接槽。部分端口专门用于连接特定的设备，如连接鼠标、键盘的 PS/2 端口。多数端口具有通用性，它们可以连接多种外设。

A. 串行口（Serial Port, 简称串口）：主要用于将鼠标、键盘、调制解调器等设备连接到系统单元。串行口以比特串的方式传输数据，适用于距离相对较长的信息传输。常用串口为 9 根针接口，串口最常连接外置的 Modem 或手写板等。

B. 并行口（Parallel Port, 简称并口）：用于连接需要在较短距离内高速收发信息的外部设备。在一个多导线的电缆上以字节为单位同时进行传输。并口常用来连接打印机，并口为 25 根针接口。

C. 通用串行总线接口（Universal Serial Bus, USB）：是串口和并口的替代技术。USB 接口能同时将多个设备连接到系统单元，这种接口除了速度快、兼容性好、可连接多个设备、可提供 5V 电源等优点以外，最大的优点是可以在计算机工作的时候插上或拔下，即支持热插拔技术，所以十分方便，为此越来越多的设备都开始使用 USB 接口来连接。例如摄像头、数码相机、MP3 播放器、扫描仪、打印机等都使用 USB 接口来连接，现在，包括鼠标、键盘等外部设备也越来越多地使用 USB 接口进行连接。USB1.1 标准的传输速率为 12Mb/s，USB2.0 标准的传输速率为 480Mb/s，USB3.0 标准的传输速率为 5Gb/s。

D. IEEE1394 接口：又称为"火线"接口（Firewire），是一种新的连接技术。目前主要用于连接高速移动设备和数码摄像机等。最高传输速率是 400Mb/s。

E. PS/2 接口：PS/2 接口仅能用于连接键盘和鼠标，PS/2 接口最大的好处就是不占用串口资源。一般情况下，主板都配有两个 PS/2 接口，上为鼠标接口，下为键盘接口，鼠标的接口为绿色，键盘的接口为紫色。PS/2 接口使用 6 脚母插座，1 脚为键盘/鼠标信号，3 脚为地线，4 脚为 +5V 电源，5 脚为键盘/鼠标时钟信号，2 脚和 6 脚空。

（2）CPU：CPU 是计算机系统中必备的核心部件，在微机系统中特指微处理器芯片。目前主流 CPU 一般是由 Intel 和 AMD 两个厂家生产的，在设计技术、工艺标准和参数指标上存在差异，但都能满足微机的运行需求。CPU 的外观如图 2 - 8 所示。

图 2 - 8 intel 酷睿 i7 和 AMD Athlon 正反面

通常把具有多个 CPU 能同时执行程序的计算机系统称为多处理机系统。依靠多个 CPU 同时并行地运行程序是实现超高速计算机的一个重要方向，称为并行处理。

CPU 的性能指标直接决定了由它构成的微型计算机系统的性能指标，其主要包含以下几个方面。

①主频：主频即时钟频率，通常又称 CPU 时钟速率（CPU Clock Speed），是 CPU 内核（整数和浮点运算器）电路的实际运行频率，也就是 CPU 运算时的工作频率。一般来说，主频越高，一个时钟周期内完成的指令数也越多，CPU 的运算速度也就越快。目前流行的 CPU 时钟频率单位是 GHz。

②外频：外频是 CPU 与周边设备在系统总线上传输数据的频率，具体是指 CPU 到芯片组之间的总线传输速度。

③倍频：起初并没有倍频这个概念，CPU 的主频和系统总线的速度是一样的，但 CPU 的速度越来越快，倍频技术也就应运而生。它可使系统总线工作在相对较低的频率上，而 CPU 的速度可以通过倍频来无限提升，因此 CPU 主频的计算方式变为：主频 = 外频 × 倍频。也就是说倍频是指 CPU 和系统总线之间相差的倍数，当外频不变时，倍频越高，CPU 主频也就越高。

④缓存：随着 CPU 主频的不断提高，它的处理速度也越来越快，其他设备根本赶不上 CPU 的速度，没办法及时将需要处理的数据交给 CPU。于是，高速缓存便出现在 CPU 上，当 CPU 在处理数据时，高速缓存就用来存储一些常用或即将用到的数据或指令，当 CPU 需要这些数据或指令的时候直接从高速缓存中读取，而不用再到内存甚至硬盘中去读取，如此一来可以大幅度提升 CPU 的处理速度。缓存（Cache）可分一级缓存（L1 Cache）和二级缓存（L2 Cache），部分高端 CPU 还具有三级缓存（L3 Cache），从而大大提高 CPU 的处理速度。

⑤字长：字长是 CPU 处理数据时一次能够处理的最大二进制位数，如 32 位、64 位，即字长为 32 位、64 位。字长主要影响计算机的精度和速度。例如，CPU 的字长为 32 位，也就意味着它每执行一条指令可以处理 32 位二进制数据。显然，字长越长，CPU 可同时处理的数据位数越多，CPU 的功能就越强，工作速度就越快，性能也就越高，但其内部结构就越复杂。

（3）存储器　存储器（Memory）是计算机的重要组成部件，使计算机系统具有极强的"记忆"能力，能够把大量计算机程序和数据存储起来。有了它，计算机才能"记住"信息，并按程序的规定自动运行。

存储器按功能可分为主存储器（简称主存）和辅助存储器（简称辅存）。主存是相对存取速度快而容量小的一类存储器，辅存则是相对存取速度慢而容量很大的一类存储器。

主存储器也称为内存储器（简称内存），内存直接与 CPU 相连接，是计算机中主要的工作存储器，当前运行的程序与数据存放在内存中。内存是电脑中的主要部件，它是相对于外存而言的。我们平常使用的程序，如 Windows 操作系统、聊天软件、游戏软件等，一般都是安装在硬盘等外存上的，但仅此是不能使用其功能的，必须把它们调入内存中运行，才能真正使用其功能。内存的特点是存取速率快，通常我们把要永久保存的、大量的数据存储在外存上，而把一些临时的或少量的数据和程序放在内存上，内存的好坏会直接影响计算机的运行速度。

辅助存储器也称为外存储器（简称外存），计算机执行程序和加工处理数据时，外存中的信息按信息块或信息组先送入内存后才能使用，即计算机通过外存与内存不断交换数据的方式

NOTE

使用外存中的信息。

一个存储器所包含的字节数称为该存储器的容量，简称存储容量。存储容量通常用 kB、MB、GB 或 TB 表示。

随着 CPU 速度的不断提高和软件体量的不断扩大，人们希望存储器能同时满足速度快、容量大、价格低的要求。但实际上这一点很难办到，解决这一问题的较好方法是，设计一个快慢搭配、具有层次结构的存储系统。图 2 - 9 显示了微机存储系统的层次结构。它呈现金字塔形结构，越往上存储器件的速度越快，CPU 的访问频度越高；同时，每位存储容量的价格也越高，系统的拥有量越小。从图中可以看到，CPU 中的寄存器位于该塔的顶端，有最快的存取速度，但数量极为有限；向下依次是 CPU 内的 Cache（高速缓冲存储器）、主板上的 Cache（由 SRAM 组成）、主存储器（由 DRAM 组成）、辅助存储器（半导体盘、磁盘）和大容量辅助存储器（光盘、磁带）；位于塔底的存储设备，其容量最大，每位存储容量的价格最低，但速度可能也是较慢或最慢的。

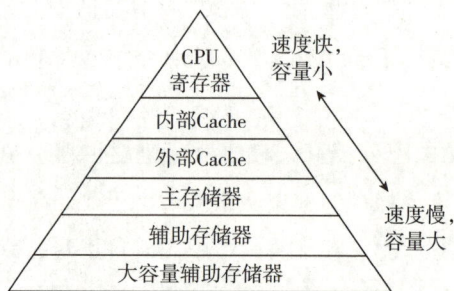

图 2 - 9   微机存储系统的层次结构

现代微型计算机中的内存储器，一般使用半导体存储器，而外存储器主要采用硬磁盘、光盘、磁带等。

①内存储器：由于半导体存储器具有存取速度快、集成度高、体积小、功耗低、应用方便等优点，一般广泛地用作微型计算机的内存储器。按存取方式分类，可以分为随机存取存储器（Random Access Memory，RAM）和只读存储器（Read Only Memory，ROM）两大类。

A. 随机存取存储器：RAM 也称读/写存储器，即 CPU 在运行过程中能随时进行数据的读出和写入。这种存储器用于存放用户装入的程序、数据及部分系统信息（如操作系统、各种应用软件、输入数据、输出数据、中间计算结果以及与外存交换的信息等）。由于 RAM 用半导体器件组成，依赖电容器存储数据，一旦断电，信息就会丢失，所以不能永久保留。通常人们所说的微机内存容量就是指 RAM 存储器的容量，一款 DDR3 内存条的正面和反面如图 2 - 10 所示，内存在主板上固定好后的效果如图 2 - 11 所示。

B. 只读存储器：ROM 是只能读出而不能随意写入信息的存储器。ROM 中的内容是由厂家制造时用特殊方法写入的，或者要利用特殊的写入器才能写入。ROM 中的信息只能被 CPU 随机读取，而不能由 CPU 任意写入。当计算机断电后，ROM 中的信息不会丢失。当计算机重新被加电后，其中的信息保持不变，仍可被读出。ROM 适宜那些固定不变、不需修改的程序和数据，如存放计算机启动的引导程序、启动后的检测程序、系统最基本的输入输出程序、时钟控制程序以及计算机的系统配置和磁盘参数等重要信息。

图 2－10　一款 DDR3 内存条的正面和反面

图 2－11　内存在主板上固定好后的效果

②外存储器：微机常用的外存储器是软磁盘（简称软盘）、硬磁盘（简称硬盘）和光盘，下面介绍常用的几种外存。

A. 软盘。目前计算机常用的软盘按尺寸划分有 5.25 英寸盘（简称 5 存盘）和 3.5 英寸盘（简称 3 寸盘），软盘使用塑料盘片，因其容量小、易损坏，现已被淘汰。

B. 硬盘。从数据存储原理和存储格式上看，硬盘与软盘完全相同。但硬盘的磁性材料是涂在金属、陶瓷或玻璃制成的硬盘基片上，而软盘的基片是塑料的。硬盘相对软盘来说，存储空间比较大，现在的硬盘容量可以达到 1TB 以上。硬盘的外观以及内部构造如图 2－12 所示。

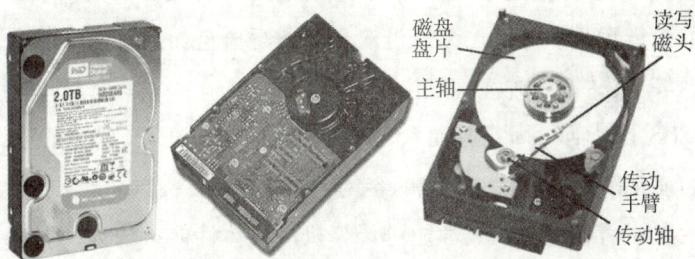

图 2－12　硬盘的外观以及内部构造

硬盘大多由多个盘片组成，此时，除了每个盘片要分为若干个磁道和扇区以外，多个盘片表面的相应磁道将在空间上形成多个同心圆柱面，结构如图 2－13 所示。

NOTE

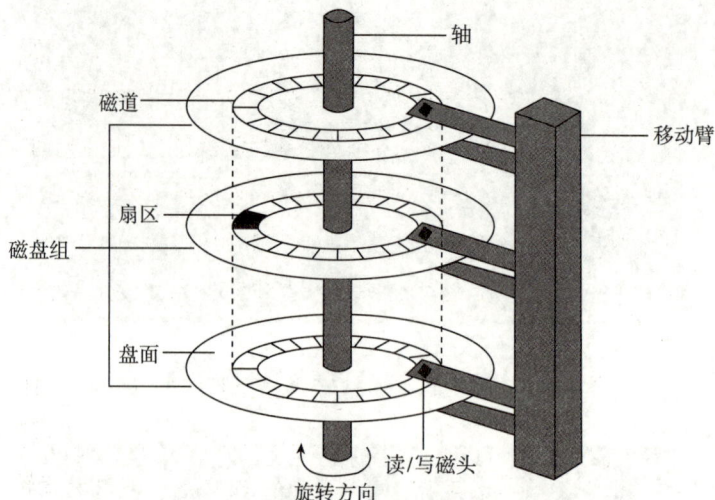

图 2 – 13　硬盘结构示意图

a. 硬盘的物理结构包含以下几个方面。

◆磁头：磁头是硬盘中最昂贵的部件，也是硬盘技术中最重要和最关键的一环。硬盘的读、写是两种截然不同的操作，传统的磁头是读写合一的电磁感应式磁头，在设计上有局限性。目前常见的 MR 磁头（Magneto Resistive heads），即磁阻磁头，采用的是读写分离式磁头结构，即感应写、磁阻读，可以针对读写的不同特性分别进行优化，另外，MR 磁头是通过阻值变化而不是电流变化去感应信号幅度，因而对信号变化相当敏感，读取数据的准确性也相应提高。而且由于读取的信号幅度与磁道宽度无关，故磁道可以做得很窄，从而提高了盘片密度。

◆磁道：当磁盘旋转时，磁头若保持在一个位置上，则每个磁头都会在磁盘表面画出一个圆形轨迹，这些圆形轨迹就叫作磁道。这些磁道用肉眼是根本看不到的，因为它们仅是盘面上以特殊方式磁化了的一些磁化区，磁盘上的信息便是沿着这样的轨道存放的。相邻磁道之间有一定距离，这是因为磁化单元相隔太近时磁性会相互产生影响，同时也为磁头的读写带来困难。

◆扇区：磁盘上的每个磁道被等分为若干个弧段，这些弧段便是磁盘的扇区，一般每个扇区可以存放 512 个字节的信息，磁盘驱动器在向磁盘读取和写入数据时，要以扇区为单位。

◆柱面：硬盘通常由重叠的一组盘片构成，每个盘面都被划分为数目相等的磁道，并从外缘的"0"开始编号，具有相同编号的磁道形成一个圆柱，称之为磁盘的柱面。磁盘的柱面数与一个盘单面上的磁道数是相等的。无论是双盘面还是单盘面，由于每个盘面都有自己的磁头，因此，盘面数等于总的磁头数。

所谓硬盘的 CHS，即 Cylinder（柱面）、Head（磁头）、Sector（扇区），只要知道了硬盘的 CHS 的数目，即可确定硬盘的容量，硬盘的容量 = 柱面数 × 磁头数 × 扇区数 × 512B。

b. 硬盘作为主要的存储设备，其性能对计算机的整体性能有较大的影响，以下是几个主要的性能指标。

◆容量：作为计算机系统的数据存储器，容量是硬盘最主要的参数。硬盘的存储容量较大，以 GB 和 TB 为单位，目前，硬盘的容量一般在数百 GB 到数 TB 之间，硬盘的容量越大越好，但是容量越大，价格越高。

◆转速：转速是硬盘内电机主轴的旋转速度，它决定硬盘内部数据传输速率，在很大程度上决定了硬盘的速度，也是表示硬盘档次的重要标志，硬盘的转速越快，硬盘寻找文件的速度也就越快，相应地也提高了硬盘的传输速度。硬盘转速以每分钟多少转来表示，单位表示为RPM（Revolutions Per Minute），RPM值越大，内部传输率就越快，访问时间就越短，硬盘的整体性能也就越好。家用的普通硬盘转速一般有5400rpm、7200rpm两种。

◆平均访问时间：硬盘的平均访问时间是指磁头从起始位置到达目标磁道位置，并且从目标磁道上找到要读写的数据扇区所需的时间。平均访问时间体现了硬盘的读写速度，它包括了硬盘的寻道时间和旋转延迟时间。

平均寻道时间是指硬盘的磁头移动到盘面指定磁道所需的时间。这个时间当然越小越好，目前硬盘的平均寻道时间通常在8～12ms，而SCSI硬盘则应小于或等于8ms。

旋转延迟时间，是指磁头已处于要访问的磁道，等待要访问的扇区旋转至磁头下方的时间。平均旋转延迟为盘片旋转一周所需时间的一半，一般应在4ms以下。

◆数据传输率：硬盘的数据传输率是指硬盘读写数据的速度，单位为兆字节每秒（MB/s）。硬盘数据传输率又包括了内部数据传输率和外部数据传输率。

内部传输率反映了硬盘缓冲区未用时的性能，主要依赖于硬盘的旋转速度。

外部传输率指的是系统总线与硬盘缓冲区之间的数据传输率，外部数据传输率与硬盘接口类型和硬盘缓存的大小有关。

硬盘接口是硬盘与主机之间的连接部件，直接影响着硬盘的最大外部数据传输速度。主要接口类型有IDE、SATA、SCSI和光纤通道4种。

缓存是硬盘控制器上的一块内存芯片，具有极快的存取速度，它是硬盘内部存储和外界接口之间的缓冲器。由于硬盘的内部数据传输速度和外界介质传输速度不同，缓存在其中起到一个缓冲的作用。缓存的大小与速度是直接关系硬盘传输速度的重要因素，能够大幅度地提高硬盘整体性能。当硬盘存取零碎数据时需要不断地在硬盘与内存之间交换数据，有大缓存则可以将那些零碎数据暂存在缓存中，减小外系统的负荷，也提高了数据的传输速度。

C. 固态硬盘（Solid State Disk 或 Solid State Drive，简称SSD），也称作电子硬盘或者固态电子盘（图2-14）。是由控制单元和固态存储单元（DRAM 或 FLASH 芯片）组成的硬盘。固态硬盘的存储介质分为两种，一种是采用闪存（FLASH 芯片）作为存储介质，另一种是采用DRAM作为存储介质，目前绝大多数固态硬盘采用的是闪存介质。存储单元负责存储数据，控制单元负责读取、写入数据。由于固态硬盘没有普通硬盘的机械结构，也不存在机械硬盘的寻道问题，因此系统能够在低于1ms的时间内对任意位置存储单元完成输入/输出操作。

a. 固态硬盘相比机械硬盘具有以下优点：

◆存取速度快。固态硬盘没有磁头，采用快速随机读取，延迟极小，无论是启动系统还是运行大型软件，固态硬盘的速度相比主流机械硬盘都有了质的飞跃。

◆防震抗摔。固态硬盘内部不存在任何机械活动部件，不会发生机械故障，也不怕碰撞、冲击、振动。这样即使在高速移动甚至伴随翻转倾斜的情况下也不会影响正常使用，而且在笔记本电脑发生意外掉落或与硬物碰撞时能够将数据丢失的可能性降到最小。

◆发热低、零噪声。由于没有机械马达，闪存芯片发热量小，工作时噪声值为0分贝。

◆体积小。相比传统的机械硬盘，固态硬盘体积更小、重量更轻，更方便携带。

NOTE

图 2 – 14   固态硬盘

b. 固态硬盘缺点如下：

◆ 成本高，容量小。相比机械硬盘，一般的固态硬盘容量小得多。价格方面也较昂贵，目前一个固态硬盘的价格是机械硬盘的 3 ~ 5 倍。

◆ 寿命相对短。一般闪存的固态硬盘写入寿命为 1 万 ~ 10 万次，特制的可达 100 万 ~ 500 万次，但固态硬盘在系统的写入上会很容易超过这个数量。

◆ 可靠性相对低。固态硬盘数据损坏后是难以修复的，目前的数据修复技术基本不可能在损坏的芯片中恢复数据，而在机械硬盘中还能挽回一些数据。

随着用户对固态硬盘需求的扩大、闪存芯片制作工艺的提升与技术的成熟，硬盘价格会降低，寿命也会大大增加。在未来一段时间固态硬盘将与机械硬盘共存，但最终固态硬盘会取代机械硬盘的。

D. 光盘：随着多媒体技术的推广，光盘以其容量大、寿命长、成本低的特点，很快受到人们的欢迎，普及相当迅速。与磁盘相比，光盘是通过光盘驱动器中的光学头用激光束来读写的。用于计算机系统的光盘主要有只读光盘（CD – ROM）、一次写入光盘 CD – R（CD – Recorder 或 CD – Recordable）、可擦写光盘 CD – RW（CD – ReWritable）、DVD 光盘和蓝光光盘（Blue – ray Disc）。光盘与光盘驱动器如图 2 – 15 所示。

图 2 – 15   光盘与光盘驱动器

光驱依靠激光的投射与反射原理来实现数据的存储与读取。光驱的主要技术指标是倍速。光驱信息读取的速率标准是 150kB/s，光驱的读写速率 = 速率 × 速率倍速系数，如 40 倍速光驱，是指光驱的读取速率为 150kB/s × 40 = 6000kB/s。目前常用的光驱倍速是 8 倍速、16 倍速、24 倍速、40 倍速、48 倍速、52 倍速。

刻录机用光盘可分为 CD – R 光盘和 CD – RW 光盘两种。CD – R 只能一次写入资料，CD – R 刻录机的读取速度一般为 40 倍速、48 倍速、52 倍速或更高，而写入速度通常为 16 倍速或

40 倍速；CD – RW 盘片可以反复多次刻录资料，但擦写次数一般都是有限的。

DVD 技术在标准确认之初的全名为 Digital Video Disc，因 DVD 的涵盖规模已超过当初设定的视频播映范围，因此后来又有人提出了新的名称：Digital Versatile Disc，意即用途广泛的数字化存储光盘媒体，可译为"数字多功能光盘"或"数字多用途光盘"。它集计算机技术、光学记录技术和影视技术等为一体，其目的是满足人们对大存储容量、高性能存储媒体的需求。DVD 光盘不仅已在音/视频领域得到广泛应用，而且将会带动出版、广播、通信等行业的发展。

E. 移动存储器：移动存储器体积小、容量大、读写速度快、操作简单，不需要专门的驱动器，使用方便。常见的移动存储器有闪速存储器（Flash Memory，简称 U 盘）和移动硬盘两种，如图 2 – 16 所示。

a. U 盘：也称为优盘或闪盘，存储量从 2GB 到 256GB 级之间，通过微机的 USB 接口连接，可以带电热插拔。U 盘中无任何机械式装置，抗震性能极强。因其具有操作简单、携带方便、容量大、用途广泛的优点，正在成为最便携的存储器件。

b. 移动硬盘：体积稍大，携带方便，而且容量比 U 盘更大，一般在数百 GB 到数 TB，可以满足大量数据的存储和备份，也逐渐成为重要的数据存储设备。

图 2 – 16　移动存储器

（4）输入设备　输入设备是向计算机输入数据和信息的设备，是用户和计算机系统之间进行信息交换的主要装置之一。计算机能够接收各种各样的数据，既可以是数值型的数据，也可以是各种非数值型的数据，如图形、图像、声音等都可以通过不同类型的输入设备输入到计算机中，因此输入设备有鼠标、摄像头、扫描仪、光笔、手写输入板、游戏杆、语音输入装置等。

① 键盘：键盘是字符和数字的输入装置，是一种最基本的常用设备。键盘的种类繁多，目前常见的有 101 键、102 键和 104 键的键盘，键盘的基本形状如图 2 – 17 所示。键盘可划分为主键盘区、功能键区、光标控制键区、数字小键盘键区。有些厂家还增加一些特殊的功能键，比如上网键、关机键等等。

主键盘区：也称为打字键区，一般与通常的英文打字机键相似，包括字母键、数字键、符号键和控制键等。其中，控制键又有"Shift"键、字母锁定键"CapsLock"、制表键"Tab"、退格键"Backspace"、回车键"Enter"、空格键、换码键"Esc"、控制组合键"Ctrl"和"Alt"、Windows 徽标键等组成。

功能键区：功能键 F1 ~ F12 也称可编程序键，可以编制一段程序来设定每个功能键的功能，不同的软件可赋予功能键不同的功能。

NOTE

光标控制键区：也称编辑控制键区，包括删除键"Delete"、插入键"Insert"、暂停键"Pause"、屏幕复制键"PrintScreen"等。

小键盘数字键区：主要用于数字的连续输入和其他的控制操作。

图 2-17　键盘

② 鼠标：鼠标是一种流行的输入设备，它可以方便准确地移动光标进行定位，因其外形酷似老鼠而得名。

目前常用的鼠标为光电式鼠标。其对光标进行控制的是鼠标底部的两个平行光源，当鼠标在特殊的光电板上移动时，光源发出的光经反射后转化为移动信息，控制光标移动。光电鼠标不容易磨损、能在大部分的物体表面上工作。

比较新颖的鼠标有无线鼠标和3D振动鼠标。无线鼠标使用户摆脱了电线的束缚，操作空间更加自由，只要无线鼠标和主机的距离在有效距离（数米）之内，即可正常工作。无线鼠标如图 2-18 所示。3D振动鼠标是一种新型的鼠标器，它不仅可以当作普通鼠标器使用，而且具有全方位立体控制能力和振动功能，即触觉回馈功能。

常用的有双键和三键鼠标，还有在双键鼠标的两键中间设置了一个或两个（水平、垂直）滚轮，滑动滚轮为快速浏览屏幕窗口信息提供了方便。

③ 扫描仪：扫描仪是一种计算机外部仪器设备，通过捕获图像并将之转换成计算机可以显示、编辑、存储和输出的数字化输入设备，如图 2-19 所示。对照片、文本页面、图纸、美术图画、照相底片，甚至纺织品、标牌面板、印制板样品等三维对象都可作为扫描对象，提取和将原始的线条、图形、文字、照片、平面实物转换成可以编辑及加入文件中的装置。

图 2-18　无线鼠标外观

图 2-19　扫描仪

扫描仪对目标进行光学扫描，然后将光学图像传送到光电转换器中变为模拟电信号，又将模拟电信号变换成为数字电信号，最后通过计算机接口送至计算机中。在扫描仪获取图像的过程中，有两个元件起到关键作用，一个是电荷耦合器件（Charge Coupled Device，CCD），它将光信号转换成为电信号；另一个是模数（A/D）变换器，它将模拟电信号变为数字电信号。这两个元件的性能直接影响扫描仪的整体性能。

分辨率是扫描仪最主要的技术指标，它表示扫描仪对图像细节的表现能力，即决定了扫描仪所记录图像的细致度，其单位为 PPI（Pixels Per Inch）。通常用每英寸长度上扫描图像所含有像素点的个数来表示。目前大多数扫描仪的分辨率在 300～2400PPI。PPI 数值越大，扫描的分辨率越高，在一定范围内，扫描图像的品质越高。

灰度级表示图像的亮度层次范围。级数越多扫描仪图像亮度范围越大、层次越丰富，目前多数扫描仪的灰度为 256 级。

色彩位数表示彩色扫描仪所能产生颜色的范围。通常用表示每个像素点颜色的数据位数即比特位（bit）表示，越多的比特位数可以表现越复杂的图像信息。

此外，扫描速度也能体现扫描仪的性能差异。扫描速度与分辨率、内存容量、存取速度以及显示时间、图像大小有关，通常用指定分辨率和图像尺寸下的扫描时间来表示。

④ 手写笔：手写笔一般都由两部分组成，一部分是与电脑相连的写字板，另一部分是在写字板上写字的笔。手写板上有连接线，接在电脑的串口，有些还要使用键盘孔获得电源，即将其上面的键盘口的一头接键盘，另一头接电脑的 PS/2 输入口。现在的手写笔内安装了电池并采用了一些特殊技术，不需要连接到写字板，称为无线手写笔。

因为不需要学习输入法，手写笔对于不喜欢使用键盘或者不习惯使用中文输入法的人来说是非常有用的。手写笔还可以用于精确制图，例如可用于电路设计、CAD 设计、图形设计、自由绘画等。

⑤ 数码相机：数码相机是一种利用电子传感器把光学影像转换成电子数据的照相机，它的出现改变了以往将图像输送到计算机的方法，拍摄的照片自动存储在相机内部的芯片或者存储卡中，然后可通过一根串口缆线，USB 缆线或者存储媒介本身输入到计算机中。数码相机如图 2－20 所示。

数码相机的主要技术指标有 CCD 最大像素、变焦、镜头孔径和存储卡容量等。

⑥ 数码摄像机：数码摄像机进行工作的基本原理简单地说就是光－电－数字信号的转变与传输。即通过感光元件将光信号转变成电流，再将模拟电信号转变成数字信号，由专门的芯片进行处理和过滤后得到的信息还原出来就是我们看到的动态画面了。数码摄像机如图 2－21 所示。

图 2－20　数码相机　　　　　　　　　　图 2－21　数码摄像机

按使用用途，数码摄像机可分为广播级机型、专业级机型、消费级机型，按存储介质可分

NOTE

为磁带式、光盘式、硬盘式、存储卡式。

此外，触摸屏、麦克风、摄像头等也作为输入设备被广泛应用于计算机。

（5）**输出设备**　输出设备是计算机的终端设备，用于把各种计算结果数据或信息以数字、字符、图像、声音等形式表示出来。常见的有显示器、打印机、绘图仪、影像输出系统、语音输出系统、磁记录设备等。

① 显示器和显示适配卡：显示器又称监视器（Monitor），是计算机系统最常用的输出设备，它的类型很多，根据显像管的不同可分为三种类型：阴极射线管（CRT）显示器、液晶（LCD）显示器和发光二极管（LED）显示器。显示器的外观如图 2 - 22 所示。

图 2 - 22　阴极射线管（CRT）显示器和液晶（LCD）显示器外观

目前常用的显示器是 LCD 显示器，即液晶显示器，优点是机身薄，占地小，辐射小。在显示器内部有很多液晶粒子，它们有规律地排列成一定的形状，并且它们的每一面的颜色都不同，分为红色、黄色、蓝色。这三原色能还原成任意的其他颜色，当显示器收到显示数据的时候会控制每个液晶粒子转动到不同颜色的面，来组合成不同的颜色和图像。

此外，随着技术的发展，新一代 LED 显示器正在迅速崛起，它是一种通过控制半导体发光二极管的显示方式来显示各种信息的显示屏幕。LED 显示器以其色彩鲜艳、动态范围广、亮度高、寿命长、工作稳定可靠等优点，成为最具优势的新一代显示媒体。

衡量显示器好坏主要有两个重要指标：一个是像素点距，另一个是分辨率。

A. 点距：点距是相邻像素中两个颜色相同的磷光体间的距离。点距越小，显示出来的图像越细腻。目前，多数显示器至少都采用了 0.22 ~ 0.39mm 的点距。对于 LCD 显示器，点距是在 0.255 ~ 0.294mm。

B. 分辨率：分辨率就是屏幕图像的密度，我们可以把它想象成是一个大型的棋盘，而分辨率的表示方式就是每一条水平线的数据乘上垂直线的数据。以 1024 × 768 的分辨率来说，指在水平方向上有 1024 个像素，在垂直方向上有 768 个像素。乘积越大，分辨率就越高，图像就越清晰。即单位面积的像素越多，分辨率越高，显示的字符或图形也就越清晰。常用的分辨率有 1024 × 768 像素、1280 × 1024 像素等。

显示适配卡简称显示卡或显卡，是微机与显示器之间的一种接口卡。显示器必须配置正确的显卡才能构成完整的显示系统。显卡主要用于处理图形数据并传输给显示器而控制显示器的数据组织方式。显卡的性能决定显示器的成像速度和效果。

图 2 - 23 所示为一款某型号显示卡的外观。

图 2 - 23　某显示卡的外观

目前主流的显卡是具有 2D、3D 图形处理功能的 AGP 接口或 PCI - E 接口的显卡,由图形加速芯片(Graphics Processing Unit,图形处理单元,简称 GPU)、随机存取存储器(显存或显示卡内存)、数据转换器、时钟合成器以及基本输入/输出系统五大部分组成。

显示内存(简称显存)是待处理的图形数据和处理后的图形信息的暂存空间,显存容量有 512MB、1 ~ 8GB 等。

② 声频卡与音响:声频卡(Sound Card 或 Audio Frequency Interface)也叫声卡。它是计算机进行声音处理的适配器,即把电脑的数字信号转换成我们能听到的模拟信号用的。音响主要用于声音的输出,让用户可以听到美妙动听的声音效果。声卡和音响的外观如图 2 - 24 所示。

图 2 - 24　声卡和音响的外观

声卡有三个基本功能:一是音乐合成发音功能;二是混音器(Mixer)功能和数字声音效果处理器(DSP)功能;三是模拟声音信号的输入和输出功能。声卡处理的声音信息在计算机中以文件的形式存储。声卡工作应有相应的软件支持,包括驱动程序、混频程序(Mixer)和播放程序等。

③ 打印机:打印机也是计算机系统中常用的输出设备,可以分为撞针式(击打式)和非撞针式(非击打式)两种。

目前我们常用的打印机有点阵打印机、喷墨打印机和激光打印机三种。

A. 点阵打印机:又称为针式打印机,有 9 针、12 针和 24 针三种。针数越多,针距越密,打印出来的字就越美观。目前针式打印机主要应用于银行、税务、商店等票据打印。

B. 喷墨打印机:它是通过喷墨管将墨水喷射到普通打印纸上而实现字符或图形的输出,

NOTE

主要优点是打印精度较高、噪声低、价格便宜；缺点是打印速度慢，由于墨水消耗量大，使日常维护费较高。

C. 激光打印机：激光打印机由于具有精度高、打印速度快、噪声低等优点，已越来越成为办公自动化的主流产品。激光打印机的一个重要指标就是 DPI（每英寸点数），即分辨率。分辨率越高，打印机的输出质量就越好。

衡量打印机好坏的指标有三项，即打印分辨率、打印速度和噪声。常见的打印机如图 2 - 25 所示。

图 2 - 25   针式打印机、喷墨打印机、激光打印机外观

④ 绘图仪：绘图仪也是常用输出设备，绘图仪在绘图软件的支持下可以在绘图纸上绘制精确度较高的图形，是各种计算机辅助设计与计算机辅助制造不可缺少的工具。绘图仪一般是由驱动电机、插补器、控制电路、绘图台、笔架、机械传动等部分组成。绘图仪除了必要的硬设备外，还必须配备丰富的绘图软件。只有软件与硬件结合起来，才能实现自动绘图。绘图仪的性能指标主要有绘图笔数、图纸尺寸、分辨率、接口形式及绘图语言等。目前常见的绘图仪有笔架绘图仪、喷墨绘图仪和激光绘图仪等。

（6）机箱   机箱是计算机的外壳，从外观上可分为卧式和立式两种。机箱一般包括外壳、用于固定软硬驱动器的支架、面板上必要的开关、指示灯和显示数码管等。配套的机箱内还有电源。

通常在主机箱的正面都有电源开关 Power 和 Reset 按钮，Reset 按钮用来重新启动计算机系统（有些机器没有 Reset 按钮）。在主机箱的正面都有一个或两个软盘驱动器的插口，用来安装软盘驱动器。此外，通常还有一个光盘驱动器插口。

在主机箱的背面配有电源插座，用来给主机及其他的外部设备提供电源。一般 PC 都有一个并行接口和两个串行接口，并行接口用于连接打印机，串行接口用于连接鼠标、数字化仪器等串行设备。另外，通常 PC 还配有一排扩展卡插口，用来连接其他外部设备。

2.3   计算机软件系统

2.3.1   软件基础知识

计算机软件是计算机的灵魂，它可以对硬件进行管理、控制和维护，只有硬件没有软件的计算机，称为"裸机"。软件是用户与硬件之间的接口界面，用户主要是通过软件与计算机进行交流，软件是计算机系统设计的重要依据。

为了方便用户，使计算机系统具有较高的总体效用，在设计计算机系统时，必须全局考虑软件与硬件的结合，以及用户要求和软件要求。计算机软件由程序、数据和有关的文档组成，程序是指令序列符号的表示，文档是软件开发过程中建立的技术资料，程序是软件的主体。现在人们使用的计算机都配备了各式各样的软件，软件的功能越强，使用起来越方便。

软件系统一般由系统软件和应用软件组成（图 2 – 26）。系统软件更为通用，通常是独立于应用的，用来处理以计算机为中心的任务，支持基本的计算机功能，如操作系统。而应用软件主要用来完成面向用户的某些特定应用，诸如股票和超市收银系统等。

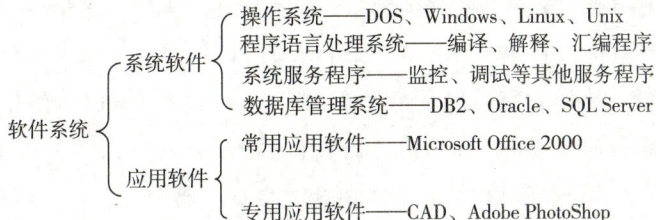

```
                    ┌ 系统软件 ┌ 操作系统——DOS、Windows、Linux、Unix
                    │          │ 程序语言处理系统——编译、解释、汇编程序
                    │          │ 系统服务程序——监控、调试等其他服务程序
        软件系统 ───┤          └ 数据库管理系统——DB2、Oracle、SQL Server
                    │          ┌ 常用应用软件——Microsoft Office 2000
                    └ 应用软件 ┤
                               └ 专用应用软件——CAD、Adobe PhotoShop
```

图 2 – 26　软件的分类

1. 常用系统软件

系统软件是负责管理计算机系统中各种独立的硬件，使它们可以协调工作。系统软件使计算机使用者和其他软件将计算机当作一个整体而不需要顾及每个硬件是如何工作的。主要有操作系统、软件开发环境以及一系列基本的工具，如编译器、诊断工具、驱动管理、网络连接等软件。

（1）操作系统　操作系统是管理计算机硬件与软件资源的程序，是底层的系统软件，同时也是计算机系统的内核与基石。操作系统身负管理与配置内存、决定系统资源供需的优先次序、控制输入与输出设备、操作网络与管理文件系统等基本事务，使计算机系统所有资源最大限度地发挥作用。操作系统也提供一个让用户与系统交互的操作接口，为用户提供方便的、有效的、友善的服务界面。

目前流行的操作系统有 Windows、Linux、Unix 等。

（2）编程语言　编程语言是指一组由关键字和语法规则构成，计算机可以最终处理或执行的指令。编程语言可以分为低级语言和高级语言。

① 低级语言：低级语言通常包括特定 CPU 或微处理器系列特有的命令。低级语言要求程序员为底层的计算机硬件编写指令，即为特定的硬件（如处理器、寄存器和内存）编写指令。低级语言包含机器语言和汇编语言。

机器语言实际上是由二进制代码"1"和"0"组成的机器指令，执行速度快，效率高。但机器语言的缺点是程序编写麻烦、难度大、修改调试都不方便。

汇编语言是为了解决机器语言难认、难记等缺点，采用一些能反映指令功能的助词符号来代替机器指令的符号语言，虽然如此，用汇编语言编程仍然有复杂、可移植性差等缺点。汇编语言常用于编写一些系统软件，如编译器、设备驱动程序等。

② 高级语言：高级语言是一种独立于机器的算法语言。其表达方式接近人们日常使用的自然语言和数学表达式，并且有一定的语法规则。高级语言编写的程序运行要慢一些，但是编程简单易学、可移植性好、可读性强。常见的高级语言有 C、C + +、C#、Java 等。

除机器语言以外，采用其他程序设计语言编写的程序，计算机都不能直接运行，这种程序被称为源程序，必须将源程序翻译成等价的机器语言程序，即目标程序，才能被计算机识别和执行。承担把源程序翻译成目标程序工作的是语言处理程序。

将汇编语言程序翻译成目标程序的语言处理程序，称为汇编程序。将高级语言程序翻译成目标程序有两种方式：解释方式和编译方式，对应的语言处理程序也就是解释程序和编译程序。

解释程序：接受用某种程序设计语言（如 Basic 语言）编写的源程序，然后对源程序的每个语句逐句进行解释并执行，最后得出结果。

编译程序：将用高级语言所编写的源程序翻译成与之等价的用机器语言表示的目标程序，其翻译过程称为编译。编译后与子程序库链接，形成一个完整的可执行程序。这种方式较费时，但可执行程序运行速度很快。如 C 语言就采用这种方法。

（3）数据库系统　数据库是存储在一起的相关数据的集合。它的特点是数据结构化，无有害或不必要的冗余，并为多种应用服务；数据的存储独立于使用它的程序；对数据库插入新数据，修改和检索原有数据均能按一种公用的和可控制的方式进行。数据库系统的主要功能包括数据库的定义、操纵、共享数据的并发控制、数据的安全和保密等。按数据定义模型划分，数据库系统可分为关系数据库、层次数据库和网状数据库。按控制方式划分，可分为集中式数据库系统、分布式数据库系统和并行数据库系统。数据库系统研究的主要内容包括数据库设计、数据模式、数据定义和操作语言、关系数据库理论、数据完整性和相容性、数据库恢复与容错、死锁控制和防止、数据安全性等。

（4）设备驱动程序　设备驱动程序是一种可以使计算机和设备通信的特殊程序，可以说相当于硬件的接口，操作系统只有通过这个接口，才能控制硬件设备的工作，假如某设备的驱动程序未能正确安装，便不能正常工作。设备驱动程序是运行在后台的程序，通常不会在屏幕上打开窗口。

例如，用户购买打印机后，通常需要安装厂家提供的驱动程序，或选择已经预装了的驱动程序。打印时，驱动程序会在后台运行以将数据传送到打印机，在出问题（如打印机未连接、打印纸用尽）时，驱动程序才会提示用户。

2. 常用应用软件

应用软件是为了某种特定用途而被开发的软件。应用软件的类型最多，包括从一般文字处理到大型的科学计算，再到各种控制系统的实现。

（1）办公软件　办公软件通常是指各种能够帮助人们提高工作效率的应用软件。办公软件最常用的应用有文字处理、电子表格、日程安排等。

最著名、市场占有率最高的办公软件包是微软的 Microsoft office，其中包括字处理软件 word、电子表格软件 Excel、演示软件 PowerPoint、网页制作软件 FrontPage、数据库系统管理软件 Access，以及电子邮件软件 Outlook 等。

Word 是运行于 Windows 环境下的字处理软件，它不仅可以进行文字处理，还可以将文字、图像、图形、表格、图表等混排于一个文档中，并打印出符合用户需要的效果来。

Excel 常被用于数据处理，它对由行和列构成的二维表格中的数据进行管理，能运算、分析、输出结果，并能制作出图文并茂的工作表格。

PowerPoint 是一款演示软件，用于演示文稿和幻灯片的放映。可以编辑文字和图片，有效清晰地提供信息。

FrontPage 是微软公司推出的一款网页设计、制作、发布、管理的软件。由于良好的易用性，被认为是优秀的网页初学者的工具。

（2）图形图像处理软件　矢量图形软件适合于编辑和绘制有规律的线条组成的图形，尤其适用于图标设计、图形绘制、文字设计、表格制作及版式编排等。

图像处理软件主要用于调节图像的颜色、画质，改变图像的尺寸、分辨率、文件格式和色彩模式，以及图像绘制、图像合成、特效制作等操作。

① CorelDraw：CorelDraw 是加拿大 Corel 公司于 1989 年出品的图形绘制与版面设计程序，也是最早运行于 PC 机上的图形设计软件。

CorelDraw 的主要功能是绘制矢量图形、进行文字处理和排版等工作。随着版本的升级，功能不断完善，其绘图设计系统集合了图像编辑、图像抓取、位图转换、动画制作等一系列实用的应用程序，构成了一个高级图形设计和编辑出版软件包。成为一个以矢量绘图为主，兼顾其他的综合性设计软件，广泛应用在封面设计、工业设计、产品包装造型设计、网页制作、商业插画、排版及分色输出等诸多领域。

② PhotoShop：PhotoShop 是美国 Adobe 公司开发的图像处理软件，由于其强大的功能使其成为目前电脑图形图像设计与处理领域最流行和最优秀的软件，也是众多平面设计师进行平面设计、图像处理的首选软件。Adobe 公司于 1990 年首次推出 PhotoShop 图像处理软件，其设计的出发点是用电脑来取代传统的暗房工作，随着后续版本的推出，PhotoShop 的功能不断增强和完善，已远远超出暗房工作的范畴，具有丰富的内涵和强大的图像处理功能，成为 PC 电脑上运用最为广泛的图像编辑软件。

PhotoShop 广泛应用于对图片、照片进行效果制作、图像合成及对在其他软件中制作的图片做后期处理和效果加工。其应用领域主要有出版、印刷、广告、招贴、服装设计、工业造型、建筑设计、室内及环境艺术设计等。

③ AutoCAD：AutoCAD 是销量最大的专业 CAD 产品，是一种专用的三维图形软件，建筑师和工程师用这种软件创建蓝图和产品说明。

（3）计算机辅助设计与制造软件　主要有计算机辅助设计、计算机辅助制造、计算机辅助测试、计算机集成制造等系统。这些软件主要是辅助专业人员进行产品设计、产品生产设备的管理、控制与操作、多生产环节的自动化等，从而提高产品质量及生产效率，降低成本、缩短开发与生产周期。

2.3.2　操作系统基础知识

1. 操作系统概述

操作系统是管理计算机硬件和软件资源的程序，它为应用程序提供基础，并且充当硬件和用户的接口，如图 2-27 所示。操作系统使系统资源能够更加高效地被使用，当资源出现冲突时，操作系统能够及时处理、排除冲突。此外，操作系统还要使用户更方便地使用计算机。

操作系统从形成至今已有 50 多年的历史。从 20 世纪 50 年代中期形成，经过 60 年代、70 年代的大发展时期，到 80 年代已经趋于成熟。但随着超大规模集成电路和计算机体系结构的发展，它仍在继续发展。由此先后形成了微机操作系统、网络操作系统和分布式操作系统。

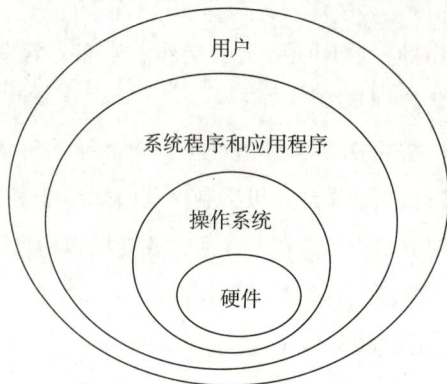

图 2 - 27　计算机系统组成部分的逻辑图

2. 操作系统分类

（1）批处理操作系统　批处理操作系统的工作方式是：用户将作业交给系统操作员，系统操作员将许多用户的作业组成一批作业，之后输入计算机，在系统中形成一个自动转接的连续作业流，然后启动操作系统，系统自动、依次执行每个作业。最后由操作员将作业结果交给用户。

早期单道批处理操作系统中，内存中仅有一道作业。这使系统中仍有较多的空闲资源，致使系统的性能较差。为了进一步提高资源利用率和系统吞吐量，在 20 世纪 60 年代中期又引入了多道程序设计技术。由此形成了多道批处理操作系统。

在多道批处理系统中，用户所提交的作业都先存放在外存上并排成一个队列，该队列被称为"后备队列"。然后，由作业调度程序按一定的算法从后备队列中选择若干个作业调入内存，使它们共享 CPU 和系统中的各种资源，以达到提高资源利用率和系统吞吐量的目的。

和单道批处理操作系统相比，多道批处理系统具有资源利用率高，系统吞吐量大，可提高内存和 I/O 设备利用率的特点，但是仍存在平均周转时间长、无交互能力的缺点。

（2）分时操作系统　分时操作系统的工作方式是：一台主机连接了若干个终端，每个终端都有一个用户在使用。用户交互式地向系统提出命令请求，系统接受每个用户的命令，同时利用计算机的处理速度远远快于人的反应速度的特点，人为地将机器时间划分为若干个时间片，采用时间片轮转方式处理服务请求，并通过交互方式在终端上向用户显示结果，用户根据上步结果发出下道命令。对用户来说，并没有感觉到机器时间片的存在，每个用户都认为自己独占了一台机器。此系统适合办公自动化、教学及事务处理等要求人机会话的场合。

分时操作系统与多道批处理操作系统相比，具有完全不同的特征：

① 多路性：允许在一台主机上同时连接多台联机终端，系统按分时原则为每个用户服务。

② 独立性：每个用户各占一个终端，彼此独立操作，互不干扰。

③ 及时性：用户的请求能在很短时间内获得响应。

④ 交互性：用户可通过终端与系统进行广泛的人机对话。

（3）实时操作系统　实时操作系统是指使计算机能及时响应外部事件的请求，并在严格规定的时间内完成对该事件的处理，并控制所有实时设备和实时任务协调一致地工作的操作系统。资源的分配和调度首先要考虑的是实时性，然后才是效率。此外，实时操作系统应有较强的容错能力。

实时操作系统通常用于控制特定的应用设备，如科学实验、医学成像系统、工业控制系统等。

批处理操作系统、分时操作系统和实时操作系统只是三种基本操作系统。实际使用的操作系统，往往可能兼有三者或其中两者的功能。

（4）网络操作系统　网络操作系统是为计算机网络配置的操作系统，它负责网络管理、通信、安全、资源共享和各种网络应用。其目标是相互通信及资源共享。在其支持下，网络中的各台计算机能互相通信和共享资源。其主要特点是与网络的硬件相结合来完成网络的通信任务。

常用的网络操作系统有 NetWare 和 Windows NT。

（5）分布式操作系统　分布式操作系统是为分布式计算系统配置的操作系统。它在资源管理、通信控制和操作系统的结构等方面都与其他操作系统有较大的区别。由于分布计算机系统的资源分布于系统的不同计算机上，操作系统对用户的资源需求不能像一般操作系统那样等待有资源时直接分配的简单做法，而是要在系统的各台计算机上搜索，找到所需资源后才可进行分配。对于有些资源，如具有多个副本的文件，还必须考虑一致性。为了保证一致性，操作系统须控制文件的读、写操作，使多个用户可同时读一个文件，而任一时刻最多只能有一个用户在修改文件。分布操作系统的通信功能类似于网络操作系统。分布操作系统的结构也不同于其他操作系统，它分布于系统的各台计算机上，能并行地处理用户的各种需求，有较强的容错能力。

（6）手持操作系统　手持操作系统是用于手持设备的操作系统，如 PDA 和手机。绝大多数手持设备内存少，处理速度慢，且屏幕小。因此这类操作系统必须有效管理内存，尽量减轻处理器的负担，否则会导致频繁充电。

应用在手机上的操作系统主要有 IOS、Android、Symbian、Linux 和微软新推出的 Windows 8。

3. 操作系统的功能

操作系统的主要功能是资源管理、程序控制和人机交互等。从资源管理观点看，操作系统具有四大功能：处理机管理、存储器管理、设备管理、文件管理。

（1）处理机管理　处理机管理的主要任务是对处理机的分配和运行实施有效管理，对处理机管理可归结为对进程的管理。

进程是运行中的程序，是系统进行资源分配和调度运行的基本单位。从软件结构的构造角度讲，进程由"程序 + 数据 + 进程控制块"构成。进程是可以并发执行的，它不同于程序。一个程序本身只是一个静态实体，是一组有序指令的集合，并存放在某种介质上。而一个进程是动态实体，它有一个程序计数器来表示下一个要执行的指令和相关的资源集合。"它由创建而产生，由调度而执行，因得不到资源而暂停执行，以及由撤销而消亡"。因此，进程有一定的生命期，通常一个程序在运行时可以产生多个进程。

在进程的运行过程中，由于系统中多个进程的并发运行及相互制约，使得进程的状态不断发生变化。通常，一个进程至少可分为三种基本状态，即就绪状态、运行状态、阻塞状态。就绪状态指进程等待被分配给某个处理器，如果被调度到，就转为运行状态，如果分配的时间片

NOTE

用完或者有 I/O 等事件发生，则转为阻塞状态，事件完成后再转为就绪状态。

对进程的管理主要包含进程控制、进程同步、进程通信和进程调度。进程控制包括创建和撤销进程以及控制进程的状态转换。进程同步是指系统对并发执行的进程进行协调。最基本的进程同步方式是使诸进程以互斥方式访问临界资源。此外，对于彼此相互合作、去完成共同任务的多个进程，则应由系统对它们的运行速度加以协调。进程通信是指相互合作的进程，在运行时相互之间所进行的信息交换。

当一个正在执行的进程已经完成，或因某事件而无法继续执行时，系统应进行进程调度，重新分配处理机。进程调度是指按一定算法，从进程就绪队列中选出一进程，把处理机分配给它，为该进程设置运行现场，并使之投入运行。进程调度中应避免发生进程死锁现象。通常，进程的调度可以按不同的算法来实现。先来先服务、短进程优先、时间片轮转、高响应比优先等都是典型的进程调度算法。

（2）存储器管理   存储器管理的主要任务是为多道程序的并发运行提供良好环境，合理有效地为进程分配内存空间，并及时回收不再使用的空间。提高存储器的利用率，以及能从逻辑上来扩充内存。一般地，存储器管理功能具体由内存分配机制、内存保护机制、地址映射机制和内存扩充机制来实现。

① 内存分配：多道程序能并发执行的首要条件是，各进程都有自己的内存空间，因此，为每个进程分配内存是存储器管理的最基本功能。

② 内存保护：为保证各个进程都能在自己的内存空间运行而互不干扰，要求每个进程在执行时都能随时检查对内存的所有访问是否合法。必须防止因一个进程的错误而扰乱了其他进程，尤其应防止用户进程侵犯操作系统的内存区。

③ 地址映射：在多道程序的系统中，操作系统必须提供将进程地址空间中的逻辑地址转换为内存空间对应的物理地址的功能。

④ 内存扩充：借助于虚拟存储技术，使系统能运行的内存要求量远比物理内存大得多的进程，或让更多的进程并发执行。

（3）设备管理   设备管理的主要任务有为用户程序分配 I/O 设备，完成用户程序请求的 I/O 操作，提高 CPU 和 I/O 设备的利用率，以及改善人机界面。设备管理程序的功能体现在以下几个方面。

① 缓冲管理：利用缓冲来缓和 CPU 和 I/O 设备间速度不匹配的矛盾，和提高 CPU 与设备、设备与设备间操作的并行程度，以提高 CPU 和 I/O 设备的利用率。

② 设备分配：系统根据用户所请求的设备类型和所采用的分配算法对设备进行分配，并将未获得所需设备的进程放进相应设备的等待队列。

③ 设备处理：启动指定的 I/O 设备，完成用户规定的 I/O 操作，并对由设备发来的中断请求进行及时响应，根据中断类型进行相应的处理。

④ 虚拟设备功能：系统可通过某种技术使设备成为能被多个用户共享的设备，以提高设备利用率及加速程序的执行过程。

（4）文件管理   文件管理是操作系统的一个重要的功能，主要是向用户提供一个文件系统，其中包含文件和目录结构。一个文件系统需要向用户提供创建文件、撤销文件、读写文件、查找文件、打开和关闭文件等功能。有了文件系统后，用户可按文件名存取数据而无需知道这些数据存放在哪里。这种做法不仅便于用户使用，而且还有利于用户共享公共数据。此外，为防止文件被非法窃取和破坏，系统还提供相应的文件保护机制。

4. 常用操作系统简介

（1）Microsoft Windows 操作系统　Windows 操作系统是由美国微软公司开发的窗口化操作系统。采用了 GUI 图形化操作模式，比起从前的指令操作系统（如 DOS）更为人性化。它改变以往键盘命令模式，取而代之的是鼠标、菜单和窗口操作，使得计算机操作方法和软件开发技术都发生了根本的变化。Windows 系列操作系统是目前世界上使用最广泛的操作系统。

（2）UNIX 操作系统　UNIX 操作系统由美国 AT&T 公司贝尔实验室开发，是一个强大的多用户、多任务操作系统，支持多种处理器架构。可以应用在从巨型计算机到普通 PC 机等多种不同的平台上，是应用面最广的操作系统。

（3）Linux 操作系统　Linux 是一个类似于 UNIX 的产品，这个系统是由全世界各地成千上万的程序员设计和实现的。其目的是建立不受任何商品化软件版权制约的、全世界都能自由使用的 UNIX 兼容产品，是自由软件和开放源代码发展中最著名的例子。

（4）Mac 操作系统　Mac 系统是苹果机专用系统，是基于 UNIX 内核的图形化操作系统；一般情况下在普通 PC 上无法安装。

（5）Android 操作系统　Android 是一种以 Linux 为基础的开放源代码操作系统，主要使用于便携设备，尤其是智能手机。

（6）IOS 操作系统　IOS 是由苹果公司开发的手持设备操作系统。苹果公司最早于 2007 年公布这个系统，最初是设计给 iPhone 使用的，后来陆续用到 iPod touch、iPad 以及 Apple TV 等苹果产品上。

2.3.3　Windows 7 操作系统

2009 年 10 月 22 日，微软公司发布了新一代的操作系统 Windows 7 的正式版本并投入了市场，Windows 7 是微软公司对操作系统的一次升华，其继承了 Windows XP 的实用和 Windows Vista 的华丽。

1. Windows 7 新特性

在 Windows Vista 操作系统的基础上，Windows 7 又进行了一次大的变革，针对用户个性化、应用服务、用户易用性、娱乐试听，以及笔记本电脑的特有设计等几个方面，Windows 7 操作系统增加了许多有特色的功能。在 Windows 7 操作系统中，最具特色的是 Jump List（跳转列表）功能菜单、轻松实现无线连接、轻松创建家庭网络、Windows Live Essentials 等技术。

2. Windows 7 基本操作

（1）启动、退出和注销　作为一名初学者，想要熟练的掌握 Windows 7 的基本操作，首先要学会启动和退出 Windows 7 的方法，并能在不同用户间切换。

首先，打开已安装 Windows 7 操作系统的计算机，系统自检后，显示启动画面，如有设置登录密码，则输入密码，就进入了 Windows 7 的操作界面如图 2-28 所示。

当存在多个用户共同使用同一台计算机时，可通过"开始"菜单→"关机"旁边的三角箭头→"切换用户"操作，实现不同用户间的切换；通过"重新启动"选项可以关闭所有程序重新启动计算机；通过"注销"操作，可以关闭当前用户应用程序，并实现用户间的切换；

NOTE

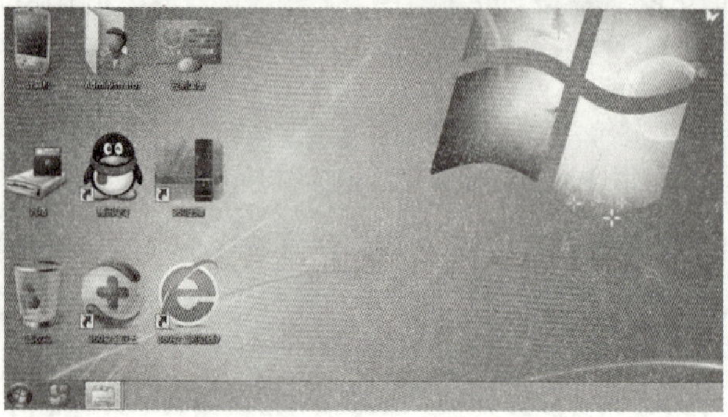

图 2-28　Windows 7 登录界面

如果用户想要关闭计算机，则直接单击图中的"关机"按钮，如图 2-29 所示。

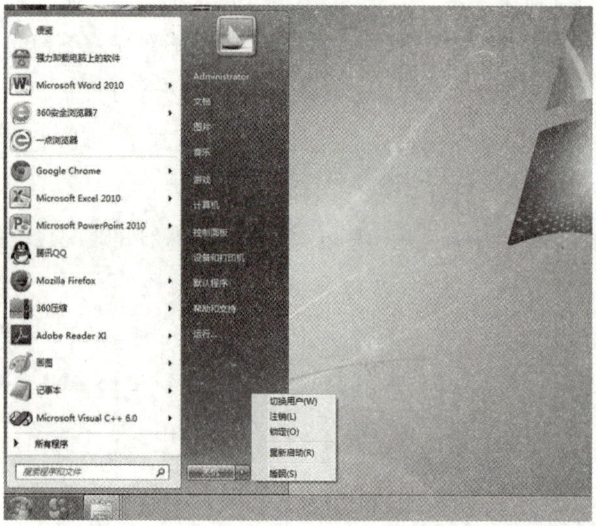

图 2-29　Windows 关机选项

注意："注销"和"切换"二者都能实现快速回到"用户登录界面"，但需要注意的是"注销"要求结束程序的操作，关闭当前用户；"切换用户"则允许当前用户的操作程序继续进行不受其影响。

（2）桌面　登录 Windows 7 操作系统后，首先展示在用户面前的就是桌面，用户完成的各种操作都是在桌面上进行的，包括桌面图标、任务栏。图标是代表文件、文件夹、程序和其他项目的小图片；任务栏是位于屏幕底部的水平长条，如图 2-30 所示。

图 2-30　Windows 任务栏

它有三个主要部分：

① 左侧的"开始"按钮，用来打开"开始"菜单。

② 中间部分包括快速启动图标和已打开的程序和文件列表，并可以在它们之间进行快速切换。Windows 7 任务栏上还增加了 Aero Peek 新的窗口预览功能，用鼠标指向任务栏图标便可

预览已经打开的文件或程序的缩略图，如继续单击缩略图，便可打开相应的窗口。

③右侧通知区域，包括一些通知程序和计算机设置状态的图标。

用户可以对"任务栏"进行设置，将鼠标指针指向任务栏的空白处，单击鼠标右键，从弹出的快捷菜单中选择"属性"命令，将弹出如图2－31所示的对话框。

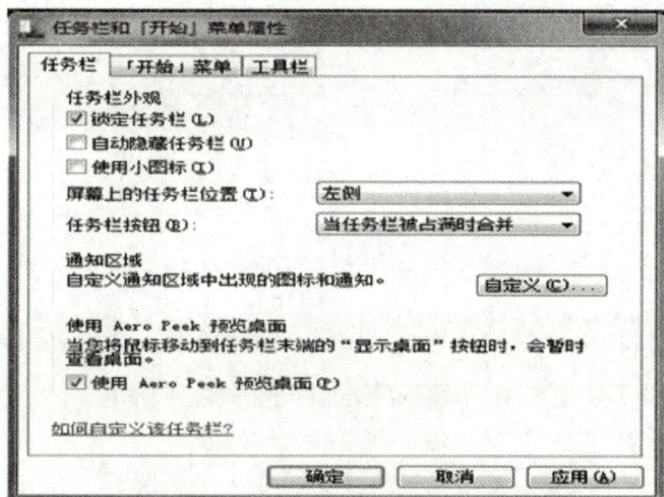

图2－31　任务栏和［开始］菜单属性对话框

在该对话框中可以对任务栏进行如下设置。

A．锁定任务栏：将任务栏锁定在桌面当前位置上，此时任务栏就不会被移动到新位置，同时还会锁定显示在任务栏上的工具栏的大小和位置，这样工具栏将不会被更改。

B．自动隐藏任务栏：可隐藏任务栏。

C．使用小图标：如果要使用小图标，则选中"使用小图标"复选框；如要使用大图标，则清除该复选框。

D．屏幕上的任务栏位置：表示任务栏在屏幕中的位置，有底部、顶部、左侧、右侧四个选项。

E．任务栏按钮：有"始终合并、隐藏标签""当任务栏被占满时合并""从不合并"三个选项。用户可根据自己喜好设置，其中"始终合并、隐藏标签"为默认设置。

F．通知区域：单击右侧的"自定义"按钮，会弹出一个新的对话框，如图2－32所示，用户可根据图中下拉菜单选择不同的显示方式。

（3）菜单　在 Windows 7 环境下，用户可以通过菜单命令，让计算机完成自己想要达到的效果或目的。Windows 7 提供了3种类型的菜单，即"开始"菜单、窗口菜单、快捷菜单。

①"开始"菜单："开始"菜单是计算机程序、文件夹和设置的主要通道，想要打开"开始"菜单，单击屏幕左下角的"开始"按钮●，或者按键盘上的 Windows 徽标键■即可，如图2－33所示。"开始"菜单是计算机程序、文件夹和设置的主门户。

"开始"菜单由3个主要部分组成：

A．左边的大窗格是显示计算机上程序的一个短列表。用户可自定义此列表，单击"所有程序"可显示本机安装程序的完整列表，如图2－34所示。

B．左边窗格的最底部是搜索框，可在计算机上查找要搜索的程序和文件。

NOTE

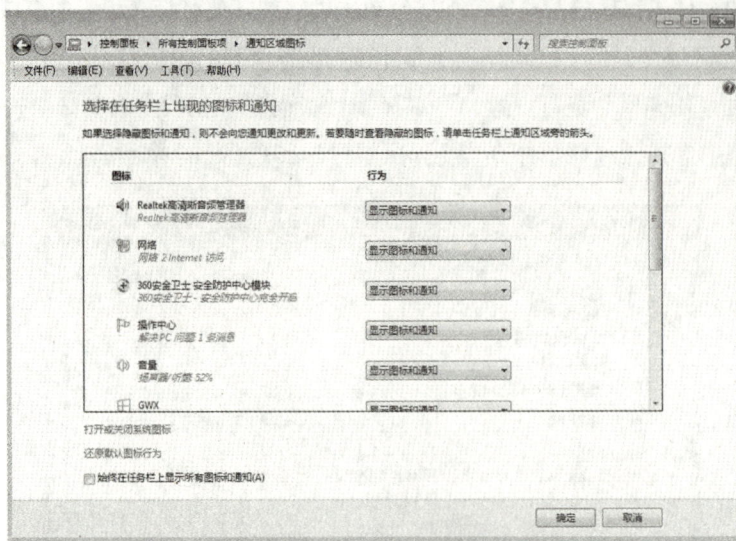

图 2 – 32   选择在任务栏出现的图标和通知对话框

图 2 – 33   Windows "开始" 菜单

C. 右边窗格提供常用文件夹、文件、设置和功能的访问，从上到下有：

a. 个人文件夹：打开个人文件夹，此文件夹包含特定于用户的文件，其中包括"我的文档""我的视频""我的图片""我的音乐"文件夹。

b. 文档：在这里可以访问和打开各类文档，如演示文稿、电子表格、电子文本等。

c. 图片：可访问和查看计算机中的数字图片及图形文件。

d. 音乐：可以访问和播放电脑中的音乐及其他音频文件。

e. 游戏：可以访问计算机上的所有游戏。

f. 计算机：可以访问连接到计算机的硬件，如磁盘驱动器、照相机、打印机、扫描仪等。

g. 控制面板：可以自定义计算机的外观和功能、安装或卸载程序、设置网络连接和管理

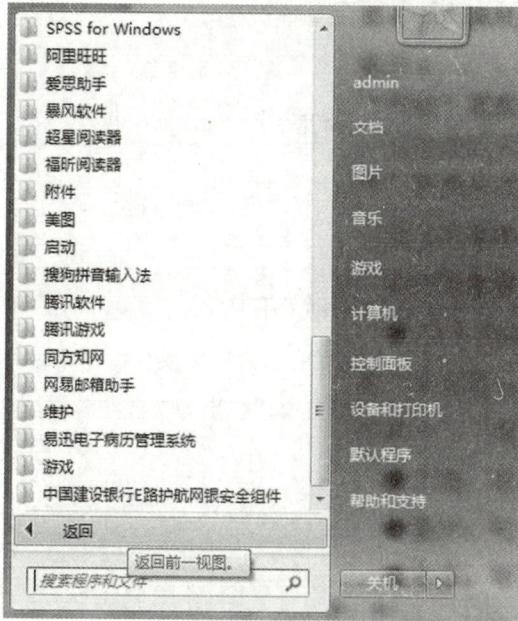

图2-34 "开始"菜单中"所有程序"列表

用户账户。

h. 设备和打印机：以查看有关打印机、鼠标，以及计算机上安装的其他设备的信息。

i. 默认程序：打开一个窗口，可以选择让 Windows 7 用于诸如记事本等程序。

j. 帮助和支持：可浏览和搜索有关使用 Windows 7 和计算机的帮助文件。

② 窗口菜单：窗口菜单是指当启动某个应用程序时所打开的窗口，这个窗口中包含菜单栏，列出了操作应用程序的相关命令。例如，打开计算器程序，点击"查看"会弹出如图2-35 所示的菜单。

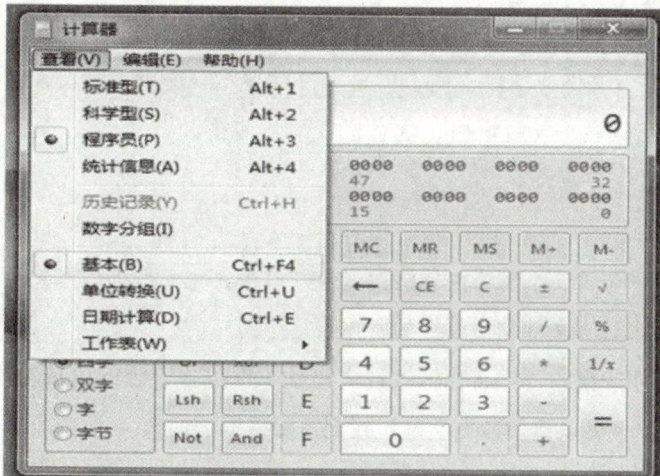

图2-35 计算器程序对话框

在菜单中有一些常见的符号标记，分别表示以下含义：

A. 字母标记：表示该菜单项或菜单命令的快捷键。主菜单后的字母标记表示同时按"Alt"和该字母可以打开相应的程序或菜单，例如按"Alt + F"可以打开"文件"菜单。

NOTE

B. ▶ 标记：表示有下一级菜单。

C. ✔ 标记：表示选择了该菜单命令。

D. 分隔线标记：将菜单中的命令分为几个命令组。

E. ● 标记：表示只能选择菜单组命令中的一项。

F. ···标记：表示菜单项有对话框。

G. ⌄ 标记：单击该标记可以显示全部菜单命令。

③快捷菜单：Windows 7 中还有一种菜单称为快捷菜单，用户使用鼠标单击右键时常出现的那个菜单，也叫右键菜单。右击桌面空白处，弹出的快捷菜单如图 2-36 所示。右键点击不同的对象，会弹出不同的快捷菜单。

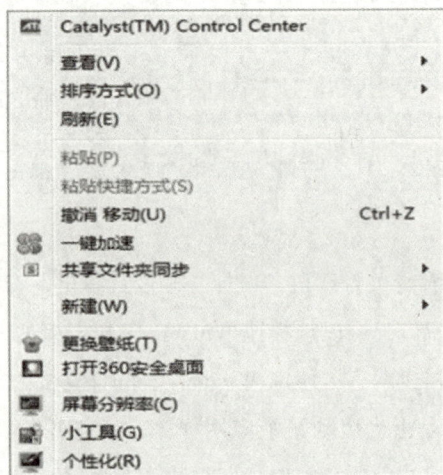

图 2-36　电脑桌面"右键菜单"

（4）窗口　在 Windows 7 中，虽然各个窗口的内容各不相同，但几乎所有的窗口都有一些共同点。当打开程序、文件或文件夹时，屏幕上都会显示，窗口一般由控制按钮区、搜索栏、地址栏、菜单栏、工具栏、导航窗格、状态栏、细节窗格和工作区九部分组成。如图 2-37 所示。

①窗口的组成

A. 控制按钮区：包含 3 个窗口控制按钮，分别是最大化、最小化和关闭按钮。

B. 地址栏：用来显示文件和文件夹的所在路径。

C. 搜索栏：将要查找的目标名称输入在文本框中即可搜索当前窗口范围内的目标，同时可以添加搜索筛选器，可以更快速更准确地找到需要搜索的内容。

D. 工具栏：存放着一些常用的工具命令按钮。

E. 工作区：位于窗口的右侧，显示窗口中的操作对象和结果。

F. 细节窗口：位于窗口下方，显示选中对象的详细信息。

G. 状态栏：显示当前窗口的相关信息和被选中对象的状态信息。

② 窗口的分类：Windows 窗口一般分为应用对话框窗口、程序窗口、文档窗口。

A. 对话框窗口：是一种次要窗口，包含按钮和各种选项，通过它们可以完成特定命令或

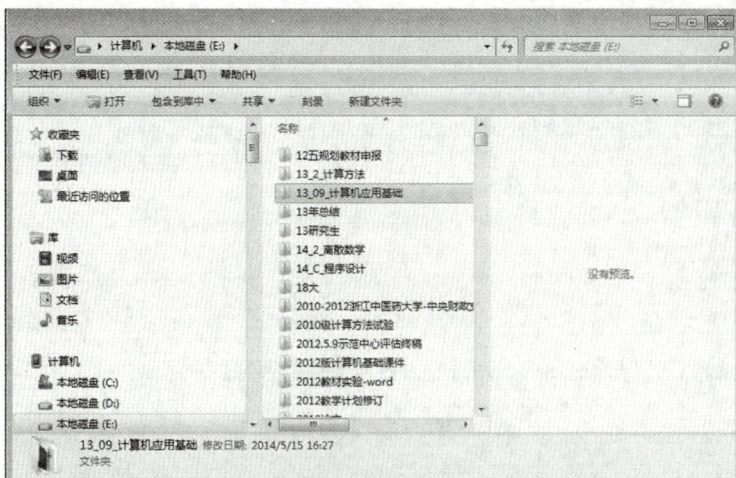

图 2-37 窗口组成

任务。对话框通常需要用户进行响应，否则无法继续其他操作。图 2-38 从左至右包含了 3 个对话框，分别是"文件夹选项"对话框、"鼠标属性"对话框、"保存"对话框。

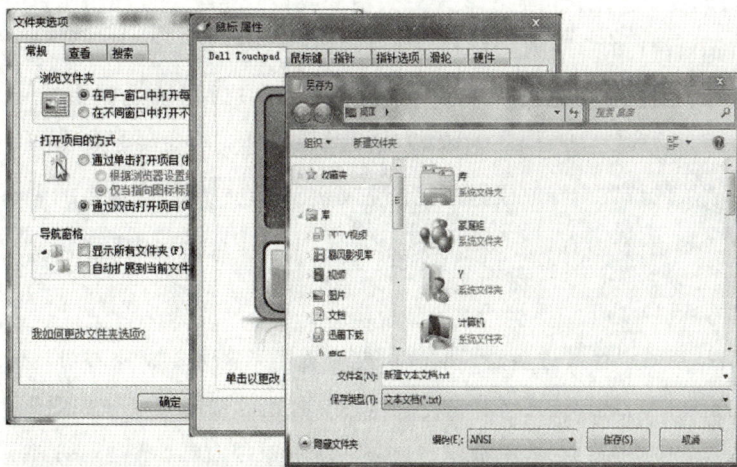

图 2-38 典型对话框

对话框含有各种不同的组件，主要有以下几项：

a. 选项卡：当对话框中内容较多时，就会分成若干选项卡，单击相应的标签，可打开相应的选项卡，并显示出同一对象不同方面的设置。

b. 单选按钮：通常是由多个按钮组成一组，单击某个单选按钮可以选中相应的选项，但在一组单选按钮中只能有一个单选按钮被选中。

c. 下拉列表：单击下拉列表框右侧的下三角按钮即可弹出其下拉列表，其中列出了多个选项。

d. 复选框：可以是一组相互之间并不排斥的选项，用户可以任意选中其中的某些选项。

e. 命令按钮：用以执行一个动作。

f. 文本框：在其中输入内容可以修改、删除。

B. 应用程序窗口：应用程序窗口是一个运行中的应用程序主窗口，如图 2-39 所示是 excel 应用程序窗口。

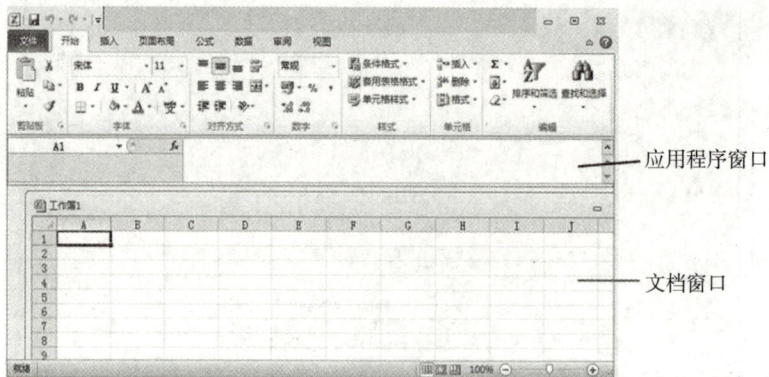

图 2－39　excel 应用程序窗口

C. 文档窗口：文档窗口与应用程序窗口共享菜单栏，但有自己的标题栏，也有最小化、最大化和关闭按钮，它的移动和大小调整范围仅限于所属的应用程序窗口工作区内，如图 2－39 所示。

③ 窗口的操作

A. 打开、关闭窗口：用户可通过双击桌面图标或在开始菜单选择相应程序或文件来打开窗口。当某窗口不再使用时，可以通过单击关闭按钮，或利用文件菜单中的关闭菜单项，或利用组合键 ALT＋F4，或选择 Jump List 列表中关闭窗口选项等方式来关闭窗口。

B. 移动窗口、改变窗口的大小：按住鼠标左键，将鼠标指针指向窗口的标题栏，然后将窗口拖动到想要放置的位置，释放鼠标按钮，完成窗口移动；要改变窗口的大小可单击其"最大化"按钮 ▢ 或双击该窗口的标题栏可实现窗口最大化，单击按钮 ▬ 可实现最小化，按钮 ▢ 可实现窗口的还原。

C. 排列窗口：当用户打开过多窗口时，可能会觉得杂乱无章，这时可以通过设置窗口的显示形式来排列窗口。右键单击任务栏的空白区域，弹出的快捷菜单（如图 2－40）中有 3 种可选择的排列方式：层叠窗口、堆叠显示窗口或并排显示窗口，如图 2－41 所示，3 种效果从左至右依次在图中显示。

D. 窗口间的切换：Windows 7 环境下可以同时打开多个窗口，但是当前情况下活动的窗口只能有一个，因此用户在操作过程中会遇到在不同窗口间切换的情况。任务栏提供了整理所有窗口的方式。每个窗口都在任务栏上具有相应的按钮。要切换到其他窗口，单击任务栏按钮，该窗口即成为活动窗口。当鼠标指向任务栏按钮时，将看到窗口预览，可以轻松地识别窗口，选择需要的窗口，如图 2－42 所示。

另外，用户也可以不用鼠标，而是通过 Alt＋Tab 键切换到先前的窗口，或者通过按住 Alt 键并重复按 Tab 键循环切换所有打开的窗口和桌面。

E. 复制窗口：复制整个屏幕，可以按 Print Screen

图 2－40　快捷菜单

NOTE

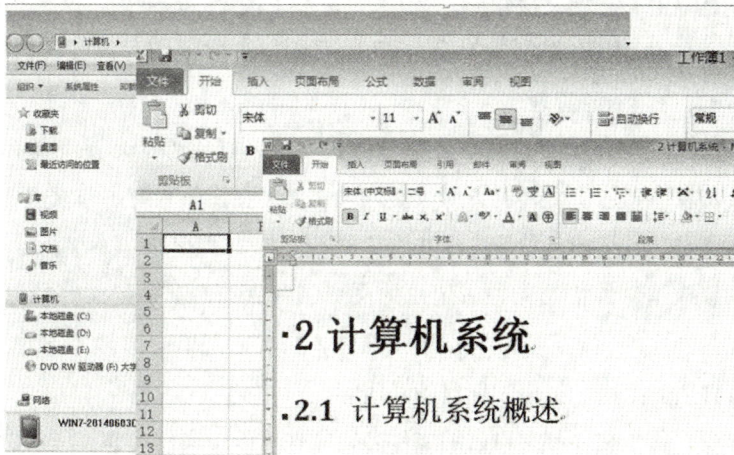

图 2 - 41　三种排列方式效果

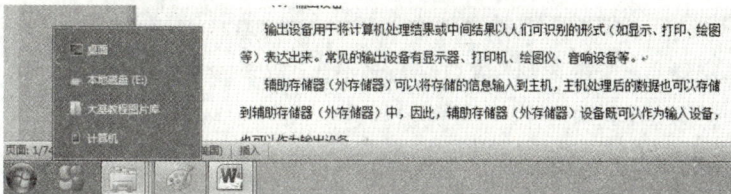

图 2 - 42　窗口切换

键，复制活动窗口可按 Alt + Print Screen 键，然后找合适的程序窗口（如画图、Word 等）粘贴就可以得到照片了。

（5）Windows 7 帮助系统　用户在使用 Windows7 过程中可以通过 Windows 7 提供的帮助系统来解决运行时遇到的困难和疑问，寻求解决。

有两种方式来寻求帮助。第一种可通过单击"开始"菜单→"帮助和支持"，打开帮助系统，如图 2 - 43 所示。例如，在"搜索"文本框中输入"上网"，得到多个关于"上网"的帮助结果，单击其中一项就可以查看详细帮助信息，如图 2 - 44 所示。用户利用帮助能更快、更好地掌握 Windows 7 的使用方法和操作技巧。

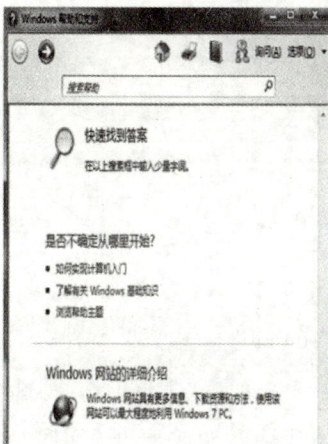

图 2 - 43　帮助和支持界面

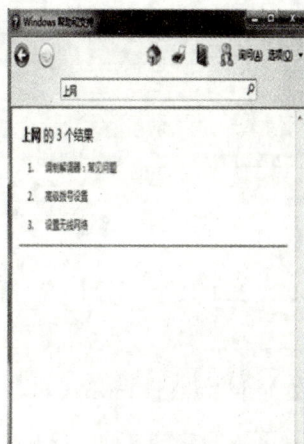

图 2 - 44　帮助和支持搜索方法

NOTE

第二种方式是单击"开始"菜单→"入门"→"探索 Windows 7"，这将会打开微软 Windows 7 网站，获得在线的网络支持。

3. Windows7 文件和资源管理

（1）文件和文件夹　在操作系统中大部分的数据都是以文件的形式存储在磁盘上的，而这些文件的存放位置就是各个文件夹，所以文件和文件夹在操作系统中非常重要。

①文件：文件是具有某种相关信息的集合，是按一定格式存储在外存储器上的信息集合，是计算机存储和管理信息的最小单位。用户的文章、照片等，都是以文件的形式存储在磁盘中，应用程序也以文件的形式存放。右键单击文件，在快捷菜单中选择"属性"，可以查看文件属性，包括文件名、大小、类型、创建的时间等。

在操作系统中，每个文件都有自己的文件名，文件名由主文件名和扩展名两部分组成。文件名和扩展名之间用一个"."字符隔开，如：文件"柴胡的药用价值.txt"，其中"柴胡的药用价值"为主文件名，"txt"为扩展名。日常工作时，人们通常把主文件名直接称为文件名，表示文件的名称，而用文件的扩展名表示文件类型。

文件的命名要遵守以下的规则：文件名最多不超过 255 个字符，允许出现的字符包括英文字母 A~Z（a~z），数字符号 0~9，汉字，特殊符号 $ # & @ !（）% _ ｛｝^'' ~ 等。不能在文件名中出现 / : * ? " | < >。一些常用的设备名不能用作文件名，例如 CON、LPT1/PRN、COM1/AUX、COM2、NUL。

②文件夹：在操作系统中，用于存储程序和文件的容器就是文件夹，磁盘中可以存入很多文件，为了便于管理，可以把文件存放在不同的文件夹中。文件夹是文件和子文件夹的集合，即文件夹中可以包含文件或下属文件夹。同样，子文件夹也可以包含文件和下属文件夹。因此，Windows 7 的文件组织结构是分层次的，即树形结构。

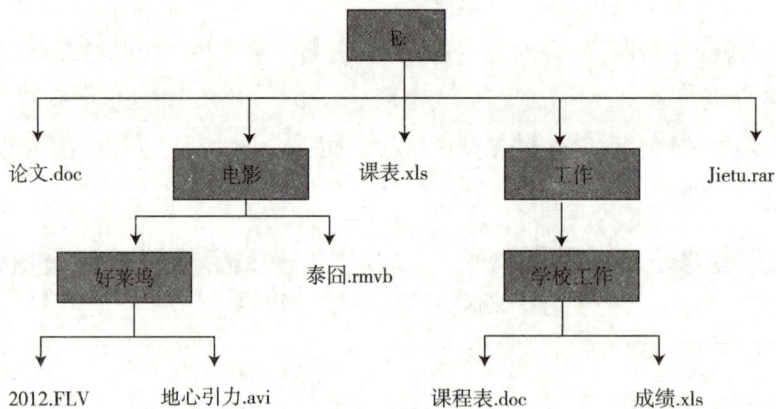

图 2 - 45　树形目录结构

图 2 - 45 代表了某个 E 盘的文件结构，根文件夹记为 E:，下属 2 个文件夹"电影"和"工作"，以及 3 个文件"论文.doc"、"课表.xls"、"Jietu.rar"，"电影"文件夹下有子文件夹"好莱坞"和文件"泰囧.rmvb"，"工作"文件夹下又有文件夹"学校工作"，这组文件的存储结构像一棵倒置的树，这种文件结构称为树形结构，在同一文件夹下的子文件夹名和文件名不允许同名。

如果要访问一个文件，需要知道这个文件所在的位置，即处于哪个磁盘的哪个文件夹中，称为文件的路径。一个完整的路径包括盘符（驱动器号），后面是找到该文件顺序经过的全部文件夹。盘符后用符号"："隔开，文件夹之间用"＼"隔开。例如文件成绩 . xls 的路径为：E：＼工作＼学校工作＼成绩 . xls。

（2）文件和文件夹的操作　对于用户来说，熟悉文件和文件夹的基本操作对管理计算机中的程序和数据是非常重要的，具体的操作包括文件和文件夹的新建、选择、重命名、创建快捷方式、删除、查找、复制和移动等。

① 新建文件夹：如果用户需要新的文件夹，可在我的电脑或资源管理器中打开放置新文件夹的磁盘或文件夹。然后通过以下方式在磁盘的任意位置创建新的文件夹：

A. 在工作区空白处点鼠标右键，在弹出的菜单中选择"新建"→"文件夹"，即可在相应位置产生一个新文件夹，然后为其命名即可。

B. 在工具栏中直接点击"新建文件夹"按钮。

② 选择文件和文件夹：在对文件或文件夹进行操作时，一般要先选中文件或文件夹，当需要选择多个文件或文件夹时有以下几种方法：

A. 若需选择窗口中的所有文件或文件夹，在工具栏上单击"组织"，然后单击"全选"。

B. 若需选择不连续的文件或文件夹，按住 Ctrl 键，同时单击要选择的每个项目。

C. 若需选择相邻的多个文件或文件夹，可拖动鼠标指针，通过在要包括的所有项目外围画一个框来进行选择。

D. 若需选择连续的文件或文件夹，单击第一项，按住 Shift 键同时单击最后一项。

③ 重命名文件和文件夹：对于新建的文件和文件夹，系统默认的名称为"新建×××"，用户可根据自己的需要重命名文件和文件夹。

可以在打开用来创建该文件的程序，然后打开该文件，最后用不同名称保存该文件；也可以右键单击要重命名的文件或文件夹，然后单击"重命名"，键入新的名称，然后按 Enter 键；还可通过工具栏上的"组织"下拉列表，选择"重命名"。

④ 创建和删除快捷方式：快捷方式是指向计算机上某个项目的链接，双击该项目的快捷方式和双击该项目等效。将快捷方式放置在方便的位置，可以方便地访问该快捷方式链接到的对象。快捷方式仅是一个指向，指定的是该文件或文件夹的链接，而不是对象本身，故删除快捷方式不会删除文件或文件夹。

快捷方式图标上有一个箭头可用来区分快捷方式与原始文件。

创建快捷方式的方法主要有以下几种：

A. 在项目所在位置创建快捷方式。右键单击该项目，点击"创建快捷方式"，新的快捷方式将出现在原始项目所在的位置上（图 2 - 46）。可将新的快捷方式拖动到所需位置。

B. 在其他位置创建快捷方式。直接将地址栏左侧的图标拖动到所需位置，如图 2 - 47 所示。或在其他位置空白处单击右键，在快捷菜单中选择"新建"→"快捷方式"，根据提示创建快捷方式。

⑤ 复制与移动文件和文件夹：复制与移动文件和文件夹是两种常用的操作，要完成复制与移动文件和文件夹的方法有如下几种：

选中文件（文件夹），利用剪切、复制和粘贴命令可以在菜单栏上选择"编辑"菜单中的"剪切"（或"复制"）选项；或右击选中的文件或文件夹，在弹出的快捷菜单中选择"剪切"

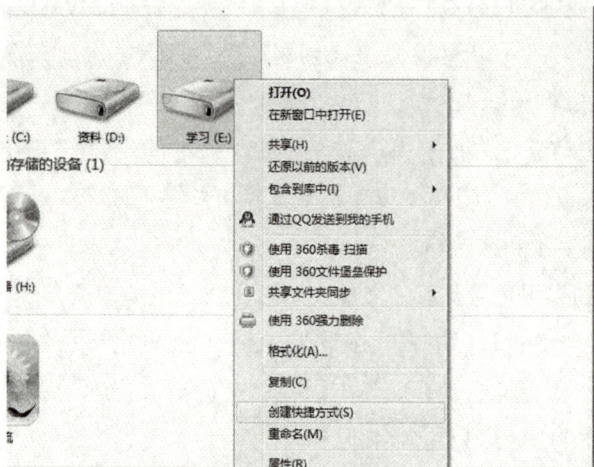

图 2-46   创建 E 盘快捷方式

图 2-47   利用地址栏图标创建快捷方式

（或"复制"）选项，或按键盘上的 Ctrl + X（或 Ctrl + C）后到目标盘中的位置，在菜单栏中选择"编辑"菜单中的"粘贴"选项，或右击目标位置空白处，在弹出的快捷菜单中选择"粘贴"选项，或按键盘上的 Ctrl + V，完成移动或复制；也可利用鼠标拖动完成，选中文件（文件夹），在同一驱动器之间，直接拖动对象到目标位置是移动操作，同时按住 Ctrl 键，拖动对象到目标位置是复制操作，而对于不同驱动器之间，直接拖动对象到目标位置是复制操作，同时按住 Shift 键，拖动对象到目标位置是移动操作。

⑥ 删除文件和文件夹：当某些文件或文件夹不再需要时，用户可将其删除，可通过鼠标将文件或文件夹拖动到回收站，或右键单击要删除的文件或文件夹，选择"删除"；或选中要删除的文件或文件夹按 Delete 键将其删除。

用以上几种方式从硬盘中删除文件或文件夹时并不会立即删除，而是将它们存储在回收站中，如想恢复可以利用回收站恢复删除的文件，将它们还原到原始位置。如果要永久删除文件，可选中要删除的文件，后按 Shift + Delete 键。

如果从网络文件夹或 USB 闪存驱动器中删除文件或文件夹，则会永久删除该文件或文件夹，而不是存储在回收站中。

双击桌面上的"回收站"图标，打开回收站。选中要还原的文件，单击该文件，然后在工具栏上单击"还原此项目"，或右键点击，选择"还原"；如果要还原所有文件，则不用选择任何文件，在工具栏上单击"还原所有项目"即可，如图2-48所示。

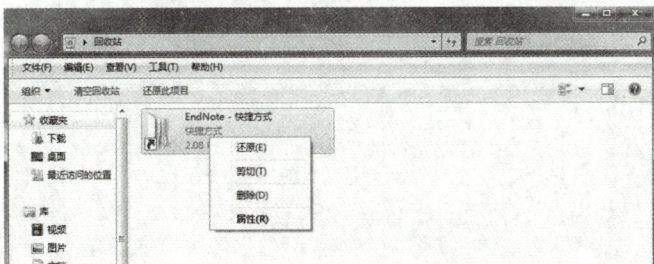

图2-48 回收站文件还原

⑦ 查找文件和文件夹：电脑中的文件和文件夹会随着时间的推移而日益增多，要想在众多的文件（夹）中找到想要的文件（夹）并不复杂，通过搜索功能查找文件（夹）即可，可以采取以下的方式进行搜索：

A. 利用"开始"菜单上的搜索框：单击"开始"按钮，然后在搜索框中键入文件名或文件名的一部分，如图2-49所示。注意搜索时可以灵活利用通配符"＊"和"？"。

图2-49 "开始"菜单中的搜索框

B. 使用文件夹或库中的搜索框：直接使用已打开窗口顶部的搜索框，如图2-50所示。也可以在搜索框中使用其他搜索技巧来快速缩小搜索范围。

图2-50 文件夹或库中的搜索框

（3）资源管理器　资源管理器的主要功能是管理计算机里的资源。

启动资源管理器的方法如下：

资源管理器

① 右键单击"开始"按钮，在弹出的快捷菜单中选择"打开 windows 资源管理器"。

② 在"开始"菜单→"所有程序"→"附件"→"资源管理器"。

打开后的资源管理器窗口如图2-51所示。

资源管理器窗口分为左、右窗格两个区域。左窗格显示计算机资源的组织结构，右窗格显

NOTE

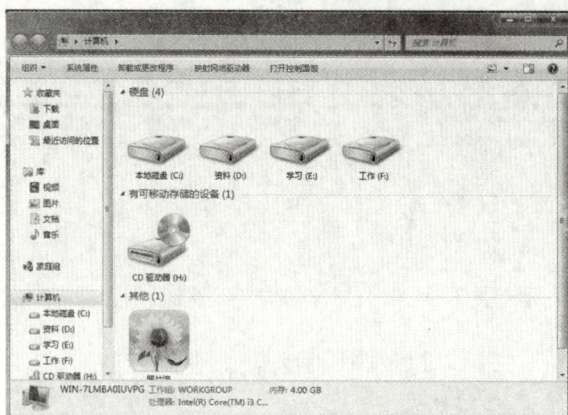

图 2-51 资源管理器

示左窗格选定的对象所包含的内容。

单击工具栏中的"组织"→"布局"→"菜单栏",将会把菜单栏显示出来,如图 2-52 所示。通过"查看"菜单即可以对右窗格内容的显示风格和排序方式做出调整。

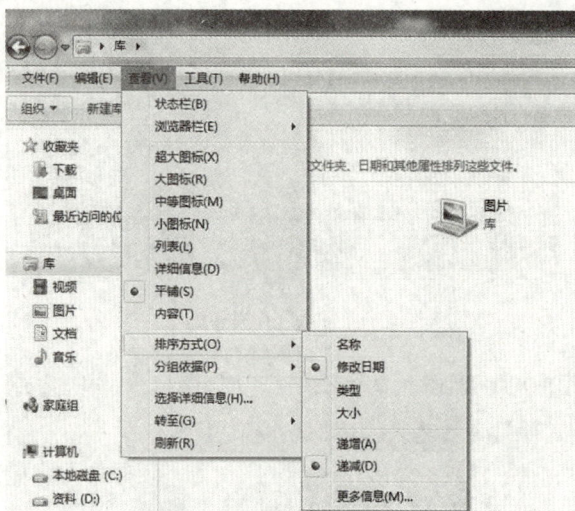

图 2-52 资源管理器中菜单栏

4. Windows 7 控制面板及系统设置

作为新一代的操作系统,Windows 7 发生了重大的变革,Windows 7 的个性化设置在视觉上为用户带来了不一样的感受。

Windows 7 中,控制面板可用来进行系统管理和系统环境设置,是一项重要的系统管理工具。通过单击"开始"菜单→"控制面板"可以打开控制面板,如图 2-53 所示。

(1)桌面显示属性设置

① 桌面背景:桌面背景可以是个人收集的数字图片、Windows 提供的图片、纯色或带有颜色框架的图片。使用者可以选择一个图像作为桌面背景,也可以显示幻灯片图片,如图 2-54 所示。

A. 单击控制面板中"外观和个性化"类别下的"更改桌面背景",打开桌面背景。

B. 单击选中准备用于桌面背景的图片或颜色。

图 2 – 53　控制面板

图 2 – 54　设置桌面背景

要将自定义的图片设置为桌面背景可通过单击"图片位置"列表中的选项查看其他类别，或单击"浏览"搜索计算机上的图片，找到所需图片后，双击该图片即可。

单击"图片位置"下的箭头，选择"填充、适应、拉伸、平铺、居中"显示然后单击"保存更改"。

② 调整显示器分辨率：打开"控制面板"，在"外观和个性化"类别下，单击"调整屏幕分辨率"，打开"屏幕分辨率"。单击"分辨率"旁边的下拉列表，将滑块移动到所需的分辨率，然后单击"应用"。单击"保留更改"即可使用新的分辨率，或单击"还原"回到以前的分辨率，如图 2 – 55 所示。分辨率越高，屏幕越清楚，图标等项目越小。

③ 设置屏幕保护程序：在"控制面板"中单击"外观和个性化"→"屏幕保护程序设置"。在"屏幕保护程序"列表中，单击要使用的屏幕保护程序，然后单击"确定"。如果选中"在恢复时显示登录屏幕"，则结束屏保后，会显示 Windows 7 登录界面，有密码的话会要求再次输入密码，如图 2 – 56 所示。

④ 桌面小工具：Windows 7 提供了称为"小工具"的小程序，可以提供即时信息以及轻松访问常用工具的途径，如图 2 – 57 所示。

A. 在"控制面板"，单击"外观和个性化"→"桌面小工具"。

B. 右键单击桌面空白处，在快捷菜单中选择"小工具"。

NOTE

图 2 – 55　调整分辨率

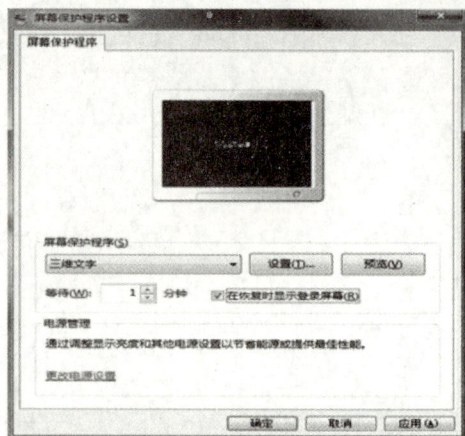

图 2 – 56　设置桌面保护程序

图 2 – 57　桌面小工具

（2）键盘和鼠标设置　键盘和鼠标是最基本最常用的两个输入设备，用户可根据自己的习惯对这两种设备进行个性化的设置，例如鼠标指针外观、左右手习惯等，如图 2 – 58 所示。

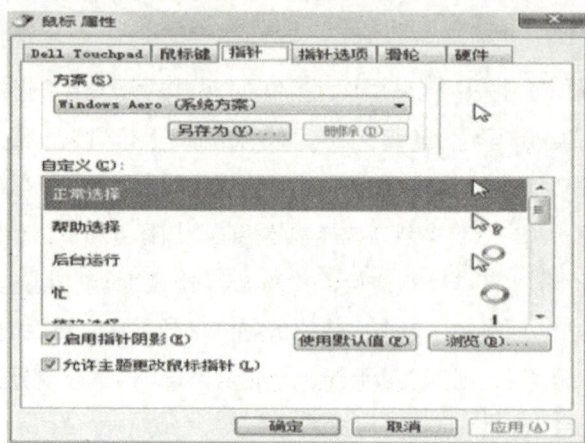

图 2 – 58　鼠标属性

（3）创建新用户　Windows 7 和 Windows XP 系统类似也可以设置多个用户，不同账号类型拥有不同的权限，各账户间相互独立，从而达到多人使用同一台电脑又不会互相影响的目的。每个用户都可以使用自己的用户名和密码登录计算机。

创建方式：打开控制面板，在"用户账户和家庭安全设置"项目下单击"添加或删除用户账户"，弹出的窗口如图 2 – 59 所示。

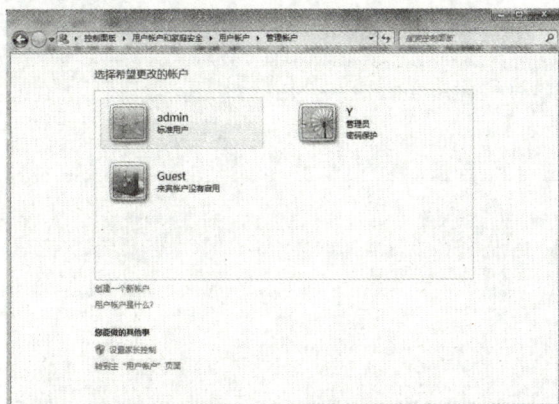

图 2 – 59　管理用户

可以更改已有的账户名称、密码、图片、类型等。如要创建一个新的用户，则单击图 2 – 59 窗口中的"创建一个新账户"，然后键入新用户的账户名称，选择账户类型，然后单击"创建账户"，如图 2 – 60 所示。

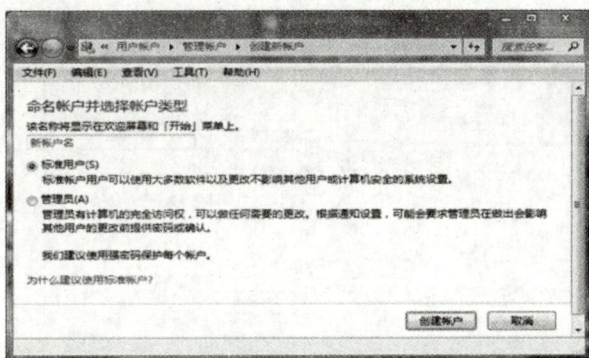

图 2 – 60　创建新用户

（4）卸载程序　如果需要删除已安装的程序，可将其卸载，因为直接删除程序会在硬盘上留下大量垃圾文件。卸载可以直接调用程序附带的卸载功能，也可以使用 Windows 7 提供的卸载程序。

打开控制面板，单击"程序"类别下的"卸载程序"，弹出的窗口如图 2 – 61 所示。在窗口下方选中将要卸载的项目，然后在工具栏中选择卸载按钮，即可完成卸载。

（5）系统还原　操作系统在使用过程中可能会发生故障，Windows 7 为我们提供了系统还原功能，它可以将计算机的系统文件及时还原到之前某个运行正常的日期，并且不影响个人文件。用这种方式恢复系统的特点是简单、速度快。

系统还原使用名为"系统保护"的功能定期创建和保存计算机上的还原点。这些还原点包含有关注册表设置和 Windows 使用的其他系统信息。默认情况下，安装了 Windows 的磁盘上（如 C 盘）已打开系统保护，可以自动创建还原点。除此之外，用户还可以根据需要手动创建还原点。

① 右键单击"开始"菜单中的"计算机"，选择"属性"，弹出"系统"窗口。在左侧窗

图 2 - 61　卸载程序

格中，单击"系统保护"，弹出的窗口如图 2 - 62 所示。

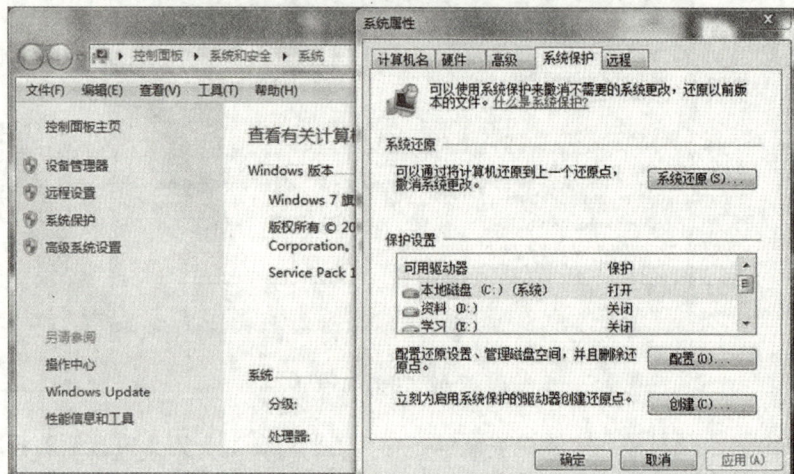

图 2 - 62　打开系统保护

② 单击"系统保护"选项卡中的"系统还原"按钮，在弹出的窗口中选择合适的还原点，然后再完成还原。

③ 如果用户需要自定义还原点，则单击图 2 - 62 下方的"创建"按钮，在新弹出的窗口中，键入还原点名称，然后单击"创建"。

（6）区域和语言设置　区域和语言设置用于更改显示日期、时间、货币和度量的格式，以及更改键盘和语言的选项。

打开控制面板，单击"时钟、语言和区域"→"区域和语言"，如图 2 - 63 所示。

单击"格式"选项卡，在"格式"列表中选择合适的区域，然后选择要使用的日期和时间格式。单击最下方的"其他设置"，在新的弹出对话框中继续设置数字、货币、时间、日期、排序的规则。

（7）网络和 Internet 网络和 Internet 主要实现计算机网络连接、创建共享，以及 Internet 选项的管理。

打开"控制面板"→"网络和 Internet"（图 2 - 64）

① 网络和共享中心：网络和共享中心（图 2 - 65）提供有关网络的实时状态信息。可以查看计算机是否连接在网络或 Internet 上、连接的类型以及用户对网络上其他计算机和设备的访问权限级别。当设置网络或者网络出现问题时，可以从网络和共享中心找到更多有关网络映射中网络的详细信息。

② 家庭组：使用家庭组，可在家庭网络上共享库和打印机。可以与家庭组中的其他人共享图片、音乐、视频、文档、打印机。家庭组受密码保护，并且始终可以选择与此组共享的内容。

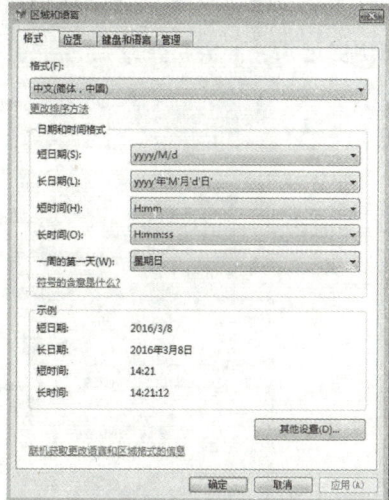

图 2 - 63 区域和语言

图 2 - 64 网络和 Internet

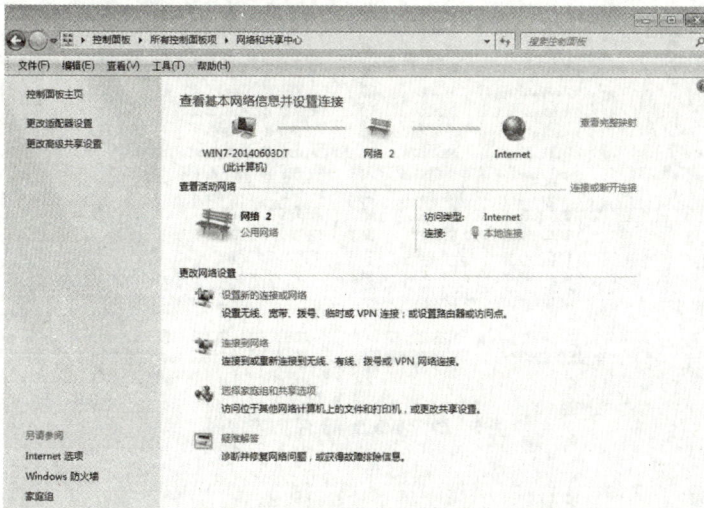

图 2 - 65 网络和共享中心

NOTE

③ Internet 选项：通过 Internet 选项（图 2 - 66）可以对浏览器进行设置、清除临时文件、清扫历史记录、安全保护等。

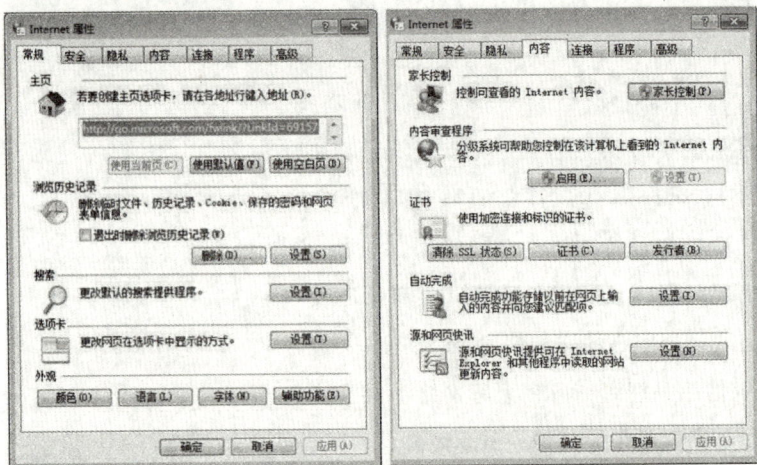

图 2 - 66　Internet 选项

（8）任务管理器的使用　任务管理器用来显示当前电脑中正在运行的程序、进程和服务，用户可以通过使用任务管理器监视电脑的性能，关闭没有响应的程序或多余的进程。

① 打开 Windows 7 任务管理器：在 Windows 7 操作系统中，用户可使用 Ctrl + Alt + Del 组合键进入选择页面，选择"启动任务管理器"；也可通过在任务栏处单击鼠标右键→在快捷菜单中选择"启动任务管理器"→弹出任务管理器窗口。这个弹出的"Windows 任务管理器"（图2 - 67）窗口中，包括了"应用程序""进程""服务""性能""联网"和"用户"6 个选项卡。

图 2 - 67　Windows 任务管理器

② "应用程序"选项卡：在应用程序选项卡（图 2 - 68）中，显示了当前用户打开的所有应用程序。可以结束、切换、新建应用程序，要结束应用程序，可单击"结束任务"；用户可以选中某个应用程序后单击"切换至"按钮，可激活选中应用程序；单击"新任务按钮"，会

弹出"创建新任务"对话框，在"打开"下拉列表文本框中，用户可以选择或输入相应的命令、IP 地址来运行相应的程序或访问相应的局域网主机。如图 2 - 68 所示。

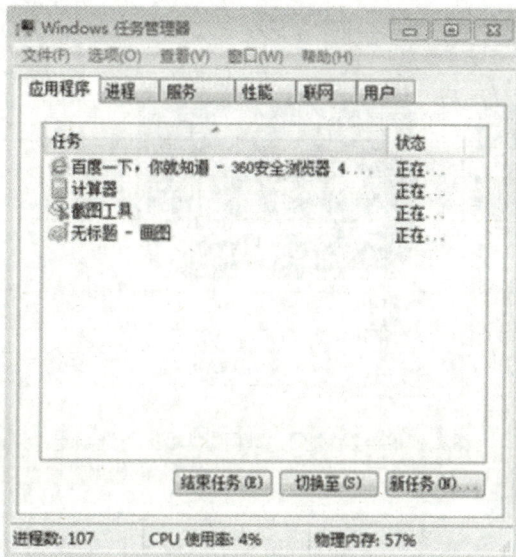

图 2 - 68　任务管理器 – 应用程序选项卡

③"进程"选项卡：进程是应用程序的映射，"应用程序"中显示的是用户运行的应用程序，并不显示系统运行必需的程序，系统程序的进程只能在"进程"选项卡中查看，用户可以通过"进程"选项卡查找、结束正在运行的病毒等。

在选中的进程上，单击右键，选中"属性"菜单项，可以查看描述、位置和数字签名等情况。选中某个想要结束的进程，单击"结束进程"按钮，弹出"Windows 任务管理器"对话框，单击"结束进程"按钮即可结束该进程（图 2 - 69）。

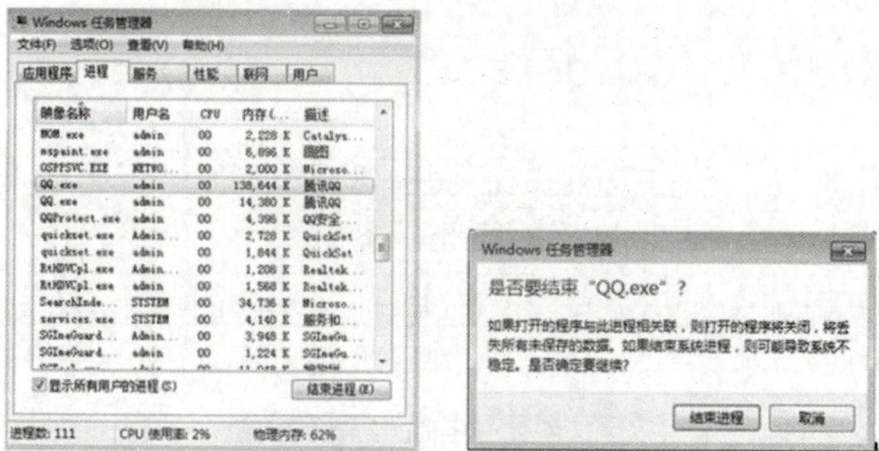

图 2 - 69　任务管理器 – 进程选项卡

④"服务"选项卡：在该选项卡中，显示当前已启用并在运行的服务。单击"服务"按钮，可从弹出的"服务"窗口中查看、启用或禁用相应的服务，以及对相应服务的属性进行设置。

⑤"性能""联网""用户"选项卡：如图 2 - 70 所示，"性能"选项卡中可以通过直观图和详细信息的形式显示电脑中 CPU 资源和物理内存资源的使用情况。

"联网"选项卡可以通过动态直观图的方式显示电脑中网络的应用情况。

"用户"选项卡显示当前已经登录到系统的所有用户。

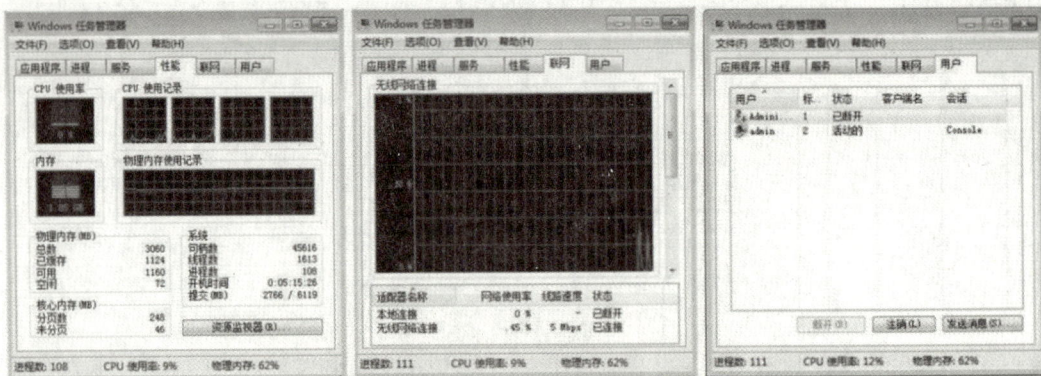

图 2 - 70   "性能""联网""服务"选项卡

5. Windows 7 附件程序

Windows 7 操作系统中自带了一些实用的附件小程序,存储在"开始"菜单的"附件"中,如画图程序、计算器、文档编辑器等。现简单介绍其中的一些功能,如果想要熟练使用这些小程序,可以通过系统提供的帮助来详细了解。

(1) 画图程序

画图(图 2 - 71)程序是一款简单的图形编辑软件,可以绘制简单的几何图形,也可以完成一些图片的编辑功能,如图片的复制、裁剪、大小调整、增加效果等。

图 2 - 71   画图程序

(2) 截图工具   截图工具(图 2 - 72)用于帮助用户截取屏幕图像,同时可对所截取的图像进行编辑。

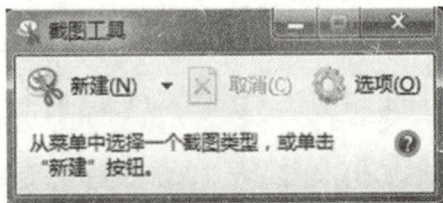

图 2 - 72   截图工具

(3) 命令提示符   对于习惯了用 DOS 命令进行操作的用户,在命令提示符(图 2 - 73)

下输入命令便可让电脑执行各种任务。

（4）计算器　Windows 7 自带的计算器（图 2-74）程序不仅具有标准计算器的功能，同时还集成了编程计算器、科学型计算器、统计信息计算器的高级功能，还有了单位转换、日期计算和工作表等功能，使计算器更加人性化。

图 2-73　命令提示符

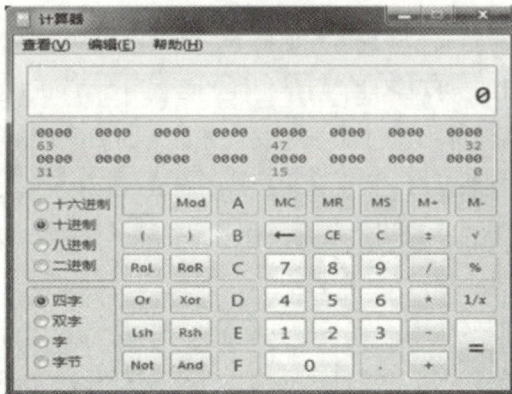

图 2-74　计算器

（5）入门　入门（图 2-75）程序包含了用户在设置电脑时需要执行的一系列任务，便于用户更好地熟悉 Windows 7 系统。

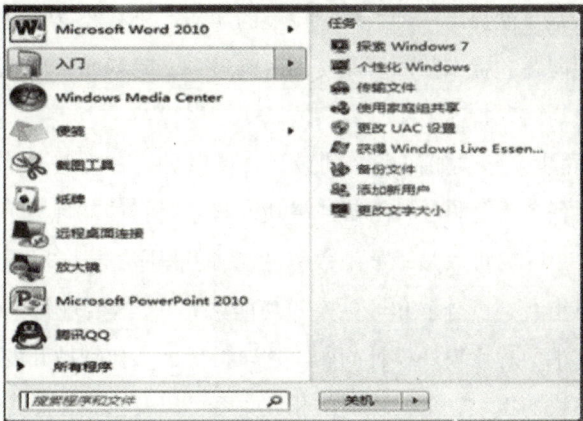

图 2-75　入门

NOTE

2.3.4 软件开发技术

1. 软件工程概述

从计算机诞生开始，作为计算机系统不可或缺的一部分，软件系统也随之发展起来。到 20 世纪 70 年代，随着软件规模越来越大，软件开发周期和质量变得越来越不可控，"软件危机"一词在计算机界广为流传。软件危机总的来说包括两个方面问题，即如何开发软件来满足对软件日益增长的要求和如何维护数量不断增多的已有软件。具体表现在供求矛盾、软件成本和开发进度难以估计、软件产品不符合用户的实际需要、软件的可靠性差、软件的维护费急剧上升等方面。

为克服软件危机，人们借鉴建筑工程的管理思路，开始尝试用现代工程的概念、原理、技术和方法来管理计算机软件开发的整个过程。1968 年秋，北大西洋公约组织举行的国际学术会议上首次提出了"软件危机"和"软件工程"的概念，软件工程因此成为一个备受重视的研究领域。一般认为，软件工程是研究和应用如何以系统性的、规范化的、可定量的过程化方法去开发和维护软件，以及如何把经过时间考验而证明正确的管理技术和当前能够得到的最好的技术方法结合起来。

软件工程的目标是在给定成本、进度的前提下，开发出高质量的软件产品，好的产品具有可修改性、有效性、可靠性、可理解性、可维护性、可重用性、可适应性、可移植性、可追踪性和互操作性。也就是说，软件工程不但要求提高软件产品的质量，还要讲究软件开发效率，这在实际开发过程中是很难兼顾的，因此几十年来人们还在继续不断完善软件工程方法。

（1）软件开发过程 软件生命周期法是一种典型的软件工程方法，它把软件生命周期分为需求、设计、编码和测试、维护几个阶段。

① 需求分析：软件需求分析就是回答做什么的问题。为此，分析人员要通过各种途径与用户沟通，获取他们的真实需求，并通过建模技术来表达这些需求，编写出需求规格说明书和系统用户手册，在用户确认之后才能进入下一个阶段。假如在需求分析时分析者们未能正确地认识顾客的需要，那么最后开发出的软件实际上不可能达到顾客的需要，或者软件无法在规定的时间里完工。

在此阶段中，用户和开发人员可能互相不了解对方的工作，用户很难精确完整地提出它的功能和性能要求。一开始只能提出一个大概、模糊的功能，只有经过长时间的反复认识才能逐步明确。在该阶段发现问题、提出整改所花费的时间最少，问题如果遗留到开发后期，则将付出几倍、几十倍甚至更高的代价。

② 设计：这一阶段是进行"如何做"的设计，可以分为概要设计和详细设计两个阶段。实际上软件设计的主要任务就是将软件分解成模块（模块是指能实现某个功能的数据和程序说明、可执行程序的程序单元。可以是一个函数、过程、子程序，或一段带有程序说明的独立程序和数据，也可以是可组合、可分解和可更换的功能单元），然后进行模块设计。在概要设计阶段应着重解决实现需求的程序模块设计问题。这包括考虑如何把被开发的软件系统划分成若干个模块，并决定各模块的接口，即模块间的相互关系，以及模块之间传递的信息。详细设计则要决定每个模块内部的具体算法。

③ 编码：这个阶段的主要任务是，根据软件详细设计阶段所产生的每个模块的详细设计

说明书，编写出某种程序设计语言的源程序。为了提高系统的可维护性，除要求得到的源程序语法正确外，还要求有较好的可读性、可靠性和可测试性。同时，编程语言的特性以及编写程序的风格也将深刻地影响到软件的质量及可维护性。

④ 程序测试：这个阶段的主要任务是发现并排除在分析、设计、编程等各个阶段中产生的各种类型的错误，以得到可运行的软件系统。软件测试是假定程序中存在错误，并进行测试设计，通过执行测试活动，发现程序中存在的错误。

但是测试不可能发现所有的错误，只能是"在一定的研制时间、经费限制下，通过执行有限个测试过程，尽可能多地发现一些错误"。要实现这个目标的关键在于设计一套出色的测试用例（测试数据和预期的输出结果组成了测试用例）。如何才能设计出一套出色的测试用例，关键在于理解测试方法。不同的测试方法有不同的测试用例设计方法。两种常用的测试方法是白盒法和黑盒法。两种方法依据的是软件的功能或软件行为描述，以发现软件的接口、功能和结构错误。

白盒测试是把测试对象看成装在透明的白盒子里，测试人员完全了解程序的结构和处理过程，依据程序内部逻辑设计或选择测试用例，对程序所有逻辑路径进行测试，通过在不同点检查程序的状态，确定是否都按预定的要求正确工作。

黑盒测试是把测试对象看作装在一只黑盒子里，测试人员完全不了解程序的结构和处理过程，它只检查程序功能是否按照需求规格说明书的规定正常使用，不考虑内部逻辑结构，针对软件界面和软件功能进行测试。

⑤ 文档与程序的维护：在这一阶段，系统工作人员要对投入运行后的软件系统进行调整和修改，以改正在开发阶段产生、在测试阶段又未发现的错误，使软件系统能适应外界环境的改变，并实现软件系统的功能扩充和性能改善。

通常维护活动包含诊断和改正在使用过程中发现的软件错误；修改软件以适应环境的变化；根据用户的要求改进或扩充软件使它更完善；修改软件为将来的维护活动预先做准备。

（2）面向对象技术　用结构化方法开发的软件，其稳定性、可修改性和可重用性都比较差，这是因为结构化方法的本质是功能分解，从代表目标系统整体功能的单个处理着手，自顶向下不断把复杂的处理分解为子处理，这样一层一层地分解下去，直到仅剩下若干个容易实现的子处理功能为止，然后用相应的工具来描述各个最低层的处理。因此，结构化方法是围绕实现处理功能的"过程"来构造系统的。然而，用户需求的变化大部分是针对功能的，因此，这种变化对于基于过程的设计来说是灾难性的。用这种方法设计出来的系统结构常常是不稳定的，用户需求的变化往往造成系统结构的较大变化，从而需要花费很大代价才能实现这种变化。

经过不断的实践，人们总结出不同的软件在实现中有很多共性的东西，这些共性的东西完全有可能脱离具体问题而提取出来，设计成一个通用的模块，用来解决某一类问题。这样，软件设计时不用针对每一个具体问题而单独进行，有助于大大提高软件生产率。由此，产生了面向对象的软件工程方法。

面向对象的软件工程方法是一种把面向对象思想应用于软件开发过程，从而指导软件开发活动的系统方法，它建立在对象概念基础之上，是一种运用对象、类、继承、封装、聚合、消息发送、多态性等概念来构造系统的软件开发方法。

NOTE

① 对象：对象是指一组属性及其操作的封装体。属性表示该对象的状态。对象中的属性只能通过该对象所提供的操作来存取或修改。操作也称为方法或服务，它规定了对象的行为，表示对象所能提供的服务。一个对象通常可由对象名、属性和操作三部分组成。比如，张三有一辆轿车，它有颜色、长度、宽度、重量等属性，还具有启动、刹车等操作。

② 类：具有相同或相似性质的对象的抽象就是类。因此，对象的抽象是类，类的具体化就是对象，也可以说类的实例是对象。比如，可以定义一个学生类，学生张三、李四就是对象。

③ 消息：对象之间进行通信的结构叫作消息。在对象的操作中，当一个消息发送给某个对象时，消息包含接收对象去执行某种操作的信息。发送一条消息至少要包括说明接受消息的对象名、发送给该对象的消息名（即对象名、方法名）。

④ 继承性：继承是类和类之间的基本关系，它是基于层次关系的不同类共享数据和操作的一种机制。父类中定义了其所有子类的公共属性和操作，在子类中除了定义自己特有的属性和操作外，还可以对父类中的操作重新定义其实现方法。例如，轿车类是汽车类的子类。如果一个子类只有唯一一个父类，这种继承称为单一继承。如果一个子类有一个以上的父类，这种继承称为多重继承。

⑤ 多态性：多态性是指同一个操作作用于不同的对象上可以有不同的解释，并产生不同的执行结果。也就是说，相同的操作消息发送给不同的对象时，每个对象将根据自己所属类中定义的这个操作去执行，从而产生不同的结果。与多态性密切相关的一个概念就是动态绑定。传统程序设计语言的过程调用与目标代码的连接放在程序运行前进行，而动态绑定则是把这种连接推迟到运行时才进行。例如，C#语言中的虚方法就是实现运行时多态的一种途径。

面向对象开发的方法研究已日趋成熟，国际上已有不少面向对象产品出现。主要方法有Coad 方法、Booch 方法和 OMT 方法等。UML（Unified Modeling Language）的出现不仅统一了 Booch 方法、OMT 方法、OOSE 方法的表示方法，而且对其作了进一步的研究，最终形成为大众接受的标准建模语言。UML 是一种定义良好、易于表达、功能强大且普遍适用的建模语言。它融入了软件工程领域的新思想、新方法和新技术。它的作用域不限于支持面向对象的分析与设计，还支持从需求分析开始的软件开发全过程。

2. 程序设计基础

（1）计算机程序的基本概念　　计算机的应用主要体现在软件的应用上。各行各业需要大量不同应用领域的专用软件，随着计算机的普及和应用领域的迅速扩充，对"计算机程序设计员"的需求量与日俱增。学习程序设计，首先要理解"程序"的概念。

目前，计算机已广泛应用于科学计算、企业管理、自动化过程控制等各个方面。无论用计算机来解决哪一方面的问题，都必须把对实际问题的解决归结为计算机能够执行的若干个步骤，然后再把这些步骤用一组计算机的指令进行描述，最后给计算机来执行。这组解决实际问题的指令，就是通常所说的程序。简单地讲，程序是计算机为完成工作所使用的指令集合。

计算机程序设计发展非常迅速，编写计算机指令的工具——程序设计语言（或称为计算机语言）层出不穷，随着计算机网络应用的普及，程序设计语言也在快速地更新换代。所以编写程序时，大部分的通用内容、程序已经被设计好，不需要设计者自己编写指令。设计者的主要工作是考虑程序流程的合理性、实用性、稳定性、人机交互界面设计的人性化、程序的容错性和有效地降低资源占用率等程序的使用性能上，这样就大大提高了程序开发的速度。

要设计出解决实际问题的程序并不是一个简单的过程，需要人们做大量的工作。具体可以归结为以下几个步骤。

① 明确问题要求：用计算机解决实际问题时，首先要对实际问题进行分析，明确问题的要求是什么，要求计算机做什么，已知一些什么样的数据，需要得到什么样的数据，还有哪些方面的要求等等。

分析问题、弄清问题的性质是用计算机解题的出发点。只有弄清问题，才能发现问题的特点和实质，以便采取最有效的方法来解决。

② 根据问题的要求确定编程使用的软件平台：各种编程语言或程序开发工具都有其优点、不足和一般使用的领域，根据明确的问题要求，设计者应选择不同的开发工具和编程语言。

③ 设计程序的结构和流程：设计程序结构的主要工作是，如何把要解决的实际问题分解为不同的功能模块，以及捋顺设计模块之间的关系，也可以称为程序设计规划。设计程序流程也可以狭义地理解为程序规划的具体表示方法。通常采用流程图的方法设计程序流程。程序流程是程序设计的的关键工作之一，程序流程设计水平直接影响程序编写。

④ 编写程序：编写程序的主要工作是根据编程使用的软件平台和程序设计流程，应用具体的程序设计语言，由程序编写人员分工合作，分别编写各模块的具体程序，共同完成程序的编写工作。

⑤ 调试程序及结果分析：经过以上步骤得到的程序并不能保证其正确性，只有通过上机调试，才能比较彻底地发现程序中的语法错误及逻辑错误。即使程序调试通过，并且得到运行结果，仍不能说明程序是正确的，还要对运行结果进行认真分析，看看操作是否满足要求，以及程序所执行的功能是否与要求一致，如果发现有错误或偏差，则要找出问题所在。在调试程序之前的每一步骤中都有可能出现错误，具体是哪一步的错误，则需要具体分析。

⑥ 投入使用：当程序经过调试和结果分析无误时，可以投入使用。程序一般应有一定的试运行期，根据程序的大小、使用的范围等，确定试运行时间。经过试运行，才可以正式投入使用，在使用中应注意程序的维护。

（2）程序设计的基本过程　计算机程序设计就是根据一定思路用计算机语言编写一些代码（指令）来告诉计算机完成特定的任务。也就是说，用计算机能理解的语言告诉计算机如何工作。一般而言，这个过程包括问题描述、算法设计、代码编写以及调试运行。整个开发过程需要编制相应的文档，以便管理。

程序设计的一般过程可以描述为：

第一步：问题的定义。

在计算机能够理解一些抽象的名词并做出一些智能的反应（这是当今世界上无数计算机科学精英们正在为之奋斗的目标）之前，必须要对交给计算机的任务做出定义，并最终翻译成计算机能识别的语言。问题定义的方法很多，但一般包括以下三个部分：

① 输入：也就是已知什么条件，哪些是作为计算机处理的原始信息数据。

② 处理：也就是希望计算机对输入信息做什么加工。

③ 输出：也就是希望能通过计算机的处理而得到什么样的结果。

当问题复杂时，问题定义会变得非常复杂。这就需要借助一些原则、方法和工具了。

NOTE

第二步：算法设计。

问题定义确定了未来程序的输入、处理、输出，但并没有说明处理的步骤，而算法则是对解决问题的步骤的描述。算法是根据问题定义中的信息得来的，是对问题处理过程的进一步细化。但它不是计算机可以直接执行的，只是编制程序代码前对处理思路的一种描述。

第三步：程序编制。

问题定义和算法描述已经为程序设计规划好了蓝本。下一步是用真正的计算机语言表达了。不同的语言写出的程序有时会有很大差别。

第四步：调试运行。

程序编制可以在计算机上进行，也可以在纸张上进行。但最终要让计算机来运行则必须输入到计算机并经过调试，以便找出语法错误和逻辑错误，然后才能进行正确运行。不同的语言其运行环境差别很大，但调试纠错这一步都是必需的。

一般来说，语言的查错功能只能查出语法错误，即程序是否按规定的格式书写，而不能排除逻辑错误。

第五步：文档书写。

对于小型的程序来说，有没有文档不怎么重要，但对于一个需要多人合作开发、维护时间较长的软件来说，文档就是至关重要的。文档记录程序设计的算法、实现以及修改的过程，保证程序的可持续性和可维护性。一个有五万行代码的程序，在没有文档的情况下，即使是程序员本人（在一段时间后）也很难记清其中的某些程序是完成什么功能的。

程序中的注释就是一种很好的文档，并不要求计算机理解它们，但可以被阅读程序的人理解，这就足够了。

（3）结构化程序设计的三种基本结构　结构化程序设计是软件开发中程序设计技术的一种，这个概念最早由 E. W. Dijkstra 提出，其理由是 GOTO 语句对程序的可读性、可测试性和可维护性带来极大的危害，应该用更可维护的控制结构替代之。随后 Bohm 和 Jacopini 证明了仅用"顺序""分支"和"循环"三种基本的控制结构即能构造任何单入口单出口程序，这个结论奠定了结构化程序设计的理论基础。

何谓结构化程序设计？按流行的定义是：它是程序设计技术，它采用自顶向下逐步求精的设计方法和单入口单出口的控制构件进行程序设计。

自顶向下逐步求精的方法是人类解决复杂问题时常用的一种方法，采用这种先整体后局部，先抽象后具体的步骤开发的软件一般具有较清晰的层次。此外，由于仅使用单入口单出口的控制构件，使程序有良好的结构特征，这些都能大大降低程序的复杂性，增强程序的可读性、可维护性和可验证性，从而提高软件的生产率。

为了能使读者对这三种基本结构有一个直观的理解，先介绍一下程序的流程框图（图 2－76）。在计算机的程序设计中，流程控制是指控制程序的执行次序。通过学习流程图，不仅可以帮助学习者设计程序的总体结构，还可以帮助学习者建立程序设计的概念。目前，由于流程图在表示工作顺序时，有着其他方法不可比拟的清晰、明了的优点，不仅在计算机程序设计中得到广泛应用，而且在其他领域的应用也相当广泛。

流程框图的作用是可以直观地描述出程序的走向，下面用流程框图介绍三种基本结构：

① 顺序结构：顺序结构，就是程序是按语句排列的先后顺序来执行。如图 2－77 所示，先

执行 A，再执行 B。

② 选择结构：条件为真，执行一部分语句，否则执行另一部分语句。如图 2-78（a）图所示。若条件为真，执行 A，否则执行 B。

在选择结构中还有一种称为多分支选择结构，如图 2-78（b）所示。依次判断条件，若条件 1 为真，执行 A_1，否则判断条件 2，若条件 2 为真，执行 A_2……，若条件 A_n 为真，执行 A_n。

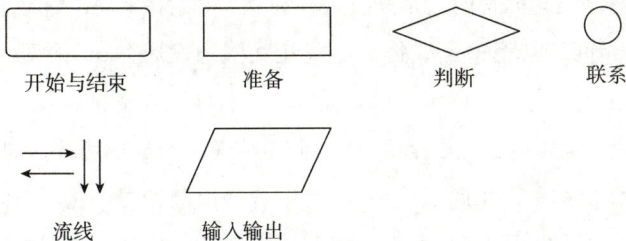

图 2-76　流程框图

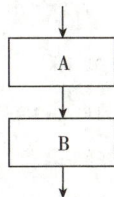

图 2-77　顺序结构

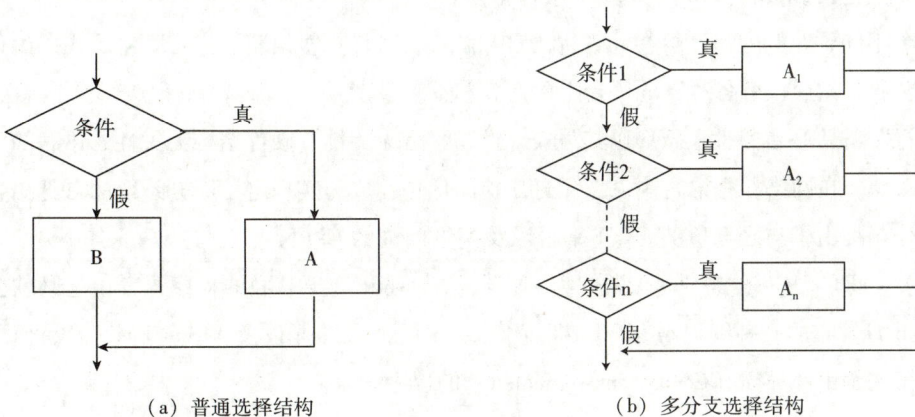

（a）普通选择结构　　（b）多分支选择结构

图 2-78　选择结构

③ 循环结构：当条件为真，执行循环体，否则结束循环，如图 2-79 所示。若条件为真，执行循环体 A，否则结束循环执行下一语句。

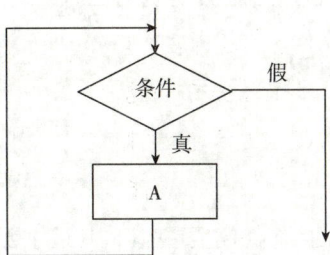

图 2-79　循环结构

上述示意图中的模块可以是语句，也可以是语句系列。这样，通过 3 种结构的嵌套和组合，可以形成复杂的程序，从而完成复杂的功能。这 3 种结构经常贯穿于程序设计之中，望读者能在理解的基础上熟练运用。

3. 主流的面向对象开发语言

（1）C++　　C++ 是一种面向过程性与面向对象性结合的程序设计语言。C++ 继承了 C 语言的原有精髓，如高效率、灵活性，增加了对开发大型软件颇为有效的面向对象机制，弥补了C语言不支持代码重用、不适宜开发大型软件的不足，成为一种既可用于表现过程模型，又可用于表现对象模型的优秀程序设计语言之一。但是，C++语言本身很复杂，非常难于编写，所以难以吸引更多的程序员。

（2）Java　Java语言诞生于1991年，起初被称为OAK语言，是SUN公司为一些消费性电子产品而设计的一个通用环境。他们最初的目的只是开发一种独立于平台的软件技术，但在网络出现之前，OAK可以说是默默无闻，甚至差点夭折。随着互联网的发展，Sun看到了OAK在计算机网络上的广阔应用前景。于是改造了OAK，以"Java"的名称正式发布。

Java编程语言的风格十分接近C、C++语言。Java是一个纯粹面向对象的程序设计语言，它继承了C++语言面向对象技术的核心，舍弃了C++语言中容易引起错误的指针、运算符重载、多重继承等特性，增加了垃圾回收器功能用于回收不再被引用的对象所占据的内存空间，使得程序员不用再为内存管理而担忧。在Java 1.5版本中，又引入了泛型编程、类型安全的枚举、不定长参数和自动装/拆箱等语言特性。

Java不同于一般的编译执行计算机语言和解释执行计算机语言。它首先将源代码编译成二进制字节码，然后依赖各种不同平台上的虚拟机来解释执行字节码。从而实现了"一次编译、到处执行"的跨平台特性。Java以其强安全性、平台无关性、硬件结构无关性、语言简洁、同时面向对象，在网络编程语言中占据无可比拟的优势，成为实现电子商务系统的首选语言。因此微软公司推出了与之竞争的.NET平台以及模仿Java的C#语言。

（3）.NET及C#语言　C#是微软为.NET Framework量身订做的程序语言，是微软公司在2000年6月发布的一种编程语言。C#拥有C/C++的强大功能以及Visual Basic简易使用的特性，是第一个组件导向（Component - oriented）的程序语言。

C#是面向对象的编程语言。它使得程序员可以快速地编写各种基于Microsoft .NET平台的应用程序，.NET平台提供了强大的类库、工具和服务来方便程序员开发。正是由于C#面向对象的卓越设计，使它成为构建各类组件的理想之选，这些组件可以方便地转化为XML网络服务，从而使它们可以由任何语言在任何操作系统上通过Internet进行调用。最重要的是，C#与C/C++具有极大的相似性，在保持后者强大功能的同时，还能实现高效率开发，熟悉类似语言的开发者可以很快地转向C#。

习题与实验

一、选择题

1. 冯·诺依曼为现代计算机的结构奠定了基础，其最主要的设计思想是

  A. 汇编语言程序　　　　　　　　B. 机器语言程序

  C. 存储程序思想　　　　　　　　D. 高级语言程序

2. 中央处理器的重要作用有两个，分别是控制和

  A. 存储　　　　　　　　　　　　B. 运算

  C. 显示　　　　　　　　　　　　D. 打印

3. CPU能直接访问的部件是

  A. 硬盘　　　　　　　　　　　　B. 软盘

    C. 内存储器　　　　　　　　　D. 光盘

4. 在计算机断电后何部件中的信息会丢失

    A. ROM　　　　　　　　　　　B. 硬盘

    C. 软盘　　　　　　　　　　　D. RAM

5. 在 Windows 中，对文件和文件夹的管理可以使用

    A. 资源管理器或控制面板窗口

    B. 资源管理器或"我的电脑"窗口

    C. "我的电脑"窗口或控制面板窗口

    D. 快捷菜单

6. 磁盘上的文件组织结构是一种什么样的结构

    A. 层次　　　　　　　　　　　B. 网状

    C. 图　　　　　　　　　　　　D. 树形

7. 使用剪贴板实现文件或文件夹的移动和复制步骤是

    A. 打开资源管理器、选择、剪切、粘贴

    B. 打开资源管理器、选择、剪切或复制、打开目的窗口、粘贴

    C. 打开资源管理器、粘贴、选择

    D. 打开资源管理器、选择、复制、粘贴

8. 有关文件夹属性的正确论述是

    A. 文件、文件夹均有隐藏、只读、系统、存档 4 种属性

    B. 只有文件有隐藏、只读、系统、存档 4 种属性

    C. 具有只读属性的文件只能读，但不能复制、不能删除而可以修改

    D. 系统文件具有不可删、不可修改、只能读、又具有隐藏属性的文件

9. 计算机的软件系统一般分为

    A. 系统软件和应用软件　　　　B. 操作系统和计算机语言

    C. 程序和数据　　　　　　　　D. DOS 和 Windows

10. 计算机能直接执行的程序是

    A. 汇编语言程序　　　　　　　B. 机器语言程序

    C. 源程序　　　　　　　　　　D. 高级语言程序

二、填空题

1. 计算机系统中的硬件主要包括＿＿＿＿＿＿、控制器、存储器、输入设备、输出设备五大部分。

2. 计算机主存储器包括＿＿＿＿＿＿和＿＿＿＿＿＿这两类。

3. 在管理文件或文件夹时，选择文件或文件夹可以拖框选、按＿＿＿＿＿＿选择连续的、按＿＿＿＿＿＿键选不连续的文件、全选的快捷键为＿＿＿＿＿＿。

4. 菜单项中带有"▶"表示＿＿＿＿＿＿，有"…"表示＿＿＿＿＿＿。

5. 程序设计的三种基本结构是＿＿＿＿＿＿、＿＿＿＿＿＿、＿＿＿＿＿＿。

三、思考题

1. 描述常见的计算机硬件系统的构成。

NOTE

2. 描述冯·诺依曼结构计算机的体系结构。

3. 描述计算机的性能指标。

4. 描述操作系统的功能。

5. 软件开发过程分为哪些阶段？各阶段的任务是什么？

四、实验

实验一　Windons 7 的基本操作

（1）进入 Windows 7，并打开"计算机"窗口，熟悉 Windows 7 的窗口组成，练习下列窗口操作：

1）移动窗口。

2）适当调整窗口的大小，使滚动条出现，然后滚动窗口中的内容。

3）先最小化窗口，然后再将窗口复原；先最大化窗口，然后再将窗口复原。

4）打开两个以上的窗口，通过任务栏和快捷键切换当前窗口；以不同方式排列已打开的窗口。

5）关闭窗口。

（2）通过"开始"菜单的"帮助和支持"，获取自己感兴趣的帮助信息。

（3）运行记事本程序，并在任务管理器中终止该程序。

（4）移动、恢复、变大和变小任务栏，隐藏或显示任务栏。

（5）显示或隐藏快速启动栏。

（6）在快速启动栏中添加和删除图标。

（7）语言和时钟的显示或隐藏。

（8）将"库"中的"文档"库图标名称改为"我的文档"，并在桌面上为其创建快捷图标。

（9）将任务栏放在屏幕的右边，将应用程序"计算器"锁定到任务栏，以便快速启动。

（10）联机获取喜欢的桌面主题，将其应用到计算机中，并将自己的照片作为屏幕保护程序显示的图像。

（11）在桌面上添加小工具"时钟"。

（12）通过"桌面背景"对话框，进行下列设置操作：

1）选择图片库中名为"八仙花"的墙纸，分别选择填充、适应、平铺、拉伸、居中，然后观察实际效果。

2）选择名为"三维文字"的屏幕保护程序，并将滚动的文字改为"欢迎使用我的电脑"，等待时间设置为 1 分钟，然后观察实际效果。

3）将屏幕分辨率分别设为 800×600、1280×1024，观察两者的效果和区别。

（13）在 D 盘创建一个名为"MP3 音乐"的文件夹，下载若干首 MP3 音乐文件，放置在该文件夹中，然后将该文件夹包含到"音乐"库中；删除"D：MP3 音乐"文件夹中的某个文件，观察"音乐"库中该文件夹的变化，最后将该文件夹从"库"中删除。

（14）在桌面空白处单击右键，在弹出的快捷菜单中进行个性化设置，进行如下操作：

1）在"桌面图标设置"对话框中选择某个图标（如计算机），单击"更改图标"按钮，在弹出的"更改图标"对话框列表框中选择一个自己喜欢的图标，单击"确定"。

2）更改鼠标指针和更改账户图片。

实验二　文件管理与控制面板的使用

（1）打开资源管理器，进行下列操作：

1）隐藏暂时不用的工具栏，并适当调整左右窗格的大小。

2）改变文件和文件夹的显示方式及排序方式，观察相应的变化。

（2）在 E 盘上创建一个名为 work 的文件夹，再在 work 文件夹下创建一个名为 work1 的子文件夹，然后进行下列操作：

1）C：→Windows 文件夹中任选 4 个类型为"文本文件"的文件，将它们复制到 D：\ work 文件夹。

2）将 D：\work 文件夹中的一个文件移动到 work1 子文件夹中。

3）在 D：\ work1 文件夹中创建一个类型为"文本文件"的空文件，文件名为"today. txt"。

4）删除 work1 子文件夹，然后再将其恢复。

（3）查看文件夹的属性，了解该文件夹的位置、大小、包含的文件及子文件夹数、创建时间等信息。

（4）在 D 盘中新建一个画图文件，并将其属性改为"隐藏"，刷新并观察该文件状态，如果该文件不可见，则使其可见；如果该文件可见，则使其不可见。

（5）查找 C 盘中的 notepad. exe 程序，并分别在开始菜单、桌面上建立该程序的快捷方式，并重命名为"我的记事本"。

（6）在控制面板中打开"鼠标"属性窗口适当调整指针速度，并按自己的喜好选择是否显示指针轨迹及调整指针形状，观察调整形状后的指针状态，然后恢复初始设置。

（7）在控制面板中打开"区域和语言选项"，修改数字、货币、时间、日期的格式。将小数位数改为 3 位，分组格式为 123,456,789；货币正数格式改为 1.1 $；时间符号选项改为"AM"；短日期格式改为"yy - mm - dd"。

（8）设置控制面板中相关选项，将 Windows 系统打开程序的声音设为"tada. wav"。尝试在自己的计算机上将 Windows 登录音改为自己喜欢的歌曲。

（9）对 C 盘进行查错和碎片整理。

（10）建立两个用户账户 user1 和 user2，启用 Guest 账号。

（11）删除和还原"库"中"我的图片"文件夹

（12）在 D 盘中建一个名为"U 盘资料"的文件夹，将你的 U 盘中的内容复制到该文件夹中，在确认复制成功的情况下，请对你的 U 盘进行格式化操作，检查格式化后该 U 盘的容量等属性，再将文件夹"U 盘资料"中的内容复制回 U 盘，并再次检查该 U 盘的容量等属性。

（13）在"资源管理器"中以"详细信息"方式浏览 C 盘中的内容，并按"修改日期"进行排列，设置显示所有文件的扩展名（提示：资源管理器左上角，单击"组织"下拉箭头的"布局"选项，勾选"菜单栏"，单击"工具"选项卡下的"文件夹选项"，在"文件夹选项"对话框里单击"查看"，在"高级设置"列表框里，取消勾选"隐藏已知文件类型的扩展名"）。

3　办公信息处理技术

在计算机时代，无论是书写文章、提交申请，还是出具报表，通常都要使用电子文稿。能熟练处理各种文稿成为了一项基本技能。目前常见的办公软件有金山公司的 WPS Office、微软公司的 Microsoft Office、Lotus 公司的 SmartSuite 等。

3.1　Office 2010 组件简介

Office 2010 包含的应用组件有很多，其中常用的组件有 Word 2010、Excel 2010、PowerPoint 2010、Access 2010、OneNote 2010 和 Outlook 2010 等。

1. Word 2010 简介

Word 2010 是 Office 应用程序中的文字处理程序，也是应用最为广泛的办公组件之一。用户可运用 Word 2010 提供的整套工具对文本进行编辑、排版、打印等工作，从而制作出具有专业水准的文档。另外，Word 2010 中丰富的审阅、批注和比较功能可以帮助用户快速收集和管理来自多种渠道的反馈信息。

2. Excel 2010 简介

Excel 2010 是 Office 应用程序中的电子表格处理程序，也是应用较为广泛的办公组件之一，主要用来进行表格创建、公式计算、财务分析、数据汇总、图表制作、透视表和透视图等。

3. PowerPoint 2010 简介

PowerPoint 2010 是 Office 应用程序中的演示文稿程序，用户可运用 Office 提供的综合功能，创建具有专业外观的演示文稿。PowerPoint 2010 的新增功能包括创建并播放动态演示文稿、共享信息、保护并管理信息等。

4. Access 2010 简介

Access 是用于管理数据库系统的软件，广泛被小型企业、大公司的部门和开发人员等使用，用户通过它可以实现数据的添加、删除、查询、统计和保存，还可以设计输入界面和生成报表等。Access 2010 较以前版本入门更快速轻松；与网络连接更为紧密，在没有 Access 客户端的情况下也能访问自己的数据库；报表支持数据条，从而可以更轻松地跟踪趋势和深入了解情况；在数据库中应用专业设计，可从各种主题中进行选择，或者自己设计主题等。

5. OneNote 2010 简介

OneNote 2010 最早集成于 Microsoft Office 2003，它是一种数字笔记本，为用户提供了一个收集笔记和信息的位置，并提供了强大的搜索功能和易用的共享笔记本。OneNote 2010 提供了一种灵活的方式，即将文本、图片、数字手写墨迹、录音和录像等信息全部收集并组织到计算机上的一个数字笔记本上，并且凭借强大的网络支持功能，帮助用户将所需的信息保留在手边，减少在电子邮件、书面笔记本、文件夹和打印结果中搜索信息的时间，从而提高工作效率。

6. Outlook 2010 简介

Outlook 2010 是 Office 应用程序中的桌面信息管理应用程序，主要用来收发电子邮件、管理联系人信息、写日记、安排日程、分配任务等。其中，利用即时搜索与待办事项栏等新增功能，可组织或随时查询所需信息。通过新增的日历共享功能、信息访问功能，可以帮助用户与朋友、家人安全地共享在 Outlook 2010 中的数据。

7. Publisher 2010 简介

Publisher 作为 Office 的产品之一，它更多是面向企业用户，主要用于创建和发布各种出版物，并可将这些出版物用于桌面或商业打印、电子邮件分发或在 Web 中查看。最新的 Publisher 2010 可以创建更个性化和共享范围更广的具有专业品质的出版物和市场营销材料，还可以轻松地以各种出版物的形式传达信息，无论创建小册子、新闻稿、明信片、贺卡或电子邮件新闻稿，都可以获得高质量的表现。

8. InfoPath 2010 简介

InfoPath 最早出现于 Office 2003，又可细分为 InfoPath Designer 和 InfoPath Filler 两个产品。InfoPath 的主要功能就是搜集信息和制作、填写表单。最新的 InfoPath 2010 可以让用户设计更为复杂的电子表单，从而快速、经济地收集信息。

9. SharePoint Workspace 2010 简介

SharePoint Workspace 2010 是 SharePoint 2010 的客户端程序，主要功能是离线时可同步基于微软 SharePoint 技术建立的网站中的文档和数据。

10. Communicator 2010 简介

Communicator 集成了各种通信方式，简单说就是一个类似于 MSN 和 QQ 的局域网即时通信工具。在最新的 Office 2010 中，Communicator 与 Outlook 2010、Word、Excel、PowerPoint 及 OneNote 等应用软件集成得更加紧密。

3.2 文字处理软件 Word 2010

Word 是微软公司 Office 系列办公组件之一，是世界上最流行、应用最普遍的文字编辑软件。Word 2010 丰富了人性化功能体验，改进了用来创建专业品质文档的功能，为协同办公提供了更加简便的途径。同时，云存储使得用户可以随时随地访问到自己的文件。

3.2.1 文档编辑与排版

【案例 3 - 1】文档编辑与排版应用

（1）打开文档"H7N9 禽流感防治常识.docx"，完成下列操作

①将文章"H7N9 禽流感防治常识"标题文字设置为"黑体""一号""加粗""绿色"，字符间距加宽至"1.5 磅"，并"居中对齐"，设置段前间距为"6 磅"，段后间距为"7 磅"。

NOTE

②设置正文字体格式为"宋体""五号""首行缩进2字符",行距为"20磅"。

③删除文档第1段"禽流感是禽类流行性感冒……"中的所有空格。

④将正文中第1段、第2段中的所有字母及数字替换为"红色""加粗"格式。

⑤设置正文中第2段首字下沉"3行",距正文"0厘米",下沉文字格式为"加粗""华文隶书"。

⑥将正文第4~9段的6个注意事项加上"1.2.3…"格式的项目符号。

⑦将正文中第3段"日常生活中……"这部分文字设置为"橙色"底纹,图案样式为"10%的浅蓝色"。利用格式刷将该格式应用到第10段"人感染高致病性……"中。

⑧为文章最后一段添加文本框,文本框格式为形状"折角形"、样式"对角渐变,强调文字3"、阴影效果"阴影样式4"。

⑨设置页面属性为"A4纸",页面上、下页边距设置为2厘米,方向为"纵向",装订线位置"左""0.3厘米"。

⑩设置文字对齐字符网格,每行38个字符,每页43行。

⑪设置页眉为"如何预防H7N9",设置页脚为"第×页 共×页",页眉、页脚字体格式为"隶书""五号",页眉"右对齐",页脚"居中对齐"。

⑫设置文档文字水印"文稿编辑",字体格式为"华文行楷""100号""水绿色及淡色40%"。

⑬在文档末尾处插入日期,格式如"××××年××月××日星期×",并自动更新日期。

(2)操作步骤

①选定标题文字,单击菜单"开始"选项卡→"字体"组右下角对话框启动器,打开"字体"对话框。在"字体"选项卡(图3-1左)中设置格式:"中文字体"选项中选择"黑体","字形"选项中选择"加粗","字号"选项中选择"一号","字体颜色"选项中选择"绿色";在"高级"选项卡(图3-1右)设置:"间距"选项中 选择"加宽",其右侧的"磅值"更改为"1.5磅"。

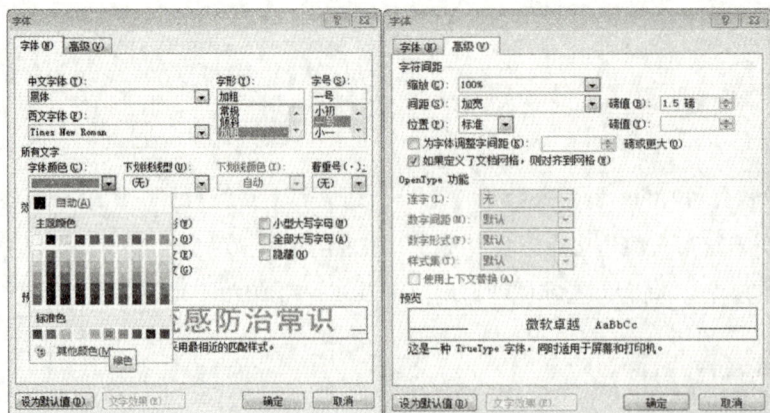

图3-1 "字体"对话框

单击菜单"开始"选项卡→"段落"组右下角对话框启动器,打开"段落"对话框(图3-2),在"缩进和间距"选项卡中设置:"常规"→"对齐方式"选项中选择"居中";"间距"→"段前"选项中输入"6 磅","段后"选项中输入"7 磅"。

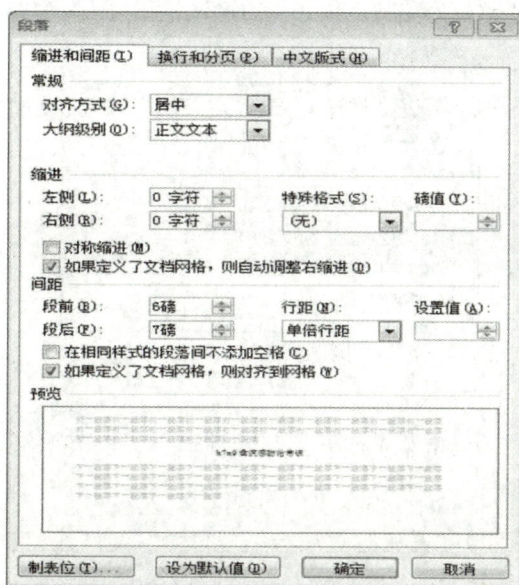

图 3-2   "段落"对话框

②选定正文文本，单击菜单"开始"选项卡→"字体"组右下角对话框启动器，打开"字体"对话框，在"字体"选项卡中设置："中文字体"和"字号"下拉列表中选择"宋体""五号"；单击"开始"选项卡→"段落"组右下角对话框启动器，打开"段落"对话框，在"特殊格式"下拉列表中选择"首行缩进""2 个字符"，在"行距"列表框中设置"固定值"为"20 磅"。

③选定文档第 1 段文字，单击菜单"开始"选项卡→"编辑"组的"替换"，打开"查找和替换"对话框（图 3-3）。在"查找内容"中输入一个空格，单击"全部替换"；或者单击左下角"更多"，选择"特殊格式"→"空白区域"，然后单击"全部替换"。

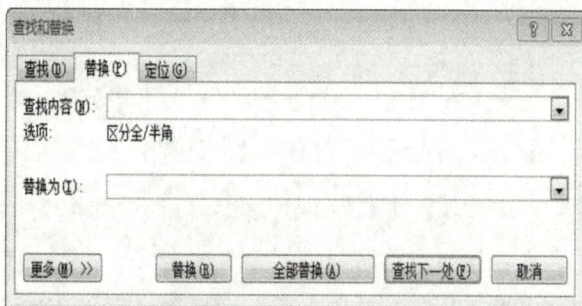

图 3-3   "查找和替换"对话框

④选定第 1 段和第 2 段文字，单击菜单"开始"选项组→"编辑"组的"替换"，打开"查找和替换"对话框，单击"查找内容"文本框→"更多"，选择"特殊格式"中"任意字母"；然后单击"替换为"文本框→"更多"，选择"特殊格式"中"查找内容"，再选择左下角"格式"→"字体"，在替换字体对话框中设置"字形"为"加粗"，"字体颜色"为"红色"，最后选择"全部替换"。数字替换则只需将"查找内容"改为"任意数字"即可。

⑤将光标置于第 2 段，选择菜单"插入"选项卡→"文本"组"首字下沉"选项，打开"首字下沉"对话框（图 3-4），设置首字下沉为"华文隶书""3 行"，距正文"0 厘米"，单

击"确定"按钮。对选中需下沉的文字单击"开始"选项卡→"字体"组的"加粗"选项。

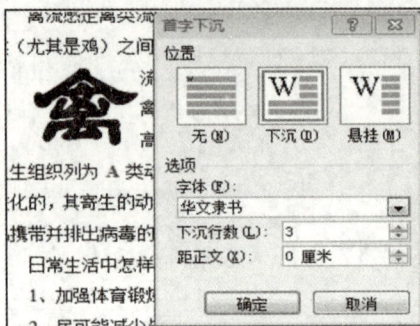

图 3 - 4   "首字下沉"对话框

⑥选择文档第 4 ~ 9 段，单击菜单"开始"选项卡→"段落"组"编号"右侧下三角箭头，在下拉列表中选择格式为"1.2.3."的项目符号。

⑦选定第 3 段，单击菜单"开始"选项卡→"段落"组"表格框线"右侧下三角箭头，在下拉列表中选择"边框和底纹…"，打开"边框和底纹"对话框"底纹"选项卡（图 3 - 5），设置填充为"橙色"，图案中样式为"10%"、颜色为"浅蓝"，并在"应用于"下拉框中选择"文字"。选中第 3 段，单击"开始"选项卡→"剪贴板"组的"格式刷"，拖动刷子图样在第 10 段文字上完成格式复制。

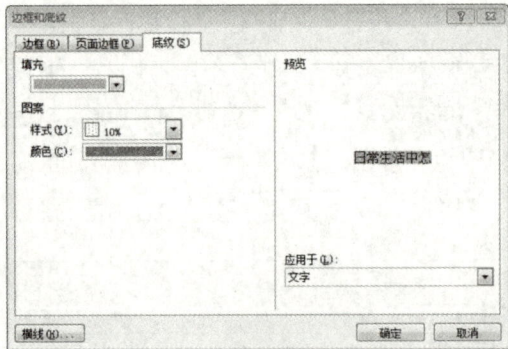

图 3 - 5   "边框和底纹"对话框

⑧单击菜单"插入"选项卡→"文本"组"文本框"→"简单文本框"命令。选定要加入文本框的文字，通过"剪切"与"粘贴"方式，将选定文字移入文本框中。选定文本框，单击菜单栏中增加的"文本框工具"中的"格式"菜单项（图 3 - 6）→"文本框样式"组"更改形状"下拉列表中选择"折角形"，在"文本框样式"中设置为"对角渐变，强调文字3"，在"阴影效果"→"投影"组中选择"阴影样式 4"。

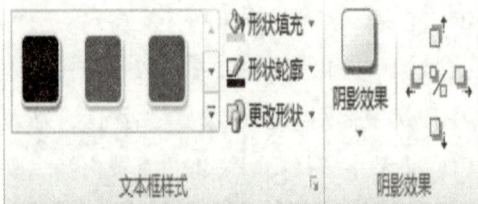

图 3 - 6   "格式"菜单项

NOTE

⑨单击菜单"页面布局"选项卡→"页面设置"组"纸张大小"按钮，选择"A4"。单击"页面设置"右下角对话框启动器，打开"页面设置"对话框，在"页边距"选项卡（图3-7）中设置页边距为上"2厘米"、下"2厘米"、装订线"0.3厘米"。设置纸张方向为"纵向"，单击"确定"。

⑩单击菜单"页面布局"选项卡→"页面设置"右下角对话框启动器，打开"页面设置"对话框，在"文档网格"选项卡（图3-8）中设置网格为"文字对齐字符网格"，字符数为"每行38"，行数"每页43"，最后单击"确定"。

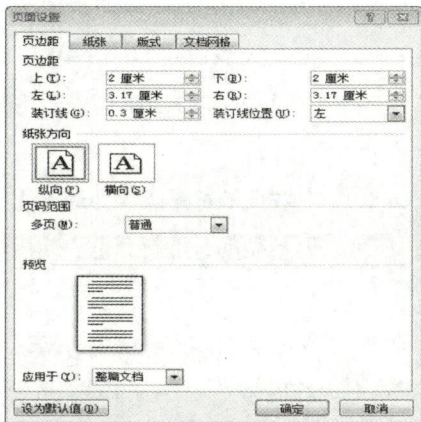
图3-7　"页边距"选项卡

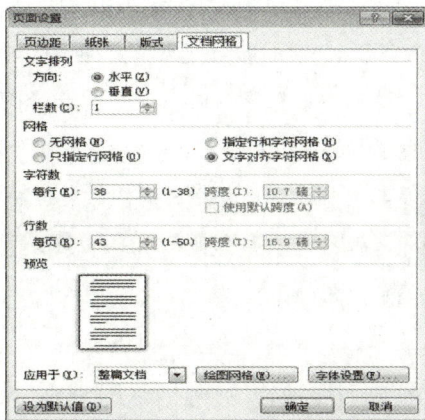
图3-8　"文档网络"选项卡

⑪单击菜单"插入"选项卡→"页眉和页脚"组"页眉"→"编辑页眉"，在页眉中输入"如何预防H7N9"；选定输入的页眉，单击菜单"开始"选项卡→"字体"组选择字体为"隶书"、选择字号为"五号"，在"段落"组单击对齐方式为"右对齐"。将输入光标切换到页脚编辑区，单击"页眉页脚"组"页码"，选择形如"X/Y"的页码样式，将"X/Y"形式手动修改为"第X页 共Y页"形式，并设置字体格式为"居中对齐""隶书""五号"。单击"页眉和页脚工具"菜单→ 最右端"关闭页脚"。

⑫单击菜单"页面布局"选项卡→"页面背景"组"水印"按钮，打开"水印"对话框（图3-9），完成"文字""字体""字号""颜色"的设置，单击"确定"按钮。

⑬将光标输入点定位在文档末尾处，单击菜单"插入"选项卡→"文本"组"日期和时间"按钮，打开"日期和时间"对话框（图3-10），在"可用格式"中选择"××××年××月××日星期×"格式，并勾选"自动更新"复选框，这样使得插入的时间每日更新。

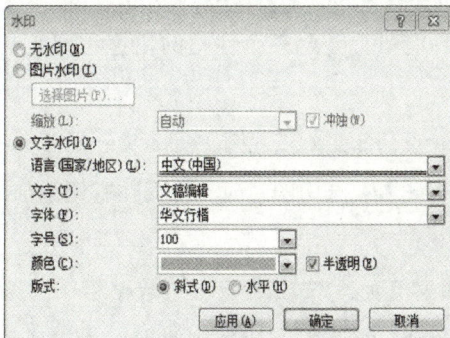
图3-9　"水印"对话框

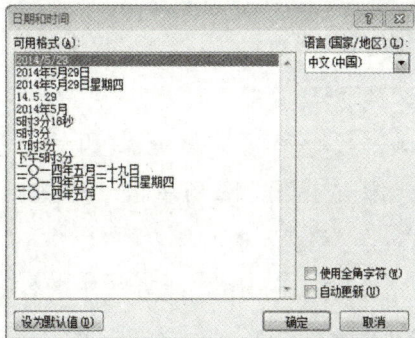
图3-10　"日期和时间"对话框

NOTE

1. Word 2010 的新增功能

（1）新增的后台视图　新的后台视图取代了传统的文件菜单，只需简单地单击几下鼠标，即可轻松完成保存、打印和分享文档等管理文件及其相关数据操作，还允许检查所隐藏的个人信息。

（2）改进的翻译屏幕提示　只要将鼠标指针指向一个单词或一个选定的短语，就会在一个小窗口中显示翻译结果。屏幕提示还包括一个"播放"按钮，可以播放单词或短语的读音。

（3）全新的导航面板　Word 2010 中增加了导航面板，为用户提供了清晰的视图来处理 Word 文档，实现快速的即时搜索，更加精准地对各种文档内容进行定位。

（4）动态的粘贴预览　可以根据所选择的粘贴模式，在编辑区中即时预览该模式的粘贴效果，避免了不必要的重复操作，提高了工作效率。

（5）灵巧的屏幕截图和强大的图像处理功能　Office 2010 中增强了对图像的处理能力，可轻松捕获屏幕截图，并将其插入 Office 2010 的文档中；还可以调整亮度、重新着色、使用滤镜特效，甚至是抠图操作。

（6）基于团队的协作平台　提供了 Word 文档在线编辑、Word 文档多人编辑等，实现了文档共享与实时协作，使用 SharePoint Workspace 可以实现企业内容同步。

2. Word 2010 的操作界面

启动 Word 2010 后的操作界面（图 3 - 11），与 Word 前期的版本有较大的区别。

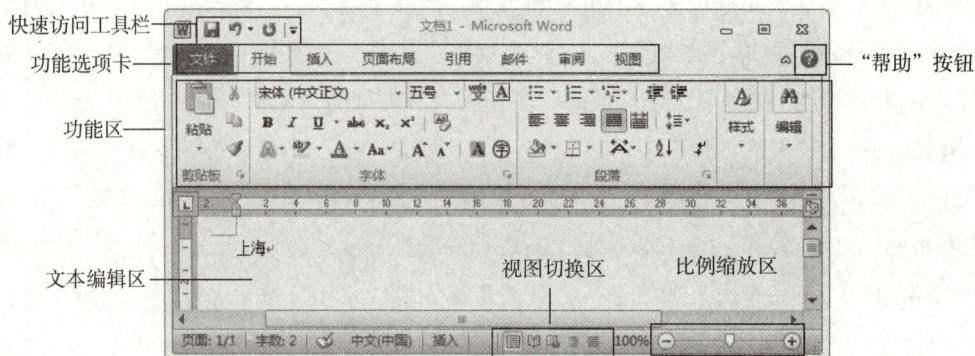

图 3 - 11　Word 2010 操作界面

（1）快速访问工具栏　包含了保存、撤销、重复等常用命令，单击右边的下拉按钮（图 3 - 12）可以添加其他常用命令，如新建、打开、打印预览和打印等。如需选择"其他命令"命令，则打开"Word 选项"→"快速访问工具栏"窗口，自定义个性化的快速访问工具栏，使操作更加方便。

（2）功能选项卡　常见的有"开始""插入""页面布局""视图"等 8 项，对于某些操作会自动添加与操作相关的一个上下文选项卡，如当插入或选中图片时，自动在右侧添加"图片工具"的"格式"选项卡。

（3）功能区　显示当前选项卡下的各个组，如"开始"选项卡下的"剪贴板""字体""段落""样式"等组，组内列出了相关的按钮或命令。组名称右边的按钮即对话框启动器，单击此按钮，可打开一个与该组命令相关的对话框。功能区是 Word 2010 的命令区域，它与其他软件中的"菜单"或"工具栏"相同。单击"帮助"按钮左侧的"功能区最小化"按钮或按"Ctrl + F1"组合键可以将功能区隐藏或显示。

（4）文本编辑区　功能区下的空白区即是文本编辑区，是输入文本，添加图形、图像以及编辑文档的区域，对文本进行的操作结果都将显示在该区域。文本区中闪烁的光标为插入点，是文字和图片输入的位置，也是各种命令生效的位置。文本区右边和下边分别为垂直滚动条和水平滚动条（水平方向上有文本内容不能全部显示时才出现水平滚动条）。

（5）标尺　文本区左边和上边的刻度分别为垂直标尺和水平标尺（图 3 – 13），拖动水平标尺上的滑块，可以设置页面的宽度、制表位、段落缩进等。

图 3 – 12　自定义快速访问
工具栏

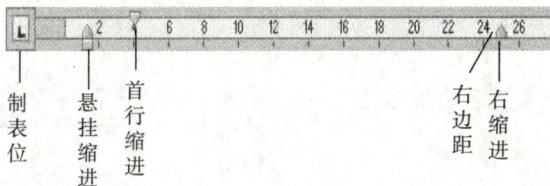

图 3 – 13　标尺

（6）状态栏和视图栏　分别在窗口的左、右下角，状态栏显示了当前文档的信息。视图栏分为视图切换区和比例缩放区，可进行页面视图、阅读版式视图、Web 版式视图、大纲视图、草稿等视图的切换，拖动"显示比例滑杆"中的滑块，可以调整显示比例。

①页面视图：显示的文档与打印出来的效果相似，是处理文档时最常用的视图，要插入文本框、图片，显示分栏效果，设置页眉页脚、版式等，都要在页面视图下进行。

②阅读版式视图：是阅读时经常使用的视图，可以进行批注、标记文本等，贴近阅读习惯。

③Web 版式视图：是编辑 Web 页时常用的视图，以适应窗口为主而不显示为实际打印效果。

④大纲视图：不显示图片和表格，只显示文档的结构，其显示的符号和缩进不影响实际的打印效果。

（7）在 Word 2010 中某些 Word 2003 命令只能从"文件"选项卡→"选项"组中打开"Word 选项"对话框，在左侧的列表中，单击"自定义功能区"（图 3 – 14）或"快速访问工具栏"，从右栏的"从下列位置选择命令"下拉列表框中选择"所有命令"选项，添加需要的命令到功能区或快速访问工具栏。

（8）后台视图　单击功能区中的"文件"按钮即可打开后台视图，该视图左侧导航栏中提供了若干选项卡，如"信息""共享"等。

（9）获取帮助　在 Word 2010 中，可通过快捷键"F1"打开帮助菜单对话框（图 3 – 15），可从左窗格"目录"选择需要获取的内容。如需了解"为文档添加'第×页，共×页'的页

NOTE

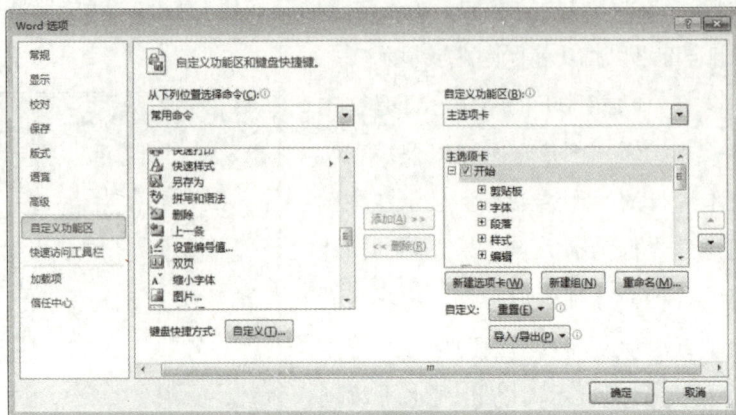

图 3 – 14   "Word 选项"对话框

码",首先通过目录找到"页眉、页脚和页码"分类,再在其中选择相应的说明文档(在右窗格显示,图 3 – 15 左)。还可以通过在搜索栏输入关键字的方式,如搜索"项目符号",Office 2010 将提供来自 Office. com 的所有帮助信息(图 3 – 15 右)。

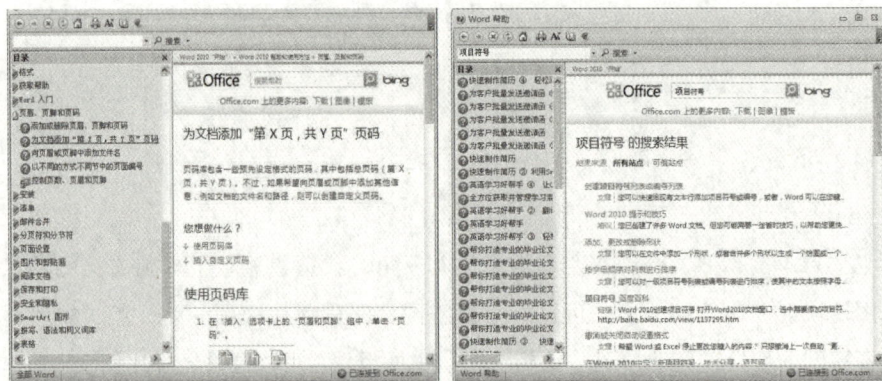

图 3 – 15   "Word 帮助"对话框

3. 文档的创建

当用户启动 Word 2010 时,系统会默认打开名为"文档 1"的新文档。除了系统自带的新文档之外,用户还可以利用"文件"选项或"快速访问工具栏"来创建空白文档或模板文档。

(1)创建空白文档   在 Word 2010 中,执行"文件"选项卡→"新建"命令,在展开的"可用模板"列表中选择需要创建的文档类型,单击"创建"按钮,便可以创建一个新文档。另外,用户还可以单击"快速访问工具栏"中的下三角按钮,在下拉列表中选择"新建"选项,快速创建文档。

(2)创建模板文档   执行"文件"选项卡→"新建"命令后,用户不仅可以创建模板类文档,而且还可以创建 Office. com 中的模板文档。Word 2010 为用户提供了费用报表、会议议程、名片、日历、信封等 30 多种模板,以及"其他类别"中的 40 多种其他类型的模板。在 Office. com 模板列表下选择类型,然后在对话框中间展开的列表框(图 3 – 16)中选择模板,在预览栏中查看预览效果,最后单击"下载"按钮即可。

(3)空白文档和最近打开的模板   此类型的模板主要用于创建空白文档,或创建最近经

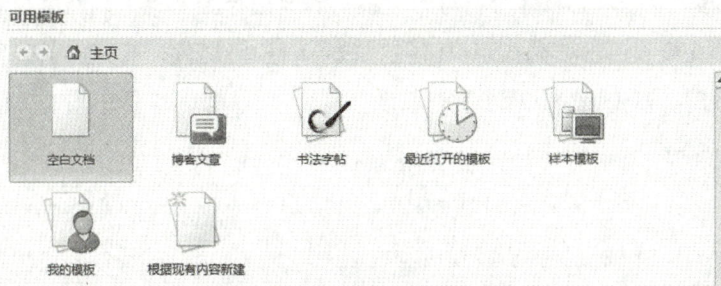

图 3 – 16　Office. com 模板

常使用的文档。在"可用模板"列表中，选择此选项，单击"创建"按钮即可创建空白文档。另外，单击"最近打开的模板"按钮，在展开的列表中选择最近使用的某文档类型即可创建该类型的新文档。

（4）样本模板　此类型的模板主要用于创建 Word 2010 自带的模板文档。选择此选项，可在对话框中间的列表框中选择 50 多个模板文档的任一模板。

（5）我的模板　此类型的模板主要根据用户创建的模板创建新的文档。选择此选项，便可弹出"新建"对话框。在对话框中选择需要创建的模板类型，单击"确定"按钮。

（6）根据现有内容新建　此类型的模板主要根据本地计算机磁盘中的文档来创建一个新的文档。选择此选项，便可弹出"根据现有文档新建"对话框。选择某文档，单击"新建"按钮即可。

4. 文档的编辑

文档的编辑包括对文本的输入、移动或复制、插入和删除、查找和替换等。利用 Word 的"插入"选项卡，还可满足用户对公式与特殊符号的输入需求。

（1）输入文字　在 Word 文档中的光标处，可以直接输入中英文、数字、符号、日期等文本。按 Enter 键可以直接进行下一行的输入，按空格键可以空出一个或几个字符后再继续输入。

（2）输入符号　对于不能直接通过键盘输入的符号，可通过插入符号的方式解决。在"插入"选项卡的"符号"组中的下拉列表框中选择所需符号。如果没有要插入的符号，可以单击"符号"→"其他符号"按钮，打开符号对话框（图 3 – 17）选择所需符号，单击"插入"按钮。

（3）输入公式　为了解决专业论文编辑时常用到的数学公式问题，特别提供了公式工具栏帮助使用者直观地插入和生成结构多且复杂的数学公式。在文档中插入公式的方法有两种。

第一种：点击"插入"选项卡→"符号"组中"公式"命令，在"公式"的下拉菜单（图 3 – 18）中可以看到系统预先提供的一些常用公式，如二次公式、二项式定理、傅立叶级数、勾股定理等。

◆提示：用户可以在"公式"下拉列表中选择"插入新公式"选项，在增加的"公式工具"的"设计"选项中设置公式结构或公式符号来创建新公式。

第二种：点击"插入"选项卡→"文本"组中"对象"命令下拉菜单的"对象"选项，在弹出的"对象"对话框（图 3 – 19）中，选择"Microsoft 公式 3.0"。

点击"确定"之后，就会在文本编辑区域出现公式输入框和"公式"工具栏（图 3 –

20），如分式、根式、求和、微积分符号等，根据需要选择工具栏上的相关公式样式进行输入编辑。公式输入完毕，单击"公式编辑区域"以外的任何位置，就完成了公式的插入。需要对公式进行修改时，双击该公式即可进行修改。

图 3-17 "符号"对话框

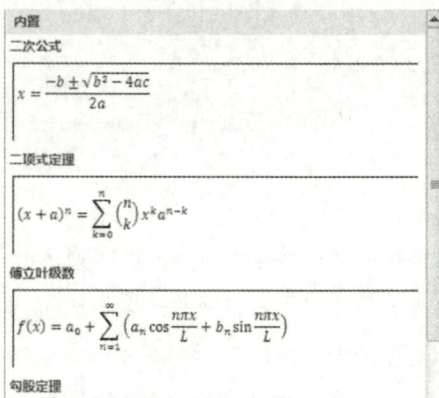

图 3-18 选择公式

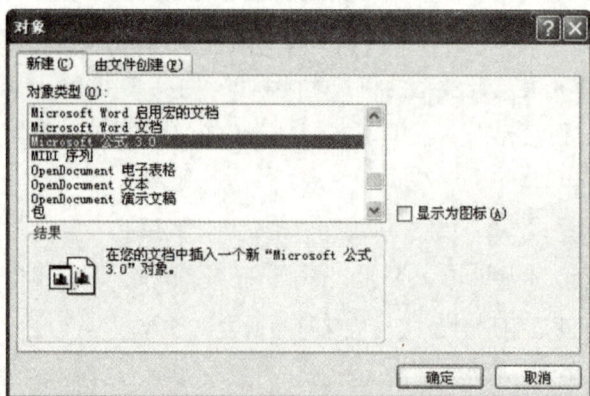

图 3-19 插入"对象"对话框

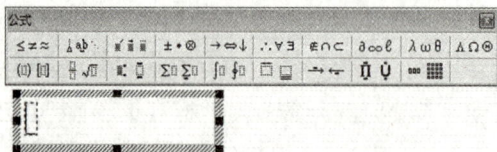

图 3-20 插入"公式"对话框

（4）删除文本 将光标移至某字符前按 Del 键，或将光标移至该字符后按 Backspace，选中一段文本按 Del 键则整段文本被删除。

（5）编辑文档 要对文本进行编辑操作，选定文本是首要的步骤，选定文本的方法有多种。

①文档内容的选定

A. 在选定区用鼠标选定：左键单击选定一行，双击鼠标选定一段，三击鼠标选定整篇文档（选定区在文档工作区左边界空白处，鼠标在选定栏显示为空心向右箭头）。

B. 文档区选定操作

a. Shift 键 + 单击：将插入点移到需选定文本的起始位置，按住 Shift 键，再将插入点移到需选定文本的结尾，松开 Shift 键，所选中的文本为黑色背景显示，表示该文本区域已被选定。

b. 拖动法：鼠标在文本上、下、左、右拖动，可以选中拖过的文本。

c. Ctrl 键 + 鼠标拖动：按住 Ctrl 键，用鼠标拖动，可选择一个矩形文本块。

②文档内容的复制、移动

A. 复制：在文档中选中要复制的内容，点击"开始"选项卡→"剪贴板"组中的"复制"命令，然后选择放置文本的位置，执行"剪贴板"→"粘贴"命令即可。

◆技巧：在 Word 2010 中，用户可通过快捷键"Ctrl + C"键与"Ctrl + V"键来复制文本；或在选中的文本中右击，在快捷菜单中执行"复制"与"粘贴"命令。

B. 移动：在文档中选中要移动的内容，点击"开始"选项卡→"剪贴板"组中的"剪切"命令，然后选择放置文本的位置，执行"剪贴板"→"粘贴"命令即可。

◆技巧：在 Word 2010 中，用户可通过快捷键"Ctrl + X"键与"Ctrl + V"键来移动文本；或在选中的文本中右击，在快捷菜单中执行"剪切"与"粘贴"命令。

③撤销与恢复文本：撤销和恢复是为防止误操作而设置的功能，撤销可以取消前一步（或几步）的操作，而恢复则在删除文本后取消刚做的操作。

A. 撤销：单击"快速访问工具栏"中的"撤销"按钮 ↶，便可以撤销上次的操作。另外，单击"撤销"按钮旁边的下三角按钮，可实现需要撤销的操作，也可以撤销多级操作。

B. 恢复：单击"快速访问工具栏"中的"恢复" ↷，便可以恢复已撤销的操作。

◆技巧：在 Word 2010 中，用户可通过快捷键"Ctrl + Z"键与"Ctrl + Y"键来撤销与恢复文本。

④查找与替换：对于长篇或包含多处相同及共同的文档来讲，修改某个单词或修改具有共同性的文本时显得特别麻烦。为了解决用户的使用问题，Word 2010 为用户提供了查找与替换文本的功能。

A. 查找：查找功能一般用来查看文档中某个特定的词汇，使用查找功能的方式是：点击"开始"选项卡→"编辑"组的"查找"命令，此时会在 Word 窗口的左侧弹出一个"导航"任务窗格（图 3 - 21）。

在"导航"任务窗格的文本输入处输入需要查找的关键字，就会在下方的结果窗口列出文档中所有出现该关键字的文本条目，单击每个条目，就可以分别查看出现该关键字的文本。

也可使用对话框查找文本。即在"开始"选项卡→"编辑"组中单击"查找"→"高级查找"按钮，打开"查找和替换"对话框。选择"查找"选项卡，在"查找内容"框内输入要查找的内容，单击"更多"按钮，对话框将显示更多内容，如可以勾选"区分大小写"，还可以设置"格式"等。单击"查找下一处"按钮开始查找，直

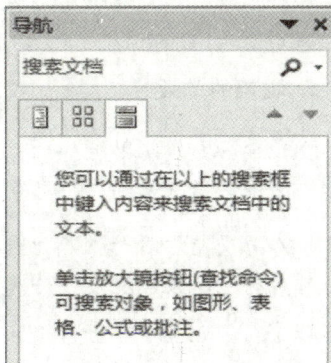

图 3 - 21　"导航"任务窗格

至全部查找，弹出"Word已完成对文档的搜索"提示框。

B. 替换：替换是指将查找到的文档中多处的文本或格式等替换成其他内容，即可以更改查找到的文本或批量修改相同的内容。

a. 查找与替换文本：在"开始"选项卡→"编辑"组中单击"替换"命令，弹出"查找和替换"对话框，在"替换为"选项卡的"查找内容"与"替换为"文本框中分别输入需查找文本与替换文本，单击"替换"或"全部替换"按钮即可。

b. 查找与替换格式：在"查找与替换"对话框中，除了可以查找和替换文本之外，还可以查找和替换文本格式。在"查找和替换"对话框中的"替换"选项卡底端的"替换"选项组中，单击"更多"→"格式"下三角按钮，选择"字体"选项。在弹出的"查找字体"对话框中，可以设置文本的字体、字形、字号及效果等格式，然后在"查找内容"与"替换为"文本框中输入文本，单击"替换"或"全部替换"按钮。在"替换"选项组中，除了可以设置字体格式之外，还可以设置段落、制表位、语言、图文框、样式和突出显示格式。

（6）保存文档　在编辑或处理文档时，为了保护劳动成果应该及时保存文档。保存文档主要通过执行"文件"选项卡→"保存"或"另存为"命令，保存新建文档或已经保存过的文档，甚至保护文档。

①保存文档：对于新建文档来说，执行"文件"选项卡→"保存"命令或单击"快速访问工具栏"中的"保存"按钮，即可弹出"另存为"对话框。在对话框中选择保存位置与保存类型即可。

对于已经保存过的文档来讲，执行"文件"选项卡→"保存"命令，即将文档保存为副本或覆盖原文档。或执行"文件"选项卡→"保存"命令，在弹出的"另存为"对话框中选择需保存位置和保存类型，即可重新保存文档。

②保护文档：对于一些具有保密性内容的文档，需要添加密码以防止内容外泄。在"另存为"对话框中单击"工具"下三角按钮，在下拉列表中选择"常规选项"选项，弹出"常规选项"对话框（图3-22）。在"打开文件时的密码"文本框中输入密码，单击"确定"按钮，弹出"确定密码"对话框，再次输入相同密码，单击"确定"按钮即可添加文档密码。

◆提示：用户也可以通过执行"文件"选项卡→"信息"命令，单击"保护文档"下拉按钮，在其下拉列表中选择"用密码进行加密"选项，来对文档添加密码。

5. 文档的排版

为使文档美观、舒适、便于阅读，需要对文档进行必要的格式编排，即通常所说的排版。

（1）字符格式设置　字符是指汉字、西文字母、标点符号、数字及某些特殊符号等。字符排版是以字符为处理对象进行格式化，包括对各种字符大小、字体、字形、字符修饰、下划线、颜色、字符间距和宽度等进行设定，其目的是改变

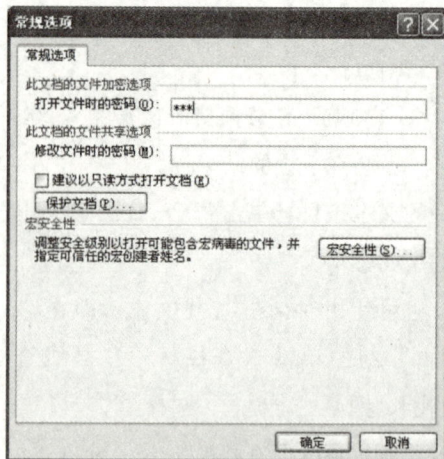

图3-22　"常规选项"对话框

字符在屏幕上显示或打印出来的视觉效果。具体方式是先选中要进行格式设置的文本内容，单击菜单"开始"选项卡→"字体"组右下角对话框启动器，打开"字体"对话框，在弹出的"字体"对话框中进行字体设置。字体包括中文字体和西文字体等两大类。另外，在"高级"选项卡中可实现字符间距、字符位置、字符缩放比例等内容的设置。

（2）段落格式设置 段落格式设置是以段落为单位进行格式设置，具体包括段落对齐方式、段落缩进方式、行间距、段间距、段落边框及底纹等的设置。Word 自动在输入回车键的地方插入一个段落标记"↵"以标志一个段落的结束。段落标记保留着有关该段所有格式设置信息。如果要移动或复制一个段落，若要保留该段落的格式，则要将段落标志包括进去。

可以使用"段落"对话框对文本内容的段落格式进行统一设置，操作方式是单击菜单"开始"选项卡→"段落"选项组右下角对话框按钮，打开"段落"对话框（图3－23），在"缩进和间距"选项卡中设置段落的对齐方式、大纲级别、段落缩进及段落间距，同时有预览效果。还可通过"换行和分页"和"中文版式"选项卡对段落格式进行相应设置。其中段落的缩进也可以使用标尺来快速实现，具体方法是将插入点定位在要缩进的段落中，然后将标尺上的缩进符号拖动到合适的位置，被选定的段落随缩进标尺的变化而重新排版。

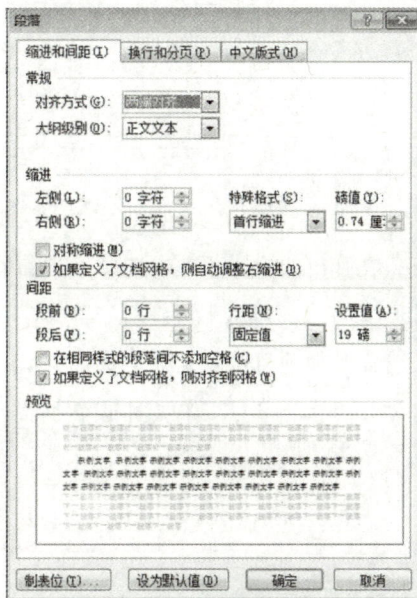

图3－23 "段落"对话框

（3）边框和底纹 为了修饰文本，可以为所选的对象（包括字符、段落、表格、图片和图文框）加上边框和底纹。边框是指围在对象四周的一个或多个边上的线条。底纹是指用选定的背景填充对象，边框和底纹可以添加在同一段落中，也可以为选定的字符或整个页面添加边框和底纹。单击菜单"页面布局"选项卡→"页面背景"组→"页面边框"，打开"边框和底纹"对话框（图3－24），有"边框""页面边框"和"底纹"3 个选项卡。

在"边框"选项卡的对话框中分别对"设置"（边框的形式）、"样式"、"颜色"和"宽度"进行设置后，按"确定"按钮完成设置；底纹设置在"底纹"选项卡中进行"填充"（底纹颜色）、"图案"（图案形式）、"颜色"（图案颜色）设置后，按"确定"按钮完成设置；"页面边框"选项卡用于对页面或整个文档加边框。

◆注意：在设置边框和底纹时，设置的效果是应用于段落或文字，需要在"应用于"下拉列表框中选择应用范围，两者呈现的效果是不一样的。

（4）项目符号和编号 在进行长文档编辑时，为表达某些内容之间的并列关系、顺序关系等，需要对其中某些段落进行编号，以突出显示这些段落的逻辑关系。Word 2010 提供了项目符号和编号来解决这一问题。项目符号可以是字符，也可以是图片。编号是连续的数字或字母，Word 具有自动编号功能，当增加或删除段落时，系统会自动调整相关的编号顺序。

①插入项目符号：选中需要插入项目符号的一个或几个段落，在选中的文本位置单击鼠标

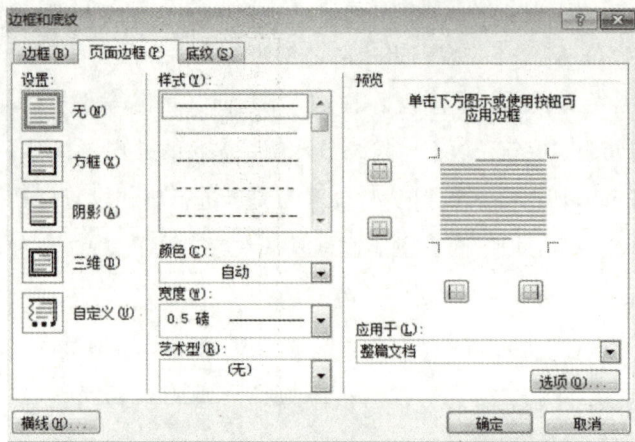

图 3-24　"边框和底纹"对话框

右键，在弹出的快捷菜单中选择"项目符号"命令，在下级菜单中会出现常用的项目符号库（图 3-25 左），可从中选择所需符号。

若需其他项目符号，则可选择"定义新项目符号…"命令，在弹出的"定义新项目符号"对话框（图 3-25 右）中设置所需项目符号，设置的项目符号效果可在对话框下部"预览"。

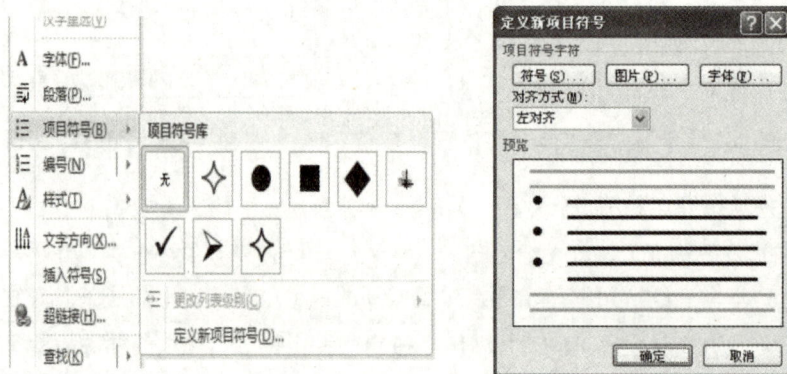

图 3-25　"项目符号库"菜单和"定义新项目符号"对话框

②插入编号：选中需要插入项目符号的一个或几个段落，在选中的文本位置单击鼠标右键，在弹出的快捷菜单中选择"编号"命令，下级菜单（图 3-26 左）中会出现常用的段落编号方式，可选择其中的一种编号方式。若需自定义编号方式，也可以选择"定义新编号格式…"命令，在弹出的"定义新编号格式"对话框（图 3-26 右）中设置所需项目符号，设置的编号格式效果可在对话框下部"预览"。

创建项目符号与编号的另一种操作方法是：选定需要添加项目符号或编号的段落，然后单击菜单"开始"选项卡→"段落"组中"项目符号"或"编号"功能按钮右端的小箭头，展开其下拉列表，再选择相应菜单项。若要删除项目符号，选定文本后，打开"项目符号和编号"对话框，在"项目符号"选项卡中选择"无"即可。

（5）版式设置　版式设置主要用来定义中文与混合文字的版式。执行"开始"选项卡→"段落"组中 ✖ 列表中的各项命令即可进行版式设置。

NOTE

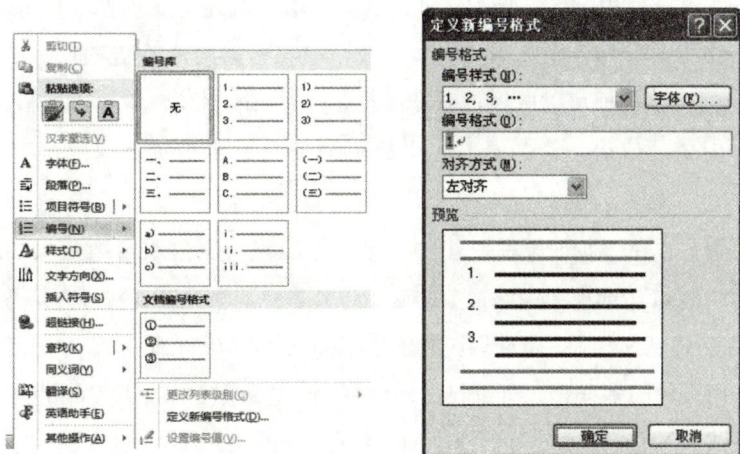

图 3 – 26　"编号库"菜单和"定义新编号格式"对话框

①纵横混排：纵横混排是将选中的文本以竖排的方式显示，而未被选中的文本则保持横排显示。执行菜单"开始"选项卡→"段落"组中"中文版式"→"纵横混排"命令，在弹出对话框选中"适应行宽"复选框，则正文按照行宽的尺寸进行显示，反之则以字符本身的尺寸进行显示。

②合并字符：合并字符是将选中的字符按照上下两排的方式进行显示，显示所占据的位置以一行的高度为基准。执行菜单"开始"选项卡→"段落"组中"中文版式"→"合并字符"命令，在弹出的对话框中进行文字、字体、字号或删除已合并的字符。

③双行合一：双行合一是将文档中的两行文本合并为一行，并以一行的格式进行显示。在文档中选择需要合并的行，执行菜单"开始"选项卡→"段落"组中"中文版式"→"双行合一"命令，在弹出对话框中进行文字、是否带括号及括号的样式设置。

④突出显示文本：突出显示文本，即是以不同的颜色来显示文本，从而使文字看上去好像用荧光笔标记一样。执行"开始"选项卡→"字体"组中"以不同颜色突出显示文本"命令，在列表中选择颜色。

⑤首字下沉：首字下沉主要用在文档或章节开头处，主要分为下沉与悬挂两种方式。下沉即是首个字符在文档中加大，占据文档中 4 行的首要位置；悬挂即是首个字符悬挂在文档的左侧部分，不占据文档中的位置。执行"插入"选项卡→"文本"组中"首字下沉"命令，在下拉列表中选择"下沉"或"悬挂"格式。

（6）页面设置　页面设置主要对文档进行页面版式、页边距、文档网络等格式的设置。

①设置页边距：页边距是文档中页面边缘与正文之间的距离，默认情况下，顶端与底端的页边距数值为 2.54cm，左侧和右侧页边距数值为 3.17cm。用户可以执行"页面布局"选项卡→"页面设置"组中选择"页边距"命令，在下拉列表中选择相应的选项即可。也可以在"页边距"下拉列表中选择"自定义页边距…"选项，在弹出的"页面设置"对话框的"页边距"选项卡中全面设置页边距效果。

A. 页边距：主要用于设置上、下、左、右页边距的数值。若用户需要将打印后的文档进行装订，还要设置装订线的位置和装订线与页边距间的距离。值得注意的是装订线只能设置在页面的左侧或上方。

B. 纸张方向：Word 2010 默认纸张方向为纵向，用户可在"页面布局"选项卡→"页面设置"组中"纸张方向"命令中选择"纵向"或"横向"以调整纸张方向。

C. 应用于：通过该选项可以选择页面设置参数所应用的对象，主要包括整篇文档、本节、插入点之后 3 种对象。值得注意的是，在书籍页与反向书籍折页页码范围下，该选项将不可用。

②设置页面版式：在"页面设置"组中，除了可以设置页边距与纸张大小之外，还可以在弹出对话框的"版式"选项卡中设置节的起始位置、页眉和页脚、对齐方式等格式。

A. 分节：在新建新文档时，Word 将整篇文档默认为一节，在同一节中只能应用相同的版面设计，为了版面设计的多样化，可以将文档分割成任意数量的节，用户可以根据需要为每节设置不同的节格式。"页面设置"对话框中的"纸张""页边距""版式"和"文档网格"4 个选项卡都可以针对节单独设置。

如果需要对一页或多页采用不同的版面布局，那么就需要用"分节符"将文档分成几个"节"，然后根据需要分别设置每"节"的格式。

a. 分节方式：将光标移到需要"分节"的位置，执行"页面布局"选项卡→"页面设置"组中"分隔符"命令，这时会在"分隔符"下拉菜单（图 3 - 27）中看到 4 种类型的分节符：

下一页：插入分节符并在下一页上开始新节。

连续：插入分节符并在同一页上开始新节。

偶数页：插入分节符并在下一偶数页上开始新节。

奇数页：插入分节符并在下一奇数页上开始新节。

◆注意：如选择"下一页"表示插入一个分节符，并且在下一页上开始新的一节的内容，插入点后的内容将被分节到下一页的开头。

b. 删除"分节符"：执行"视图"选项卡→"文档视图"组中"草稿"命令，在这种视图下会看到"分节符"，单击鼠标左键，选中"分节符"，按 Delete 键就可以删除该分节符。

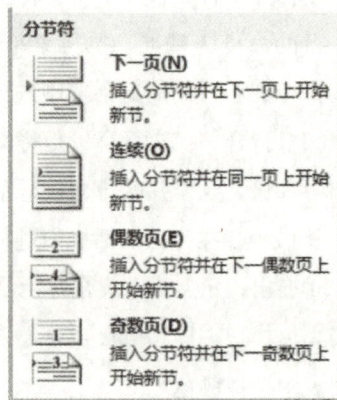

图 3 - 27 　"分节符"对话框

B. 页眉和页脚：在图书、杂志或论文的每页上方有章节标题或页码等，就是页眉；在每页下方会有日期、页码、作者姓名等，就是页脚。在分页后的文档页面中，不仅可以对节进行页面设置、分栏设置，还可以对节进行个性化页眉、页脚设置。

选择"插入"选项卡→"页眉和页脚"组中的"页眉"命令，在列表中选择页眉类型即可为文档插入页眉，同样，执行"页脚"命令，在列表中选择页脚类型即可为文档插入页脚。或利用"插入"选项卡→"文本"组中选择"插入文档部件"菜单中的"域"丰富页眉和页脚。如果需要设置首页不同或奇偶页不同的页眉和页脚，可在"页面布局"选项卡→"页面设置"组中"页面设置"弹出框中选择"版式"选项卡，选择"奇偶页不同"复选框。创建奇偶页不同的页眉和页脚后，在奇数页眉、页脚区可分别显示"奇数页页眉""奇数页页脚"，在偶数页眉、页脚区将分别显示"偶数页页眉""偶数页页脚"。

如需要为文档的不同章节设置不同的页眉和页脚，只能将文档分节，通过节格式来实现。

分节文档的页眉、页脚更为灵活;如果设置文档首页作为不同的页眉和页脚,可将文档首页作为单独一节,其他内容作为一节。

(7) 置水印背景

①设置纯色背景:Word 2010 中默认的背景色是白色,用户可执行"页面布局"选项卡→"页面背景"组中"页面颜色"命令,来设置文档的纯色背景格式。

②设置填充背景:文档中不仅可以设置纯色背景,还可以设置多样式的填充效果,如渐变填充、图案填充、纹理填充等效果。执行"页面布局"选项卡→"页面背景"组中"页面颜色"→"填充效果"命令,可在"填充效果"对话框中设置渐变、纹理、图案与图片 4 种效果,从而使文档更具有美观性。

③设置水印背景:水印是用于文档背景中的一种文本或图片。添加水印之后,用户可以在页面视图、全屏阅读视图或打印的文档中看见水印。执行"页面布局"选项卡→"页面背景"组中"水印"命令,可以通过系统自带样式或自定义的方法来设置水印效果。

A. 自带样式:Word 2010 中自带了机密、紧急与免责声明 3 种类型共 12 种水印样式,用户可根据文档内容设置此类水印的不同效果。

B. 自定义水印效果:除了自带水印效果之外,还可以自定义水印文字和效果。在"水印"命令下拉列表中选择"自定义水印"选项,弹出"水印"对话框(图 3 - 28)。在该对话框中可以设置无水印、图片水印与文字水印 3 种水印效果。

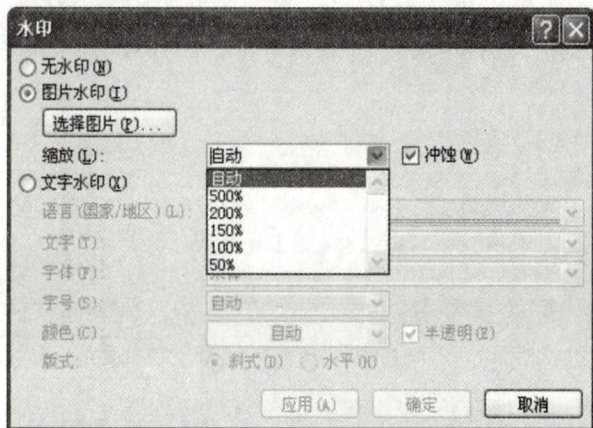

图 3 - 28 "水印"对话框

a. 图片水印:选中"图片水印"单选按钮,单击"选择图片"选项,在弹出的"插入图片"对话框中选择需要插入的图片。然后单击"缩放"下拉菜单,在列表中选择缩放比例。最后选中"冲蚀"复选框,淡化图片避免图片影响正文。

b. 文字水印:选中"文字水印"单选按钮,在选项组中可以设置语言、文字、字体、字号、颜色与版式,另外还可以通过"半透明"复选框设置文字水印的透明状态。

(8) 打印 打印预览是用来显示文档打印稿的外观,通过打印预览查看文档可以避免打印后才发现错误。预览一般从插入点所在的页开始。使用"打印预览"的操作方法是:选择菜单"文件"选项卡→"打印"按钮,在打印预览窗口即可预览打印效果,同时通过打印预览窗口的滚动框或调整缩放比例预览全部页面的整体概貌。

单击 Word 功能选项卡上的任何一项,即可返回打印预览前的状态。

如果用户需要将整个文档或部分文档从打印机输出，可以使用打印命令。打印文档之前，要确保打印机已正确安装。打印的操作方法是：选择菜单"文件"选项卡→"打印"组中打印设置，指定打印范围和份数→打印，打印机将开始打印。

3.2.2 表格

【案例3-2】表格应用

（1）打开"医保病人费用结算表"，完成如下操作。

①将表格第一行转换为文本，文字分隔符为"制表符"。

②将"费用明细"单元格填充颜色改为"浅蓝色"，上边框线设置为"0.5磅""双实线"。

③在表格"8. 其他补助基金支出"后面插入一行，合并为两个单元格，左侧单元格输入"医疗费用总额"，右侧单元格通过公式将上面8项费用相加，计算出总费用。

④将"个人自付总额"行拆分为4个单元格，并将后面两个单元格拆分为两行，分别输入"个人账户支出，0""个人现金支出，4474.46"。

⑤设置表格外框线为"0.5磅，黑色双实线"，内边框线为"1磅，蓝色，单实线"。

⑥设置表格填充颜色"橙色，强调文字颜色6，淡色80%"。

（2）操作步骤

①选中需要转换为文本的表格内容，菜单栏中会多出表格工具"设计""布局"动态选项卡（图3-29）。单击"布局"动态选项卡→"数据"选项组中"转换为文本"选项，打开"表格转换成文本"对话框（图3-30），选择转换的文字分隔符为"制表符"，点击"确定"。

图3-29 "设计"动态选项卡　　　　图3-30 "表格转换成文本"对话框

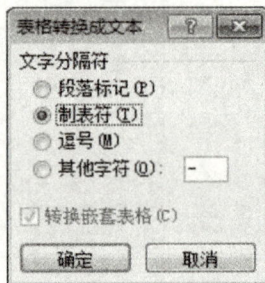

②选中"费用明细"单元格，单击"设计"动态选项卡→"表格样式"选项组"底纹"（图3-31），选择"淡蓝"填充颜色。单击"表格样式"选项组"边框"，打开"底纹"选项卡，选择"样式"中的双实线、"宽度"为0.5磅，并通过"预览"单击"上框线"将该线条应用于单元格上部。

③将光标放在"8. 其他补助基金支出"所在行的单元格，单击"布局"动态选项卡→"行和列"组中"在下方插入"即可。在所插的左侧单元格输入"医疗费用总额"，右侧单元格单击"布局"动态选项卡→"数据"组中的"公式"，打开"公式"对话框（图3-32）进行求和。

④选中"个人自付总额"所在行，单击"布局"动态选项卡→"合并"组下的"拆分单元格"，打开"拆分单元格"对话框（图3-33），设置列数为"4"、行数为"1"，点击"确定"。选中后面两个单元格同样打开"拆分单元格"对话框，设置列数为"2"、行数为

"2"。分别输入"个人账户支出，0""个人现金支出，4474.46"。

⑤选择整个表格，单击"设计"动态选项卡→"表格样式"组"边框"命令。选择线条样式为"双实线"，粗细为"0.5磅"并通过"预览"单击上下左右将该线条作为外框线；再选择"1磅，蓝色，单实线"应用于内边框线。

⑥选中整个表格，选择"设计"动态选项卡→"表格样式"组"底纹"下拉选项中选择颜色为"橙色，强调文字颜色6，淡色80%"（图3-34）。

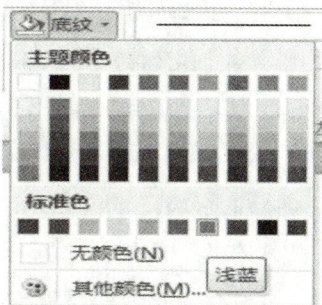

图3-31　"底纹"选项卡

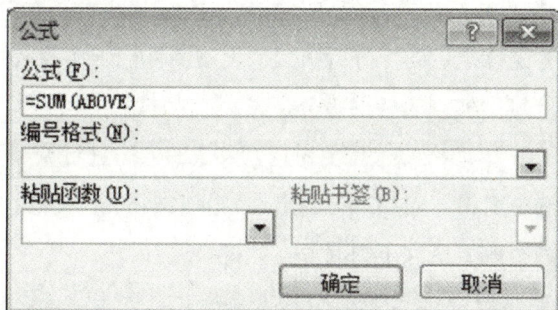

图3-32　"公式"对话框

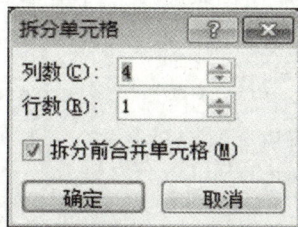

图3-33　"拆分单元格"对话框

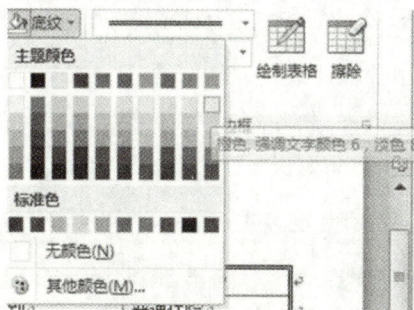

图3-34　表格填充颜色设置

1. 创建表格

创建表格即在文档中插入与绘制表格。Word 2010中主要包括插入表格、绘制表格、表格模板创建、插入Excel表格等多种创建方法。

（1）"表格"菜单法　在文档中，将光标定位在需要插入表格的位置，执行"插入"选项卡→"表格"命令，选择需要插入表格的行数和列数，单击即可。

（2）"插入表格"命令法　执行"插入"选项卡→"表格"组中"插入表格"命令，弹出"插入表格"对话框，在对话框中设置"表格尺寸"和"自动调整操作"选项。

（3）插入Excel表格　Word 2010中不仅可以插入普通表格，而且还可以插入Excel表格。执行"插入"选项卡组中"表格"→"Excel电子表格"命令，即可在文档中插入一个Excel表格。

2. 编辑表格

（1）合并单元格　选中需要合并的多个单元格，在"表格工具"→"布局"动态选项卡

NOTE

的"合并"组中，单击"合并单元格"；或者选定需合并的单元格，单击右键，在弹出的快捷菜单中选择"合并单元格"命令，所选的多个单元格就合并成一个单元格。

（2）拆分单元格　选中要拆分的单元格（可以是一个或多个单元格），在"表格工具"→"布局"动态选项卡的"合并"组中，单击"拆分单元格"按钮，打开"拆分单元格"对话框，输入需拆分的"列数"和"行数"，并勾选"拆分前合并单元格"，单击"确定"按钮后，所选的单元格被拆分成多个单元格。如不勾选"拆分前合并单元格"，Word 将只对列进行拆分。或右键单击某单元格，在弹出的快捷菜单中选择"拆分单元格"命令，也可完成对单元格的拆分。

（3）拆分表格　将光标定位到拆分后第二个表格的首行，在"表格工具"→"布局"动态选项卡的"合并"组中，单击"拆分表格"按钮，完成表格的拆分，此时选中的行将成为新表格的首行。也可以将光标定位到拆分后第二个表格的首行所在的表格外的段落标记处，按"Ctrl + Shift + Enter"组合键，实现表格的拆分。

（4）调整表格　对表中单元格的行高、列宽以及表的大小进行调整，有以下方法。

①手动拖曳表格：选中表格，表格右下角出现调节大小按钮，当鼠标变成双向箭头时，拖曳鼠标到相应位置，手动完成表格大小的调节。

②通过选项卡调整单元格：将光标定位到要调整大小的单元格中，在"表格工具"→"布局"动态选项卡的"单元格大小"组中，更改"高度""宽度"值。

③使用表格属性调整单元格：将光标定位到表格，在"表格工具"→"布局"动态选项卡的"表"组中，单击"属性"按钮，打开"表格属性"对话框；或者右击表格，在弹出的快捷菜单中选择"表格属性"命令，打开"表格属性"对话框，在"行""列"选项卡中，填写"指定高度""指定宽度"，若要在页末允许表格跨页，在"行"选项卡上勾选"允许跨页断行"。在"表格属性"对话框中，单击"表格"选项卡，可以设置表格的大小、表格相对于文档的对齐和环绕方式；单击"单元格"选项卡，可以设置单元格的宽度、文字垂直方向和对齐方式等。

A. 自动调整：将光标定位到表格，在"表格工具"→"布局"动态选项卡的"单元格大小"组中，单击"自动调整"下拉列表框中相应按钮进行自动调整；或者右键单击所选表格，在弹出的快捷菜单中选择"自动调整"命令。

B. 平均分布行或列：将光标定位到表格，在"表格工具"→"布局"动态选项卡的"单元格大小"组中，单击"分布行"或"分布列"按钮，则在所选行之间平均分布高度，在所选列之间平均分布列宽。

C. 插入行、列、单元格：将光标定位在单元格内，右键单击，在弹出的快捷菜单中，选择"插入"下拉列表框中相应命令；或将光标定位在表格内，在"表格工具"→"布局"动态选项卡的"行和列"组中，依次有插入行、列的 4 个按钮（图 3 - 35）。如果要插入单元格，可以在"行和列"组中，单击对话框启动器按钮，在打开的"插入单元格"对话框（图 3 - 36）中选择需要的插入方式。

D. 删除行、列、单元格和表格：若要删除表格里内容，选中相应内容，直接按 Delete 键。若要删除行、列、单元格和表格，则先要选中要删除的行、列、单元格或表格，然后右键单击，在弹出的快捷菜单中选择相应选项，完成删除操作；或将光标定位在选定的单元格内，在

"表格工具"→"布局"动态选项卡的"行和列"组中，单击"删除"下拉列表框中的相应命令。

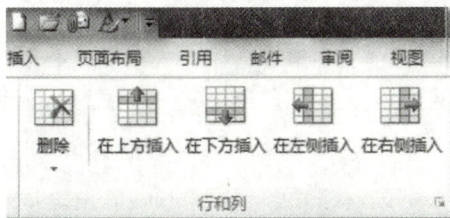

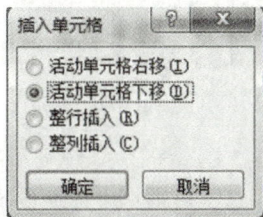

图 3 – 35　"行和列"组　　　　　图 3 – 36　"插入单元格"对话框

（5）在表格与文字间转换

①将文本转换成表格：将文本转换成表格前，需要将文本之间用分隔符分隔，分隔符可以是逗号（英文符号）、空格、制表符等。选中文本，在"插入"选项卡的表格组中，单击"表格"下拉列表框中的"文本转换成表格"按钮，在打开的"将文字转换成表格"对话框（图3–37左）中设置列数，Word 根据所选择的文本默认行数，自主选择列数后，单击"确定"按钮，完成文本转换为表格。

②将表格转换为文本：选中表格，在"表格工具"→"布局"动态选项卡的"数据"组中，单击"转换为文本"按钮，在打开的"表格转换为文本"对话框（图 3 – 37 右）中选择文本分隔符形式，单击"确定"按钮完成转换。

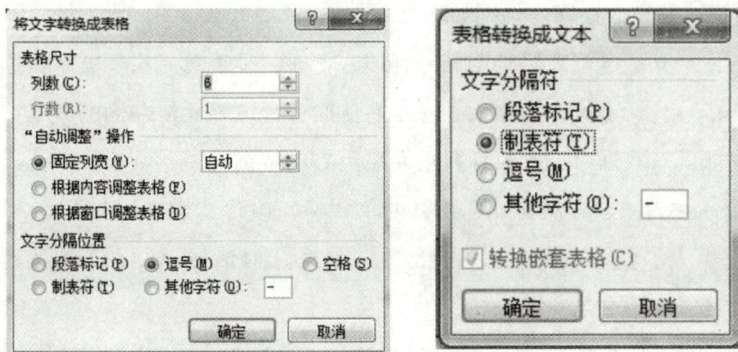

图 3 – 37　文字与表格之间转换

（6）使用表格模板　Word 2010 为用户提供了"表格式列表""带副标题1""日历1""双表"等9种表格模板。执行"插入"选项卡→"表格"组中"快速表格"命令，选择相符的表格样式即可。

3. 设置表格格式

设置表格格式即是运用 Word 2010 的"表格工具"选项调整表格的对齐方式、文字环绕方式、边框样式、表格样式等美观效果，从而增强表格视觉效果，使表格看起来更加美观。

（1）应用样式　在文档中选择需要应用样式的表格，执行"表格工具"→"设计"动态选项卡中"表格样式"下拉列表中选择相符的外观样式即可。还可以通过执行"表格工具"→"设计"动态组中"新建表样式"命令，在弹出的"根据格式设置创建新样式"对话框中设置表格的样式的属性与格式。

NOTE

（2）设置表格边框与底纹　表格边框是表格中的横竖线条，底纹是表格的背景颜色与图案。在 Word 2010 中可以通过设置表格边框的线条类型与颜色，以及表格的底纹颜色，来增加表格的美观性与可观性。

可以执行"表格工具"→"设计"动态选项卡中"表格样式"→"边框"及"底纹"命令，为表格添加边框和底纹，在 Word 2010 中共为用户提供了 13 种边框样式。或者可以执行"表格工具"→"设计"动态选项卡中"表格样式"→"边框"→"边框和底纹"命令，在"边框和底纹"对话框中详细设置表格的边框样式与底纹颜色。

（3）设置表格对齐方式　默认情况下，单元格的文本的对齐方式为底端左对齐，用户可以执行"表格工具"→"布局"动态选项卡"对齐方式"选项组的各个命令，来设置文本的对齐方式、文字方向及表格的单元格间距。另外还可以通过表格属性来设置表格的对齐方式及行、列、单元格的高度与宽度等。也可以选择需要对齐的表格，右键单击执行"表格属性"命令，在弹出的对话框中进行设置。

4. 处理表格数据

在 Word 文档的表格中，可以运用"求和"按钮与"公式"对话框对数据进行加、减、乘、除、求和等运算。

（1）使用求和按钮　可在"快速访问工具栏"中添加"求和"按钮。执行"文件"选项卡→"选项"命令，选择"快速访问工具栏"选项卡设置为"所有命令"选项，在其列表框中选择"求和"选项，单击"添加"按钮即可。

"求和"按钮计算表格数据的规则如下。

①列的低端：当光标定位在表格中某一列的底端时，计算单元格上方的数据。

②行的右侧：当光标定位在表格中某一行右侧时，计算单元格左侧的数据。

③上方和左侧都有数据时：此时计算单元格上方的数据。

（2）使用公式按钮　选择需要计算数据的单元格，执行"表格工具"→"布局"动态选项卡→"数据"组中"公式"命令，在弹出的"公式"对话框中设置各项选项即可，主要包含下面 2 个选项。

①公式：在"公式"文本框中，不仅可以输入计算数据的公式，而且还可以输入表示单元格名称的标识。例如，可以通过输入 left（左边数据）、right（右边数据）、above（上边数据）和 below（下边数据）来指定数据的计算方向。

②粘贴函数：在"粘贴函数"下拉列表中可以选择不同的函数来计算表格中的数据。

（3）数据排序　选择需要排序的表格，执行"表格工具"→"布局"动态选项卡→"数据"组中"排序"命令，在弹出的"排序"对话框（图 3-38）中可进行选项设置。

3.2.3　图文混排

【案例 3-3】图文混排应用

（1）打开文档"中医教你颈椎 24 小时保养法"，参照图 3-39，完成下列操作。

①新建一个 Word 文档，设置纸张方向为"横向"，并调整页边距为上、下、左、右均为"0.5 厘米"。

②在页面顶部插入"中医教你颈椎 24 小时保养法"的艺术字。

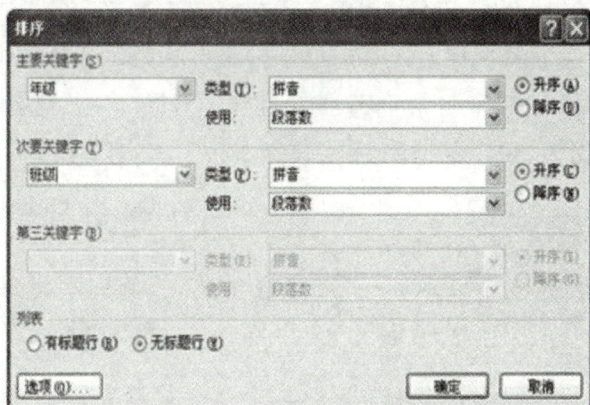

图 3 – 38 设置数据"排序"对话框

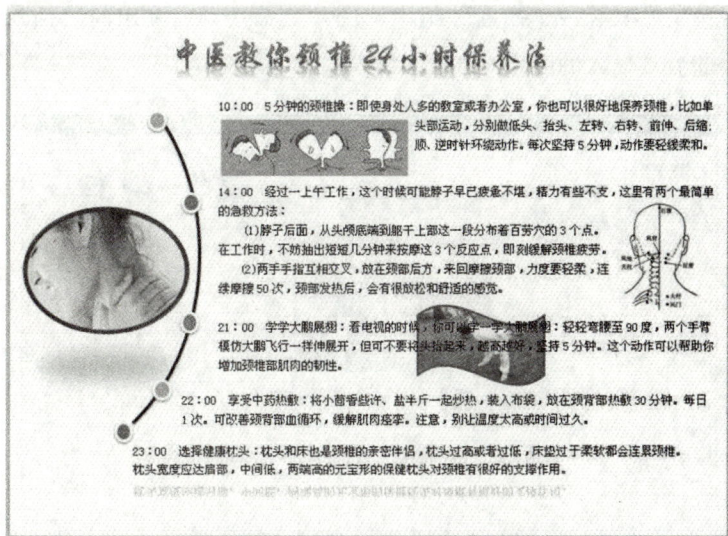

图 3 – 39 中医教你颈椎 24 小时保养法

③插入"分栏",将页面分为两部分,并调整分栏的宽度,其中第一栏为"20 字符",第二栏为"55.4 字符",间距为"2 字符"。

④在页面第一栏插入相应形状(弧线、椭圆等)和图片,并设置图片的格式和形状的颜色如图 3 – 39 所示。

⑤在页面右侧输入相应的文字,并按样稿所示的样式设置相应的字体、段落格式。

⑥在如图 3 – 39 所示的相关位置,插入图片,并设置图片的颜色、大小、位置、文字环绕等参数。

⑦在页面右下方插入"文本框",在其中输入相关的文字,并调整文本框的大小、位置、形状填充、形状轮廓颜色等选项。

(2)操作步骤

①新建"中医教你颈椎 24 小时保养法 . docx"文档,执行"页面布局"选项卡→"页面设置"组中"纸张方向"→"横向"命令,将纸张方向调整为"横向";执行"页面布局"选项卡→"页面设置"组中"页边距"→"自定义边距"命令,在弹出的"页面设置"对话框中,分别设置上、下、左、右的页边距均为"0.5 厘米";其他选项不变。

NOTE

②执行"插入"选项卡→"文本"组中"艺术字"命令，在"艺术字"下拉菜单中选择一种合适的艺术字体，随后在文档上的文本框里输入"中医教你颈椎24小时保养法"。

③执行"页面布局"选项卡→"页面设置"组中"分栏"→"更多分栏"命令，在弹出的"分栏"对话框（图3－40）中，进行相关设置。

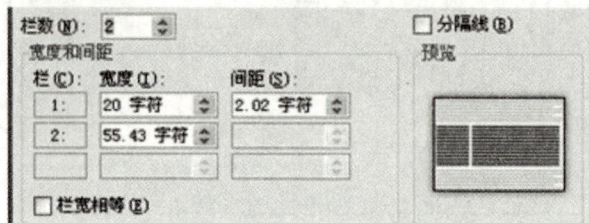

图3－40　"分栏"对话框

④执行"插入"选项卡→"插图"组中"图片"命令，在弹出的"插入图片"对话框（图3－41）中，选择要插入的图片，点击"插入"。

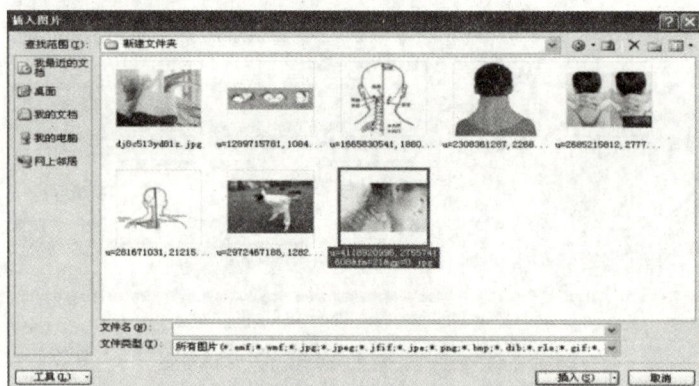

图3－41　"插入图片"对话框

单击选中文档中的图片，会在菜单栏上出现"图片工具"→"格式"动态选项卡，执行"图片样式"命令（图3－42），在相关的窗口下选择合适的图片效果。

图3－42　"图片样式"组

执行"插入"选项卡→"插图"组中"形状"命令，在"形状"下拉菜单中的"基本形状"中选择"弧形"和"椭圆"，插入到文档相关位置，然后在"图片工具"→"格式"动态选项卡（图3－43）下，对形状的填充样式、轮廓样式、形状效果进行修改，达到图3－39所示的效果。

⑤利用回车键，将光标放到文档的第二栏中（图3－44），输入相关的文件资料，执行"开始"选项卡→"字体"和"段落"组中的相关操作，修改文字的大小、颜色、字体和段落间距。

NOTE

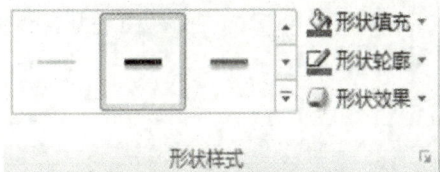

图 3 – 43　修改形状样式

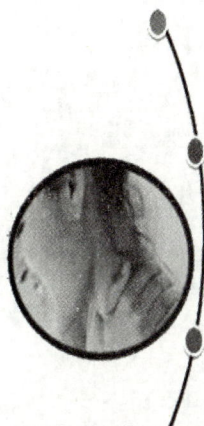

10:00　5分钟的颈椎操：即使身处人多的教室或者办公室，你也可以很好地保养颈椎，比如单头部运动，分别做低头、抬头、左转、右转、前伸、后缩；顺、逆时针环绕动作，每次坚持5分钟，动作要轻缓柔和。

14:00　经过一上午工作，这个时候可能脖子早已疲惫不堪，精力有些不支，这里有两个最简单的急救方法：

（1）脖子后面，从头颅底端到躯干上部这一段分布着百劳穴的3个点。在工作时，不妨抽出短短几分钟来按摩这3个反应点，即刻缓解颈椎疲劳。

（2）两手手指互相交叉，放在颈部后方，来回摩擦颈部，力度要轻柔。连续摩擦50次，颈部发热后，会有很放松和舒适的感觉。

21:00　学学大鹏展翅：看电视的时候，你可以学一学大鹏展翅：轻轻弯腰至90度，两个手臂模仿大鹏飞行一样伸展开，但可不要将头抬起来，越高越好，坚持5分钟，这个动作可以帮助你增加颈椎部肌肉的韧性。

图 3 – 44　插入文本

⑥选中文档中的合适位置，执行"插入"选项卡→"插图"组中"图片"命令，在弹出的"插入图片"对话框（图3 – 45）中，选择所需图片，点击"插入"。

图 3 – 45　插入图片

单击鼠标左键，选中刚插入的图片，执行"图片工具"→"格式"动态选项卡"调整"组中"颜色"命令，在"颜色"下拉菜单（图3 – 46）中选择需要的颜色调整。也可执行"图片颜色选项"命令，在弹出的"设置图片格式"对话框（图3 – 47）中进行高级的修改。

选中插入的图片，单击鼠标右键，在弹出的快捷菜单中选择"大小和位置"选项，在对话框中选择"文字环绕"选项卡→"布局"对话框（图3 – 48），设置图片的环绕方式为"紧密型"，随后拖动图片到文档中合适的位置。

重复步骤前步，插入案例中的另一张图片，达到如图3 – 49所示的效果。

执行"插入"选项卡→"插图"组中"形状"命令，在"形状"下拉菜单中的"星与旗帜"中选择"波浪" 〰 ，然后在文档的合适位置画出一个大小合适的形状。

单击鼠标左键，选中刚插入的图片，执行"图片工具"→"格式"动态选项卡"形状样式"组中→"形状填充"→"图片"命令，在弹出的"插入图片"对话框中选择要使用的图片，单击"插入"，就会看到形状的填充效果（图3 – 50）。

NOTE

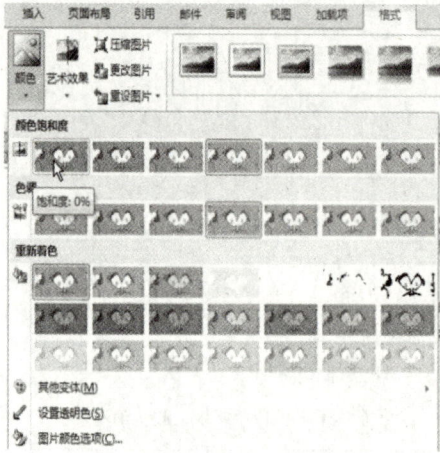

图 3 – 46   "颜色"下拉菜单   图 3 – 47   "设置图片格式"对话框

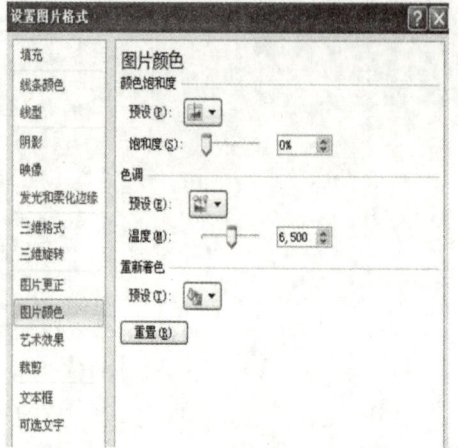

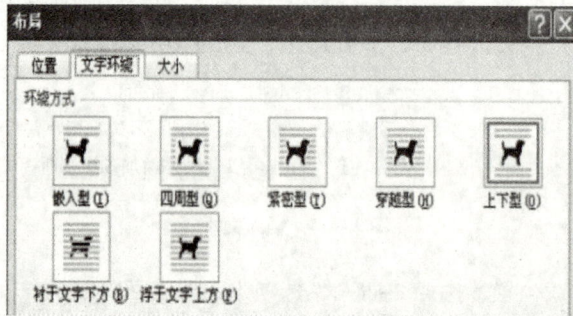

图 3 – 48   设置图片的环绕方式

10:00   5分钟的颈椎操   即使身处人多的教室或者办公室，你也可以很好地保养颈椎，比如单头部运动，分别做低头、抬头、左转、右转、前伸、后缩；顺、逆时针环绕动作。每次坚持5分钟，动作要轻缓柔和。

14:00   经过一上午工作，到了下午两点钟，可能脖子早已疲惫不堪，精力有些不支，这里有两个最简单的急救方法：

（1）脖子后面，从头颅底端到躯干上部这一段分布着百劳穴的3个点。在不遗余力工作时，不妨抽出短短几分钟来按摩这3个反应点，即刻缓解颈椎疲劳，放松全身。

（2）两手手指互相交叉。放在颈部后方，来回摩擦颈部，力度要轻柔。连续摩擦50次，颈部发热后，会有很放松和舒适的感觉。

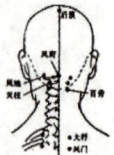

图 3 – 49   插入另一张图片

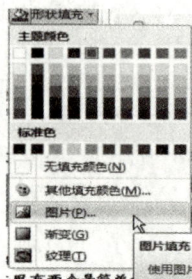

图 3 – 50   设置形状的填充效果

选中插入的图形，单击鼠标右键，在弹出的快捷菜单中选择"其他布局选项"选项，在对话框中选择"文字环绕"选项卡，设置图片的环绕方式为"衬于文字下方"，随后拖动图片到文档中合适的位置。

⑦执行"插入"选项卡→"文本"组中"文本框"→"简单文本框"命令，在文档中插入一个文本框，并在其中输入要插入的文字（图3-51），并设置文本框的大小、文字的大小和颜色，并拖放到文档中的合适位置。

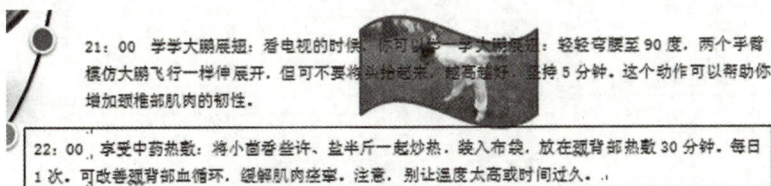

图3-51 插入文本框

单击鼠标左键，选中文本框，执行"图片工具"→"格式"动态选项卡"形状样式"组中→"形状轮廓"→"无轮廓"命令，去除文本框的黑色边线。

重复执行步骤，插入另一个文本框，保存文档，就可以完成该板报的设计。

如果觉得板报背景单调，可以选择执行"页面布局"选项卡→"页面背景"组中"页面颜色"命令，在"页面颜色"下拉菜单中选择相应的颜色和效果对整张页面进行填充，也可以对字体的颜色进行调整，最终的结果如图3-39所示。

在Word文档中，可以实现对各种图形对象的插入、缩放、修饰等操作，还可以把图形对象与文字结合在一个版面上，实现文档的图文混排，达到图文并茂的效果。

1. 插入图片

在Word中，用户可以方便地插入图片，并且可以通过相关的设置将图片插入文档的任何位置，达到图文并茂的效果，Word 2010版本支持更多图片格式，如.emf、.wmf、.jpg、.jpeg、.png、.bmp、.dib和.gif等。

在文档中插入图片的方式是：将光标移动到要插入图片的位置，然后执行"插入"选项卡→"插图"组中"图片"命令，在弹出的"插入图片"对话框中选择需要插入的图片，单击"插入"按钮完成图片的插入。

2. 插入剪贴画

剪贴画是Word提供的预置各种类型的图片，这些剪贴画使文档形式更加活泼。在默认情况下，Word 2010不会将所有的剪贴画都显示出来，用户通过搜索的方式得到需要的剪贴画。

在文档中插入剪贴画的方式是：将光标移动到要插入剪贴画的位置，在"插入"选项卡→"插图"选项组中，单击"剪贴画"按钮，在窗口的右侧会显示出一个"剪贴画"任务窗格，在"搜索文字"的文本框中输入需要搜索的图片的名称，或者输入相关的描述性词汇，单击搜索按钮，就会在任务窗格的空白处显示符合要求的剪贴画，如果在其中不输入任何条件，就会将全部剪贴画显示出来。鼠标左键单击任何一幅剪贴画，就可以将该剪贴画插入到当前光标所在的位置。

在"结果类型"下拉菜单中可以设置搜索结果的媒体类型，包括插图、图片、视频和音频，如图3-52所示。

NOTE

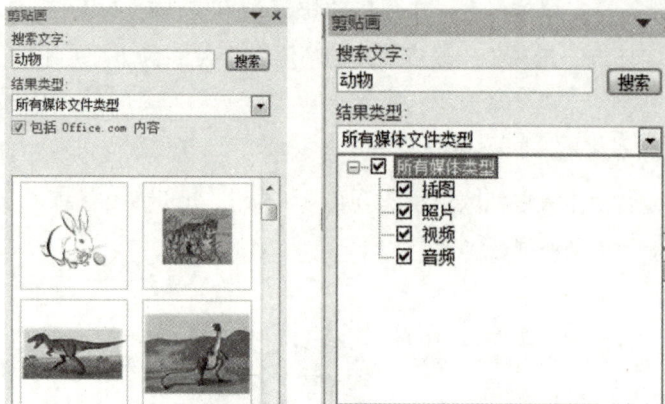

图 3 – 52   "剪贴画"任务窗格

3. 设置图片的格式

双击鼠标左键已插入文档的图片或者剪贴画，在菜单栏"图片工具栏"→"格式"动态选项卡（图 3 – 53），单击工具栏中的按钮可以为选中的图片设置相应的格式，包括图片颜色调整、艺术效果、图片样式、图片边框、图片排列方式、图片大小等。

图 3 – 53   "图片工具"的"格式"动态选项卡

如果需要对图片进行进一步的设置，可以选中一张图片，然后单击鼠标右键，在弹出的快捷菜单中选择"大小和位置"命令→"布局"对话框（图 3 – 48），在"布局"对话框的"位置"选项卡中，可以设置图片在水平和垂直方向上的对齐方式和相对位置或绝对位置；在"文字环绕"选项卡中，可以设置图片与文字之间的环绕方式、自动换行方式以及距正文的距离等；在"大小"选项卡中，可以设置图片的大小、旋转角度以及缩放比例等。

4. 屏幕截图

Word 2010 新增屏幕截图功能，可以将任何未最小化到任务栏的已打开程序的窗口的内容截成图片插入文档，也可以将屏幕任何部分截成图片插入文档。

（1）截取整个窗口中的内容   如果要截取多个已打开程序窗口的图片，将需要截图的窗口最大化或保持默认大小，将其余窗口最小化到任务栏。在"插入"选项卡的"截图"组中，单击"屏幕截图"按钮，弹出"可用视窗"对话框（图 3 – 54），对话框会列出所有打开的未最小化到任务栏的程序的窗口。在"可用视窗"中单击要截取的窗口，则可在文档中插入该窗口图片。

（2）截取窗口中部分内容   如果要截取一个已打开程序窗口中部分图片的内容，将需要截图的窗口最大化或保持默认大小，将其余窗口最小化到任务栏，或所有打开的程序都最小化到任务栏，此时在"插入"选项卡的"插图"组中，单击"屏幕截图"→"屏幕剪辑"按钮。这时 Word 窗口最小化，要截取的窗口被激活，屏幕呈灰色，拖曳鼠标选择要截取的内容，松开鼠标时，相应的图片被插入到文档中。

5. 插入自选图形

自选图形可以选择现成的形状，如线条、矩形、流程图、箭头、星与旗帜、标注等。

在文档中插入自选图形的方法是：执行"插入"选项卡→"插图"组中"形状"命令，在下拉菜单中会出现 Word 提供的所有的形状，单击需要插入的形状，鼠标指针就会变成"＋"形，在需要插入形状的位置，单击鼠标左键，使用拖拽的方式绘制大小合适的形状，绘制完成释放鼠标左键即可完成形状的绘制。

6. 设置形状的格式

选中已经绘制好的图形形状，在菜单栏上就会多出现一个"绘图工具"→"格式"动态选项卡（图 3 - 55），可以对图形形状进行编辑，比如可以设置图形形状的填充色、轮框类型、形状的效果、排列的方式、形

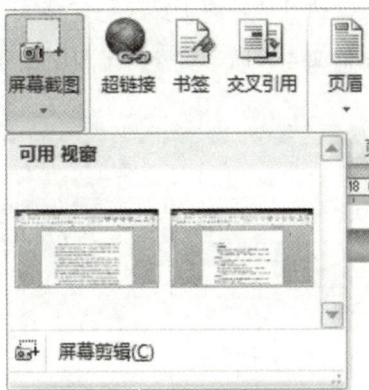

图 3 - 54 "可用视窗"对话框

状的大小，如果形状中添加了文字，还可以对文本的颜色、文本的效果进行设置。

类似于图片格式的设定，如果需要对形状进行进一步设定，可以选中一个形状，然后单击鼠标右键，在弹出的快捷菜单中选择"其他布局选项"命令，就会弹出"布局"对话框，这个对话框的使用和图片的"布局"对话框是一样的，这里就不再赘述。

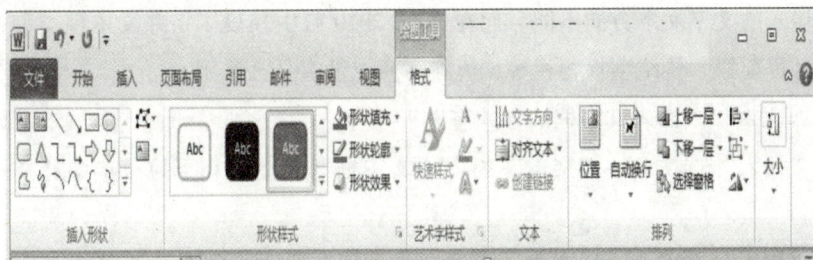

图 3 - 55 "绘图工具"选项卡

7. 插入艺术字

艺术字是文档中具有特殊效果的文字图形，艺术字不是普通的文字，而是图形对象，可以像其他图形那样处理。可从图片和文本两种角度对它进行修改和编辑。

（1）插入艺术字 在文档中插入艺术字的方式是：执行"插入"选项卡→"文本"组的"艺术字"命令，在艺术字下拉菜单中可以看到 Word 提供的艺术字的类型，此时会在文档中光标的位置处出现一个艺术字样式文本框，里面显示"请在此放置您的文字"，在艺术字样式文本框中输入相应的文字就可以完成艺术字的插入。

（2）更改艺术字的图片样式 单击选中已经插入的艺术字，在菜单栏上就会多出现一个"绘图工具"→"格式"动态选项卡，在"艺术字样式"选项组（图 3 - 56）中，就可以对艺术字的样式、文本的填充颜色、文本轮廓颜色、文本效果进行修改，其中文本效果包括对整个艺术字进行阴影设置、映像设置、发光设置、三维旋转设置、棱台设置等。

（3）更改艺术字的文本样式 对于已经插入的艺术字，可以对其进行文本样式修改，首先选中已经插入的艺术字，然后进行下列操作。

①执行"开始"选项卡→"字体"命令，就可以对艺术字的文本进行字体、字号、字形、字号等进行修改，修改的方式和普通文本是一样的。

NOTE

②执行"绘图工具"→"格式"动态选项卡中的"文本"命令（图 3 – 57），就可以对艺术字的文本方向、对齐方式和创建链接进行相关的设置。

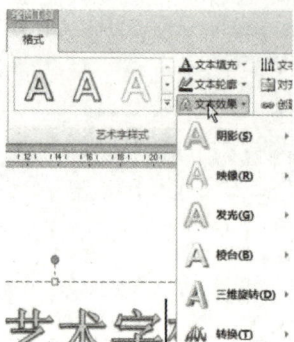

图 3 – 56　更改艺术字样式　　　　　　　　　图 3 – 57　更改艺术字的文本样式

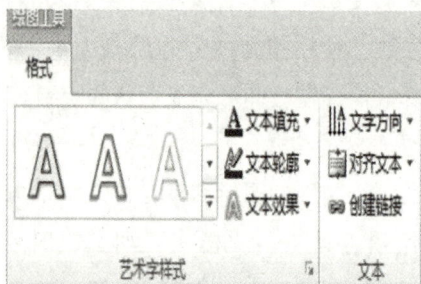

8. 插入文本框

在 Word 中文本框是一种可移动，可调大小的，可以放置文字、图片、剪贴画、艺术字等的容器。使用文本框，可以在一页上放置数个文字块，或使其中文字与文档中其他文字的排列方向不同，从而制作出各种美观的文档。文本框分为两种：横排文本框和竖排文本框，它们的区别只在于输入的文字文本方向不同。而在 Word 2010 版中预设了一些文本框类型，如简单文本框、奥斯汀提要栏、传统型提要栏等，但在本质上没有什么区别。

（1）插入文本框　插入文本框的方式有以下几种。

①执行"插入"选项卡→"文本"组中"文本框"命令，在下拉菜单中选择一种预设的文本框类型。

②执行"插入"选项卡→"文本"组中"文本框"命令，在下拉菜单中单击"绘制文本框"或"绘制竖排文本框"，这时鼠标指针就变成了"＋"形，在文档的合适位置使用拖拽的方式绘制一个大小合适的文本框，绘制结束松开鼠标左键即可。

（2）更改文本框　文本框绘制完成后，鼠标左键单击选中文本框，文本框周围会出现 8 个尺寸控制点，拖动相应的控制点可以调节文本框的大小；当鼠标在文本框的边线上时，鼠标会变成"🐾"，这时候按住鼠标左键拖拽可以移动文本框的位置；将鼠标放置在文本框上方绿色的圆点处，鼠标会变成"🔄"，这时候按住鼠标左键拖拽可以对文本框进行旋转。

选中文本框，在"绘图工具"栏→"格式"动态选项卡中可以对文本框进行和形状一样的修改，详见"设置形状的格式"部分。

9. 插入图表

图表是一种可直观、形象展示统计信息属性（时间性、数量性等），对知识挖掘和信息直观生动感受起关键作用的图形结构。Word 2010 提供了大量预设图表效果，可以很方便地创建图表。

在文档中创建图表的方式是：执行"插入"选项卡→"插图"组中"图表"命令，在弹出的"插入图表"对话框中选择要插入图表的类型，单击确定按钮，就可以在文档中插入指定类型的图表，同时系统会弹出一个标题为"Microsoft Word 中的图表"的 Excel 2010 窗口（图 3 – 58），表中显示的是示例数据，删除表中的示例数据，输入所需数据，就可以在 Word 中显示出对应数据的图表。

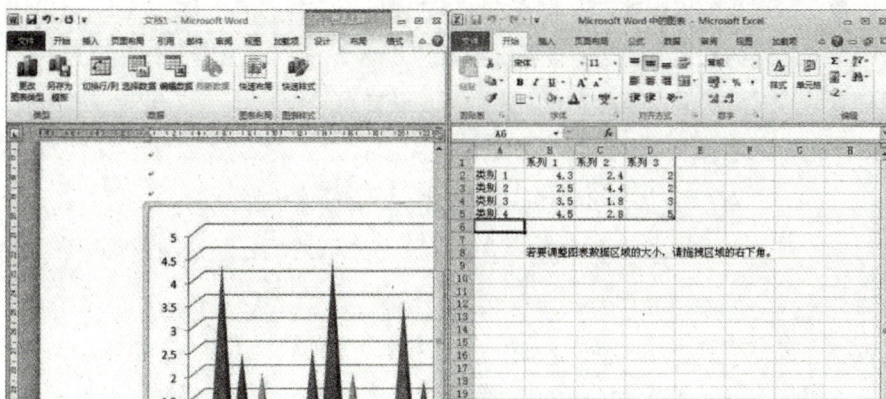

图 3 - 58 "输入图表"对话框

10. 插入 SmartArt 图形

通过插入 SmartArt 图形，能够直观、有层次地交流信息。SmartArt 图形包括图形列表、流程图以及更为复杂的图形。

（1）插入 SmartArt 图形　执行"插入"选项卡→"插图"组中"SmartArt"命令，在弹出的"选择 SmartArt 图形"对话框（图 3 - 59）中选择左侧的图形类型。选择类型后，再在"列表"中选择所需选项，此时在对话框右侧就会显示选中的 SmartArt 图形的预览和说明。根据需要插入 SmartArt 图形。

在插入 SmartArt 图形后，编辑区将出现 SmartArt 图形占位符，在图片占位符中插入需要的图片，在"文本"占位符中输入文本。

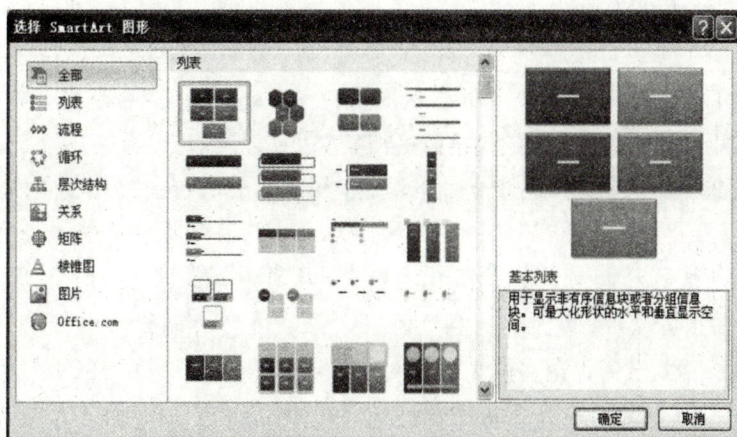

图 3 - 59 "选择 SmartArt 图形"对话框

（2）编辑 SmartArt 图形　选中插入的 SmartArt 图形，弹出"SmartArt 工具"→"设计"和"格式"动态选项卡。在"设计"选项卡中，可以设置 SmartArt 图形的样式、形状、更改布局、颜色等；在"格式"选项卡中，可以设置 SmartArt 图形的形状样式、艺术字样式、大小、排版等格式。

11. 多对象的组合

（1）组合　在编辑文档时，经常需要用到多个图形、图片、文本框或者艺术字，有时候这些对象需要组合成一个整体以反映某个事物，如果这些对象独立存在，那么在移动和复制这些对象的时候就会造成很大困难，因此 Word 2010 提供了"多对象组合"命令。

进行组合的具体的操作方式是：按住键盘上的 Shift 键的同时单击鼠标左键选取多个对象；在选中的任意一个对象上单击鼠标右键，在弹出的快捷菜单中选择"组合"→"组合"命令，就实现了多个对象的组合。

（2）取消组合   对于组合后的图形，如果想还原成原来的独立对象，可以在这个图形上单击鼠标右键，在弹出的快捷菜单中选择"组合"→"取消组合"选项，就实现了组合图形的分离。

（3）设置对象的叠放次序   在 Word 2010 中，当多个对象放在同一位置时，上层的对象会把下层的对象遮住，可以在 Word 2010 中设置对象的叠放次序，以决定哪个对象在上层，哪个对象在下层。

具体的操作方法是：选中需要改变叠放次序的某个对象，单击鼠标右键，在弹出的快捷菜单中选择"组合"→"置于顶层"或"置于底层"命令，在他们的二级菜单中分别有下列选项。

①置于顶层：将所选择的对象放置于所有对象最上面。

②上移一层：将所选择的对象向上移动一个层次。

③浮于文字上方：将所选择的对象放在文字的上面，挡住该对象下方的所有文字。

④置于底层：将所选择的对象放置于所有对象最下面。

⑤下移一层：将所选择的对象向下移动一个层次。

⑥衬于文字下方：将所选择的对象衬在文字的下面，文字会挡住该对象的一部分内容。

3.2.4 文档高效排版

【案例 3 - 4】文档高效排版应用

（1）打开文档"论文排版 . docx"，参照样稿完成下列操作。

①将论文中章名使用样式"标题 1"，并居中；编号格式为"第 X 章"，设置 X 为自动排序。

②将节名使用样式"标题 2"，左对齐；编号格式为多级符号 X. Y，X 为章数字序号，Y 为节数字序号（例如 2.1）。

③新建样式，样式名为"论文正文"，要求：

字体：中文为"宋体"，西文字体为"Times New Roman"，字号为"五号"。

段落：首行缩进 2 字符，行距为 22 磅，其余为默认格式。

④将上题建立的"论文正文"样式应用到正文（不包含章名、小节名、表文字、表和图的题注）。

⑤对正文中的表格添加表头，位于表格上方、居中。要求表序随章节编号，编号为"章节号" - "表在章中的序号"（例如第 2 章第一个表格设为"表 2 - 1"）。

⑥对正文中的图添加图题，位于图片底部、居中。要求图题随章节编号，编号为"章节号" - "图在章中的序号"（例如第 3 章第一个图设为"图 3 - 1"）。

⑦为正文中的《神农本草经》添加脚注，注释符号为"1"，注释文字：《神农本草经》，简称《本草经》或《本经》，是我国现存最早的药物学专著，起源于神农氏，代代口耳相传，

于东汉时集结整理成书，成书作者不详。

⑧在正文前按序插入一节，生成如下内容：

目录：标题"目录"使用样式"标题1"，居中，下为目录项。

表索引：标题"表索引"使用样式"标题1"，居中，下为表索引项。

图索引：标题"图索引"使用样式"标题1"，居中，下为图索引项。

中文摘要：标题"摘要"使用样式"标题1"，居中，下为中文摘要内容。

Abstract：标题"Abstract"使用样式"标题1"，居中，下为英文摘要内容。

⑨添加正文页眉。使用域，右对齐显示页眉。对于奇数页，页眉的文字为"章序号"＋"章名"；对于偶数页，页眉的文字为"节序号"＋"节名"。

⑩添加页脚。使用域，居中显示页脚。正文前的节，页码采用"i，ii，iii…"格式，页码连续；正文中的节，页码采用"1，2，3…"格式，页码连续。

（2）操作步骤

①执行"开始"选项卡→"样式"组，在样式下拉列表中右键单击内置样式"标题1"，在快捷菜单中选择"修改"选项。在打开的"修改样式"对话框（图3-60）中，先勾选"自动更新"复选框，再单击"格式"按钮选择"段落"项；在"段落"对话框"缩进和间距"选项卡中，单击"对齐方式"的下拉箭头，选择"居中"，单击"确定"按钮，返回"修改样式"对话框。

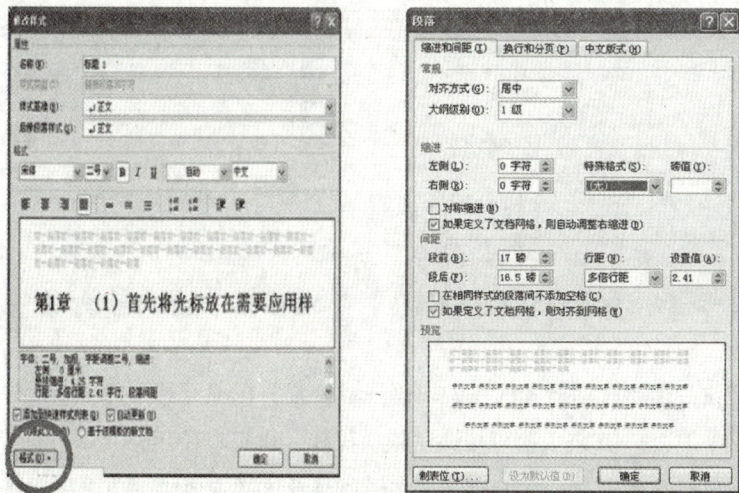

图3-60 "修改样式"对话框

选择"开始"选项卡→"段落"组中"多级列表"右侧的三角形，在"列表库"（图3-61）中选一符合要求的多级列表为当前列表。再次单击多级列表右侧的三角形，选中"定义新的多级列表"，在对话框中"单击要修改的级别"为"1"，并在"输入编号的格式"文本框里修改为"第1章"（图3-62）。然后在"将级别链接到样式"对话框中选择"标题1"，并且在"要在库中显示的级别"选择"级别1"，单击确定。

②执行"开始"选项卡→"样式"组的样式下拉列表中右键单击内置样式"标题2"，在快捷菜单中选择"修改"选项。在打开的"修改样式"对话框中，勾选"自动更新"复选框，然后单击"格式"按钮，选择"段落"选项；在"段落"对话框中，单击"对齐方式"的下

NOTE

拉箭头，选择"左对齐"，单击"确定"按钮，返回"修改样式"对话框。

执行"开始"选项卡→"段落"组中"多级列表"右侧的三角形，选中"定义新的多级列表"，在打开的对话框中，选择"单击要修改的级别"为"2"，并在"将级别链接到样式"下拉列表选择"标题2"，在"要在库中显示的级别"选择"级别2"（图3－63）。

重复步骤，可类似定义"标题3"（图3－64）。

③在"字体"对话框中，分别选择设置中文字体"宋体"，西文字体"Times New Roman"及字号"五号"，在"段落"组显示"段落"对话框，在"缩进和间距"选项卡中选择特殊格式为"首行缩进""2字符"，在行距选项中选择"固定值""22磅"，单击"确定"后在右键单击的快捷菜单中，选择"样式"→"将所选内容保存为新快捷样式"（图3－65），在弹出的对话框设置样式名称为"论文正文"即可。

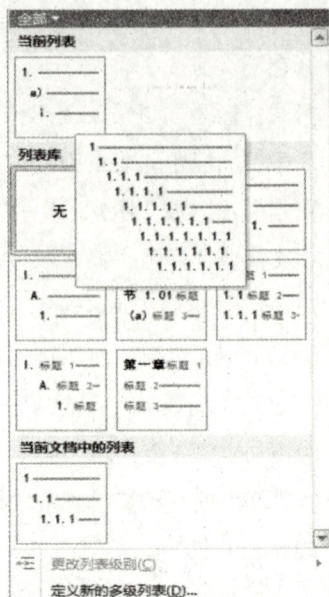

图3－61　"当前列表"对话框

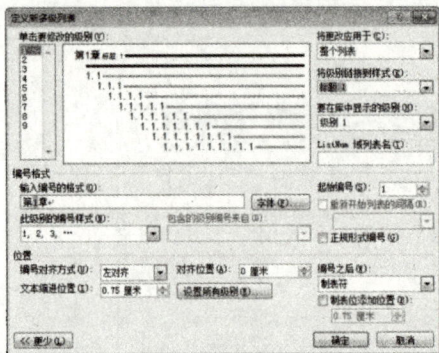

图3－62　"定义新多级列表"－1对话框　　　图3－63　"定义新多级列表"－2对话框

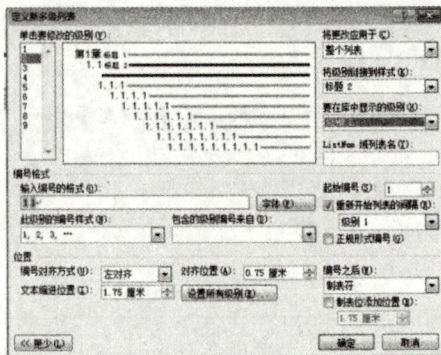

④将光标定位到需要应用样式的正文段落任意位置，在"开始"选项卡→"样式"列表中选择"论文正文"样式。其余段落可按该法依次操作，也可以使用格式刷进行操作。

◆提示：当鼠标移动到某样式上时，正文段落显示该样式效果，单击应用该样式。

⑤为正文中的图添加图题，选择正文中的图片，执行"引用"选项卡→"题注"组中"插入题注"命令。在"题注"对话框中单击"新建标签"按钮，在弹出的"新建标签"对话框"标签"编辑框输入新的标签名"图"，返回"题注对话框"选择刚才创建的"图"，位置选择"在所选项目下方"，单击"编号"按钮，在弹出的"题注编号"对话框（图3－66）选中"包含章节号"复选框，单击确定完成设置。

⑥为正文中的表添加表序。重复上步，如图3－67所示。

将光标定位于文档中章名的任何位置，单击刚才修改完成的样式"标题1"，然后分别对其余各章标题与参考文献以及致谢使用该样式，并将每个标题中多余的章号删除。

NOTE

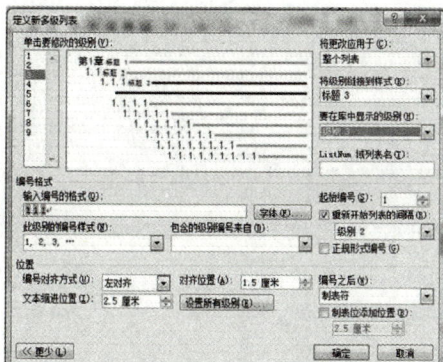

图 3 - 64 "定义新多级列表" - 3 对话框

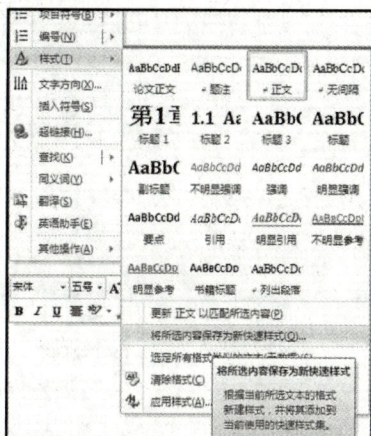

图 3 - 65 创建样式

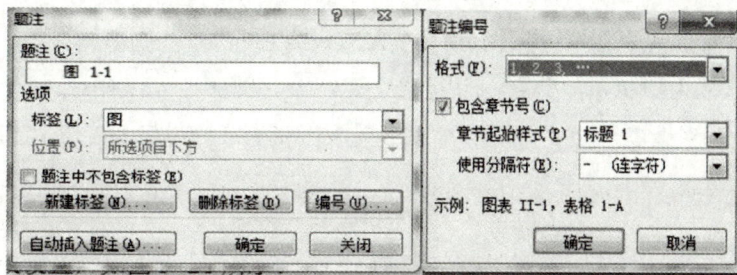

图 3 - 66 "题注对话框" - 1

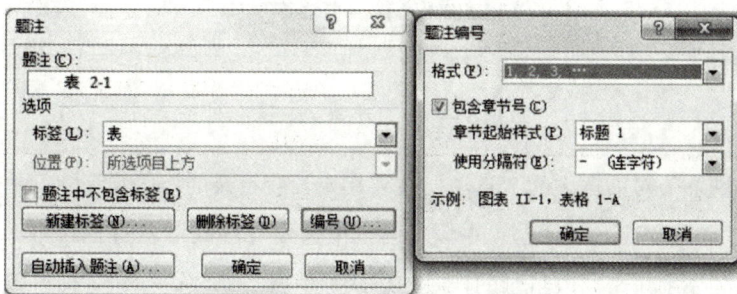

图 3 - 67 "题注对话框" - 2

⑦将光标定位到第一章正文《神农本草经》文字后，单击"引用"选项卡→"脚注"组右下角的三角形图标，打开"脚注和尾注"对话框（图 3 - 68），然后单击"插入"，再在本页底端光标位置处输入注释文字。

⑧将光标定位到论文摘要前位置，执行"页面布局"选项卡→"页面设置"组中"分隔符"命令，在下拉菜单中选择分节符类型为"下一页"。连续执行 3 次，共插入 3 个空白页。

将光标分别定位于刚插入的 3 个新页开始位置，分别输入"目录""图索引"和"表索引"，并使用"标题 1"样式，此时在"目录"前可能会出现"第 1 章"字样，删除后在"开始"选项卡→"段落"组中选择"居中"。将光标定位于"目录"二字后，执行"引用"选项卡→"目录"组中的"插入目录"命令，在弹出的目录对话框（图 3 - 69），修改显示级别为"2"，单击"确定"自动生成目录。

NOTE

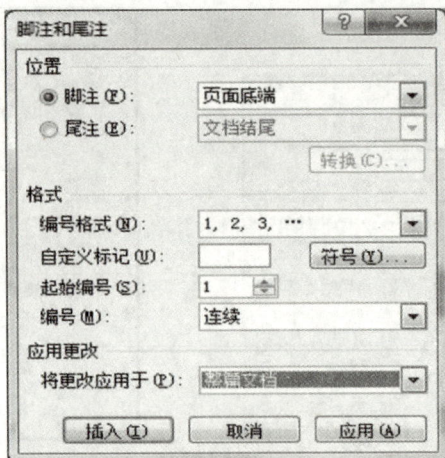

图 3 - 68　"脚注和尾注"对话框

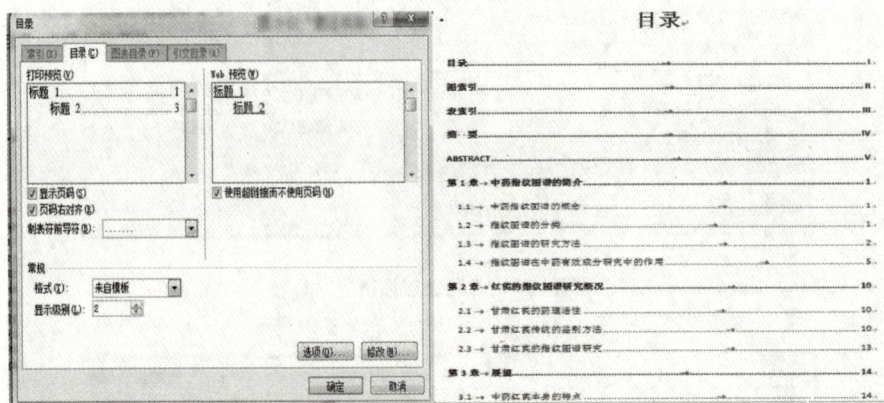

图 3 - 69　"目录"对话框

◆提示："目录"对话框中的"选项"主要用来设置目录的样式与级别。单击"选项"按钮，即可弹出"目录选项"对话框。在该对话框中选中"样式"复选框，可设置目录的样式与级别。"修改"主要用来修改目录的样式和格式。单击"修改"按钮，即可弹出"样式"对话框，在"样式"列表框中选择样式即可，单击"修改"按钮，在弹出的"修改样式"对话框中可以设置目录的格式。

将光标定位在"图索引"页，使用"标题 1"样式。执行"引用"选项卡→"题注"组中"插入表目录"命令，在"图表目录"对话框（图 3 - 70）中，选择题注标签为"图"，单击确定。插入"表索引"类似，注意选择"题注标签"为"表"。

⑨按上题所述分节的方法，对文档做分节处理，每章单独设为一节。同时将"参考文献"和"致谢"单独设为一节，将光标位于正文第 1 页，执行"插入"选项卡→"页眉和页脚"组中"页眉"命令，在下拉列表中选择"编辑页眉"。在"页眉和页脚工具"动态选项卡（图 3 - 71）中选中"奇偶页不同"复选框，单击"链接到前一个页眉"按钮，使之取消与上一节相同的格式。

然后选择"文档部件"下拉列表中的"域"。在对话框中依次选择类别中的"连接和引用"和域名中的"StyleRef"，在域属性中选择"标题 1"，在域选项中勾选"插入段落编号"，

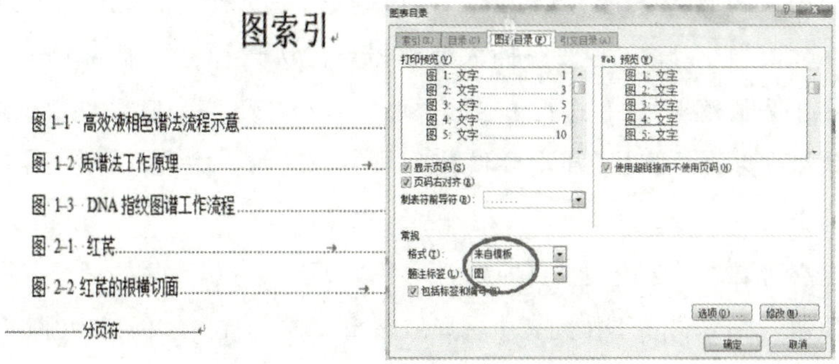

图3-70 "图表目录"对话框

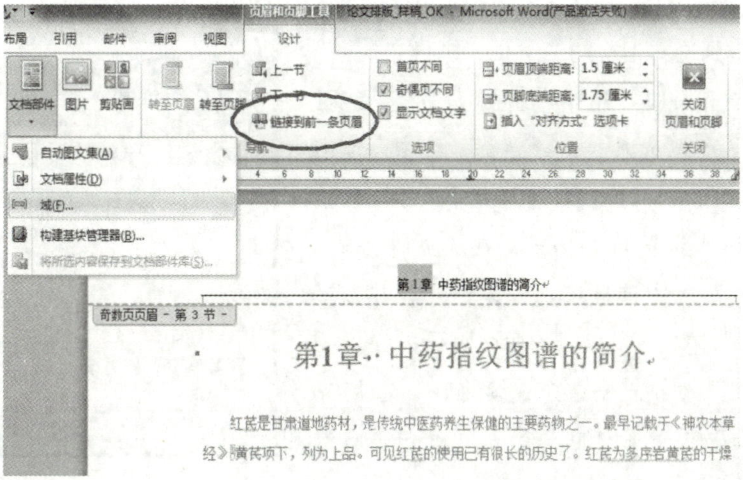

图3-71 "页眉和页脚工具"动态选项卡

单击"确定"按钮插入编号。

再次选择"文档部件"下拉列表中的"域",在对话框中,依次选择类别中的"连接和引用"和域名中的"StyleRef"（图3-72），在域属性中选择"标题1"，在域选项中均不勾选（如不选择"插入段落编号"即代表插入章名），单击"确定"，完成奇数页页眉的添加。

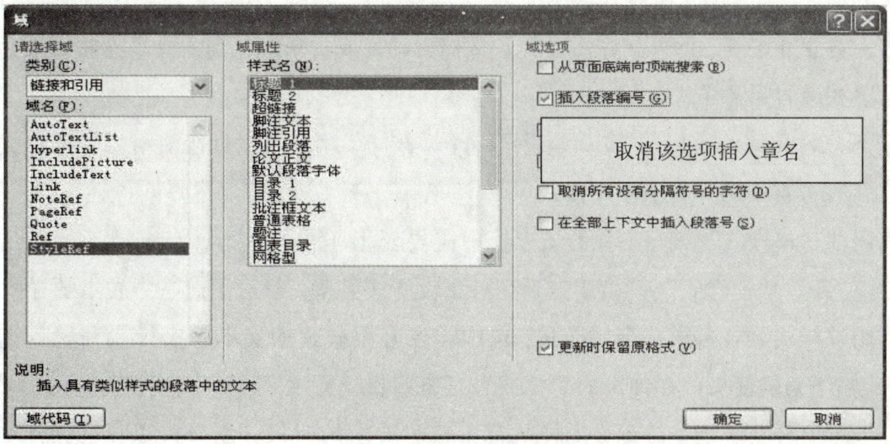

图3-72 插入"域"对话框

将光标移至偶数页页眉处，重复上步，在"文档部件"→"域"对话框中，依次选择类别

NOTE

中的"连接和引用"和域名中的"StyleRef"，在域属性中选择"标题2"，在域选项中勾选"插入段落编号"，单击"确定"按钮插入节编号。再次选择"文档部件"下拉列表中的"域"，不选择"插入段落编号"，进行节名的添加，单击"确定"，完成偶数页页眉的添加。

在参考文献和致谢的页眉中，单击"链接到前一个页面"按钮，使之取消与上一节相同的格式。

⑩将光标定位到第2页（论文首页即封面，不设页码），执行"插入"选项卡→"页眉和页脚"组中"页脚"命令，在下拉列表中选择"编辑页脚"，在"页眉和页脚工具"动态选项卡→"页眉和页脚"组中选择"页码"命令，在下拉列表中"设置页码格式"，在"页码格式"对话框（图3-73）中选择"i，ii，iii…"，再在"页码"下拉列表中选择页码位置为"页面底端""普通数字2"格式。

将光标定位到论文正文的第1页，执行"插入"选项卡→"页眉和页脚"组中"页脚"命令，在页眉和页脚工具"动态选项卡→"导航"组中，单击"链接到前一个页眉"按钮，取消与上一节相同的格式。再按上步操作设置页码格式，在"页码格式"对话框（图3-73）中选择"1，2，3…"，并选择起始页码为"1"单击"确定"，后面页码的设置需要在"页码格式"对话框中选择"续前节"选项。

◆提示：通过设置不同的"节"，可使"页眉"、"页脚"和"页码"具有不同的表现形式，分节是由"页面布局"→"页面设置"→"分隔符"，并在下拉菜单中选择分节符类型为"下一页"来完成。

图3-73 "页码格式"对话框

1. 样式

样式是指已保存的字符样式和段落样式的集合，利用它可以快速更改文本的外观，并且在编排相同格式时，可以重复套用。样式的设置包括字符样式和段落样式的设置，字符样式包括字符格式的设置，如字体、字号、字型、字符间距等；段落样式包括段落格式的设置，如行距、缩进、对齐方式等。此外，在需要对长文档自动生成目录时，也需要事先将需要生成目录的标题设置相应的标题样式。

（1）系统内置样式 Word 2010预设了一个样式库，用户可以直接使用"快速样式"列表和"样式"任务窗格两种方法套用样式。

①利用"快速样式"列表套用样式：选中需要套用样式的文本，点击"开始"选项卡→"样式"组，在"快速样式"列表中选择一种预设样式类型，就可更改选中文本的样式。

②利用"样式"任务窗格套用样式：选中需要套用样式的文本，执行"开始"选项卡→"样式"组右下角的箭头，在弹出的"样式"任务窗格（图3-74）中选择需应用的样式。

（2）自定义样式：当系统预设的样式都不符合要求的时候，用户可以自己创建样式，创建自定义样式的步骤如下：

①在"开始"选项卡→"样式"组中点击"显示'样式'窗口"命令，在弹出的"样式"任务窗格（图3-74）中选择"新建样式"命令。

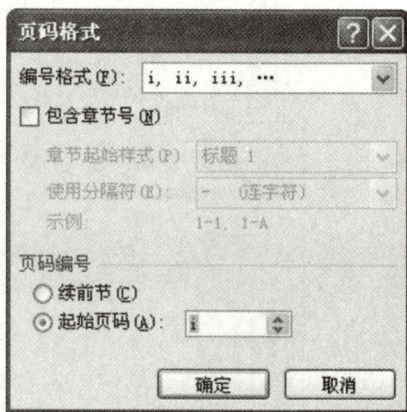

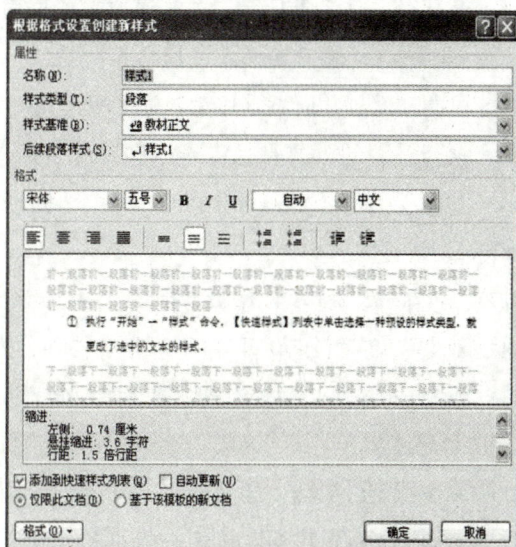

②在弹出的"根据格式设置创建新样式"对话框中（图3-75），进行设置。可以设置样式的"名称""样式类型""样式基准""后续段落样式"以及"格式"。设置结束后，单击"确定"按钮就完成了新样式的创建。

图3-74 "样式"任务窗格　　图3-75 "根据格式设置创建新样式"对话框

在样式创建完成后，就可以在"快速样式"列表中看到并使用这个新建的样式。

（3）编辑样式　在应用样式时，有时需要对已有样式进行调整，以适应文档内容与工作的需求。

①更改样式：选择需要更改的样式，执行"开始"选项卡→"样式"组中"更改样式"命令，在下拉列表中选择需要更改的样式。"更改样式"下拉列表主要包括"样式集""颜色""字体"和"段落间距"选项。

另外，用户也可以在需要更改的样式上右击，选择"修改"命令，在弹出的"修改样式"对话框中修改样式的各项参数。值得注意的是"修改样式"对话框与创建样式对话框中的"根据格式设置创建新样式"对话框内容一样。

②删除样式。在样式库列表中右击需要删除的样式，执行"从快速样式库中删除"命令，即可删除该样式。

2. 分隔符

Word 2010 提供的分隔符有4种：分页符、分栏符、自动换行符和分节符。

①分页符：当文本或图形等内容填满一页时，Word 会插入一个自动"分页符"并开始新的一页。但如果要在某个特定位置强制分页，可手动插入分页符，这样可以确保章节标题总在新的一页开始。

手动插入"分页符"的方式是：将光标移到需要插入手动"分页符"的位置，执行"页面布局"选项卡→"页面设置"组中"分隔符"→"分页符"命令，光标就会自动跳转到下一页，将光标后的内容移动到下一页。

②分栏符：对文档（或某些段落）进行分栏后，Word 文档会在适当的位置自动分栏。如果希望某一内容出现在下栏的顶部，就可以插入手动"分栏符"。

手动插入"分栏符"的方式是：将光标移到需要的位置，执行"页面布局"选项卡→"页面设置"组中"分隔符"→"分栏符"命令，就会自动将光标后的内容移动到下一栏的顶部。

③自动换行符：通常情况下，文本到达文档页面右边距时，Word 将自动换行。如果需要在某些位置强制断行，就需要插入"换行符"。换行符与直接按回车键不同，它产生的新行仍将作为当前段的一部分，而不是作为新的一段出现，它在文档中显示为灰色"↓"形。

插入"换行符"的方式是：将光标移到需要插入"换行符"的位置，执行"页面布局"选项卡→"页面设置"组中"分隔符"→"自动换行符"命令；或者在键盘上直接按"Shift + Enter"组合键。

④分节符：在"3.2.1 文档编辑与排版"中已介绍过，主要是对同一个文档中的不同部分采用不同的版面设置，应用分节符可以将一个文档划分为若干节，每个节可以单独设置页眉页脚、页面方向、页码、栏、页边距等格式。通过使用分节符，用户可以控制文档及其显示效果。

3. 脚注和尾注

脚注和尾注用于对文档中的某处文本进行补充说明。脚注一般位于页面的底部，可以作为文档某处内容的注释；尾注通常位于文档的末尾，用于列出引文的出处等。

（1）插入脚注　在文档中插入脚注的方式是：将光标移动到需要说明的文本的后面，执行"引用"选项卡→"脚注"组中"插入脚注"命令，此时会在该页面的下方出现一个可编辑区域，在这里可以输入注释的文字，就可以实现"脚注"的插入；同时，正文对应文档处会出现相对应的数字上标。

（2）插入尾注　在文档中插入尾注的方式是：将光标移动到需要说明的文本的后面，执行"引用"选项卡→"脚注"组中"插入尾注"命令，此时会在整篇文档的最后出现一个可编辑区域，在这里可以输入注释文字；同时，正文中对应文档处会出现相对应的数字上标。

（3）编辑脚注或尾注　如果需要编辑已经插入的脚注或者尾注，在标记处双击鼠标左键，光标就会移动到相应的注释文本，实现对脚注或者尾注的编辑。

（4）删除脚注或尾注　如果需要删除已经插入的脚注或者尾注，只需要删除正文中的标记符号，与之相对应的注释文本会同时被删除。

4. 题注

在 Word 中，可为表格、图片或图形、公式或方程式以及其他选定项目加上自动编号的题注（即序号），题注由标签及编号组成。可以选择 Word 2010 提供的标签项目编号方式，也可以自己创建标签项目，并在标签及编号后加入说明文字。

（1）创建题注　选定要添加题注的项目，如图形、表格、公式等，或将插入点定位于要插入题注的位置，点击"引用"选项卡→"题注"组中"插入题注"命令，将出现"题注"对话框（图 3 - 76）。

可在"标签"下拉列表中选取所选项目的标签名称，默认的标签有 Equation、Figure、Table。在"位置"下拉列表框中，可选择题注的位置，有所选项目下方、所选项目上方。一般论文中，图片和图形的题注标注在其下方，表格的题注在其上方。若 Word 自带的标签无法满足需要，可单击下方的新建标签按钮，自定义标签。在论文撰写中，一般需要新建"图""表"两个标签。"编号""自动插入题注"的用法详见下文。

（2）样式、多级编号与题注编号　为图形、表格、公式或其他项目添加题注时，可以根据需要设置编号的格式。设置方式与页码格式中的编号方式相似。

在"引用"选项卡→"题注"组中"插入题注"→"题注"→"编号"→"题注编号"下拉列表中选择一种编号的格式。如果希望编号中包含章节号，则选中"包含章节号"复选框，设置"章节起始样式"，并在章节号与编号之间的"使用分隔符"（图 3-77）。设置完毕，单击"确定"按钮，返回"题注"对话框。

◆注意：如果需要在编号中包含章节号，必须在文档的撰写过程中将每个章节起始处的标题设置为固定的标题样式，否则在添加题注编号时无法找到在"题注编号"对话框中设定的样式类型。此外，在标题样式中必须采用项目自动编号，即章节号必须为 Word 的自动编号，Word 无法识别手动输入的章节号数字。如果不设置自动编号，将会出现出错提示，且添加的题注显示为"0~X"的编号，0 就表示无法识别的章节号。

（3）自动插入题注　在 Word 每一次在文档中插入某种项目或图形对象时，可通过"引用"选项卡→"题注"组中"插入题注"→"自动插入题注"命令（图 3-78），在文档中自动加入含有标签及编号的题注。

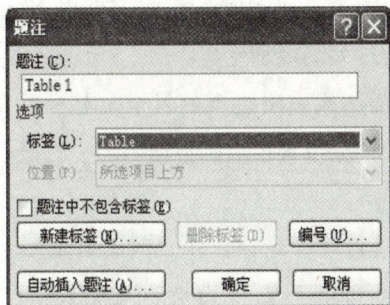

图 3-76　"题注"对话框

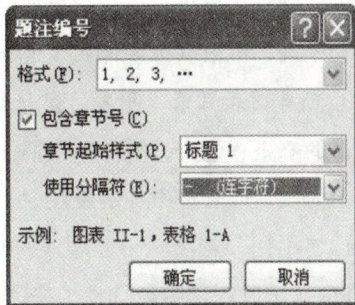

图 3-77　"题注编号"对话框

在"插入时添加题注"列表中选取对象类别（可用的列表项目依所安装 OLE 应用软件而定），然后通过"新建标签"按钮和"编号"按钮，分别决定所选项目的标签、位置和编号方式。

设置完成后，一旦在文档插入设定类别的对象时，Word 会自动根据所设定的格式，为该图形对象加上题注。如要中止自动题注，可在"自动插入题注"对话框中清除不想自动设定题注的项目。

5. 目录

在进行长文档编辑的时候，一般总少不了目录部分。目录就是文档中各级标题以及页码的列表，通常放在文章之前，目录定位了文档

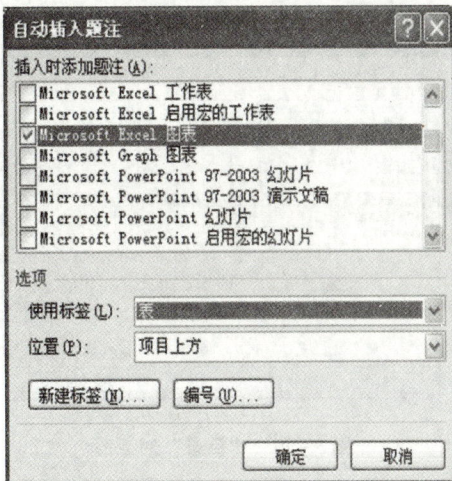

图 3-78　"自动插入题注"对话框

中标题所在的页码，便于阅读和查找。Word 2010 中可以手动或是自动创建目录。单击目录可以跳转到所指向的位置。Word 目录分为文档目录、图目录、表格目录等多种类型。

（1）创建目录　创建目录有多种方式，使用制表位可以手工创建静态目录，操作方便，但一旦页码发生变更就无法自动更新。也可以使用标题样式、大纲级别等自动生成目录，该方法基于样式设置和大纲级别，因此要求前期在文档中预先设定，创建的目录可自动更新目录页码和结构，便于维护，对于长文档尤为方便。

①通过制表位创建静态目录：制表位主要用于定位文字。一般按一次 Tab 键就右移一个制表位，按一次 Backspace 键左移一个制表位。通过制表位创建的目录具有明显的缺点，就是目录为静态，更新维护不便。

②通过标题样式创建目录：选择"引用"选项卡→"目录"组中"目录"下拉列表中的"插入目录"命令，打开"目录"对话框（图 3 – 79）。Word 2010 默认套用样式标题 1、标题 2、标题 3 的文本，按照预览中显示的模式生成目录。

Web 预览表示目录在 Web 浏览器中的显示效果。选中"使用超链接而不使用页码"复选框，表示目录在 Web 网页中不显示页码，只以超链接的方式进行显示，单击目录中的标题将会跳转到链接位置。

③通过大纲级别及其他样式创建目录：文档结构图的结构都是依据大纲级别显示，标题样式与大纲级别默认逐级对应，故可通过标题样式套用生成文档结构图。同样，目录生成也是依据相同的原理，可根据标题样式生成目录，亦可通过大纲级别生成。

（2）创建图表目录　图表目录是指文档中的插图或表格之类的目录。对于包含有大量插图或表格的书籍、论文，附加一个插图或表格目录，会带来很大的方便。图表目录的创建主要依据文中为图片或表格添加的题注。

执行"引用"选项卡→"题注"组中"插入表目录"命令，在"图表目录"对话框（图 3 – 80）中，可以创建图表目录，在题注标签列表中包括了 Word 自带的标签以及自己新建的标签，可根据不同标签创建不同的图表目录。若选择标签为"图"，则可创建图目录。若选择标签为"表"，则可创建表目录。

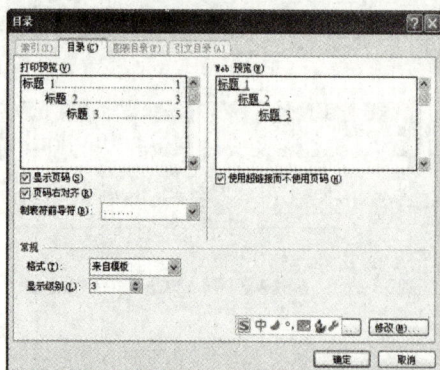

图 3 – 79　"目录"对话框　　　　　图 3 – 80　"图表目录"对话框

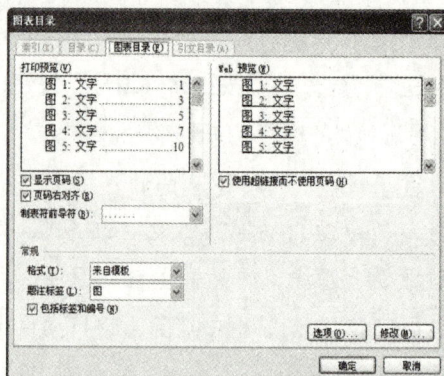

（3）更新目录　在文档插入目录之后，如果用户对文档进行了修改，可能使文档的标题或者页码出现了变化，为了使目录和文档的内容保持一致，就需要更新已经生成的目录。

在 Word 更新目录的方式是：执行"引用"选项卡→"目录"组中"更新目录"命令，在弹出的"更新目录"对话框中选择"只更新页码"或"更新整个目录"选项。

根据需要选择其中的一种更新方式，然后单击"确定"按钮，就可以看到更新后的目录。

6. 批注和修订

批注是对文档的部分内容进行注释与说明，Word 批注并不影响文档内容，其作用只是对文档内容进行注释或评论，而不直接修改文档。修订是对文档进行修改，即显示文档中所做的如插入、删除等编辑更改标记，使用修订功能，可以查看文档中所做的所有更改，对批注和修订可以接受，也可以拒绝。

（1）插入批注 在 Word 中，添加批注的对象可以是文本、表格或者图片等文档中的所有内容。添加批注的方式是：选中需要插入批注的对象，执行"审阅"选项卡→"批注"组中"新建批注"命令，此时被选中的对象将被加上红色底纹，并在页边距以外的标记区域出现批注文本框（图 3-81），用户就可以在这个文本框中输入批注内容。

（2）删除批注 要快速删除某个批注，右击该批注，在弹出的快捷菜单中，选择"删除批注"命令即可删除该批注。

要快速删除文档中的所有批注，只需单击文档中的一个批注，在"审阅"选项卡→"批注"组中，单击"删除"→"删除文档中的所有批注"命令即可删除文档中的所有批注。

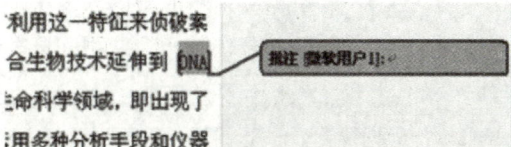

图 3-81 添加"批注"

（3）添加修订 修订是在 Word 文档中，将审阅者对文档的修改记录下来的一种方式，所修改的内容将以红色显示，添加修订的方式是：执行"审阅"选项卡→"修订"组中"修订"命令，此时该文档将进入修订状态；进入修订模式后，用户对文档所做的任何修改，系统都会自动做出标记，以设定的方式显示出来（图 3-82）。

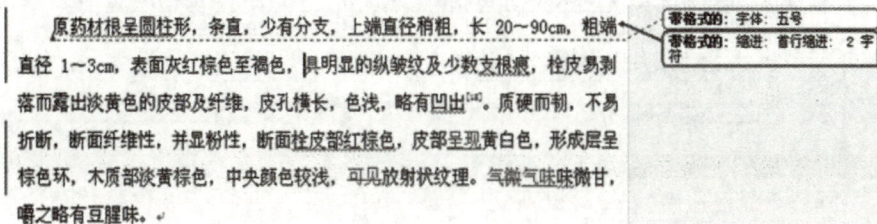

图 3-82 添加"修订"

（4）接受或拒绝修订 当审阅者对文档进行修订之后，文档的作者可以查阅修订的内容，并根据实际的情况接受或者拒绝审阅者做出的修订。

①接受修订：选中某一处修订文本，执行"审阅"选项卡→"更改"组中"接受"→"接受并移到下一条"或者"接受修订"命令，该处文本就会更新为修改后的内容。执行"审阅"选项卡→"更改"组中"接受"→"接受对文档中的所有修订"命令，就可以接受该文档中的所有修订内容。

②拒绝修订：选中某一处修订文本，执行"审阅"选项卡→"更改"组中"拒绝"→"拒绝并移到下一条"或者"拒绝修订"命令，该处文本就会保留为修改前的内容，并且删除审阅者的修订内容。执行"审阅"选项卡→"更改"组中"拒绝"→"拒绝对文档中的所有修订"命令，就可以使文档还原成为审阅者修改前的文档内容。

NOTE

3.3 电子表格处理软件 Excel 2010

Excel 2010 具有强大的数据处理与分析功能，它可处理各式各样的表格数据、统计报表，完成许多数据复杂的运算、分析和预测，可生成精美直观的表格和图表，为我们日常生活中处理各种各样的表格提供高效的工具。

3.3.1 数据输入与编辑

【案例 3－5】数据输入与编辑应用

(1) 打开“某医院部分住院病人费用一览表.xlsx”，参照图 3－83，完成下列操作：

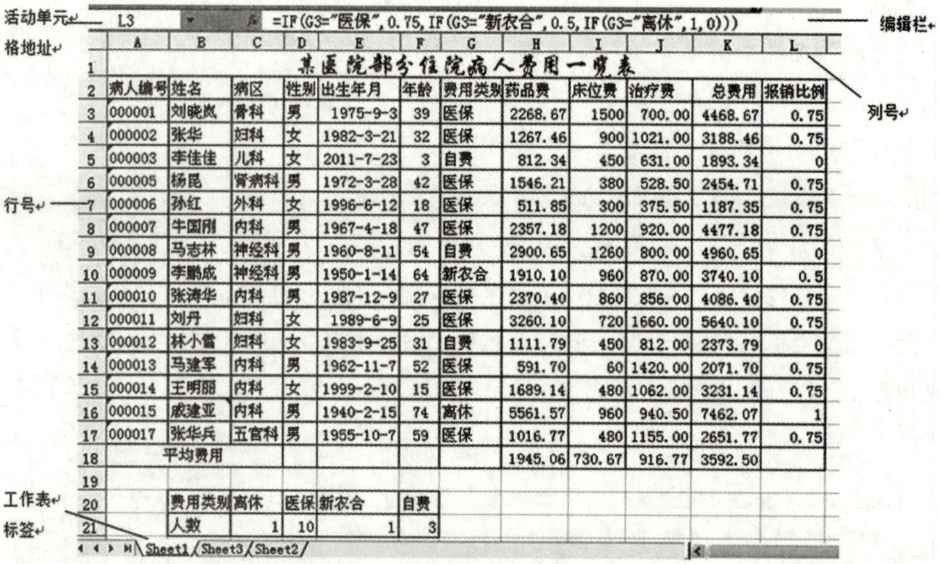

	A	B	C	D	E	F	G	H	I	J	K	L
1	某医院部分住院病人费用一览表											
2	病人编号	姓名	病区	性别	出生年月	年龄	费用类别	药品费	床位费	治疗费	总费用	报销比例
3	000001	刘晓岚	骨科	男	1975-9-3	39	医保	2268.67	1500	700.00	4468.67	0.75
4	000002	张华	妇科	女	1982-3-21	32	医保	1267.46	900	1021.00	3188.46	0.75
5	000003	李佳佳	儿科	女	2011-7-23	3	自费	812.34	450	631.00	1893.34	0
6	000005	杨昆	肾病科	男	1972-3-28	42	医保	1546.21	380	528.50	2454.71	0.75
7	000006	孙红	外科	女	1996-6-12	18	医保	511.85	300	375.50	1187.35	0.75
8	000007	牛国刚	内科	男	1967-4-18	47	医保	2357.18	1200	920.00	4477.18	0.75
9	000008	马志林	神经科	男	1960-8-11	54	自费	2900.65	1260	800.00	4960.65	0
10	000009	李鹏成	神经科	男	1950-1-14	64	新农合	1910.10	960	870.00	3740.10	0.5
11	000010	张涛华	内科	男	1987-12-9	27	医保	2370.40	860	856.00	4086.40	0.75
12	000011	刘丹	妇科	女	1989-6-9	25	医保	3260.10	720	1660.00	5640.10	0.75
13	000012	林小雪	妇科	女	1983-9-25	31	自费	1111.79	450	812.00	2373.79	0
14	000013	马建军	内科	男	1962-11-7	52	医保	591.70	60	1420.00	2071.70	0.75
15	000014	王明丽	内科	女	1999-2-10	15	医保	1689.14	480	1062.00	3231.14	0.75
16	000015	戚建亚	内科	男	1940-2-15	74	离休	5561.57	960	940.50	7462.07	1
17	000017	张华兵	五官科	男	1955-10-7	59	医保	1016.77	480	1155.00	2651.77	0.75
18	平均费用							1945.06	730.67	916.77	3592.50	
19												
20		费用类别	离休	医保	新农合	自费						
21		人数	1	10	1	3						

图 3－83　某医院部分住院病人费用一览表

①将 Sheet1 更名为“住院病人费用表”，完成第一列病人编号的添加，从 000001 开始，前置 0 保留。

②求出住院病人费用表中每位患者的总费用，并填入“总费用”列相应单元格中。

③求出各种费用的平均值，填入“平均费用”行相应单元格中（小数取 2 位）。

④添加“年龄”列，并根据“出生年月”计算患者年龄。

⑤添加“报销比例”列，并根据“费用类别”为“报销比例”列填充数据。如果“费用类别”为医保，则报销比例为 75%；如果“费用类别”为新农合，则报销比例为 50%；如果“费用类别”为离休，则报销比例为 100%；如果“费用类别”为自费，则患者承担全部费用。

⑥分别统计“费用类别”列离休、医保、新农合、自费的人数。

⑦给“姓名”为戚建亚的单元格添加批注，内容为“省级离休干部，联系方式 13707726382”。

⑧在住院病人费用表中，将费用大于 3000 元的用“红色”“加粗”显示；费用小于 1000 元的用“蓝色”“倾斜”显示。

NOTE

⑨在标题中插入一个新行，输入标题为"某医院部分住院病人费用一览表"，A1：L1 单元格区域"合并居中"，设置标题文字字体格式为"华文行楷""22 号""加粗"，填充颜色"橄榄色、强调文字颜色 3，深色 25%"。

⑩将表格除标题区域单元格样式设置为"20%，强调文字颜色 5"，设置工作表列宽为自动调整列宽。

（2）操作步骤

①选择工作表 Sheet1，鼠标右键单击标签，在弹出的菜单中选择"重命名"菜单项，输入工作表名"住院病人费用表"。右键单击 A2 单元格，在快捷菜单中选择"设置单元格格式"，在对话框中选择"数字"选项卡中的"文本"后按"确定"按钮，然后输入"000001"，选中 A2 单元格，并将光标移至 A2 单元格右下角，当其变为"＋"时，拖曳填充柄至 A16。

②选中"出生年月"后一列，单击鼠标右键，在弹出的菜单中选择"插入"，并在 F1 单元格输入"年龄"，在 F2 单元格中输入"＝YEAR（TODAY（））－YEAR（E2）"，确认后拖曳填充柄至 F16 即可。

◆ 注意：年龄这一列要设置为"数值"，且小数位数为"0"。

③选中 K1 单元格，输入"总费用"，选中 K2 单元格，执行"公式"选项卡→"函数库"组中"插入函数"，选择"SUM"求和函数，选择函数区域"H2：J2"，或直接在编辑栏输入＝Sum（H2：J2）即可，确定后拖曳填充柄至 K16，或双击填充柄。

④合并 A17 至 C17 单元格，输入"平均费用"，选中 H17 单元格，执行"公式"选项卡→"函数库"组中"插入函数"，选择"AVERAGE"求平均函数，选择函数区域"H2：H16"，或直接在编辑栏输入函数"＝AVERAGE（H2：H16）"，确认后拖曳填充柄至 K17。选中平均费用所在单元格，右键点击，选择"设置单元格格式"，在"设置单元格格式"对话框→"数字"选项卡中选择"数值"，设置数值的小数位数为"2"。

⑤选中 L1 单元格，输入"报销比例"，在 L2 单元格输入条件函数"＝IF（G2＝"医保"，0.75，IF（G2＝"新农合"，0.5，IF（G2＝"离休"，1，0)))"，确认后拖曳填充柄至 L16。另一种方法是选择 L2 单元格，按照以下步骤输入包含嵌套 IF 函数的公式：

a. 在 IF 函数的"Logical_ test"参数文本框中输入"G2＝"医保""，Value_ if_ true 参数文本框中输入"0.75"（图 3－84）。

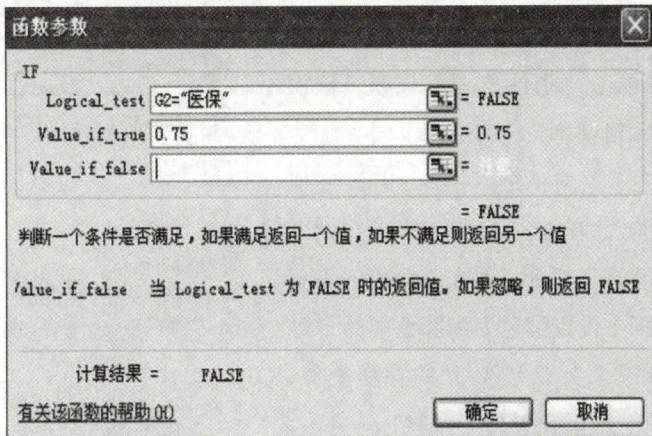

图 3－84 "函数参数"对话框

b. 将鼠标定位于"Value_ if_ flase"参数文本框中，单击工作表左上角的名称框，并在弹出的下拉列表中选择 IF 函数（图 3 - 85），即可打开又一个 IF 函数参数对话框，输入 IF 函数的嵌套函数。在新打开的 IF 函数参数对话框中，依次设置"Logical_ test"参数为"G2 = "新农合""，Value_ if_ true 参数为"0.5"。

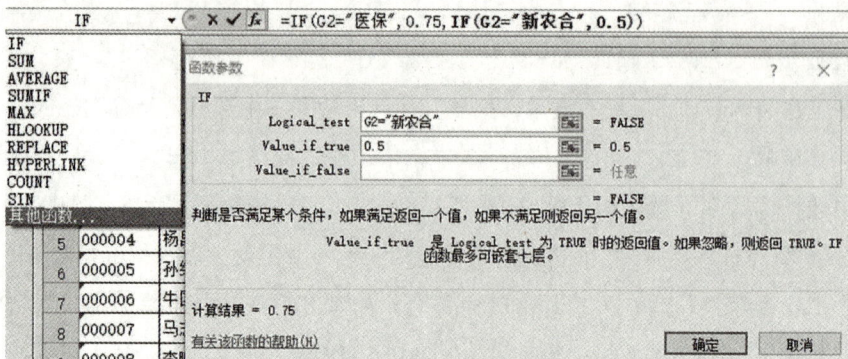

图 3 - 85　嵌套函数输入方法

c. 将鼠标定位于"Value_ if_ flase"参数文本框中，单击工作表左上角的名称框，并在弹出的下拉列表中选择 IF 函数，又打开一个 IF 函数参数对话框。在新打开的 IF 函数参数对话框中，依次设置"Logical_ test"参数为"G2 = "离休""，Value_ if_ true 参数"1.0"，Value_ if_ flase 参数为"0"。

d. 单击"确定"按钮，完成公式输入，编辑栏显示完整公式输入内容。拖曳填充柄至 L16。

⑥在 B19：F19 和 B20 单元格中分别输入"费用类别""离休""新农合""自费""医保"和"人数"；选中 C20 单元格，在"公式"选项卡的"函数库"组中单击"其他函数"按钮，依次选择"统计""COUNTIF"，在"COUNTIF"函数对话框中设置"Range"（统计范围）参数为"＄G＄2：＄G＄16"，Criteria 参数（统计条件）为"C19"，编辑栏将显示完整公式为"= COUNTIF（＄G＄2：＄G＄16，C19）"，确认后拖曳填充柄至 F20。

⑦选中 B15 单元格，单击"审阅"选项卡→"批注"组中"新建批注"命令，输入批注内容为"省级离休干部，联系方式 13707726382"。

⑧选中 H2：J16 单元格区域，在"开始"选项卡的"样式"组中单击"条件格式"按钮，依次选择"突出显示单元格规则"→"大于..."命令（图 3 - 86），在"大于"对话框（图 3 - 87）左侧文本框中输入"3000"，单击"设置为"下拉列表框，执行"自定义格式"命令，并在随后的"设置单元格格式"对话框中设置颜色为标准色中的"红色"，字型为"加粗"；小于 1000 元的操作类似，颜色设置为"蓝色"，字形设置为"倾斜"。

⑨选中工作表的第一行，在"开始"选项卡→

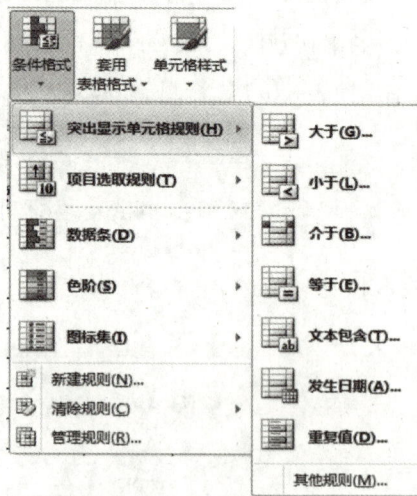

图 3 - 86　"条件格式"设置

"单元格"组中单击"插入"按钮的下拉箭头，在弹出的菜单中选择"插入工作表行"（图3-88），选中 A1：L1，在"开始"选项卡→"对齐方式"组中单击"合并后居中"按钮，输入"某医院部分住院病人费用一览表"，在"开始"选项卡→"字体"组中设置单元格字体格式为"华文行楷""22号""加粗"，填充颜色为"橄榄色、强调文字颜色3，深色25%"。

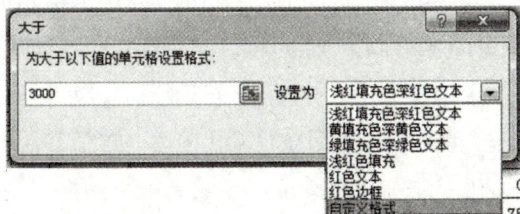

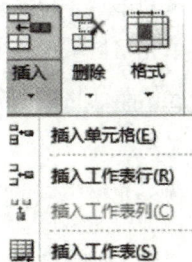

<table>
<tr><td>图 3-87 "大于"对话框</td><td>图 3-88 "插入工作表行"设置对话框</td></tr>
</table>

⑩选择 A2：K18 单元格，在"开始"选项卡→"样式"组中点击"单元格样式"命令，在下拉列表菜单中选择"20%，强调文字颜色5"。选中除标题行以外的单元格区域，执行"开始"选项卡→"单元格"组中点击"格式"命令，在下拉列表中选择"自动调整列宽"。

1. Excel 2010 基本知识

Excel 是一款功能强大的电子软件，其基本信息元素主要包括工作簿、工作表、单元格等，其主要功能包括数据记录和整理、数据运算、高效的数据分析、图表及信息的传递和共享。工作窗口及界面与 Word 很相似，窗口由菜单栏、工具栏、编辑栏、状态栏和一个空工作簿文档组成。

（1）工作簿　用来存储并处理数据的文件，一个 Excel 文件就是一个工作簿，其扩展名为 .xlsx。每个工作簿可包含多张工作表，工作簿可容纳的最大工作表数目与可用内存有关，默认情况下新建一个工作簿只有三张工作表。

工作簿有多种类型，包括 Excel 工作簿（*.xlsx）、Excel 启用宏的工作簿（*.xlsm）、Excel 二进制工作簿（*.xlsb）、Excel 97-2003 工作簿（*.xls）等类型。其中 *.xlsx 是 Excel 2010 默认保存类型。

（2）工作表　Excel 窗口的主体由行和列组成，每张工作表包含 1048576 行和 16384 列，工作表由工作表标签来标识，单击工作表标签可以使该工作表成为当前工作表，对工作表的更名、添加、删除、移动、复制等操作都可以在工作表标签上完成。在工作表中可进行数据输入和编辑等操作。

（3）列标和行号　列标用英文字母标识，如 A、B 等；行号用阿拉伯数字来标识，如1、2等。

（4）单元格　工作表中行和列相交形成的框称为单元格，它是 Excel 中的最小单位，每个单元格用其所在的列标和行号标识，称为单元格地址，如 A1 格。单元格中可以输入文本、数值、公式等。

（5）单元格区域　是由若干个连续的单元格构成的矩形区域，使用某对角的两个单元格地址标识，如 B20：F21。

NOTE

（6）活动单元格　是指当前正在使用的单元格，由加粗的黑色边框框住。

（7）编辑栏　对单元格内容进行输入和修改时使用。

2. 单元格数据的输入与编辑

（1）单元格与区域的选择

①单元格的选择：单击要选择的单元格即可。

②连续单元格区域的选择：首先选择区域中的起始单元格，然后拖动鼠标至结束单元格即可，或点击起始单元格同时按住 Shift 键，再单击结束单元格 + Shift 键。此时，该区域的背景色将以蓝色显示。

③不连续单元格区域的选择：首先选择第一个单元格，然后按住 Ctrl 键逐一选择其他单元格即可。

④选择整行：将鼠标置于需要选择行的行号上，当光标变成向右的箭头时，单击即可。另外，选择一行后，按住 Ctrl 键再选择其他行号，即可选择不连续的整行。

⑤选择整列：与选择行的方法相似，也是将鼠标置于需要选择的列的列标上，单击即可。

⑥选择整个工作表：直接单击工作表左上角行号与列标相交处三角形"全部选定"按钮即可，或者按住 Ctrl + A 组合键选择整个工作表。

（2）数据的输入

①输入文本数据：选定单元格，直接由键盘输入，完成后按回车键或单击编辑栏中输入按钮 ✓，如果单元格列宽容不下文本字符串，又不想加宽列，则按"Alt + Enter"键可折行输入。

◆ 注意：在输入数据时，以英文状态的单引号"'"或者以等号作为前导并将数据用双引号括起时，系统会将输入的内容自动识别为文本数据，并以文本形式在单元格中保存和显示。例如键入'01087365288，或者键入 = "01087365288"，则系统会将"01087365288"识别为文本数据。"

②输入数值数据：数值数据的输入与文本数据输入类似，但数值数据的默认对齐方式是右对齐。在一般情况下，如果输入的数据长度超过了 11 位，则以科学计数法（例如 $1.23456E+14$）显示数据。

A. 输入分数：由于 Excel 中的日期格式与分数格式一致，所以在输入分数时应在分数前面加上 0 和空格。例如，要输入"3/5"时先输入数字 0，然后输入一个空格，再输入分数 3/5 即可。

B. 输入日期和时间：日期和时间也是数据，具有特定格式，输入日期时，可用"/"或"－"分隔年、月、日，如 2014－9－18；输入时间时，可用"："分隔时、分、秒，如 11：23：30。Excel 会把它们识别为日期或时间型数据。

③填充输入：对重复或有规律变化的数据的输入，可用数据的填充来实现。选定已填充内容的单元格或区域右下角有一个小方块称为填充柄，双击或拖动它可以自动填充数据，例如星期、月份、季度、等差数列等。

A. 复杂填充：如果输入的数据成等比数列或其他更复杂的填充，可以在"开始"选项卡→"编辑"组中，单击"填充"→"系列"按钮，打开"序列"对话框（图 3－89）。在此对话框中，根据需要选择序列填充的方向和类型，设置步长值等，设置完成后，单击"确定"按钮，完成序列数据的输入。

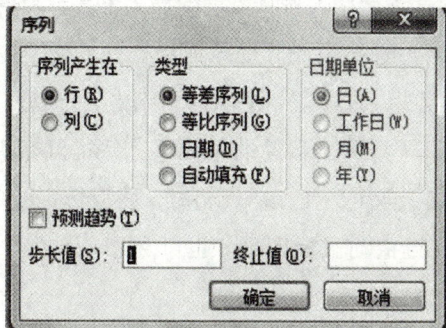

图 3 - 89　"序列"对话框

B. 自定义序列：序列数据通常有两类，一类是纯数字序列，另一类是文本或文本加数字序列，例如甲、乙、丙……，1 月、2 月、3 月……，只要输入序列的第一项，然后拖曳填充柄就可以自动生成 Excel"自定义序列"中已定义的序列。在"文件"选项卡上单击"选项"按钮，打开"Excel 选项"对话框，选择"高级"选项卡，在"常规"区域中点击"编辑自定义列表"按钮，打开"自定义序列"对话框（图 3 - 90）。在"自定义序列"列表框中列出了Excel 中预置的序列，在左侧列表框中选择"新序列"，在左侧"输入序列"提示框内输入新的文字序列后单击"添加"→"确定"按钮即可。

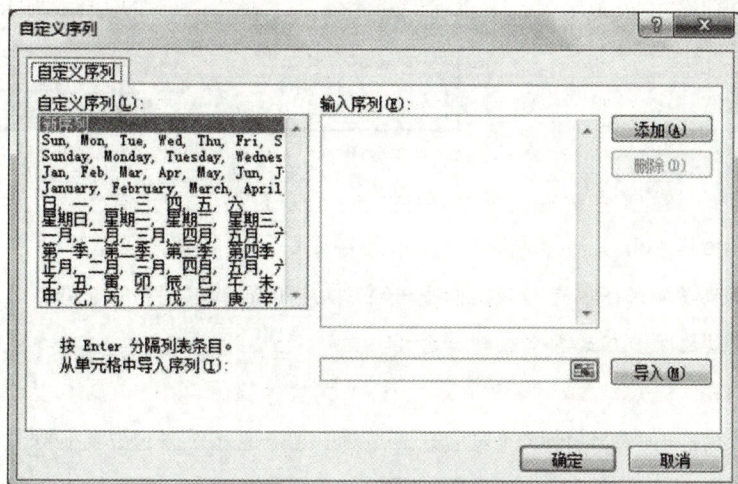

图 3 - 90　"自定义序列"对话框

④为单元格添加批注：给单元格添加批注就是为选定的单元格增加一个文字说明，其实现步骤为：选中要添加批注的单元格，在"审阅"选项卡的"批注"组中，单击"新建批注"按钮，弹出批注框，在批注框中输入批注内容。添加了批注的单元格在其右上角有一个红色的小三角形标记。

⑤出错值：当输入的公式有错误时，在单元格中会给出出错结果代码"#NAME?"，提示公式有错。

3. 数据编辑

（1）修改单元格内容　双击单元格，在单元格中直接输入新的内容；或单击单元格，在编辑栏中输入内容，以新内容取代原有内容。

（2）插入单元格、行或列　选择插入位置，在"开始"选项卡的"单元格"组中单击

"插入"下拉箭头，在弹出的选项卡中，选择需要的插入方式，然后单击"确定"按钮。

（3）删除单元格、行或列　选定要删除的单元格、行或列，在"开始"选项卡的"单元格"组中单击"删除"下拉箭头，选择需要删除的单元格、行或列。

（4）复制和移动单元格　选择需要移动的单元格，并将鼠标置于单元格的边缘，当光标变成四向箭头形状时，拖动鼠标即可。复制单元格时，将鼠标置于单元格的边缘上，当光标变成四向箭头形状时，按住 Ctrl 键拖动鼠标即可。也可利用工具栏中的"剪切""复制"以及"粘贴"按钮完成。

（5）粘贴选项　在"开始"选项卡的"剪贴板"组中单击"粘贴"按钮的下拉箭头，可选取具有多个选项的粘贴功能（图 3 - 91），单击"选择性粘贴"（图 3 - 92），则提供更多粘贴选项。

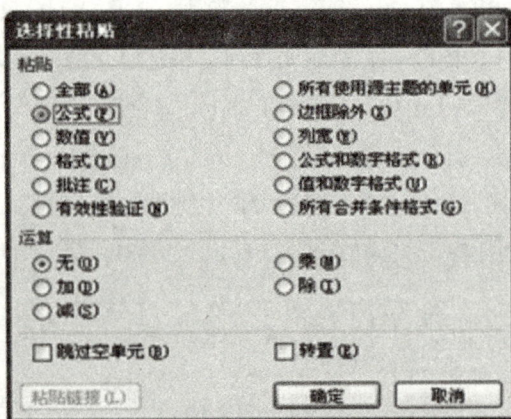

图 3 - 91　"粘贴"选项　　　　　图 3 - 92　"选择性粘贴"对话框

（6）单元格的格式化　选定要格式化的单元格或单元格区域，选择"开始"选项卡"对齐方式"组的下拉箭头，在弹出的对话框中可对单元格内容的数字格式、对齐方式、字体、填充、单元格边框以及保护方式等格式进行定义。

4. 单元格引用

单元格引用就是指单元格地址的表示方法，而单元格地址根据它被复制到其他单元格时是否会改变，通常分为相对引用、绝对引用和混合引用 3 种。

（1）相对地址与引用　相对地址是指直接用列号和行号组成的单元格地址，相对引用是指把一个含有单元格地址的公式复制到一个新的位置，对应的单元格地址发生变化，即引用单元格的公式而不是单元格的数据。如在 G3 单元格中输入 " = B3 + C3 + D3 + E3 + F3"，将 G3 单元格复制到 G4 单元格后，G4 中的公式变为 " = B4 + C4 + D4 + E4 + F4"。

（2）绝对地址与引用　绝对地址是指在列号和行号的前面加上 " $ "字符而构成的单元格地址，绝对引用是指在把公式复制或填入到新单元格位置时，其中的单元格地址与数据保持不变。如 $ B $ 2，表示对单元格 B2 的绝对引用。

（3）混合地址与引用　混合地址是指在列号或行号之一采用绝对地址表示的单元格地址。混合引用是指在一个单元格地址的引用中，既引用绝对地址又引用相对地址，是在单元格地址的行号或列号前加上 " $ "，如单元格地址 " $ A1"表示"列号 A"不发生变化，而"行 1"随被引用到新位置而发生变化。而单元格地址 "A $ 1"表示"列号 A"随被引用到新位置而发生变化，而"行1"不发生变化。

（4）三维地址引用　是指在同一个工作簿中引用不同工作表中的单元格，同时还可利用函数引用不同工作簿中不同工作表中的单元格。格式为"工作表名！单元格地址"。例如，在Sheet1 中的 C2 单元格等于 Sheet2 中的 D2 单元格与 Sheet3 中的 E2 单元格之和，可在 Sheet1 中的单元格 C2 中输入"＝Sheet2！D2＋Sheet3！E2"。

5. 工作表的格式化

工作表的格式化是指对单元格的格式如字体、字号、对齐方式、边框、颜色、行高等进行设置。

（1）设置字体、对齐方式、数字　使用"开始"选项卡→"字体"组、"对齐方式"组、"数字"组中的功能按钮实现常用的设置。也可通过点击以上功能组右下角的"对话框启动器"进行相应的格式设置。

①使用条件格式：根据设置的条件，动态显示有关格式，单击"开始"选项卡→"样式"组中的"条件格式"下拉箭头（图3－93），进行相应的设置。

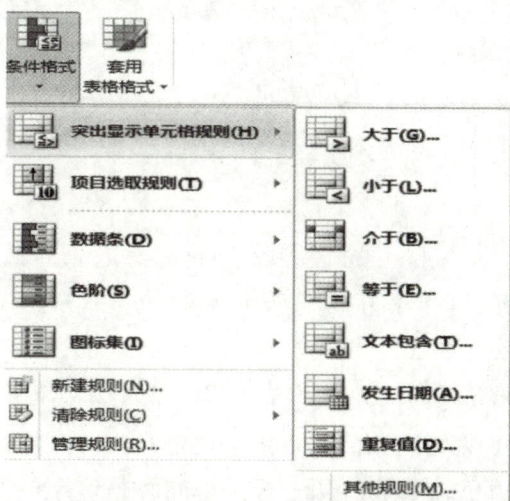

图3－93　"条件格式"对话框

②套用表格格式：系统预定义了几十种工作表格式供用户套用，这些格式组合了数字、字体、边界、模式、列宽和行高等属性，套用这些格式既节省大量的时间，又有较好的美化效果。操作方法："开始"选项卡→"样式"组中单击"套用表格式"下拉箭头，选择所需的表格样式。

（2）设置行高、列宽　在建立工作表时，所有单元格具有相同的宽度和高度。当单元格中字符串超过列宽（或行高）时，超出部分不能显示，这时就要调整列宽（或行高），以便信息的完整显示。方法有3种。

①精确调整行高和列宽：选中需要调整的行或列，在"开始"选项卡→"单元格"组中单击"格式"下拉箭头（图3－94），进行相应的选项。

②鼠标调整行高和列宽：鼠标放置在要调整的行号（或列标）分隔线上，当鼠标指针变成一个双向箭头时，拖曳分割线至适当的位置即可。

③行高和列宽的自动调整：选定要调整的行（或列），将鼠标移到要调整的行（或列）标号左下界（或右界），当鼠标指针呈一个双向箭头的形状时，双击即可；或者在"开始"选项卡→"单元格"组中单击"格式"下拉箭头（图3－94），选择"自动调整行高"。

NOTE

6. 使用公式与函数

在使用 Excel 进行数据处理时，经常需要对数据进行各种运算。利用 Excel 提供的强大的运算功能，可以方便地完成各种运算。

（1）公式的使用　在 Excel 中，公式是以等号（＝）开始，由数值、单元格引用（地址）、函数或操作符组成的序列；或者说由运算对象和运算符按照一定规则连接而成。运算对象可以是常量、文本、数字或逻辑值，利用公式可以根据已有数值计算出一个新值，当公式中相应单元格的值改变时，由公式生成的值亦随之改变，运算符包括算术运算符、关系运算符、文本运算符和引用运算符 4 种类型。

①算术运算符：有 ＋（加）、－（减）、＊（乘）、/（除）、%（百分比）、^（指数）。

②关系运算符：有 ＝（等于）、＞（大于）、＜（小于）、＞＝（大于等于）、＜＝（小于等于）、＜＞（不等于）。

③文本运算符：如 &（连接）。

④引用运算符：有冒号（区域运算符）、空格（交集运算符）、逗号（联合运算符），它们通常在函数表达式中表示运算区域。

图 3 - 94　"单元格行高、列宽"
设置对话框

（2）函数　函数是系统预先定义并按照特定顺序、结构来执行、分析数据，处理任务的功能模块。定义好的公式可以直接引用，既可作为公式中的一个运算对象，也可作为整个公式来使用。既可在单元格中直接输入函数名和参数，又可使用"公式"选项卡的"函数库"，函数的参数也可以是另一个函数，称为嵌套函数。

Excel 2010 提供了很多可以直接使用的函数，如常用函数、财务函数、查找与引用函数等。通过这些函数可以对某个区域内的数值进行一系列运算。

Excel 函数的一般形式为：函数名（参数 1，参数 2，……）。其中，函数名指明要执行的运算；参数指定使用该函数所需数据，参数可以是常量、单元格、区域、区域名、公式或其他函数。

函数输入有两种方法：一是插入函数法，二是直接输入法。通常用插入函数法较为方便，通过"公式"选项卡→"函数"组中"插入函数"命令来实现。以下介绍若干常用函数。

①求和函数 SUM

格式：SUM（number1，number2，……）。

功能：求指定参数所表示的一组数值之和。

②AVERAGE 函数

格式：AVERAGE（number1，number2，……）。

功能：求指定参数所表示的一组数值的平均值。该函数只对参数的数值求平均，如区域引用中包含了非数值数据，AVERAGE 不会把它包含在内。例如：B1：B3 区域中中分别存放着数

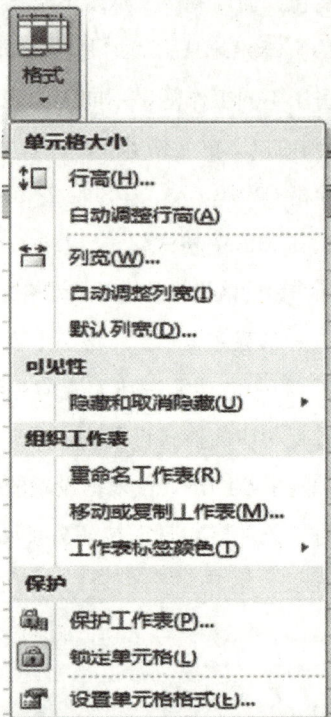

据 60、70、80，如果在 B4 中输入 "=AVERAGE（B1：B4）"，则 B4 中的输出值为 "70"，即（60+70+80）/5，但如果在上例中的 B1 单元格中输入文本 "中医学"，则 B4 的输出值就变成了 "75"，即为（70+80）/2，B1 单元格虽然包含在区域引用内，但并没有参与平均值计算。

③ IF 函数

格式：IF（Logical_ test，Value_ if_ true，Value_ if_ false）。

功能：根据 Logical_ test 的逻辑计算真假值，返回不同结果，为 "真" 执行 Value_ if_ true 操作；为 "假" 执行 Value_ if_ false 操作，IF 函数可嵌套 7 层，用 Value_ if_ true 及 Value_ if_ false 参数可以构造复杂的检测条件。

④SUMIF 函数

格式：SUMIF（range，criteria，sum_ range）。其中，range 表示条件判断的单元格区域；criteria 表示指定条件表达式；sum_ range 表示需要计算的数值所在的单元格区域。

功能：对符合指定条件的单元格区域内的数值进行求和。

例如，在 "某医院部分住院病人费用一览表"（图 3-83）中，求 "自费" 患者 "总费用" 的和为 "=SUMIF（G3：G17,"自费"，K3：K17）"。

⑤计数函数 COUNT

格式：COUNT（value1，value2，……）。

功能：计算参数列表中数字的个数。

⑥条件计数函数 COUNTIF

格式：COUNTIF（range，criteria）。其中，参数 range 表示需要计算满足条件的单元格区域；参数 criteria 表示计数的条件。

功能：对区域中满足指定条件的单元格进行计数。

⑦四舍五入函数 ROUND

格式：ROUND（number，num_ digits）。其中，参数 number 为将要进行四舍五入的数字，num_ digits 是得到数字的小数点后位数。

功能：将某个数字四舍五入到指定的位数。

需要说明的是，如果 num_ digits >0，则舍入到指定小数位，例如，输入公式 "=ROUND（3.1415926，2）"，输出值为 "3.14"；如果 num_ digits =0，则舍入到整数，例如，输入公式 "=ROUND（3.1415926，0）"，输出值为 "3"；如果 num_ digits <0，则在小数点左侧（整数部分）进行舍入，例如，输入公式 "=ROUND（759.7852，-2）"，输出值为 800。

⑧最大值函数 MAX 和最小值函数 MIN

格式：MAX（number1，number2，……），MIN（number1，number2，……）。

功能：用于求参数列表中对应数字的最大值或最小值。

⑨排位函数 RANK

格式：RANK（number，ref，order）。其中，number 表示需要排位的数字，Ref 表示排名次的范围，Order 表示排位的方式（降序或升序），零或省略表示降序；非零表示升序。

功能：返回一个数字在数字列表中的排位。

例如，A1：A10 单元格中的内容分别为 1，2，3，4，5，6，7，8，9，10，若需计算 A1 在

A1～A10 中按降序排名的情况位次，则在 A11 单元格中键入"= RANK（A1，A1：A10，0）"，输出结果为"10"，即第 10 位。当需按升序排名时，公式改为"= RANK（A1，A1：A10，1）"，输出结果将变为"1"。

7. 常见错误信息

在输入公式，特别是输入复杂与嵌套函数时，往往因为参数的错误或括号与符号的多少而引发错误信息。处理工作表中的错误信息，是审核工作表的一部分工作。通过所显示的错误信息，可以帮助用户查找可能发生的原因，从而获得解决方法。Excel 2010 中常见的错误信息与解决方法如下。

（1）######   单元格中的数值或公式太长而超出了单元格宽度时，将产生该错误信息。用户可通过调整列宽的方法解决该错误信息。

（2）#DIV/O!   当公式被 0（零）除时，会产生此错误信息。用户可通过在没有数值的单元格中输入"#N/A"，使公式在引用这些单元格时不进行数值计算并返回#N/A 的方法来解决该错误信息。

（3）#NAME?   当在公式中使用了 Microsoft Excel 不能识别的文本时，会产生该错误信息。用户可通过更正文本的拼写、在公式中插入函数名称或添加工作表中未被列出的名称等方法，来解决该错误信息。

（4）#NULL   当试图为两个并不相交的区域指定交叉点时，会产生该错误信息。用户可以通过使用联合运算符","（逗号），来解决该错误信息。

（5）#NUM!   当公式或函数中某些数字有问题时，将产生该错误信息。用户可通过检查数字是否超出限定区域，并确认函数中使用的参数类型是否正确的方法，来解决该错误信息。

（6）#REF!   当单元格引用无效时，将产生该错误信息，用户可通过更改公式或粘贴单元格内容后，单击"撤销"按钮 恢复工作表中单元格内容的方法，来解决该错误信息。

（7）#VALUE!   当使用错误的参数或运算对象类型时，或当自动更改公式功能不能更改公式时，将产生该错误信息。用户可通过确认公式或函数所需的参数或运算符是否正确，并确认公式引用的单元格中所包含的均为有效数值的方法，来解决该错误信息。

8. 工作表管理

创建工作表后，可以对工作表进行编辑以及各种格式设置，对工作表进行管理。

（1）工作标表的添加、删除、重命名

①添加工作表：选中要添加工作表的位置，在"开始"选项卡→"单元格"组中单击"插入"按钮的下拉箭头，并选择"插入工作表"命令；也可右键单击，在弹出的快捷菜单中选择"插入"→"工作表"。

②删除工作表：选中要删除的工作表，在"开始"选项卡→"单元格"组中单击"删除"按钮的下拉箭头，并选择"删除工作表"命令，也可右键单击，在弹出的快捷菜单中选择"删除"命令。

③工作表重命名：鼠标右击要重命名的工作表标签，在弹出的快捷菜单中选择"重命名"命令，或者双击工作表标签，输入新的名字后，按回车键即可。

（2）工作表的移动和复制

①移动工作表：拖动工作表标签至合适的位置后放开即可。

②复制工作表：按住"Ctrl"键，拖动工作表标签至合适的位置后放开即可。

（3）工作表的拆分和冻结

①拆分工作表：拆分工作表就是把当前工作表窗口拆成几个窗格，每个窗格都可以使用滚动条来显示工作表的一部分，使用拆分窗口可以在一个文档窗口查看工作表的不同部分。

具体操作如下：选中单元格，该单元格将成为拆分的分割点，在"视图"选项卡→"窗口"组中单击"拆分"按钮。

②冻结工作表：如果工作表的数据很多，当使用竖直滚动条或水平滚动条查看数据时，将出现行标题或列标题无法显示的情况，使得查看数据很不方便。冻结窗口功能可将工作表的上窗格和（或）左窗格冻结在屏幕上，在滚动工作表时行标题和列标题会一直显示在屏幕上。

具体操作如下：选择要冻结的单元格作为冻结点，该点上边和左边的所有单元格都将被冻结，一直显示在屏幕上。在"视图"选项卡→"窗口"组中单击"冻结窗口"按钮，并在弹出菜单中选择"冻结拆分窗格"命令。也可根据需要选择"冻结首行"或"冻结首列"。在"视图"选项卡→"窗口"组中单击"冻结窗口"按钮，并在弹出的菜单中选择"取消冻结窗格"命令，即可取消窗口冻结。

（4）边框与底纹的设置　默认情况下工作表是没有边框和底纹的，但可以通过边框和底纹的设置增强视觉效果，使数据的显示更加直观和清晰。

①边框设置：选择要设置边框的单元格区域后，在区域内右键单击，在弹出的快捷菜单中选择"设置单元格格式"→"边框"选项卡（图3-95）。

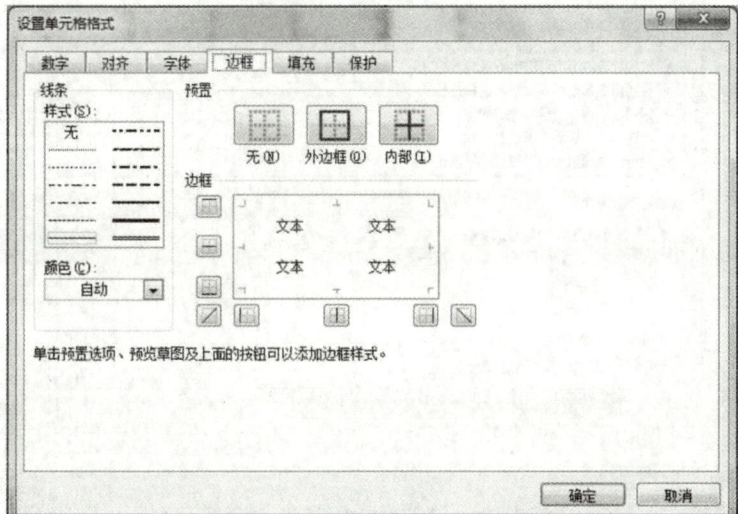

图3-95　"设置单元格格式"（边框）对话框

②设置底纹：通过"设置单元格格式"的"填充"选项卡，对单元格的底纹进行设置。在"背景色"区域中选择填充颜色，单击"填充效果"按钮设置渐变色。除此之外，还可以在"图案颜色"下拉列表框中选择填充图案的颜色，在"图案样式"下拉列表框中选择图案。

（5）条件格式　使用条件格式可以实现数据的突出显示，并且可以使用"数据条""色阶"和"图表集"3种内置单元格图形效果样式。设置条件格式，可以在"开始"选项卡的"样式"组中，单击"条件格式"下拉列表框中的相应按钮。

①突出显示单元格规则：Excel内置了7种突出显示规则，包括"大于""小于""介于"

NOTE

"等于""文本包含""发生日期"和"重复值"。

②项目选取规则：Excel 内置了 6 种项目选取规则，包括"值最大的 10 项""值最大的 10% 项""值最小的 10 项""值最小的 10% 项""高于平均值"和"低于平均值"。

③数据条：数据条分为"渐变填充"和"实心填充"两类，每类各有 6 种颜色的数据条供选择，数据图的长短反映了值的大小，允许在条件格式规则中设置最大值和最小值来控制数据条的显示。

④色阶：色阶是通过颜色的深浅表现单元格中的数据，包括"三色刻度"和"二色刻度"等 12 种外观供选择。

⑤图表集：图表集允许在单元格中呈现不同的图标来区分数据的大小，分为"方向""形状""标记"和"等级"4 大类。

⑥新建规则：可以通过自定义规则和显示效果创建满足自己需求的条件格式。自定义条件格式步骤如下：选择要突出显示的区域，在"开始"选项卡→"样式"组中，单击"条件格式"→"新建规则"按钮，打开"新建格式规则"对话框（图 3 - 96）。如果是将单元格中的值作为格式条件，可以选择"只为包含以下内容的单元格设置格式"等选项，然后设置条件；如果是将公式作为格式条件，选择"使用公式确定要设置格式的单元格"选项，然后输入公式（必须以等号开始）。单击"格式"按钮，打开"设置单元格格式"对话框，根据要求进行字体、字号、颜色等格式设置。设置完成后单击"确定"按钮。

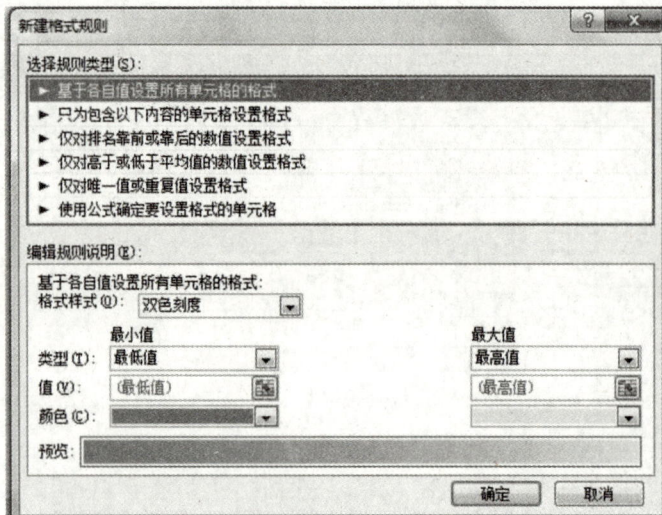

图 3 - 96 "新建格式规则"对话框

（6）工作表的页面设置 在需要打印工作表之前，应正确设置页面格式，这些设置可以通过"页面设置"对话框完成。单击"页面布局"选项卡→"页面设置"组中的对话框按钮，打开"页面设置"对话框（如图 3 - 97）。

①"页面"选项卡：可以选择横向或纵向打印，缩小或放大工作簿，或强制它适合于特定页面大小以及起始页码等。

②"页边距"选项卡：设置工作表上、下、左、右 4 个边界的大小，还可设置水平居中方式和垂直居中方式。

③"页眉页脚"选项卡：可设置页眉和页脚，还可以通过任意勾选其中的复选框对页眉

页脚的显示格式进行设置。

④"工作表"选项卡：可以对打印区域、打印标题、打印效果及打印顺序进行设置。

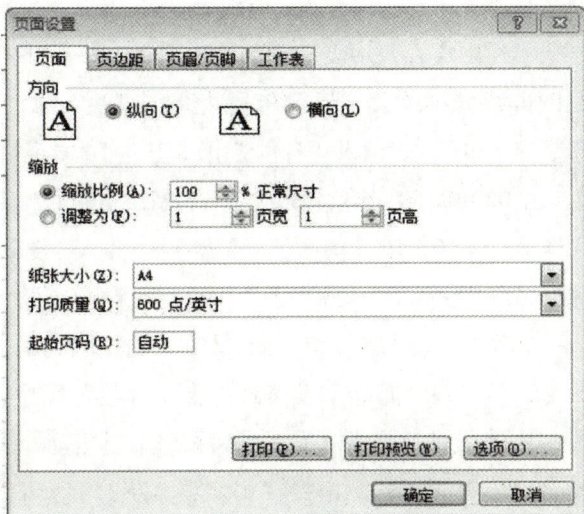

图 3 - 97 "页面设置"对话框

（7）套用表格格式 Excel 套用表格格式功能提供了 60 种表格格式，使用它可以快速对表格进行格式化操作。套用表格格式的步骤如下：选中需格式化的单元格，在"开始"选项卡→"样式"组中，单击"套用表格格式"下拉列表框中的相应按钮，打开"套用表格"对话框，根据实际情况确定是否勾选"表包含标题"复选框，单击"确定"按钮。然后在"表格工具"→"设计"动态选项卡的"工具"组中，单击"转换为区域"按钮，在打开的对话框中单击"是"按钮。将表格转换为普通表格，但表格格式被保留。

（8）工作表的打印预览与打印 在确定了工作表的页面设置和打印区域后，在打印前应预览打印页面，以确保符合要求，单击"页面设置"对话框中的"打印预览"按钮，或者单击"文件"选项卡→"打印"选项，根据需要，可进行打印页面设置、预览和打印操作。

3.3.2 数据的图表化

【案例 3 - 6】数据图标化的应用

（1）打开"住院病人费用表.xlsx"，完成下列操作。

①把"住院病人费用表"中的 B2：B17，K2：L17 区域数据复制到 Sheet2 中，并将 Sheet2 更名为"自付费用表"。

②在"自付费用表"中增加一列"自付费用"，利用公式或函数计算出病人的费用自付部分，公式为自付费用 = 总费用 - 报销部分。

③选取"姓名""总费用""自付费用"创建图表，图表样式为"簇状柱形图"（样式 2）；图表标题为"病人总费用与自付部分比较图"，位于图表上方；图例项为"费用"（在右侧显示），设置图表填充颜色"渐变"、"线性向下"。

④把柱形图中的"自付费用"系列改为图表类型为"带数据标记的折线图"，创建"线柱组合图表"。

⑤选取"姓名""总费用"创建"三维饼图"（样式 10）；图表标题为"病人总费用饼

图"，位于图表上方，图例项为"姓名"（在底部显示），并添加数据标签（放置于最佳位置），设置图表填充颜色"渐变""线性向右"。

（2）操作步骤

①按住 Ctrl 键，选择"住院病人费用表"中的 B2：B17，K2：L17 区域，把数据复制到 Sheet2 中，右击 Sheet2 工作表标签，单击"重命名"，把 Sheet2 更名为"自付费用表"。

②双击"自付费用表"D1 单元格，输入"自付费用"，选中 D2 单元格，输入公式"= B2 - B2 * C2"后按回车键，单击 D2 单元格填充柄并完成"自付费用"列的自动填充。

③按住 Ctrl 键，选择 A1：B16，D1：D16 区域，执行"插入"选项卡→"图表"组中"柱形图"命令，在下拉列表中选择"二维柱形图"→"簇状柱形图"，插入图表，单击选中后，执行"图表工具"→"设计"动态选项卡"图表样式"中选择"样式 2"。

选中图表，在"图表工具"→"布局"动态选项卡"标签"组中，单击"图表标题"，在下拉列表中选择"图表上方"，然后将标题改为"病人总费用与自付部分比较图"；在"图表工具"→"布局"动态选项卡"标签"组→"图例项"下拉列表中选择"在右侧显示图例"。在"坐标轴标题"下拉列表中选择"主要纵坐标标题"→"竖排标题"，并输入"费用：元"。

选中图表，执行"图表工具"→"格式"动态选项卡"形状样式"组→"形状填充"，在下拉列表中选择"渐变""线性向下"，效果如图 3 - 98 所示。

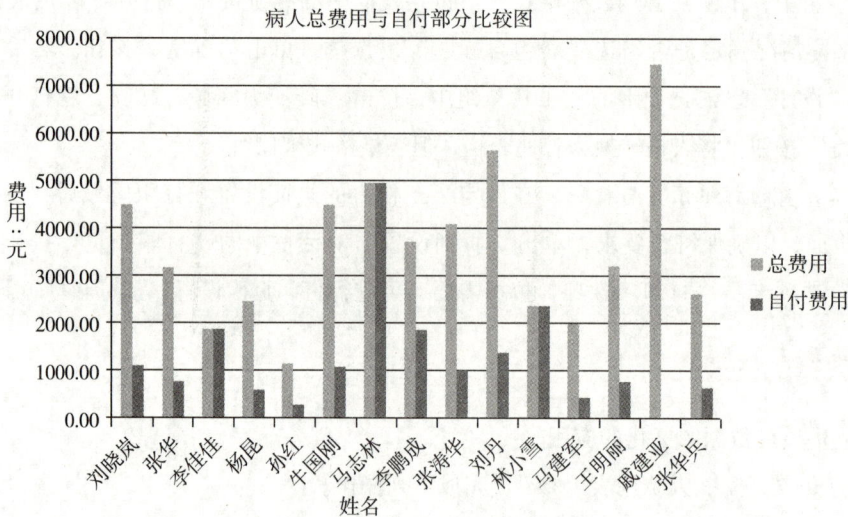

图 3 - 98　簇状柱形图的效果

④选中图表，在图例中右键单击"自付费用"系列，在弹出的快捷菜单中单击"更改系列图表类型"命令，在弹出对话框中单击"折线图"选项，在右侧的面板中选择"带数据标记的折线图"，点击"确定"，图表中的"自付费用"系列就由柱形图变成折线图，如图 3 - 99 所示。

⑤在"自付费用"表中选取 A1：B16，执行"插入"选项卡→"图表"组中"饼图"命令，在"饼图"下拉列表中选择"三维饼图"，单击选中插入的图表，执行"图表工具"→"设计"动态选项卡，在"图表样式"组中选择"样式 10"。

选中图表，在"图表工具"→"布局"动态选项卡"标签"组，单击"图表标题"，在

病人总费用与自付部分比较图

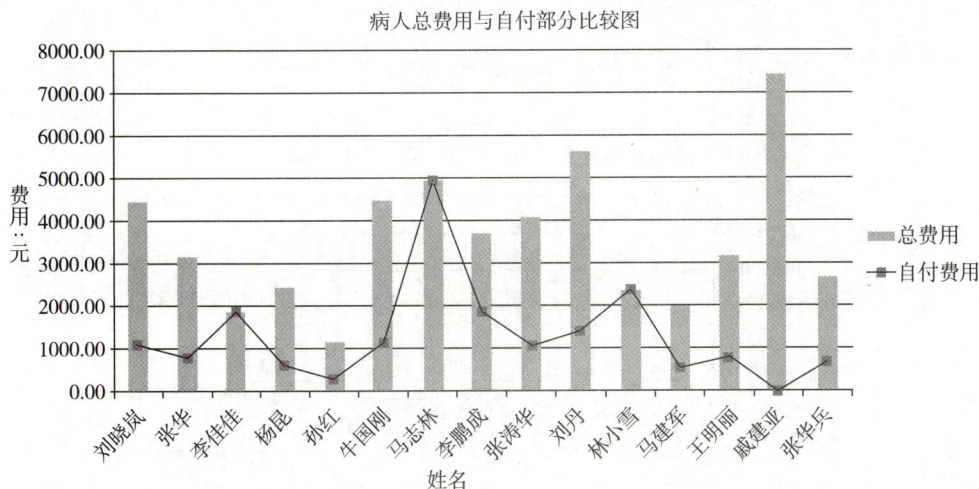

图 3 – 99　线柱组合图表的效果

下拉列表中选择"图表上方"，然后将标题改为"病人总费用饼图"；在"图表工具"→"布局"动态选项卡"标签"组→"图例"项下拉列表中选择"在底部显示图例"，在"图表工具"→"布局"动态选项卡"标签"组→"数据标签"下拉列表中选择"最佳匹配"。

选中图表，执行"图表工具"→"格式"动态选项卡→"形状填充"，在下拉列表中选择"渐变""线性向右"，设置好的图表如图 3 – 100 所示。

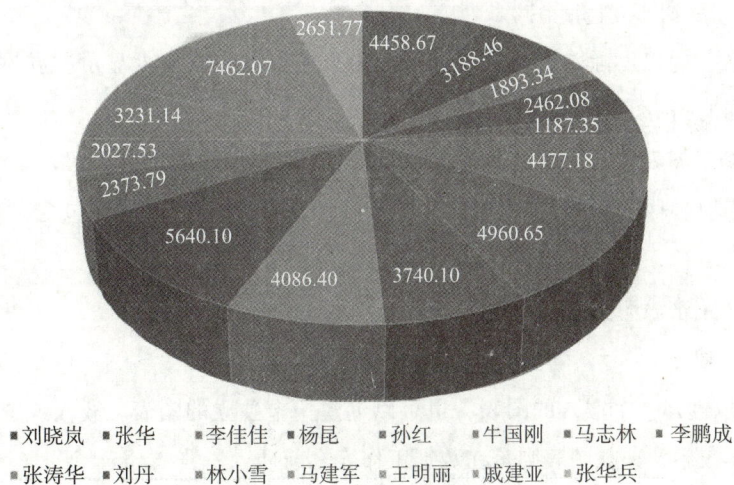

图 3 – 100　饼图的效果

1. Excel 2010 图表基本知识

图表是工作表数据的图形化表示，使数据内容表现得更加形象、直观、清晰易懂、易于阅读和评价。用户可以通过图表直观了解数据之间的关联和变化趋势。Excel 具有非常丰富和强大的图表处理能力，Excel 2010 提供了柱形图、折线图、线柱组合图、饼图、面积图等 14 大类 73 子类型的图表显示方式，并且图表可随着数据的修改而变化。

图表一般由数据系列、分类名称、图例、网格线、坐标轴、标题等部分组成（图 3 – 101）。

（1）数据系列　数据系列又称系列，指构成图表内容的一组数据，每个数据系列对应着

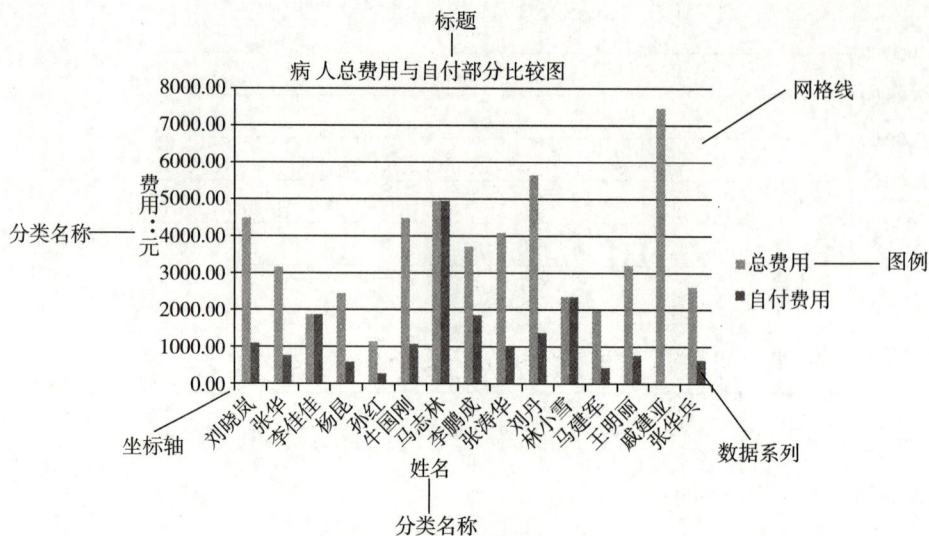

图 3-101　图表的组成

工作表的某一行。在图表中每个数据系列用不同颜色或图案以区分。

（2）分类名称　分类反映系列中元素的数目，一般使用工作表数据的行或列标题来作为分类轴的名称使用，如在"住院费用表"中，要表示各个病人的总费用与自付费用的对比，因此"姓名"被当成了分类轴。

（3）图例　定义图表中的不同系列。

（4）网格线　标出坐标轴上的主要间距。用户还可以在图表上显示次要网格线，用以标出主要间距之间的间距。

（5）坐标轴　图表显示是以坐标轴为界来显示的。当用户的指针停留在某个图表项上时，会出现包含图表项名称的图表提示。如当指针停留在图例上时，出现包含"图例"的图表提示。

（6）标题　用来表明图表名称的文字。

2. 图表的创建

Excel 中可以创建一个嵌入的图表，也可以创建一个独立的图表。嵌入式图表的数据和图表在同一个工作表中，独立图表则是在数据工作表之前插入一张"Chart N"（N = 1，2…）的单独图表。

（1）几种常见的图表类型

①柱形图：通常把每个数据点显示为一个垂直柱体，其高度对应数值，用来显示数据的变化或描述各项之间的比较关系。

②折线图：用直线将各段数据点连接起来，以折线方式描述图表中数据的连续变化，常用来分析数据的变化趋势。

③线柱组合图：在同一个坐标轴中包含折线数据系列和柱形图数据系列，它是图表创建的高级应用。

④饼图：用于显示整体与局部的关系以及所占的比例。饼图通常只含一个数据系列。

（2）创建图表　首先选择用于创建图表的数据，如在"自付费用表"中选择 A1：B16，

D1：D16 区域，执行"插入"选项卡→"图表"组（图 3 - 102），在"图表"组中选择所需的图形类型，Excel 2010 可自动创建图表。

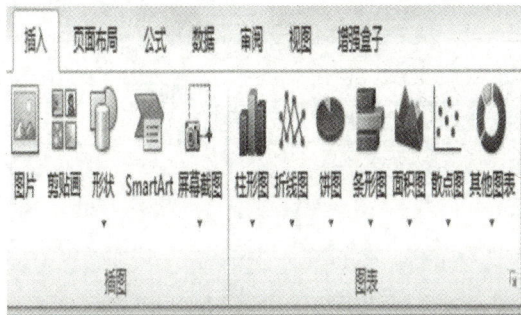

图 3 - 102　"插入"图表对话框

（3）**编辑图表**　创建的默认图表未必能满足用户的需求，用户可以对图表进行编辑，包括更换图表的类型、调整图表的数据源以及将图表放置在适当的位置。

①更改图表类型：切换到"图表工具"→"设计"动态选项卡，单击"类型"组中的"更改图表类型"按钮，弹出对话框（图 3 - 103），单击左侧窗口内的图表类型的选项，选定右侧窗口内的子类型后，点击"确定"，工作表中的图表类型就会自动修改。

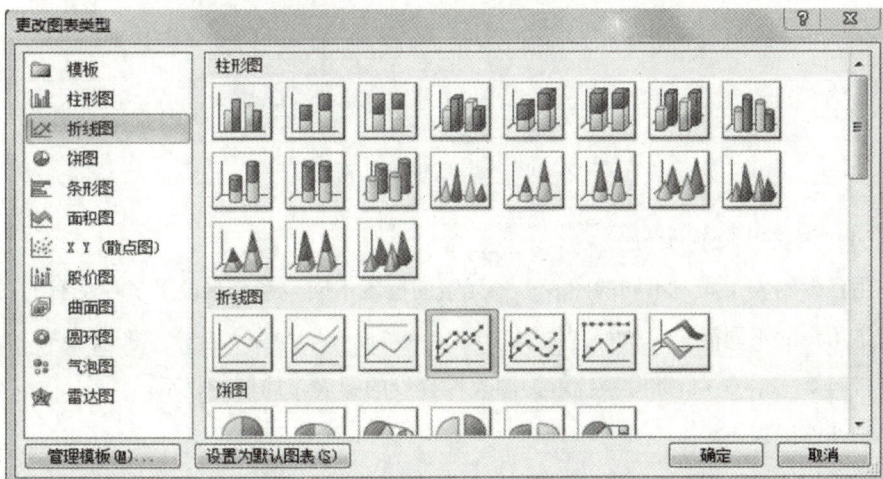

图 3 - 103　"更改图表类型"对话框

②调整图表的数据源：用户可以对创建的图表中的数据源区域进行重新选择。切换到"图表工具"→"设计"动态选项卡，单击"数据"组中的"选择数据"按钮，弹出对话框（图 3 - 104），单击"图表数据区域"右侧的单元格引用按钮，选择新的数据源区域，然后再单击单元格引用按钮，返回到"选择数据源"对话框，此时在"图表数据区域"文本对话框中已经引用了新的数据源的地址，单击"确定"，图表跟着数据源区域的变化而发生变化。

③移动图表：用户可以使用"移动图表"功能按钮对图表的位置调整。选中"自付费用表"中的图表，切换到"图表工具"→"设计"动态选项卡，单击"位置"组中的"移动图表"按钮，弹出对话框（图 3 - 105），单击"对象位于"按钮，在下拉列表中选择图表要放置的工作表，然后点击"确定"。"新工作表"按钮会把创建的图表作为一张新的工作表插入数据工作表之前，默认表名为"Chart N"（N = 1，2…）。

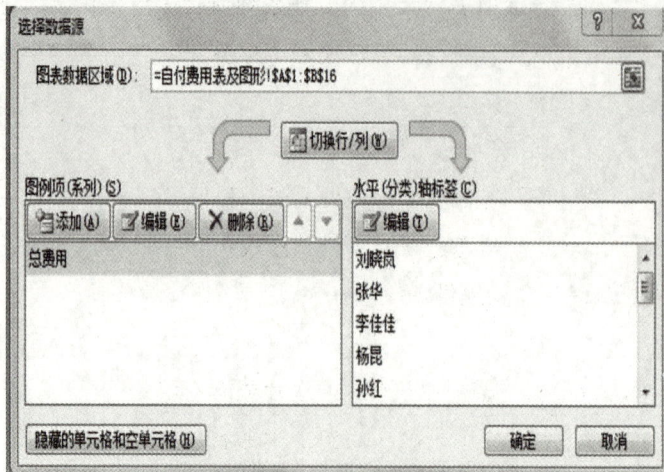

图 3 – 104   "选择数据源"对话框

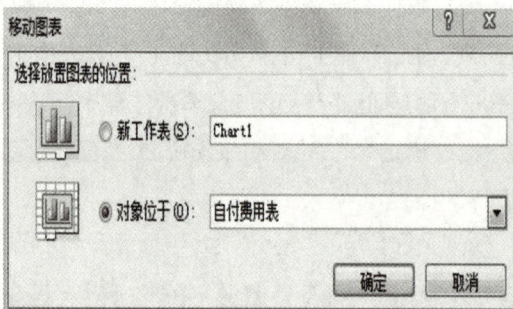

图 3 – 105   "移动图表"对话框

（4）调整图表布局

①应用预设图表布局：不同的图表中各元素的位置不同，系统预设了多种现有的图表布局方式来满足用户的不同需求。执行"图表工具"→"设计"命令，选择"图表布局"组中的"布局 N"（N = 1，2，…），此时系统就为图表按预设的图表布局进行显示。

②手动调整图表布局

A. 设置图表标题：图表标题主要用于说明图表的主题内容。选中图表，在"图表工具"→"布局"动态选项卡中，选择"标签"组中的"图表标题"按钮，在展开的下拉列表中选择合适的选项，即可把图表的标题居中，或置于图表上方。或选中图表标题文本框，按需修改标题内容。

B. 设置坐标轴标题：坐标轴标题用于说明图表的纵坐标或横坐标所表达的数据内容。在"图表工具"→"布局"动态选项卡中，单击"标签"组中的"坐标轴标题"按钮，在展开的下拉列表中单击"主要纵坐标轴标题"，在展开的下拉列表中选择"竖排标题"，即可输入纵坐标的标题名称，同理选择"主要横坐标轴标题"→"坐标轴下方标题"，输入横坐标的标题名称。

C. 设置图例：图例在图表中一般以方框形式显示，一种颜色指定图表中的一种数据系列。执行"图表工具"→"布局"动态选项卡→"标签"组中"图例"命令，在展开的下拉列表中选择图例放置的位置。

D. 数据标签：为了更加清楚地表示图表中数据系列所代表的数据值，可以为图表添加数据标签。执行"图表工具"→"布局"动态选项卡"标签"组中"数据标签"命令，在展开的下拉列表中选择数据标签的显示方式。

（5）设置图表格式

①应用预设形状样式：为了使图表看起来更美观，我们可以为图表的元素设置不同的样式，在"图表工具"→"格式"动态选项卡"形状样式"组中预设了很多种轮廓、填充色与形状效果的组合，为更改图标样式提供了便利。

②手动设置图表格式

A. 形状填充：可以为图表区填充一种颜色、图片或含有特殊效果的纹理等。执行"图表工具"→"格式"动态选项卡→"形状样式"组中"形状填充"命令，在展开的下拉列表中单击所选中的格式。

B. 形状轮廓：可以为包围形状的边框，要改变形状的轮廓，用户可以设置轮廓的颜色、线型。执行"图表工具"→"格式"动态选项卡→"形状样式"组中"形状轮廓"命令，在展开的下拉列表中选择轮廓的颜色、轮廓的粗细等效果。

C. 形状效果：让图表在视觉上产生特殊的视觉效果，例如设置形状的阴影、三维立体、发光及凹凸等效果。执行"图表工具"→"格式"动态选项卡→"形状样式"组中"形状效果"命令，在展开的下拉列表中选择所需要的效果。

D. 设置阴影：执行"图表工具"→"格式"动态选项卡→"形状样式"组中"形状填充"命令，在展开的下拉列表中单击"阴影"选项，在下面的级联列表中单击"透视"组中所需的阴影效果。

3.3.3 数据管理

【案列 3-7】数据管理应用

（1）打开"住院病人费用一览表.xlsx"，完成下列操作：

①新建一张工作表，命名为"排序"，把"住院病人费用表"中的 A2：L17 的数据复制到"排序"工作表，在此工作表中对"费用类别"升序排列基础上，对"总费用"降序排序。

②把"住院病人费用表"A2：L17 内容复制到一张新的命名为"筛选"的工作表中，使用统计函数，对"筛选"表根据下列条件进行统计并将结果填入相应单元格，要求：

A. 筛选出药品费用大于 1500 元的病人记录。

B. 统计药品费大于 1800 元的记录条数。

C. 统计最高的总费用。

③新建一张工作表，更名为"分类汇总"，复制"住院病人费用表"中的 B2：C17，H2：K17 到此表中，按照"病区"对"药品费""床位费""治疗费""总费用"进行分类汇总，汇总方式为求平均值。

④对"排序"工作表进行高级筛选，要求"费用类别"选择医保，"药品费"要求 ≥ 1800，"年龄"大于等于 30 且小于 50，并将结果保存在该工作表中。

⑤根据"住院费用表"，创建一个数据透视表，要求显示各病区病人各种费用的总和；分类字段为"费用类别"；求和项为"药品费""床位费""治疗费""总费用"；并将对应的数

据保存在新的工作表中，取名为"数据透视表"。

（2）操作步骤

①单击工作表标签最右侧"插入工作表"按钮，添加一张新的工作表，并将它命名为"排序"，把"住院病人费用表"A2：L17单元格的内容复制到此表中。选中"排序"工作表A1：L16区域，执行"数据"选项卡→"排序和筛选"组中"排序"命令，在弹出的对话框（图3－106）中点击"主关键字"右侧的下拉列表，选中"费用类别"选项，再点击"添加条件"命令按钮，在"次关键字"右侧的下拉列表中选择"总费用"选项，在"次序"右侧的下拉列表中选择"降序"，点击"确定"按钮，即可得到在"费用类别"升序的基础上，再对"总费用"进行降序排序。

图3－106　"排序"对话框及排序结果

②把"住院病人费用表"A2：L17数据拷贝到"Sheet3"，并把Sheet3更名为"筛选"，执行"数据"选项卡→"排序和筛选"组中"筛选"命令，启动筛选功能，单击"药品费"字段右侧的下三角按钮，在展开的下拉列表中单击"数字筛选"（图3－107），在展开的下拉列表中再点击"大于或等于"，在弹出的对话框中输入"1500"，单击"确定"按钮，此时工作表就已经将筛选结果显示出来（图3－108）。

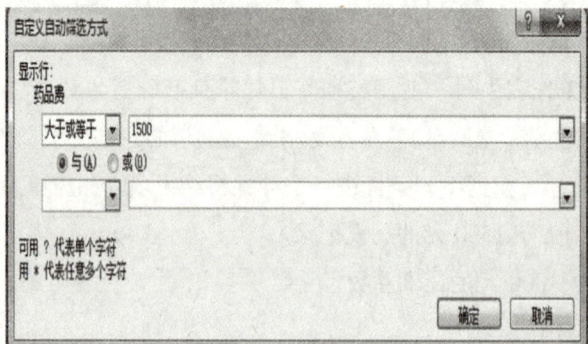

图3－107　"自定义自动筛选方式"对话框

将光标定位于"筛选"H19单元格，单击"公式"选项卡→"函数库"组中"插入函数"后，在对话框选"统计"类别中的"COUNTIF"函数，在"函数参数"对话框中（图3－109）进行如下设置，在"Range"和"Criteria"框内分别输入"H2：H16"和"＞＝1800"，按"确定"按钮即可在H19得到满足条件的记录数为7。

将光标定位于"筛选"H200单元格，单击"公式"选项卡→"函数库"组中"插入函

病人编号	姓名	病区	性别	出生年月	年龄	费用类别	药品费	床位费	治疗费	总费用	报销比[
000001	刘晓岚	骨科	男	1975/9/3	39	医保	2268.67	1500	700.00	4468.67	0.75
000005	杨昆	肾病科	男	1972/3/28	42	医保	1546.21	387.37	528.50	2462.08	0.75
000007	牛国刚	内科	男	1967/4/18	47	医保	2357.18	1200	920.00	4477.18	0.75
000008	马志林	神经科	男	1960/8/11	54	自费	2900.65	1260	800.00	4960.65	0
000009	李鹏成	神经科	男	1950/1/14	64	新农合	1910.10	960	870.00	3740.10	0.5
000010	张涛华	内科	男	1987/12/9	27	医保	2370.40	860	856.00	4086.40	0.75
000011	刘丹	妇科	女	1989/6/9	25	医保	3260.10	720	1660.00	5640.10	0.75
000014	王明丽	内科	女	1999/2/10	15	医保	1689.14	480	1062.00	3231.14	0.75
000015	戚建亚	内科	男	1940/2/15	74	离休	5561.57	960	940.50	7462.07	1
	平均费用						1945.06	728.21	916.77	3590.04	

图 3-108 筛选结果

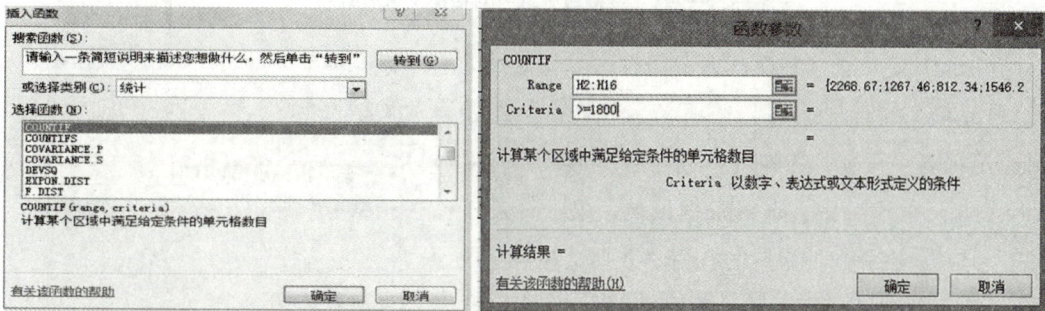

图 3-109 "COUNTIF 函数参数"对话框

数"后，在对话框选"常用函数"中的"MAX"函数，在第一行"Number1"文本框中输入或选择单元格区域"K2：K16"，确定后得到最高的总费用为"7462.07"。

③将"住院病人费用表"B2：C17，H2：J17 数据复制到一张新的工作表，并把此工作表更名为"分类汇总"。选中"病区"列的任意单元格，执行"数据"选项卡→"数据和筛选"组中"升序"命令，执行"数据"选项卡→"分级显示"选项卡中的"分类汇总"，单击弹出的"分类汇总"对话框（图 3-110）的"分类字段"右侧的下三角，在下拉列表中选择"病区"；"汇总方式"的下拉列表中选择"平均值"；在"选定汇总项"中勾选"药品费""床位费""治疗费"前打勾，点击"确定"，得到按"病区"分类的"药品费""床位费""治疗费"的平均值汇总表。

图 3-110 "分类汇总"对话框及汇总结果

④选中"排序"工作表，首先在"排序"工作表无内容的区域按题目要求填写条件区域，如在 N7：Q8 中设定筛选条件（"费用类别"为医保，"药品费"＞=1800，"年龄"大于等于30 且小于50）。单击表中的任意单元格，执行"数据"选项卡→"排序和筛选"组中"高级"

命令，打开"高级筛选"对话框（图3-111），在"列表区域"中自动填入了数据清单的所在区域，将光标定位于"条件区域"文本框内，用鼠标拖选前面创建的筛选区域N7：Q8，在"条件区域"文本框内自动填入条件区域，单击"确定"按钮，完成高级筛选操作。

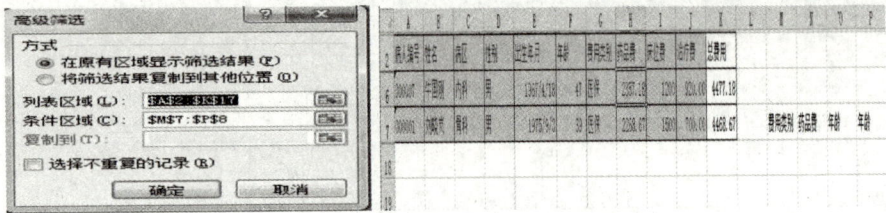

图3-111　"高级筛选"对话框及筛选结果

⑤把光标定位于"住院病人费用表"数据区域的任意单元格，执行"插入"选项卡→"表格"组中"数据透视表"命令，在弹出"创建数据透视表"对话框（图3-112）中，选择数据区域，单击"新工作表"选项，在弹出的窗口的右侧"数据透视表字段列表"对话框中将"病区""费用类别""药品费""床位费""治疗费"打勾，可以看到选中的字段会自动添加到下面"行标签""列标签"及"数值"区域中，此时，该新工作表就根据"住院病人费用表"创建了数据透视表，并将其更名为"数据透视表"（图3-113）。

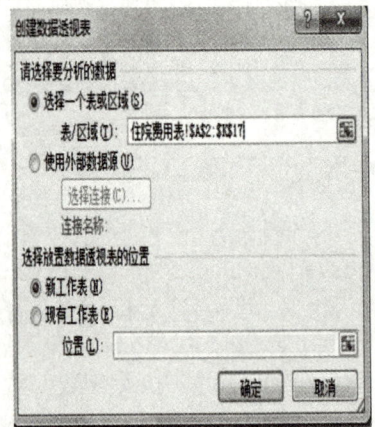

图3-112　"创建数据透视表"对话框

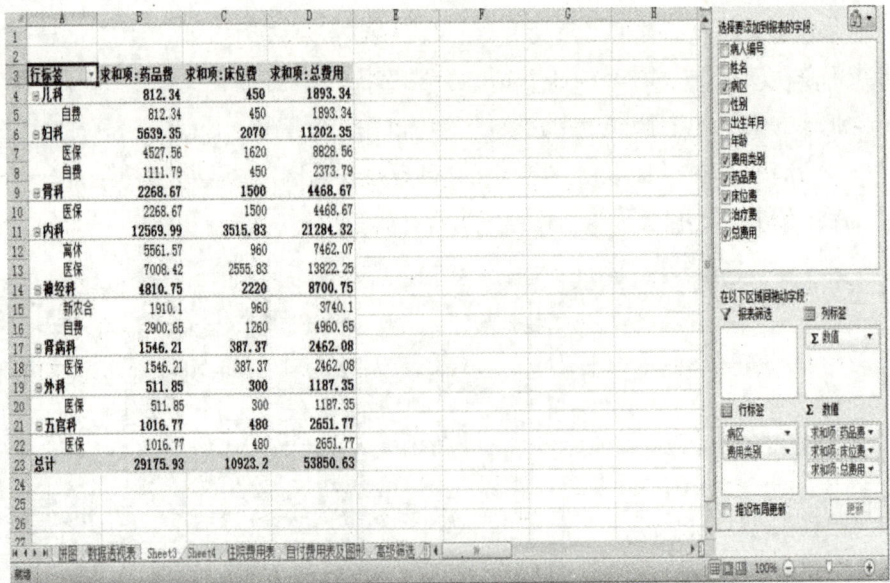

图3-113　数据透视表效果

1. 数据排序

在一张 Excel 表格制作完成以后，数据也许没什么规律，可以通过 Excel 2010 对表格进行排序设置，使其查看更加直观、明了。Excel 可以设定一个或多个排序条件，也可以由用户设定排序序列，然后按照用户自定义的序列进行排序。

（1）对单列数据进行排序　在工作表中对某一列进行排序，排序的条件只有一种，这种排序叫单列排序。单列数据排序是最简单的排序。选择工作表中需要进行排序的列中的任意单元格，执行"数据"选项卡→"排序和筛选"组中的"升序"或"降序"命令，即可完成工作表的单列排序。

◆ 提示：若选中工作表中的某一列，执行"排序和筛选组中"的"升/降序"命令，则会弹出"排序提醒"对话框（图 3 – 114）。注意这里用户要选择"扩展选定区域"单选按钮，以使排序扩展到整个工作表的数据记录；如果选择"以当前选定区域排序"，则排序只针对当列，整个数据表格记录会变乱。

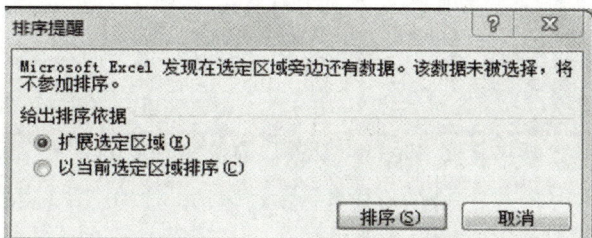

图 3 – 114　"排序提醒"对话框

（2）对多系列数据进行排序　在 Excel 中还可以设置多个排序条件，对不同的排序条件设置先后顺序，这种排序叫多系列排序。选择工作表数据清单中的任意单元格，执行"数据"选项卡→"排序和筛选"组中"排序"命令，弹出"排序"对话框，在展开的主关键字下拉列表中选择第一排序的列名，在"次序"下拉列表中选择排序次序（升序或降序），点击"添加条件"命令按钮，按照刚才的步骤设置第二个排序的列名和次序，再依次设置需要排序的顺序条件，点击"确定"。Excel 2010 最多可设置 64 个排序条件。

◆ 提示：根据需要，用户可以改变排序关键字的顺序，在"排序"对话框中选中"主关键字"或者"次关键字"，单击"上移"或"下移"按钮即可。

（3）自定义排序　当需要按照某个特定的系列排序时，Excel 允许用户自定义排序内容，并将其运用到数据中。选择工作表数据清单中的任意单元格，执行"数据"选项卡→"排序和筛选"组中"排序"命令，弹出"排序"对话框，在展开的"次序"下拉列表中选择"自定义序列"，在弹出的"自定义序列"对话框中，在"输入序列"文本框中输入所需序列，完成后点击"添加"按钮，回到"排序"对话框中再选择关键字的列名，即可按照用户自定义后的序列进行排序。

2. 数据筛选

在 Excel 表格中，如果数据较多，想要迅速找出一组数据十分困难。这时可以通过 Excel 2010 提供的筛选功能，在众多数据中筛选出需要的数据，并将满足筛选条件的记录进行显示，而隐藏其他不满足条件的数据记录。

（1）按照文本特征进行筛选　在对文本数据的筛选中，我们可以利用文本数据的特征进行筛选，例如筛选出包含或者不包含指定文字的数据；筛选出以指定文字开头或结尾的数据等。选中工作表数据清单中的任意单元格，执行"数据"选项卡→"排序和筛选"组中"筛选"命令，启动筛选功能，此时在每个字段名右侧出现一个下三角按钮，点击下三角按钮，展

NOTE

开下拉列表，点击"文本筛选"→"包含"（或是其他选项），弹出"自定义自动筛选方式"对话框，在"包含"右侧文本框中输入筛选条件，即可完成文本特征的筛选。

（2）按照数据特征进行筛选　除了进行文本特征筛选外，我们还可以按照数据特征进行筛选，例如筛选出大于或者小于某个数据值的记录等。选中工作表数据清单中的任意单元格，执行"数据"选项卡→"排序和筛选"组中"筛选"命令，启动筛选功能，点击字段名右侧的下三角按钮，展开下拉列表，点击"数字筛选"→"大于"（或是其他选项），弹出"自定义自动筛选方式"对话框，在"大于"右侧文本框中输入数值，点击"确定"可完成数据特征的筛选。

（3）按照关键字搜索　从 Excel 2010 开始，筛选列表中新增"搜索"文本框，便于用户按关键字筛选。用户可自定义搜索关键字，使得筛选更加方便、快捷。选中工作表数据清单中的任意单元格，执行"数据"选项卡→"排序和筛选"组中"筛选"命令，启动筛选功能，点击字段名右侧的下三角按钮，展开下拉列表，在搜索文本框中输入关键字，即可完成自定义关键字的筛选。

（4）使用通配符进行模糊筛选　是指在设置筛选条件时，用"＊"来代替任意一组字符，用"？"代替任意单个字符，以组合的形式进行模糊筛选。选中工作表数据清单中的任意单元格，执行"数据"选项卡→"排序和筛选"组中"筛选"命令，启动筛选功能，点击字段名右侧的下三角按钮，展开下拉列表，点击"文本筛选"→"自定义筛选"，弹出"自定义自动筛选方式"对话框，在"等于"右侧文本框中输入用"＊"或（和）"？"组合成的筛选条件，点击"确定"，即可完成使用通配符组合成的模糊筛选。

（5）使用高级筛选　当筛选条件很多时，就要用到高级筛选功能了。高级筛选可以筛选出满足所有设置条件或只满足其中一个条件的数据，用户还可以选择筛选结果显示的地方，可以显示在原来的区域，也可以显示在用户指定的工作区域内。首先在工作空白处输入筛选条件，选中工作表数据清单中的任意单元格，执行"数据"选项卡→"排序和筛选"组中"高级"命令，启动高级筛选功能，弹出"高级筛选"对话框，单击"列表区域"右侧的折叠按钮，弹出"高级筛选"对话框，在"列表区域"右侧文本框中手动输入筛选区域或用鼠标选择筛选区域，然后再次按右侧的折叠按钮，返回"高级筛选"对话框，再用同样的方法设置"条件区域"，"复制到"右侧的文本框则可以让用户自定义筛选出来的记录所放置的区域，如果不选择，那么筛选结果显示在原来的工作表中。最后点击"确定"完成高级筛选操作。

◆ 提示：

①在"自定义自动筛选方式"对话框中，"与"表示同时满足两个条件，"或"表示满足任意一个条件即可。

②将光标定位于数据区域中，执行"排序和筛选"→"清除"命令，即可清除筛选条件。

③用户输入通配符"＊""？"时，一定要在半角状态时进行输入，否则系统不识别。

④在使用高级筛选时，如果筛选条件是同时满足多个条件，则筛选条件可在同一行多列填写，如果在同一列分行填写，则只要满足条件之一即可。如图 3 - 115 所示的条件，其布尔逻辑表达式为：费用类别 = "医保" AND 药品费 >1800 AND 年龄 > = 30 AND 年龄 <60）OR

费用类别	药品费	年龄	年龄
医保	>1800	>=30	<60
自费			

图 3 - 115　高级筛选条件设置

（费用类别＝"自费"）。

3. 分类汇总

用户可以运用 Excel 2010 中的分类汇总功能，方便地对数据进行统计汇总工作。所谓分类汇总就是将数据先分类，然后再进行各种类型的汇总，其实就是 Excel 2010 根据数据自动创建公式，并利用自带的求和、平均值等函数实现分类统计计算，并将结果显示出来。

（1）创建分类汇总　在创建分类汇总之前，需要对数据进行排序，以便将数据中关键字相同的数据集中在一起。选择数据区域中的任意单元格，执行"数据"选项卡→"分级显示"组中的"分类汇总"命令，在弹出的"分类汇总"对话框（图 3 - 110）中设置各种选项即可。该对话框中主要包含下列几种选项：

①分类字段：用来设置分类汇总的字段依据，包含数据区域中的所有字段。

②汇总方式：用来设置汇总函数，包含求和、平均值、最大值等 11 种函数。

③选定汇总项：设置汇总数据列。

④替换当前分类汇总：表示在进行多次汇总操作时，选中该复选框可以清除前一次的汇总结果，按照本次分类要求进行汇总显示。

⑤每组数据分页：选中该复选框，表示打印工作表时，将每一类分别打印。

⑥汇总结果显示在数据下方：选中该复选框，可以将分类汇总结果显示在本类最后一行（系统默认是放在本类的第一行）。

（2）嵌套分类汇总　嵌套分类汇总是对某项指标汇总，然后将汇总后的数据再汇总，以便进一步分析。首先将数据区域进行排序，执行"数据"选项卡→"分级显示"组中"分类汇总"命令，在弹出的"分类汇总"对话框中设置各种选项，单击"确定"按钮，然后再次执行"分类汇总"命令，在弹出的"分类汇总"对话框中取消上次分类汇总的"选定分类汇总项"选项组中的选项，重新设置"分类字段""汇总方式"与"选定汇总项"选项，并取消"替换当前分类汇总"选项，单击"确定"按钮，即可完成嵌套分类汇总操作。

◆ 提示：

①分类汇总前，数据要按照分类字段排序。

②可以通过执行"分类汇总"对话框的"全部删除"命令来清除工作表中的分类汇总。

（3）创建行列分级　在 Excel 2010 中，用户还可以以行或列为单位，创建行与列分级显示。首先需要选择要进行分级显示的单元格区域，然后执行"数据"选项卡→"分级显示"组中"创建组"命令，在下拉列表中选择"组合"选项，在弹出的"创建组"对话框中，选中"行"单选按钮即可。

列分级显示与行分级显示的操作方法相同，选择需要进行列分级显示的数据区域，在"创建组"对话框中选择"列"单选按钮即可。

（4）操作分类数据　在显示分类汇总结果的同时，分类汇总表的左侧会自动显示分级显示按钮，使用分级显示按钮可以显示或隐藏分类数据。如图 3 - 110 中行号左侧的就是分级显示按钮。

4. 数据透视表

数据透视表是一种交互式、交叉制作的报表。使用数据透视表，可以汇总、分析、浏览及提供汇总数据。而数据透视表强大的功能主要体现在可以使杂乱无章、数量庞大的数据包快速有序地显示出来，是 Excel 2010 不可缺少的数据分析工具。

（1）创建数据透视表　选择需要创建数据透视表的工作表数据区域，该数据区域要包含列标题。执行"插入"选项卡→"表格"组中"数据透视表"命令，选择"数据透视表"选项，即弹出"创建数据透视表"对话框（图 3 - 112），对话框主要包含以下选项：

①选择一个表或区域：选中该单选按钮，表示可以在当前工作簿中选择创建数据透视表的数据。

②使用外部数据：选中该单选按钮后单击"选择连接"按钮，在弹出"现有链接"对话框中选择要链接的外部数据即可。

③新工作表：选中该选项，表示可以将创建的数据透视表显示在新的工作表中。

④现有工作表：选中该选项，表示可以将创建的数据透视表显示在当前工作表指定位置中。

在对话框单击"确定"，即可在工作表插入数据透视表，并在窗口右侧自动弹出"数据透视表字段列表"任务窗格，用户在"选择要添加到报表的字段"列表框中选择需要添加的字段即可。

用户也可以在数据透视表中，像创建数据透视表一样的方法来创建以图形形状显示数据的数据透视图。选中数据透视表，执行"数据透视表工具"的"选项"动态选项卡→"工具"组中"数据透视表"命令，在弹出的"插入图表"对话框中选所需的图表类型即可。

◆ 提示：用户也可以执行"插入"选项卡→"表格"组中"数据透视表"命令，选择"数据透视图"选项来创建数据透视图。

（2）编辑数据透视表　创建数据透视表之后，为了适应数据分析，需要编辑数据透视表。其编辑内容主要包括更改数据的计算类型、筛选数据等。

①更改数据计算类型：在"数据透视表字段列表"任务窗格中的"数值"列表框中，单击数值类型选择"值字段设置"选项，在弹出的"值字段设置"对话框中的"计算类型"列表框中选择需要的计算类型即可。

◆ 提示：用户也可以通过执行"数据透视表工具"的"选项"动态选项卡→"计算"组中"按值汇总"命令，在其列表中选择相应选项的方法来更改计算类型。

②设置数据透视表样式：Excel 2010 为用户设置了浅色、中等深浅、深色 3 种类型共 65 种表格样式。选择数据透视表，执行"设计"动态选项卡→"数据透视表样式"组中"其他"命令，在下拉列表中选择一种样式即可。

③筛选数据：选择数据透视表，在"数据透视表"字段列表任务窗格中，将需要筛选数据的字段名称拖动到"报表筛选"列表框中，此时，在数据透视表上方将显示筛选列标，用户可单击"筛选"按钮对数据进行筛选。

此外，用户还可以在"行标签""列标签"或"数值"列表框中单击需要筛选的字段名称后的下三角按钮，在下拉列表中选择"移动到报表筛选"选项，也可以将该字段设置为可筛选的字段。

5. Excel 高级运用

（1）共享工作簿　对于工作组来讲，经常会共享某份工作簿，用来传递相互工作的数据。此时，用户可以使用 Excel 2010 中的共享功能，来达到在同一个工作簿中快速处理数据的目的。设置共享工作簿的时候，可以为工作簿设置保存修订记录和更新时间，来保证工作簿中数据的时刻更新。

①创建更新工作簿：执行"审阅"选项卡→"更改"组中"共享工作簿"命令，在弹出的对话框（图3－116）中选中"允许多用户同时编辑，同时允许工作簿合并"复选框，然后切换到"高级"选项卡中设置修订与更新参数即可。

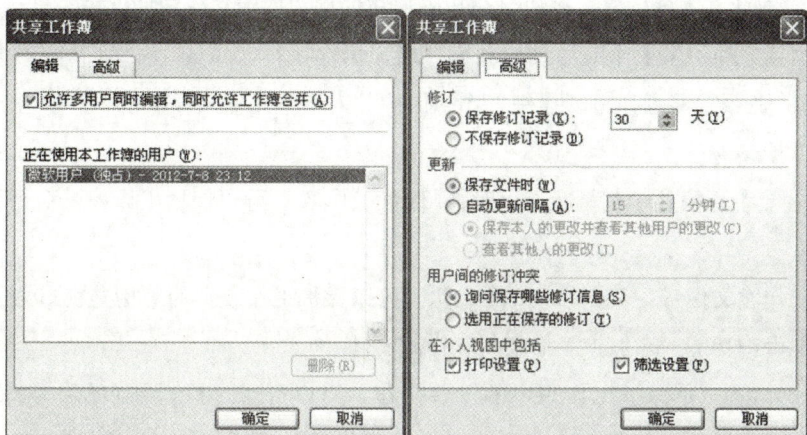

图3－116 "共享工作簿"对话框

◆ 提示：用户只有在"共享工作表"弹出框的"编辑"选项卡中选中了"允许多用户同时编辑，同时允许工作簿合并"选项，在其"高级"选项卡中的各项才显示为可用状态。

②查看与修订共享工作簿：在Excel 2010中创建共享工作簿后，用户可以使用修订功能更改共享工作簿中的数据，同样也可以查看其他用户对共享工作簿的修改，并根据情况接受或拒绝更改。

A. 开启或关闭修订功能：执行"审阅"选项卡→"更改"组中"修订"→"突出显示修订"命令，在弹出框（图3－117）中选中"编辑时跟踪修订信息，同时共享工作簿"复选框。

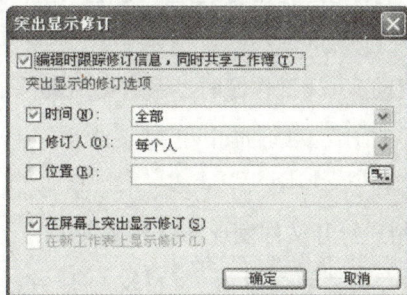

图3－117 "突出显示修订"对话框

B. 浏览修订：当用户发现工作簿中存在修订记录时，便可以执行"审阅"选项卡→"更改"组中"修订"→"接受/拒绝修订"命令，并执行相应的选项即可接受或拒绝修订。

◆ 提示：用户可通过取消选中"共享工作簿"对话框中的"允许多用户同时编辑，同时允许工作簿合并"选项，来取消共享工作簿。

（2）保护工作簿 在实际工作中，用户往往需要处理一些保密性的数据。此时，用户可以运用Excel 2010中保护工作簿的功能，来保护工作簿、工作表或部分单元格，从而有效地防止数据被其他用户复制或更改。

①保护结构与窗口：执行"审阅"选项卡→"更改"组中"保护工作簿"命令，在弹出的"保护结构和窗口"对话框中，选择需要保护的内容，输入密码即可保护工作表的结构和窗口。在"保护结构和窗口"对话框中包括下列3种选项：

A. 结构：选中该选项，可保持工作簿的现有格式。例如删除、移动、复制等操作均无效。

B. 窗口：选中该选项，可保持工作簿的当前窗口形式。

C. 密码：在此文本框中输入密码可防止未授权的用户取消工作簿的保护。

另外，当用户保护了工作簿的结构和窗口后，再次执行"审阅"选项卡→"更改"组中"保护工作簿"命令，即可弹出"撤销工作簿保护"对话框，输入保护密码，单击"确定"按钮即可撤销保护。

◆ 提示：当工作簿处于共享状态下时，"保护工作簿"与"保护工作表"命令将为不可用状态。

②保护工作簿文件：在 Excel 2010 中，除了可以保护工作表中的结构与窗口之外，用户还可以运用其他保护功能，来保护工作表与工作簿文件。

A. 保护工作表：是保护工作表中的一些操作，用户可通过执行"审阅"选项卡→"更改"组中"保护工作表"命令，在弹出的"保护工作表"对话框中选中所需保护的选项，并输入保护密码。

B. 保护工作簿文件：是通过为文件添加保护密码的方法，来保护工作簿文件。用户只需执行"文件"选项卡→"另存为"命令，在弹出的"另存为"对话框中单击"工具"下拉按钮，选择"常规选项"选项，并输入打开权限与修改权限密码。

◆ 提示：对于新建工作簿或未保存过的工作簿，单击"快速访问工具栏"中的"保护"命令，即可弹出"另存为"对话框。

③修复受损工作簿：用户在使用 Excel 时，经常会遇到已保存的文件无法打开，或打开后部分数据丢失，无法继续编辑等工作簿受损的情况。此时，用户可以通过下列两种方法，来修复受损的工作簿。

A. 直接修复法：当用户启动 Excel 工作簿时，系统提示文件已损坏，只需单击"快速工具栏"中的"打开"命令，在"打开"对话框中单击"打开"下三角按钮，选择"打开并修复"选项即可。

B. SYLK 符号链接法：当用户打开文件发现部分数据丢失时，可以通过执行"文件"选项卡→"另存为"命令，将"保存类型"设置为"SYLK（符号链接）"格式，然后，用户在保存文件的文件夹中，双击打开以"SYLK（符号链接）"格式保存的 Excel 文件，即可显示修复后的 Excel 文件。

◆ 提示：用户也可以使用 Excel Viewer 或 EasyRecovery 等第三方软件来修复受损的 Excel 文件。

（3）链接工作表　Excel 2010 为用户提供了超链接功能，以帮助用户链接多个工作表中的数据，以及网页或文件中的数据，从而解决用户为结合不同工作簿中的数据而产生的需求，方便数据的整理与统计。

①使用超链接

A. 内部链接是将多个不同类型的文件链接到工作簿中，适用于将多个工作簿或不同类型的文件，集合在一个工作簿之中。用户可通过执行"插入"选项卡→"链接"组中"超链接"命令，在弹出的"插入超链接"对话框（图3－118）中超链接新建文档、原有文件、网页与电子邮件地址。

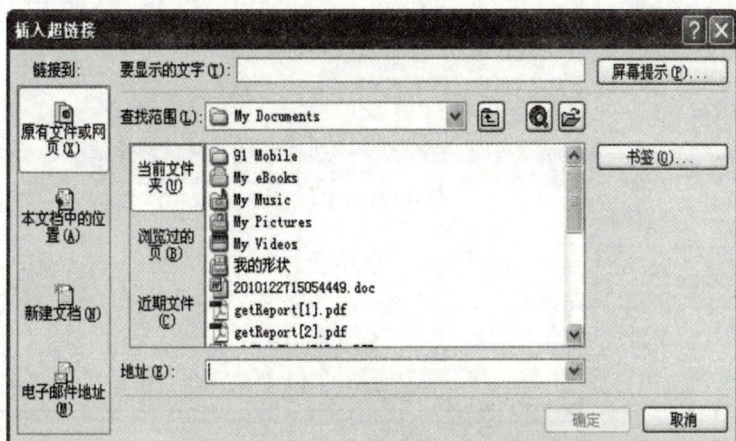

图3－118　"插入超链接"对话框

B. 创建现有文件或网页的超链接：在工作表中选择需要插入链接的单元格，然后在"插入超链接"对话框"原有文件或网页"选项卡中，设置相应的选项，即可链接本地硬盘中的文件与指定的网页。

◆ 提示：在使用"书签"选项创建特定位置的超链接时，要链接的文件或网页必须具有书签。

C. 创建工作簿内的超链接：在工作表中选择需要插入链接的单元格，然后在"文本档中的位置"选项卡中，选择工作表并输入引用单元格的名称，即可链接同一工作簿中的工作表。

D. 创建新文档中的超链接：在工作表中选择需要插入链接的单元格，然后在"新建文档"选项卡中，设置新文件的名称与位置即可。另外，在"新建文档"组中设置新文档的编辑时，若在选中"何时编辑"选项下选择"以后再编辑新文档"单选按钮，系统将立即保存新建文档；而选中"开始编辑新文档"单选按钮时，系统则会自动打开新建文档，以方便用户进行编程操作。

◆ 提示：用户可以单击"更改"按钮，来更改新文档的位置。

E. 创建指向电子邮件的超链接：在工作表中选择需要插入链接的单元格，然后在"电子邮件地址"选项卡中，设置电子邮件的地址与主题即可。

②使用外部链接：在 Excel 2010 中，除了可以链接本文档中的文件以及邮件之外，还可以链接本工作簿之外的文本文件与网页，以帮助用户创建文本文件与网页的链接。

A. 通过文本创建：执行"数据"选项卡→"获取外部数据"组中"自文本"命令，在弹出的对话框中选择需要导入的文本文件，单击"导入"按钮即可。在"导入文本文件"对话框中单击"导入"按钮之后，用户只需根据"文本导入向导"对话框（图3－119）中的提示步骤操作即可。

B. 通过网页创建：在工作表中选择导入数据的单元格，执行"数据"选项卡→"获取外部数据"组中"自网站"命令，在对话框中输入网站网址，选择相应的网页内容，单击"导

NOTE

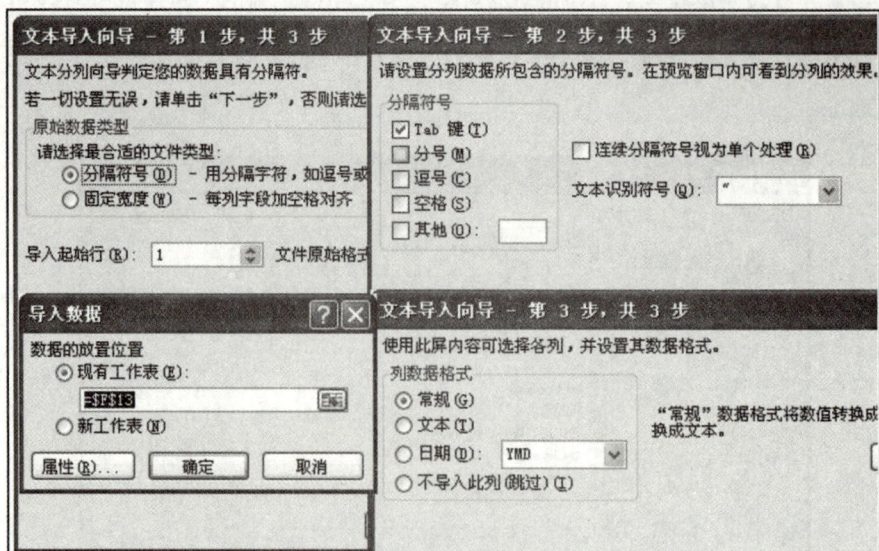

图 3 - 119   "文本导入向导"对话框

入"按钮后选择放置位置。

C. 刷新外部数据：创建外部链接之后，用户还需要刷新外部数据，使工作表中的数据可以与外部数据保持一致，以便获得最新的数据。首先，打开含有外部数据的工作表，选择包含外部数据的单元，然后，执行"数据"选项卡→"链接"组中"全部刷新"→"刷新"命令。另外，选择包含外部数据的单元格，执行"数据"选项卡→"链接"组中"全部刷新"→"属性"命令，即可在"外部数据区域属性"对话框中设置刷新选项。

◆ 提示：在刷新数据时，如果数据来自文本，系统则会弹出"导入文件文本"对话框，在该对话框按提示操作即可。

3.4   演示文稿 PowerPoint 2010

PowerPoint 是当前最普及，同时也最受欢迎的演示文稿制作工具，利用它可以制作出融文字、图形、图像、图表、声音、动画和视频于一体的演示文稿，使其图文并茂、内容丰富、生动形象，还可通过各种数码播放产品展示出来或打印制作成胶片，应用到更广泛领域。

3.4.1   演示文稿的建立与编辑

【案例 3 - 8】演示文稿的建立与编辑应用

（1）打开文件"刮痧疗法.txt"及图片资料，按以下要求制作效果如"刮痧 - 样稿.pptx"所示演示文稿。

①新建空白演示文稿，并保存为"刮痧.pptx"。

②标题幻灯片版式，标题为"刮痧"。

③连续插入 9 张幻灯片，根据素材文件"刮痧疗法.txt"的内容，完成第 2 ~ 9 张幻灯片中标题和文本内容的输入。

④将幻灯片 2、4、5、6、7、9 文字转换为 SmartArt 图形。

⑤在幻灯片 1 和幻灯片 6 中插入图片；在幻灯片 8 中插入视频。

⑥在幻灯片 10 中插入艺术字。

（2）操作步骤

①执行"文件"选项卡→"新建"，选择"空白演示文稿"，然后单击"创建"按钮。

执行"文件"选项卡→"保存"，在弹出的"另存为"对话框中的左侧窗格中，选择要保存的演示文稿的位置；在"文件名"框中，输入演示文稿名称为"刮痧"，在"保存类型"框中，选择保存类型为"PowerPoint 演示文稿（＊. pptx）"。最后单击"保存"按钮。

②在默认给出的第 1 张幻灯片上，单击"单击此处添加标题"，进入标题编辑状态，输入标题"刮痧"，在副标题中输入"Skin Scraping"。

③连续执行"开始"选项卡→"新建幻灯片"命令，插入 9 张幻灯片，根据素材文件"刮痧疗法 . txt"的内容，完成第 2~9 张幻灯片中标题和文本内容的输入。

④分别单击第 2、4、5、6、9 张幻灯片文本所在的文本框，执行"开始"选项卡→"段落"组中"转换为 SmartArt 图形"，在下拉列表中，选择所需的 SmartArt 图形布局，各张幻灯片使用的 SmartArt 图形见表 3 – 1，效果如图 3 – 120。

表 3 – 1　各张幻灯片使用的 SmartArt 图形

幻灯片编号	SmartArt 图形分类	SmartArt 图形名称
幻灯片 2	列表	垂直项目符号列表
幻灯片 4	流程	升序图片重点流程
幻灯片 5	关系	基本维恩图
幻灯片 6	图片	六边形群集
幻灯片 9	矩阵	循环矩阵

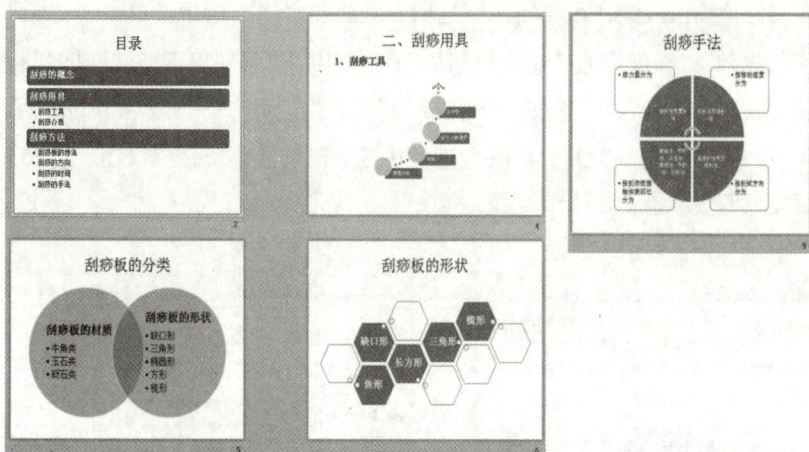

图 3 – 120　将文字转换为 SmartArt 图形效果

⑤在第 1 张幻灯片中，执行"插入"选项卡→"插图"组中"图片"，找到要插入的图片文件，然后双击该图片。重复这一操作，插入其他图片。执行"插入"选项卡→"插图"组中"形状"，选择矩形，在幻灯片中拖动，绘制一个矩形，右键单击这个矩形，选择"置于底

NOTE

层"。调整图片和文本框的位置和大小，效果如图 3 - 121。

图 3 - 121　幻灯片 1 插入图片效果

在第 6 张幻灯片的 SmartArt 图形中，单击要插入图片的图片占位符（图 3 - 122），找到要插入的图片文件，然后双击该图片。重复这一操作，插入其他图片，效果如图 3 - 123。

图 3 - 122　SmartArt 图形中的图片占位符

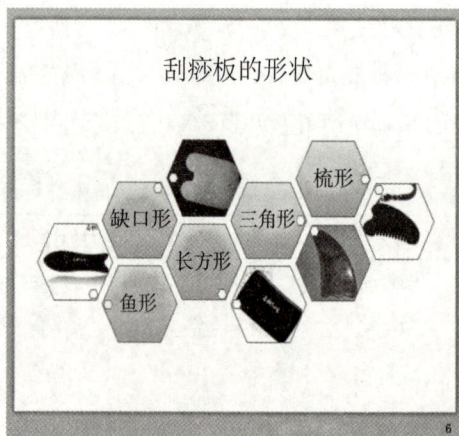

图 3 - 123　幻灯片 6 插入图片效果

在第 8 张幻灯片插入视频，在"插入"选项卡上的"媒体"组中，单击"视频"下的箭头，选择"文件中的视频"，在弹出的"插入视频"对话框中，找到并单击要嵌入的视频，然后单击"插入"，效果如图 3 - 124 所示。选择"视频工具"→"播放"动态选项卡的"视频选项"组中，"开始"下拉列表中选择"自动"，并勾选"未播放时隐藏"复选框（图 3 - 125）。

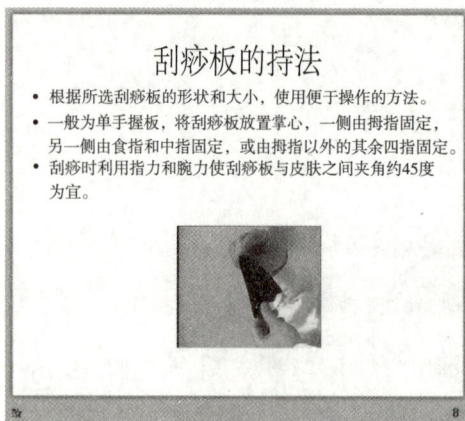

图 3 - 124　幻灯片 8 插入视频效果

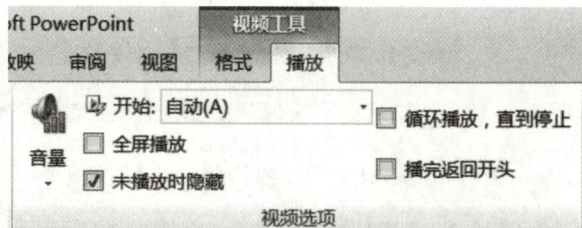

图 3 - 125　"视频工具"下的"播放"选项卡

在第4张幻灯片中，执行"插入"选项卡→"文本"组中"文本框"，插入文本框并单击输入文字。单击"插入"选项卡→"插图"组"形状"下拉列表，选择圆形，然后在幻灯片中拖动，得到一个圆形。右键单击这个圆形，选择"编辑文字"，输入文字。选中这个圆形，单击"绘图工具"→"格式"动态选项卡→"形状样式"组中"形状轮廓"和"形状填充"，分别选择"无轮廓"和淡蓝色块。单击 SmartArt 图形中的圆形，单击"SmartArt 工具"→"格式"动态选项卡→"形状样式"组中"形状填充"下拉列表，从中选择浅蓝色块，调整文字和图形的大小和位置，效果如图 3 – 126。

对幻灯片9进行必要的文字修改，效果如图 3 – 127。

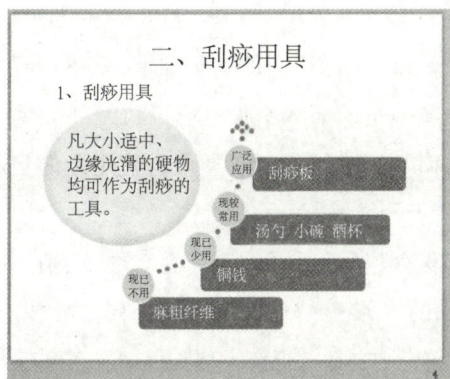

图 3 – 126 幻灯片 4 效果   图 3 – 127 幻灯片 9 效果

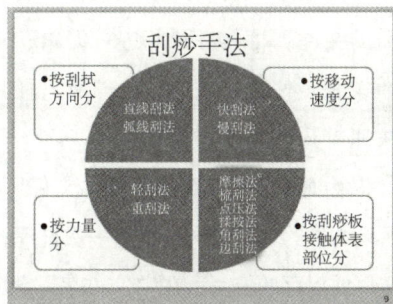

⑥在第10张幻灯片中，单击"插入"选项卡→"文本"组"艺术字"，在下拉列表中选择"渐变填充 – 紫色，强调文字颜色4，映像"，输入文本"刮痧养生 健康相伴"。

1. 演示文稿的基本操作

应用 PowerPoint 演示文稿软件产生的文档称为演示文稿，它由若干张幻灯片组成，每张幻灯片上可包含文字、图形、图像、图表、声音、动画和视频等对象。PowerPoint 2010 默认的扩展名为 . pptx，其基本操作包括演示文稿的创建、保存和编辑等。

（1）演示文稿的创建 PowerPoint 2010 提供了多种创建演示文稿的方法，如创建空白演示文稿、利用主题创建演示文稿、根据现有内容创建演示文稿、根据模板创建演示文稿等。

①创建空白演示文稿：如果想制作一个特殊的、与众不同的演示文稿，则可选择从一个空白演示文稿开始，单击"文件"选项卡→"新建"，在"新建"页中选择"空白演示文稿"，然后单击"创建"按钮即可创建空白演示文稿。

②利用主题创建演示文稿：主题是 PowerPoint 中内置文本样式和填充样式的集合，创建带主题的演示文稿就是将内置主题应用到新建的演示文稿上，主题决定了演示文稿设计风格。执行"文件"选项卡→"新建"，单击"主题"，在"主题"列表中选择适合的主题，然后单击"创建"按钮。

③利用模板创建演示文稿：在 PowerPoint 中提供了大量幻灯片模板来创建演示文稿，包括内置模板、从 Office. com 下载的模板以及自行设计的模板等。模板决定了演示文稿的基本结构、设计风格和建议内容等，只需稍作修改，就能迅速创建符合要求的演示文稿。执行"文件"选项卡→"新建"，根据需求单击"样本模板"，在"可用的模板和主题"对话框中的"样本模板"列表中选择适合的模板，然后单击"创建"按钮。或者在打开的"Office. com 模板"列表框中单击所需模板，选择需要下载的模板，单击"下载"按钮，即可将下载的模板

应用到新创建的演示文稿中。

④根据现有内容创建演示文稿：当完成一个演示文稿后，如果想使用这一现有演示文稿的一些内容或风格来设计其他的演示文稿，这时就可以使用 PowerPoint 提供的"根据现有演示文稿新建"方法。这样可以得到一个和现有演示文稿具有相同内容和风格的新演示文稿，然后在原有的基础上进行修改即可，从而提高工作效率。

在"文件"选项卡上单击"新建"按钮，在打开的"可用的模板和主题"列表框中单击"根据现有内容新建"按钮，此时，在打开的"根据现有演示文稿新建"对话框中选择已有演示文稿，单击"新建"按钮，即可创建一个新演示文稿。

（2）演示文稿的打开与保存

①打开演示文稿：要修改或查看已有的演示文稿，可执行"文件"选项卡→"打开"，选择所需的文件，将其打开并进行编辑；也可双击已经创建的演示文稿；也可执行"文件"选项卡→"最近使用文件"，在"最近使用的演示文稿"列表框中，选择最近使用过的演示文稿，快速打开该文件。

②保存演示文稿：选择菜单"文件"选项卡→"保存"命令或单击工具栏上的"保存"按钮都可实现文件的保存。文件在第一次被保存时，在弹出的"另存为"对话框中的左侧窗格中，选择演示文稿要保存的位置；在"文件名"框中为演示文稿命名；在"保存类型"框中选择保存类型。如果文件名要以其他的文件名保存，则可以选择"文件"→"另存为"，将文件按所需的不同文件名、类型或位置进行保存，在弹出的"另存为"对话框中的操作与第一次保存的操作相同。

◆ 提示：在 PowerPoint 2010 中，可将 PowerPoint 文件保存为 PDF 文件。

（3）演示文稿的视图方式　PowerPoint 2010 的视图有普通视图、幻灯片浏览视图、备注页视图、阅读视图、幻灯片放映视图（包括演示者视图）、母版视图（包括幻灯片母版视图、讲义母版视图和备注母版视图），可用于编辑、打印或放映演示文稿。

①普通视图：普通视图是主要的编辑视图，用于编写和设计演示文稿。普通视图是默认视图，一次只能显示一张幻灯片，对显示的幻灯片可以添加文本，插入图片、表格、SmartArt 图形、图表、形状、文本框、电影、声音、超链接和动画等对象。

②幻灯片浏览视图：幻灯片浏览视图（图 3 – 128）以缩略图形式显示幻灯片，用于编辑和打印演示文稿时查看和重新排列幻灯片，可方便地对幻灯片进行删除、移动等操作。

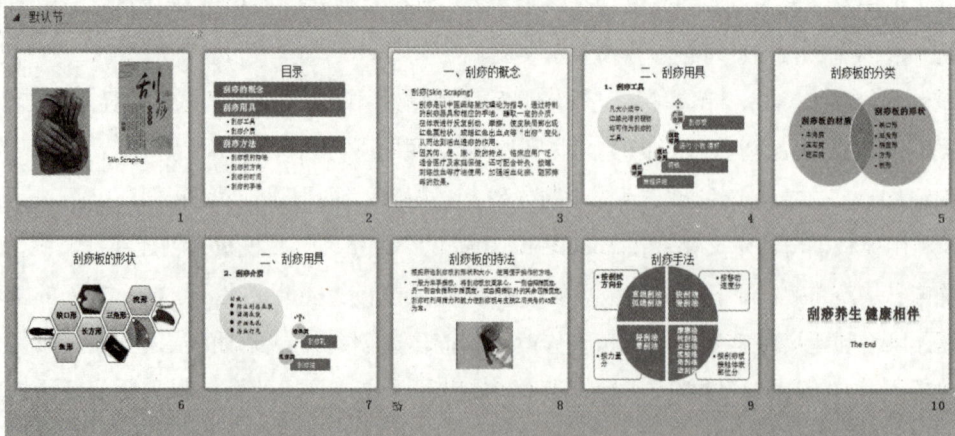

图 3 – 128 　幻灯片浏览视图

③备注页视图：备注页视图以整页格式查看和编辑备注，备注窗格位于幻灯片窗格下，可输入要应用于当前幻灯片的备注，以便将备注打印出来并在放映演示文稿时进行参考。如果要以整页格式查看和使用视图，可以单击"视图"选项卡→"演示文稿视图"组中"备注页"（图3-129）。

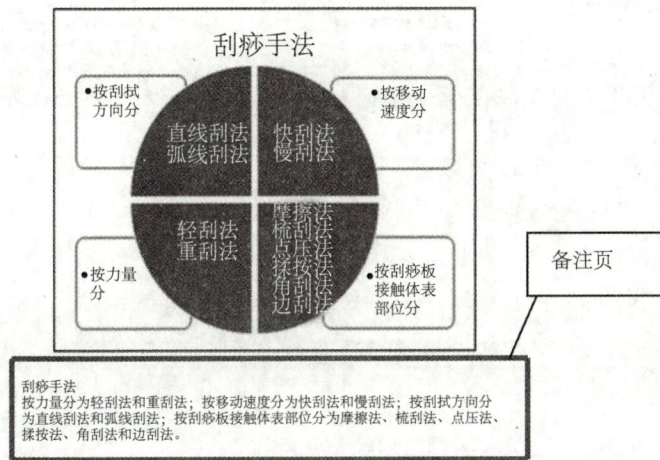

图3-129 备注页视图

④阅读视图：阅读视图可根据窗口大小显示幻灯片，该视图设有简单控件，方便审阅演示文稿，但不可以更改演示文稿。

⑤幻灯片放映视图：幻灯片放映视图以全屏形式显示幻灯片，可以看到幻灯片演示设置的各种放映效果。单击"幻灯片放映"按钮，进入该视图方式，既可从当前选定的幻灯片进行放映，或执行菜单"幻灯片放映"选项卡→"从头开始"命令或快捷方式F5从第一张幻灯片开始放映。当显示完最后一张幻灯片时，系统会自动退出该视图方式，如果要终止放映过程，可在屏幕上单击鼠标右键，从弹出的快捷菜单中选择"结束放映"。

⑥母版视图：母版视图包括幻灯片母版视图、讲义母版视图和备注母版视图。在这些视图上可以编辑各种母版，对与之关联的演示文稿的每个幻灯片、备注页或讲义的样式进行全局更改，其中包括背景、颜色、字体、效果、占位符大小和位置。

2. 演示文稿的编辑

一个演示文稿由多张幻灯片组成。演示文稿的编辑操作主要包括幻灯片的插入、删除、移动和复制等。在执行这些操作之前，要先选定幻灯片，被选定的幻灯片称为当前幻灯片。

（1）插入新幻灯片 插入新的幻灯片，先要确定新幻灯片插入的位置和版式。

单击"开始"选项卡→"幻灯片"组中的"新建幻灯片"。或者在幻灯片的"普通视图"的"幻灯片"→"大纲浏览窗格"中，将光标移至需插入幻灯片之后，直接按Enter键；也可在"视图"选项卡→"演示文稿视图"组中，单击"幻灯片浏览"按钮，将光标移至需插入幻灯片之后，按Enter键。

（2）插入其他演示文稿中的幻灯片 插入其他演示文稿中的幻灯片，是指将其他已经创建完成的演示文稿中的幻灯片插入当前演示文稿中。

①从大纲文件新建幻灯片：执行"开始"选项卡→"幻灯片"组中"新建幻灯片"下拉菜单的"幻灯片（从大纲）"命令，在弹出的"插入大纲"对话框（图3-130）中，选择大

纲源文件，文件类型应为 Word 文档、TXT 文本文件或 RTF 格式。

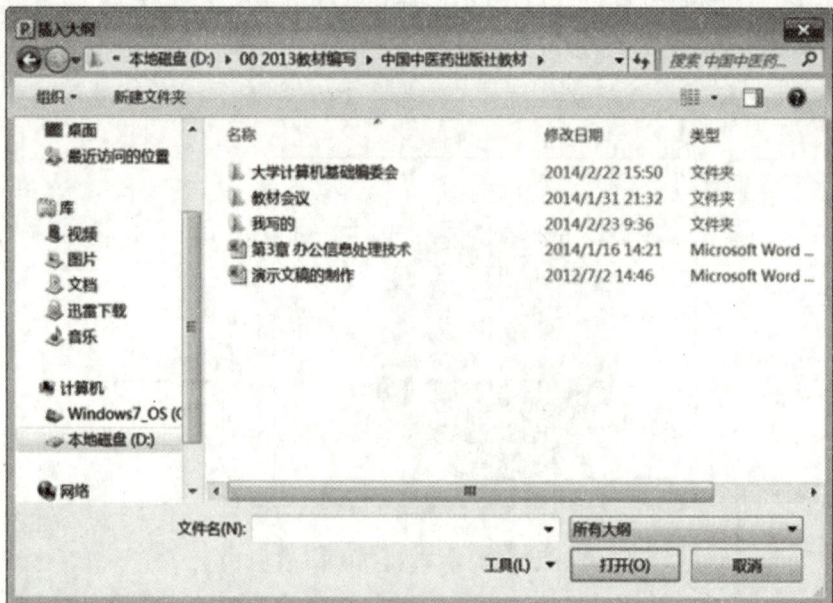

图 3 – 130　"插入大纲"对话框

②复制演示文稿中所选幻灯片：先在"幻灯片"选项卡或"大纲"选项卡中选择要被复制的幻灯片，然后执行"开始"选项卡→"幻灯片"组中"新建幻灯片"→"复制所选幻灯片"命令即可。

③重用其他演示文稿中的幻灯片：执行"开始"选项卡→"幻灯片"组中"新建幻灯片"命令，在下拉菜单中点击"重用幻灯片"，在弹出的"重用幻灯片"对话框（图 3 – 131）中，单击"浏览"按钮，选择"浏览幻灯片库"→"浏览文件"命令，在打开的"浏览"对话框中，选择源演示文稿。此时，在"重用幻灯片"窗格中，显示所选演示文稿的所有幻灯片缩略图。单击要插入的幻灯片，则将该幻灯片插入到当前打开的演示文稿中。或者在"重用幻灯片"窗格中右击，选择"插入所有幻灯片"，则将所有幻灯片插入到当前打开的演示文稿中。

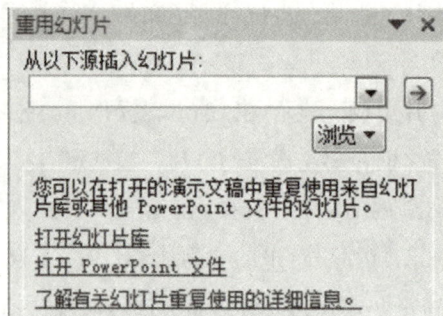

图 3 – 131　"重用幻灯片"对话框

如果想保留原演示文稿的格式，可勾选"重用幻灯片"窗格底部的"保留源格式"复选框。

（3）删除幻灯片　在"普通视图"的"幻灯片"或"大纲"浏览窗格中，选择"幻灯片"选项卡，选中需删除的幻灯片，按 Delete 键。或右击，在弹出的快捷菜单中选择"删除幻灯片"即可。

（4）**移动幻灯片** 为了重新排列幻灯片的顺序，需要移动幻灯片，移动方法有两种：

①使用剪贴板：在"普通视图"的"幻灯片"或"大纲"浏览窗格中，选择要移动的一张或多张幻灯片缩略图，单击鼠标右键，在弹出的快捷菜单中选择"剪切"按钮，然后选择要插入的位置，单击"粘贴"按钮，即可将幻灯片移到指定位置。

②使用鼠标：在"普通视图"的"幻灯片"或"大纲"浏览窗格中，选择一张或多张幻灯片缩略图，然后用鼠标将其拖曳至目标位置即可。

（5）**复制幻灯片** 复制幻灯片有以下两种方法：

①使用剪贴板：在"普通视图"的"幻灯片"或"大纲"浏览窗格中，选择要复制的一张或多张幻灯片缩略图，单击鼠标右键，在弹出的快捷菜单中选择"复制"按钮，然后选择要插入的位置，单击"粘贴"按钮，即可将幻灯片复制到指定位置。

②使用鼠标："普通视图"的"幻灯片"或"大纲"浏览窗格中，选择一张或多张幻灯片缩略图，按住 Ctrl 键，用鼠标直接将其拖曳至目标位置放开即可。

3. 演示文稿的外观设置

演示文稿的外观设置包括版式、模板、母版、主题和背景等设置，通过演示文稿的外观设置，使演示文稿中的幻灯片具有统一的外观设计风格。

（1）*幻灯片版式* 幻灯片版式指的是幻灯片上各元素的排列格式。版式是 PowerPoint 中的一个十分重要的概念，因为它直接决定了幻灯片基本的显示格式和组合方式，确定一个规范的版式有助于增强幻灯片的可读性。一个版式一般包括标题、文本、图表、图形、图像等。PowerPoint 2010 提供了 11 种标准内置版式（图 3 - 132）。

选择需要定义版式的幻灯片。在"开始"选项卡的"幻灯片"组中，单击"版式"，然后选择所需的版式。

如果找不到所需的标准版式，则可以创建自定义版式。自定义版式可重复使用，并且可指定占位符的数目、大小和位置、背景内容等。创建自定义版式的方法详见幻灯片母版的章节。

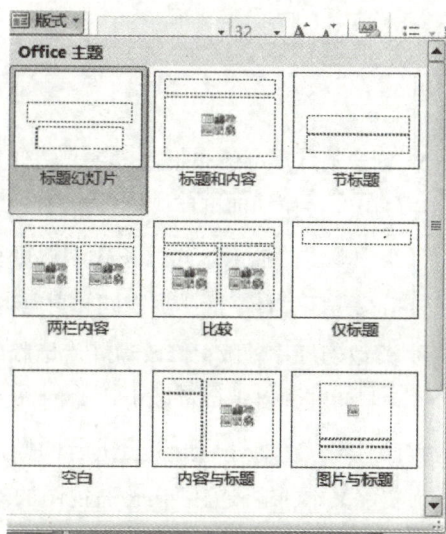

图 3 - 132 "版式"对话框

（2）*母版* 母版是一种特殊的幻灯片格式，利用它可使演示文稿中的所有幻灯片保持一致的格式和风格。如果更改了母版，这一变化将影响基于这一母版的所有幻灯片的样式。PowerPoint 2010 中的母版有幻灯片母版、讲义母版和备注母版三种，其中最常用的母版是幻灯片母版。

①幻灯片母版：幻灯片母版是指一张具有特殊用途的幻灯片。它可以使演示文稿中除了标题之外的幻灯片具有相同的外观格式。通过在幻灯片母版中预设格式占位符的方式实现对标题、文本、页脚内容特征的控制，在幻灯片母版上添加的图片等对象将出现在每张幻灯片的相同位置上，设置的幻灯片背景的效果将应用在每张幻灯片上。

在"视图"选项卡的"母版视图"组中，单击"幻灯片母版"按钮，进入幻灯片母版编辑

NOTE

界面（图 3 – 133）。在左侧幻灯片母版缩略图中显示当前幻灯片所引用的所有母版类型。其中带数字标识的缩略图是母版，其下面的缩略图是 PowerPoint 2010 默认自带的 11 种版式，单击任意一个母版或母版所包含的版式，即可在"幻灯片"浏览窗格中查看、修改母版及版式内容。

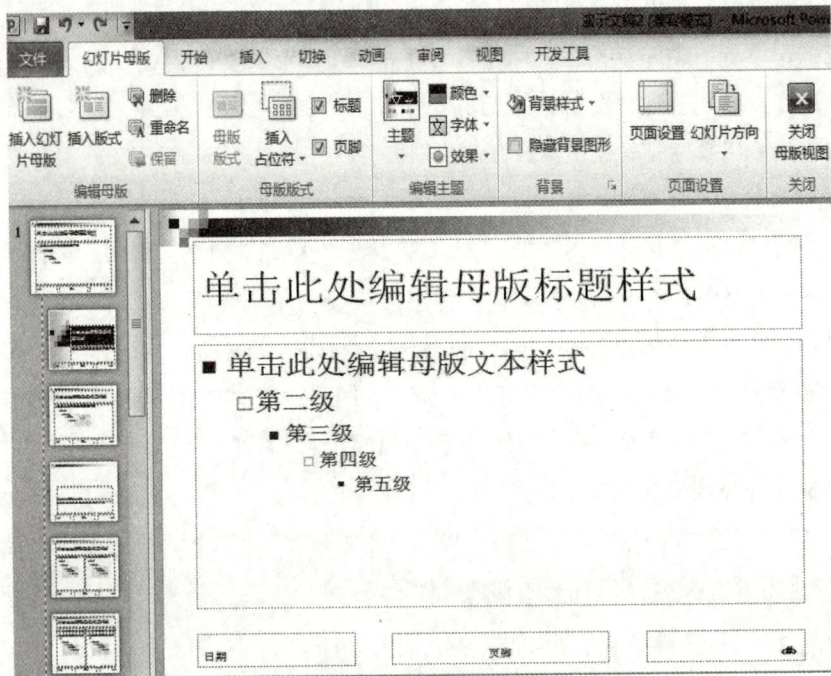

图 3 – 133   幻灯片母版界面

A. 创建幻灯片母版和版式：在"幻灯片母版"选项卡的"编辑母版"组中，单击"插入幻灯片母版"按钮，即可插入一个新母版。新插入的母版默认自带 11 种版式。同理在"编辑母版"组中单击"插入版式"按钮，即可在当前选择的母版下创建一个新版式，该版式默认区域包括标题区、日期区、页脚区和页码区。

B. 修改幻灯片母版：修改幻灯片母版的操作就是对幻灯片母版上的 5 类占位符进行重新设置，包括重新定义占位符的大小、位置、项目符号，以及在母版上添加或删除图案、图片、音视频信息等。在幻灯片母版上进行的操作将应用到所有幻灯片上。母版上的文本只用于样式，而实际文本的输入必须在普通视图的幻灯片上完成。在"幻灯片母版"选项卡的"母版版式"组中，取消勾选"标题"和"页脚"复选框，能够隐藏标题区、日期区、页脚区和页码区。同理，在"母版版式"中，单击"插入占位符"下拉列表框中所需的占位符按钮，即可在幻灯片窗格中适当的位置绘制占位符。

如果需在幻灯片上显示日期、幻灯片编号、页脚等信息，在"插入"选项卡的"文本"组中，单击"页眉和页脚"按钮，并在其打开的对话框中勾选相关复选框（图 3 – 134）。

②讲义母版：讲义母版主要用来设置在一张打印纸中可以打印多少张幻灯片，及打印页面的整体外观。执行菜单"视图"→"讲义母版"命令就可以进入讲义母版的编辑状态，单击工具栏上的按钮就可以对相应母版进行设置（图 3 – 135）。讲义母版通常由页眉、日期、页脚和页码占位符以及若干张幻灯片组成。在讲义母版面中，可以对讲义母版的页面、讲义方向、幻灯片方向以及每页幻灯片数量进行设置。

③备注母版：备注母版可以用来编辑具有统一格式的备注页，执行菜单"视图"→"备

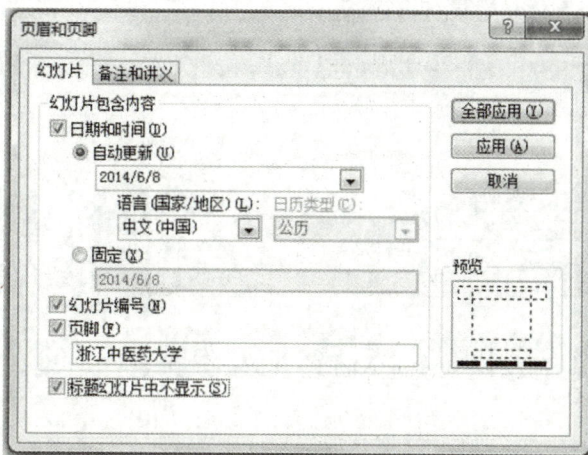

图 3 – 134 "页眉和页脚"对话框

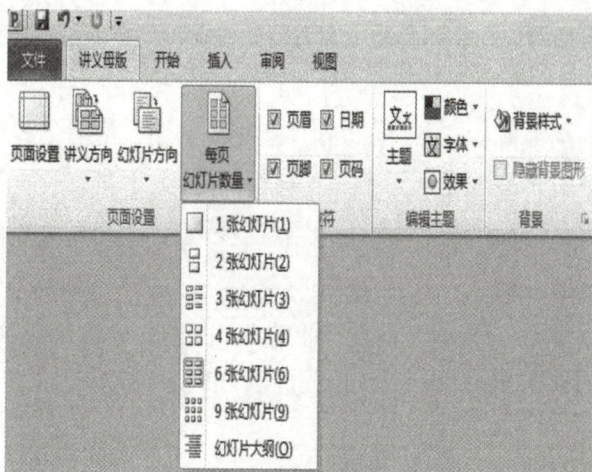

图 3 – 135 "讲义母版"对话框

注母版"命令就可以进入备注母版的编辑状态，编辑操作与幻灯片母版相同。

（3）模板 模板是指一个演示文稿整体上的外观设计方案，可以包含版式、主题和背景样式，甚至可以包含内容。在制作演示文稿时，为求获得统一的外观，用户可以自定义模板，然后存储、重用或与他人共享。此外，PowerPoint 2010 提供了多种不同类型的内置模板，也可以从 Office. com 和其他第三方网站上获取免费模板。在"文件"选项卡上单击"新建"，在"可用的模板和主题"下，单击"最近打开的模板""我的模板"或"Office. com 模板"，再单击所需的模板，然后单击"确定"。模板通常为".potx"文件。

（4）主题 PowerPoint 主题是一组统一的设计元素，包括背景颜色、字体格式和图形效果等内容，是主题颜色、主题字体和主题效果三者的组合。主题字体是应用于文件中的主要字体和次要字体的集合，主题颜色是文件中使用的颜色集合，主题效果是应用于文件中各元素的视觉属性集合。主题作为一套可独立选择的方案应用于文件中，可以简化设计的过程。

在"设计"选项卡的"主题"选项组中，单击下三角按钮，在打开的主体样式列表（图 3 – 136）中，选择要采用的演示文稿主题，应用主题后，母版下的所有幻灯片默认采用相同的主题。还可通过使用"设计"选项卡"主题"选项组中的"颜色""字体""效果"按钮，分别对主题颜色、字体和效果进行调整。

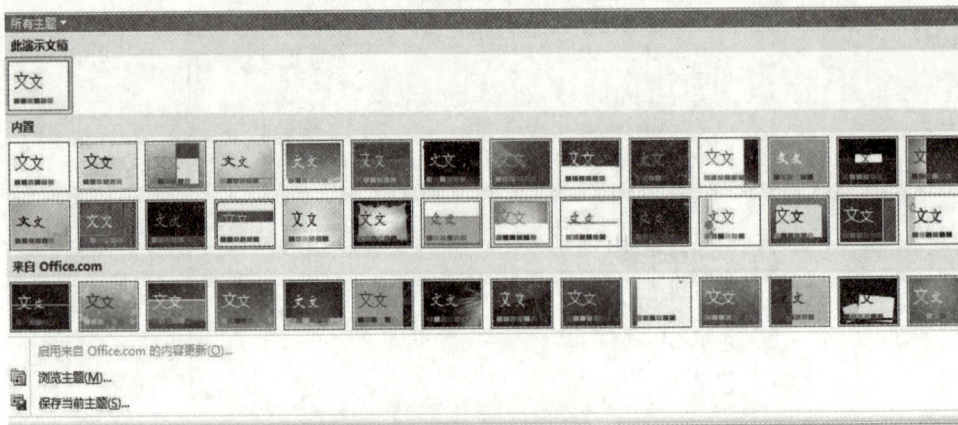

图 3-136   主题样式

如果希望只对选定的幻灯片应用主题，则右击该主题，从弹出的快捷菜单中选择"应用于选定幻灯片"。

如果对已经设置的主题满意的话，可以在"主题"组中，单击"其他"下三角按钮，在打开的下拉列表框中单击"保存当前主题"，保存自定义主题，供以后使用。

（5）背景   背景的主要作用是渲染演示文稿主题，目的是使幻灯片内容更好看，视觉效果更具冲击力。

①背景样式：背景样式是 PowerPoint 独有的样式，内置了 12 种渐变颜色搭配。在"设计"选项卡或"幻灯片母版"选项卡上的"背景"组中，单击"背景样式"，然后选择一种背景样式即可。

②自定义背景：选择"设计"选项卡"背景"组"背景样式"→"设置背景格式"命令，在弹出的"设置背景格式"对话框（图 3-137）中，设置纯色填充、渐变填充、图片和纹理填充、图案填充的背景。

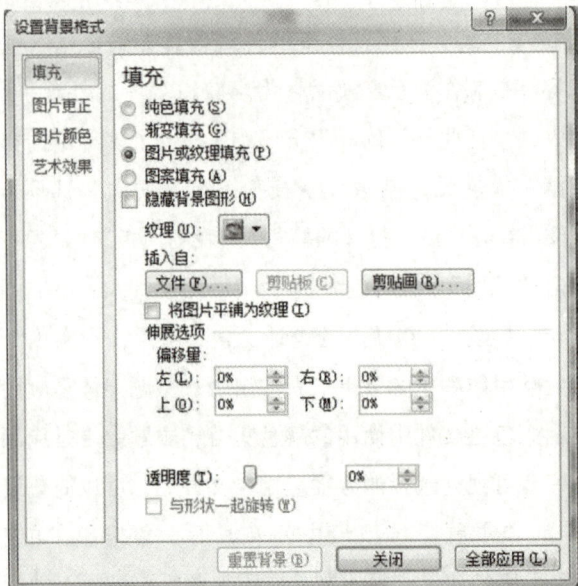

图 3-137   "设置背景格式"对话框

4. 在演示文稿上添加对象

演示文稿中除了包含文字外，还可添加图形、图像、表格、视频等元素，使幻灯片更具吸引力。

（1）添加文本 通常幻灯片中可以将文本添加到文本占位符、文本框和形状中。

①将文本添加到文本占位符中：在占位符中单击，然后键入或粘贴文本。键入文本时，文本占位符中的提示文本会自动消失。

②将文本添加到文本框中：使用文本框可将文本放置在幻灯片上的任何位置。执行"插入"选项卡→"文本"组中"文本框"命令，单击"文本框"下的箭头，选择"水平"或"垂直"对齐方式，单击幻灯片后拖动指针绘制文本框，再在该文本框内部单击，即可键入或粘贴文本。

③将文本添加到形状中：大部分形状都可以添加文本。方法是选择形状，然后键入或粘贴文本。这些文本会作为形状的组成部分附加在形状中，并随形状一起移动和旋转。如果要添加独立于形状的文本，应使用文本框。

除了普通文本，还可以将页眉和页脚、艺术字、日期和时间、幻灯片编号等特殊的文本、公式及符号添加到幻灯片中，方法与 Word 2010 相同。

（2）添加插图 与文字相比，插图更有助于读者理解和记住信息，PowerPoint 中常用的插图有 SmartArt 图形、形状和图表。

①绘制形状：在"开始"选项卡的"绘图"组中，单击下三角按钮，在打开的图形样式列表中，选择要绘制的图形形状，进行基本的图形绘制。或在"插入"选项卡→"插图"组中，选择"形状"，也可以进行基本的图形绘制。如在幻灯片上绘制线条、基本形状、箭头、流程图等，同时可以添加文本框、艺术字、改变图形形状和颜色等，操作方法与 Word 2010 相同。

② SmartArt 图形：使用 SmartArt 图形可创建具有设计师水准的图形，而且操作简单、方便快捷。在"插入"选项卡的"插图"组中单击"SmartArt"，在弹出的"选择 SmartArt 图形"对话框中，选择所需的布局，单击确定。再单击图形上的"文本"窗格中的"［文本］"，在其中键入文本内容或粘贴文本。

（3）添加图表 在幻灯片中添加图表有如下几种方法：

①使用包含有图表占位符的幻灯片版式。

②使用菜单"插入"选项卡→"插图"组中"图表"命令。

（4）添加图像

①插入图片：单击要插入图片的位置，在"插入"选项卡→"图像"组中单击"图片"，找到要插入的图片文件，然后双击该图片，或单击"插入"按钮。按住 Ctrl 键同时单击多张图片，可以添加多张图片，然后单击"插入"。

②插入剪贴画：剪贴画是指用各种图片和素材剪贴合成的图片。Office 中内置了一些剪贴画，插入时需要通过搜索找到所需剪贴画。

点击"插入"选项卡"图像"组中"剪贴画"命令，弹出"剪贴画"任务窗格（图 3 - 138）中，在"搜索文字"文本框中，输入用于描述所需剪贴画的关键字或文件名。在"结果类型"列表中选择"插图""照片""视频"和"音频"以搜索指定媒体类型的媒体。单击

"搜索"，在结果列表中单击剪贴画将其插入。

③插入屏幕截图：PowerPoint 2010 中可以捕获打开的窗口图片，而无需退出正在使用的程序，但是一次只能添加一个屏幕截图。

单击要插入屏幕截图的幻灯片，在"插入"选项卡"图像"组中，单击"屏幕截图"。在"可用视窗"库中选择缩略图以插入窗口截图；或单击"屏幕剪辑"，当指针变成"+"时，拖动鼠标插入当前窗口屏幕的部分区域；如果要插入其他窗口的部分区域，先切换到要剪辑的窗口，然后再回到 PowerPoint 中，在"插入"选项卡"图像"组中单击"屏幕截图"→"屏幕剪辑"，此时，PowerPoint 将最小化，只显示它后面要剪辑的窗口，拖动鼠标即可。

图 3 – 138　"剪贴画"任务窗格

④新建相册：相册是 PowerPoint 2010 特有的功能，实质是根据一组图片创建的一种演示文稿，用来展示照片。操作如下：在"插入"选项卡"图像"组中，单击"相册"下的箭头，在下拉菜单中选择"新建相册"，在"相册"对话框（图 3 – 139）中的"插入图片来自"下，单击"文件/磁盘"，选择要添加的图片，然后单击"插入"。在"插入文本"下，单击"新建文本框"可以插入文本幻灯片，但是文本内容要在创建相册后，单击幻灯片中的文本框后键入。

图 3 – 139　"相册"对话框

（5）添加表格　选择要添加表格的幻灯片，在"插入"选项卡"表格"组中单击"表格"，创建新表格，或者使用带有表格的幻灯片版式，表格的编辑和属性设置过程与 Word 2010 相同。

（6）添加多媒体　在 PowerPoint 演示文稿中可以插入音频、视频、动画等多媒体对象，使得制作的演示文稿达到声情并茂的效果。

①插入音频：选择要添加音频的幻灯片，在"插入"选项卡"媒体"组中单击"音频"。

在打开的"音频"下拉列表中选择"文件中的音频"可直接插入已有音频；或选择"剪贴画音频"，在"剪贴画"面板中找到所需的音频文件并插入；或者单击"录制音频"，打开"录音"对话框录音并将其添加到幻灯片中。PowerPoint 2010 支持的音频格式主要包括 WAV、MP3、MP4、MIDI、AU、ACC、AIFF 等。

另外，PowerPoint 2010 提供了"剪裁音频"功能，可以将音频的开头和结尾剪掉。选择音频，在"音频工具"→"播放"动态选项卡（图 3 – 140）中，单击"编辑"组中的"剪裁音频"，在"剪裁音频"对话框（图 3 – 141）中，播放音频以查找新的起点和终点位置。最左侧的绿色图标标记音频的新起始位置，最右侧的红色图标标记音频的新结束位置。

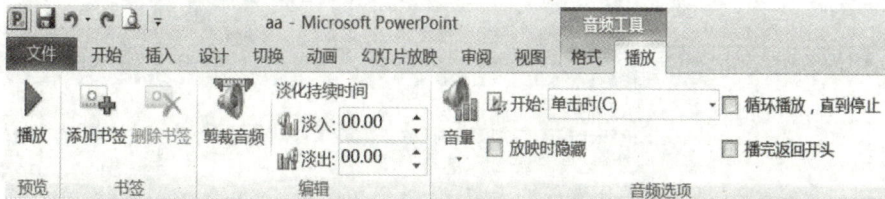

图 3 – 140 "音频工具"下的"播放"选项卡

图 3 – 141 "剪裁音频"对话框

在播放音频前，可以通过选择音频，在"音频工具"→"播放"动态选项卡的"音频选项"组"开始"下拉列表中，根据需要选择自动播放、单击播放或跨幻灯片播放，或选择"循环播放，直到停止"复选框、"播完返回开头"复选框和"放映时隐藏"复选框。

若要删除已插入的音频，只需选择要删除音频的幻灯片，在"普通"视图中，单击声音图标或 CD 图标，然后按 Delete 键。

②插入视频：PowerPoint 2010 可以将来自文件的视频直接嵌入演示文稿中。支持的文件格式有 ASF、AVI、MOV、MP4、MPEG、WMVC 和来自剪贴画库的 GIF 动画文件等。

插入视频的方法和插入音频方法类似，在"插入"选项卡"媒体"组中，单击"视频"下的箭头，选择"文件中的视频"，在弹出的"插入视频"对话框中，找到并单击要嵌入的视频，然后单击"插入"。

插入视频后，在"视频工具"→"格式"或"播放"动态选项卡中，对插入的视频进行相应设置，如剪辑视频、播放形式、音量控制等。

3.4.2 演示文稿的设计

【案例 3 – 9】演示文稿的设计应用

（1）打开案例 3 – 9 的演示文稿"刮痧 . pptx"，制作效果如"刮痧_样稿 . pptx"所示的演示文稿（图 3 – 142）。

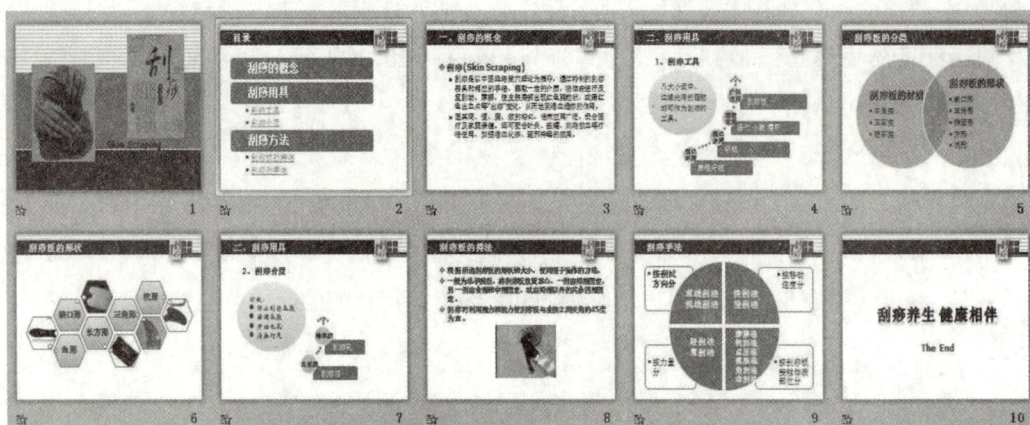

图 3 – 142   "刮痧"演示文稿的设计效果

①为演示文稿应用"计算机主题 1"主题。

②删除"计算机主题 1"主题默认标题页中的"Company LOGO"、其他页的页脚和页面底端的横线，插入"刮痧"Logo 图。

③在幻灯片 4 中，给 SmartArt 图形添加动画效果，使"麻粗纤维""铜钱""汤勺、小碗、酒杯"和"刮痧板"在单击后分别出现。

④为所有的幻灯片添加"淡出"切换效果。

⑤为目录页插入超链接，实现单击某一目录项时跳转到相应的幻灯片。

⑥在"幻灯片母版"视图中插入 4 个动作按钮，用来跳转到目录页幻灯片、上一张幻灯片、下一张幻灯片和最后一张幻灯片。

（2）操作步骤

①执行"设计"选项卡→"主题"组中选择"计算机主题 1"，"计算机主题 1"显示如图 3 – 143 所示。

②执行"视图"→"演示文稿视图"→"幻灯片母版"，切换到"幻灯片母版"视图（图 3 – 144），删除标题页的"Company LOGO"、其他页的页脚和页面底端的横线。执行"插入"选项卡→"图像"组中"图片"命令，插入"刮痧"Logo 图并调整其位置，效果如图 3 – 142 第 1 张幻灯片所示。执行"幻灯片母版"→"关闭母版视图"。

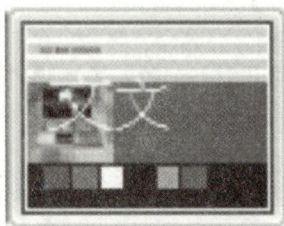

图 3 – 143   计算机主题 1   **图 3 – 144   删除标题页中"CompanyLOGO"的界面**

③在幻灯片 4 中，单击选中相应 SmartArt 图形，执行"动画"选项卡→"动画"组中"出现"命令，添加动画效果。在"动画"选项卡→"高级动画"组中单击"动画窗格"命令，打开动画窗格。执行"动画"选项卡→"高级动画"组中"效果选项"，在下拉列表中选择"逐个"（图 3 – 145）。

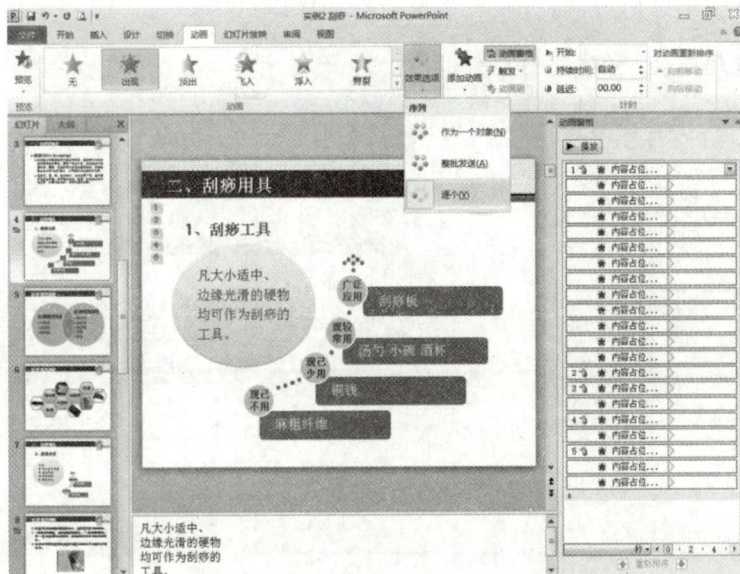

图 3 – 145　操作界面及动画窗格效果

在动画窗格中选中"椭圆 30"（图 3 – 146），选择"动画"选项卡→"计时"组中"开始"命令，在下拉列表中选择"与上一动画同时"，动画窗格中动画列表前面的鼠标图形消失。在动画窗格中选中"铜钱"，执行"动画"选项卡→"计时"组中"开始"，在下拉列表中选择"单击时"，动画窗格中动画列表前面增加鼠标图形。重复上述操作，将后面的动画开始条件修改成图 3 – 147 所示效果。

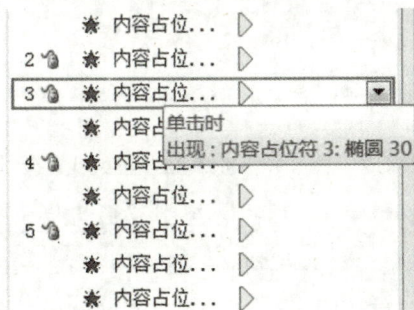

图 3 – 146　动画窗格中选中"椭圆 30"　　　　**图 3 – 147　调整开始条件后动画窗格效果**

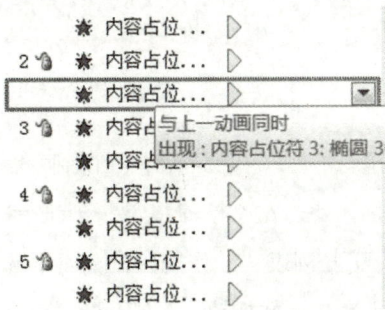

④执行"切换"选项卡（图 3 – 148）→"切换到次幻灯片"组中"淡出"命令，然后执行"切换"选项卡→"计时"组中"全部应用"命令。

⑤在目录页幻灯片 2 中，单击选中要添加超链接的对象或文本，例如"刮痧的概念"，执行"插入"选项卡→"链接"组中"超链接"命令，在打开的"插入超链接"对话框（图 3 – 149）中，在左侧"连接到"下选择"本文档中的位置"，从右侧"请选择文档中的位置"中，选择要连接到的幻灯片标题，例如"3. 一、刮痧的概念"，单击"确定"。重复以上

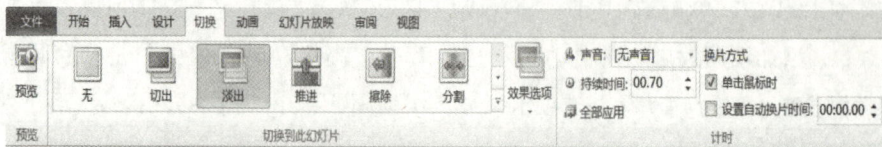

图 3 – 148   幻灯片"切换"选项卡

操作，插入其他超链接，效果如图 3 – 150 所示。

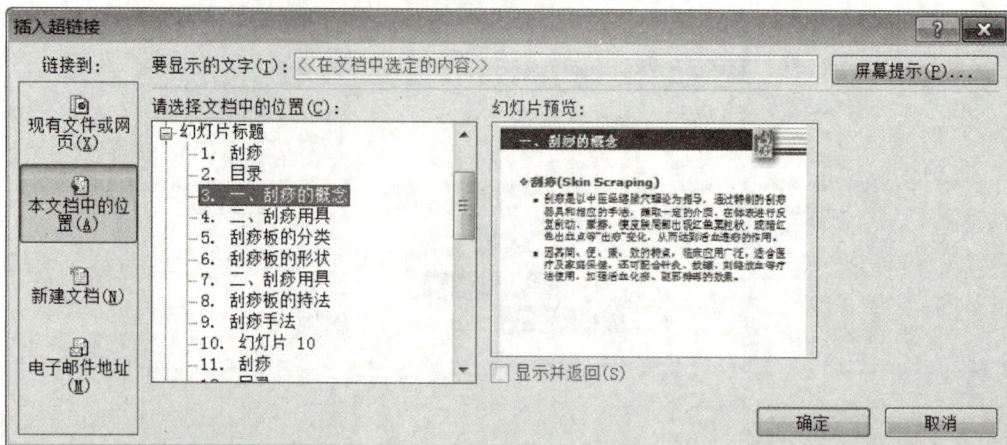

图 3 – 149   "插入超链接"对话框

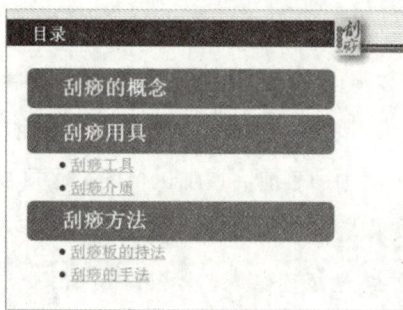

图 3 – 150   插入超链接的目录页效果

⑥执行"视图"选项卡→"母版视图"组中"幻灯片母版"命令，切换到"幻灯片母版"视图。单击左窗格的主母版，执行"插入"选项卡→"插图"组中"形状"命令，在"形状"下拉列表"动作按钮"分类中选择房子形状的"动作按钮"（图 3 – 151），然后在幻灯片右上角单击并拖动，在打开的"动作设置"对话框（图 3 – 152）中"超链接到"选项下下选择"幻灯片…"，在"超链接到幻灯片"对话框（图 3 – 153）中选择"2. 目录"，并将动作按钮图标调整至合适大小。依此类推，添加"动作按钮：后退或前一项""动作按钮：前进或下一项"和"动作按钮：结束"按钮，分别设置连接到"上一张幻灯片""下一张幻灯片"和"最后一张幻灯片"。

图 3 – 151   "形状"下拉列表中的"动作按钮"组

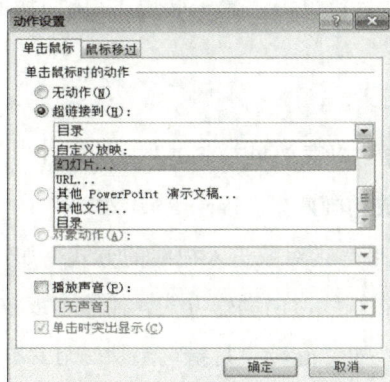

图 3 – 152 "动作设置"对话框

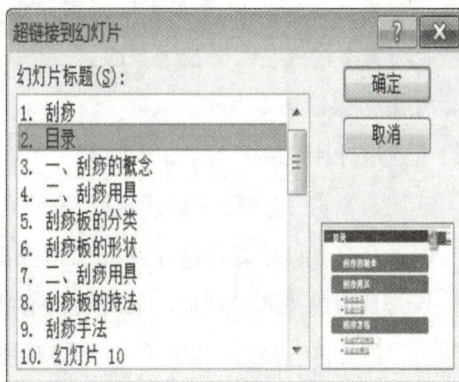

图 3 – 153 "超链接到幻灯片"对话框

1. 页面设置

在"设计"选项卡的"页面设置"组中，单击"页面设置"，在"页面设置"对话框（图 3 – 154）"幻灯片大小"下选择合适的屏幕长宽比，以及其他选项。

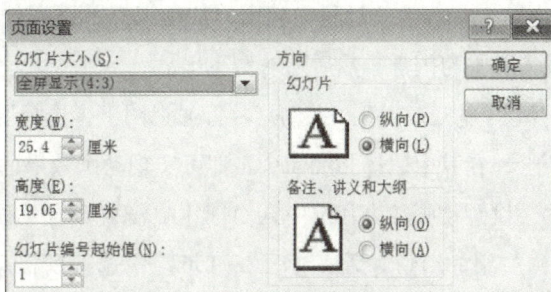

图 3 – 154 "页面设置"对话框

2. 艺术字

在"插入"选项卡的"文本"组中，单击"艺术字"命令，打开"艺术字库"对话框，其中共有 30 种艺术

字格式，选择其中一种，输入要插入的艺术字，并对其进行字体、字号等格式设置。

3. 水印

PowerPoint 中既可以在幻灯片后面插入图片、剪贴画或颜色作为背景，还可以插入图片、文本框或艺术字作为水印。通常需要设置透明度来淡化图片、剪贴画或颜色，使其不会对幻灯片的内容产生干扰。

用图片作为水印，首先选择要插入水印的幻灯片。如果要为所有幻灯片添加水印，则在"视图"选项卡"母版视图"组中单击"幻灯片母版"。在"插入"选项卡上"图像"组中，单击"图片"或"剪贴画"选择水印图片，将其插入。然后在幻灯片上拖动图片边缘调整大小，并拖动图片到合适的位置。在"图片工具"→"格式"动态选项卡"调整"组（图 3 – 155）中，单击"颜色"，然后在"重新着色"下单击所需的颜色，再单击"更正"→"图片修正选项"，在"亮度和对比度"下选择所需的亮度百分比。在"图片工具"→"格式"动态

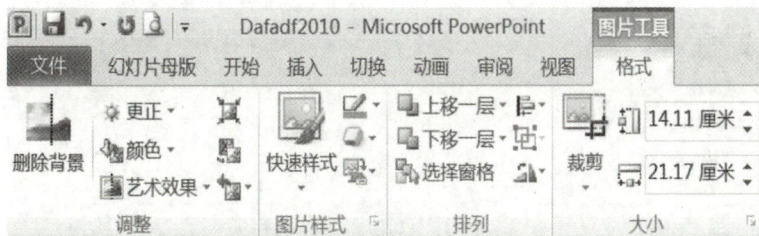

图 3 – 155 "图片工具"下"格式"选项卡

NOTE

选项卡"排列"组中，单击"下移一层"旁边的箭头，然后单击"置于底层"。用同样的方法，可以将文本框或艺术字设为水印。

4. 动画效果设计

为了使幻灯片放映时更加引人注意，可以给幻灯片增加动画效果。事实上，对幻灯片内的对象，其切入方式、伴音以及时间控制等综合起来即形成动画效果。PowerPoint 2010 中的动画效果有进入、退出、强调和动作路径四种类型。进入效果是指对象进入视线的方式，如"飞入"效果是从边缘飞入幻灯片。强调效果是指对象停留在视线时的动作方式，如缩小或放大、更改颜色和闪烁等。退出效果是指对象离开视线的方式，如"旋转"是指对象从幻灯片旋出。动作路径效果是使对象沿指定路径进行运动，如可以使对象上下移动、左右移动或者沿着星形或圆形图案移动。

动画效果可以单独使用，也可以多个组合使用。例如，可以对一个文本框在进入时应用"飞入"效果，停留过程中应用"加粗闪烁"强调效果，退出时应用"飞出"效果，使它从左侧飞入并加粗闪烁，然后从右侧飞出。

（1）自定义动画　在幻灯片普通视图下，选择要添加动画的对象，单击工具栏上"动画"选项卡，在其中选择相关命令，即可实现动画效果的设置。

①设置动画效果：选中在幻灯片中需要设置动画的某个对象，选择"动画"选项卡，在"动画"组的动画对话框（图 3 - 156）中选择所需动画效果按钮，将其应用到所选择的对象上。或点击"添加动画"选项进行更多选择。

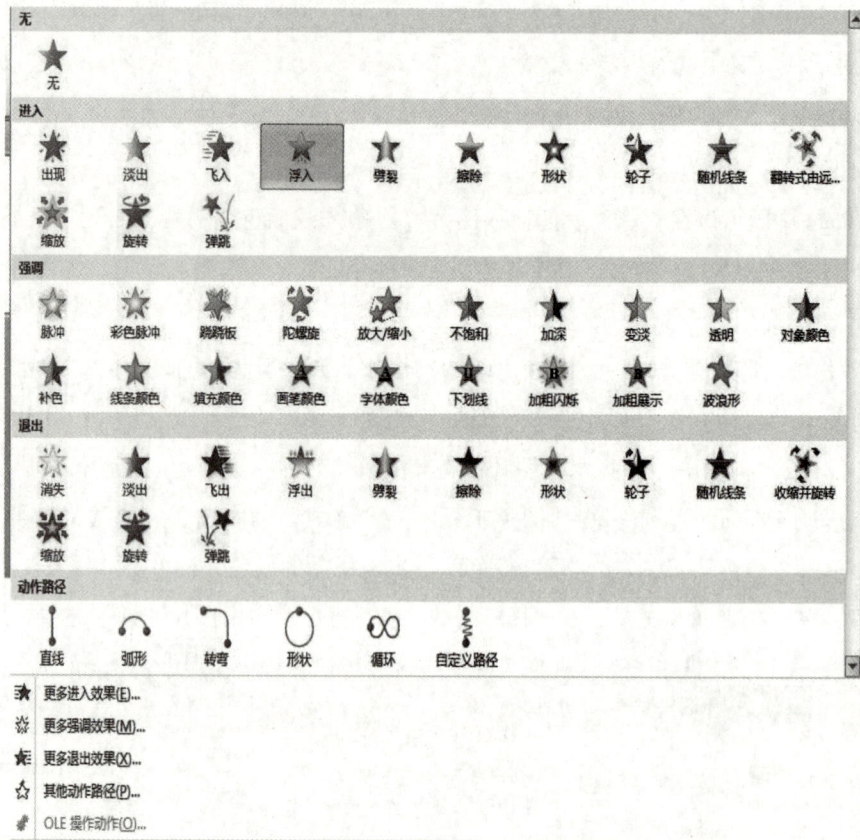

图 3 - 156　"动画"对话框

②调整动画播放次序：可单击菜单"动画"，在"高级动画"组中选择"动画窗格"→"重新排序"的上下按钮（图 3 - 157）调整动画顺序。

③设置动画属性：若需进一步自定义动画的相关属性，则在动画窗格的基础上单击某一动画选项的下拉列表，进入下一级菜单，如选择"效果"选项，则可对单项动画效果进行设置（图 3 - 158）；如选择"计时"选项，则可对单项动画播放时间及触发器启动进行设置。

④动画运行路径设计：设置动画运行路径，是为了让对象按照指定的路径移动。可以利用直线、曲线、任意多边形形成自由曲线等多种方式绘制自定义路径。应用动作路径后，会出现动作路径的控制线轨迹，可以通过控制线来调整动作路径的方向、尺寸和位置，利用动作路径设置对象的动画，方法如下：

A. 添加动作路径：在幻灯片中选中要添加动作路径的对象，选择"动画"选项卡，在"高级动画"组中单击"添加动画"按钮，从众多的动作路径中选择一种路径后，单击"确定"按钮，可设置所选对象的动画路径。如果在"高级动画"选项组中单击"其他动作"按钮，则打开"添加动作路径"对话框（图 3 - 159），为所选对象添加动作路径；也可在下拉列表（图 3 - 156）中选择某种动作路径，或选择最下面的"其他动作路径"项，打开"更改动作路径"对话框，实现同样的动作路径效果。

图 3 - 157　调整动画播放顺序

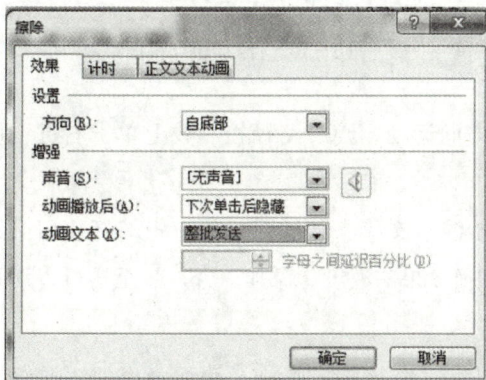

图 3 - 158　单项动画效果设置　　　图 3 - 159　"添加动作路径"对话框

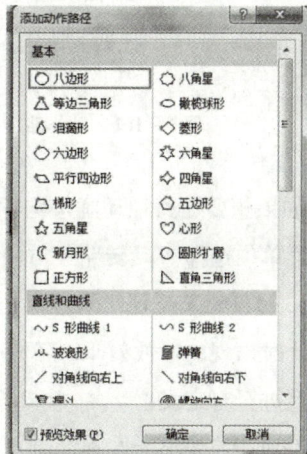

B. 更改动作路径：将动作路径应用到当前幻灯片的对象后，会出现一条路径控制线（图 3 - 160），被添加动作路径的对象将按这条控制线轨迹运动。

a. 按住鼠标左键拖动路径控制线的顶点，可以调整它的大小，拖动控制线的中间部位，可以移动位置。

b. 动作路径可以通过调整编辑顶点来改变它的移动路线。操作如下：选中需要编辑顶点的动作路径控制线，单击右键，在弹出的快捷菜单（图 3 - 161）中选择"编辑顶点"选项，此时在此路径控制线上出现编辑点。将鼠标指向某个编辑点，按住鼠标左键，将其拖动到合适的位置释放鼠标。如果要添加编辑点，则将鼠标指向控制线，然后单击右键，在弹出的快捷菜

NOTE

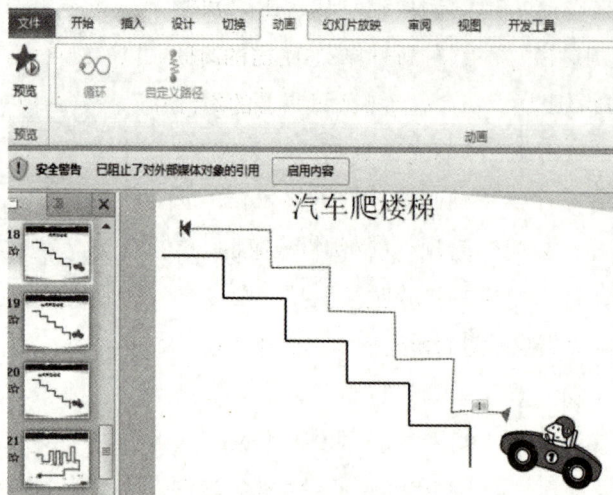

图 3 – 160   动作路径效果

单（图 3 – 162）中选择"添加顶点"。编辑完成后，在控制线之外的任意位置单击鼠标，即可退出路径编辑状态。

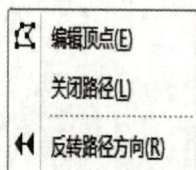

图 3 – 161   动作路径控制线快捷菜单   图 3 – 162   添加顶点快捷菜单

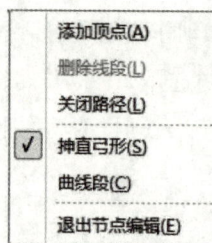

c. 如果想要让路径动画按与原来相反的方向运动，则在路径控制线上单击右键，从弹出的快捷菜单中选择"反转路径方向"。

（2）切换效果设计   幻灯片切换效果是指演示文稿在放映时，从一张幻灯片切换到另一张幻灯片时出现的播放效果。不仅可以控制切换效果的速度、添加声音，甚至还可以对切换效果的属性进行自定义。

①添加切换效果：在视图浏览窗格中，单击"幻灯片"选项，选择要添加切换效果的幻灯片，在"切换"选项卡"切换到此幻灯片"组中，单击下三角下拉列表框，从中选择所需的幻灯片切换效果。如果要将幻灯片切换效果应用于所有幻灯片，可以在"切换"选项卡的"计时"组中，单击"全部应用"。

PowerPoint 2010 提供了细微型、华丽型和动态内容三大类共计 34 种切换效果，一张幻灯片只能应用一种切换效果。

②设置切换效果的属性：有些切换效果具有可自定义的属性，在普通视图"幻灯片"浏览窗格上，选择要修改切换效果的幻灯片。在"切换"选项卡上的"切换到此幻灯片"组中，单击"效果选项"并选择所需的效果。

③设置切换效果的计时：如果要设置上一张幻灯片与当前幻灯片之间切换效果的持续时间，在"切换"选项卡"计时"组中"持续时间"框中，键入或选择所需持续时间，它将决

定切换速度。如果要经过指定时间切换幻灯片，在"切换"选项卡的"计时"组中，复选"设置自动换片时间"，在其后数字增减框中设置所需的时间，以秒为单位。

④向幻灯片切换效果添加声音：选择要添加声音的幻灯片，在"切换"选项卡的"计时"组中，单击"声音"旁的箭头，选择列表中的声音，或者选择"其他声音"，找到要添加的声音文件，然后单击"确定"。

⑤更改幻灯片的切换效果：选择要更改切换效果的幻灯片，在"切换"选项卡"切换到此幻灯片"组中，选择另一个幻灯片切换效果。

⑥删除切换效果：选择要删除切换效果的幻灯片，在"切换"选项卡"切换到此幻灯片"组中，单击"无"。

5. 超链接与动作按钮

（1）超链接 在 PowerPoint 中，可以从文本或对象创建超链接，链接可以指向当前演示文稿中的幻灯片、其他演示文稿中的幻灯片、网页、电子邮件地址或视频文件等。

①创建超链接：在"普通"视图中，选择要用作超链接的文本或对象。在"插入"选项卡"链接"组中，单击"超链接"，或者右键单击该对象，在弹出的快捷菜单中选择"超链接"选项，打开"插入超链接"对话框（图 3 – 163），根据需要创建指向不同对象的超链接。

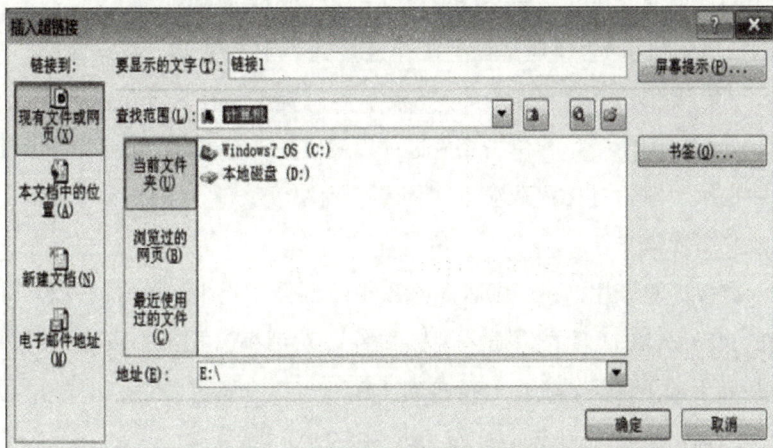

图 3 – 163 "插入超链接"对话框

"链接到"列表框中各选项的意义如下。

A. 本文档中的位置：链接目标为同一演示文稿中的幻灯片。在"插入超链接"对话框"链接到"下，单击"本文档中的位置"。在"请选择文档中的位置"下，单击要用作超链接目标的幻灯片。

B. 现有文件或网页：链接其他演示文稿中的幻灯片。在"链接到"下，单击"现有文件或网页"，打开"插入超链接"对话框，找到目标演示文稿，单击"书签"按钮，打开"在文档中选择位置"对话框（图 3 – 164），选择要链接到的幻灯片标题。如果复制演示文稿到其他计算机时，应确保将链接的演示文稿一同复制。如果不复制链接的演示文稿，或者重命名、移动或删除它，则超链接将不可用。

如果单击"浏览 Web" 按钮，则可创建链接到网页，找到并选择要链接到的页面或文件，然后单击"确定"。

NOTE

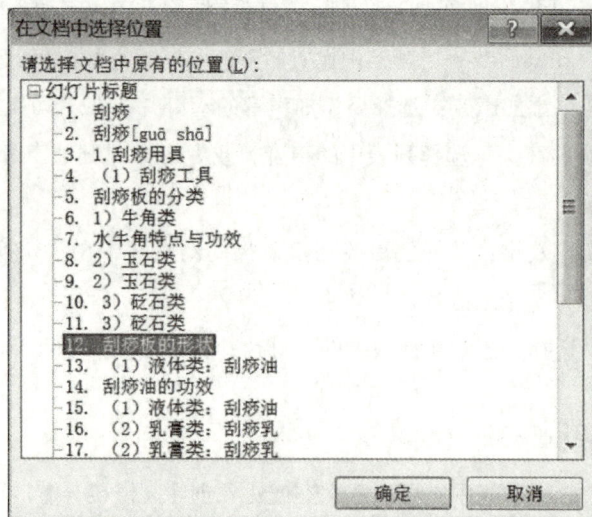

图 3-164　"在文档中选择位置"对话框

　　C. 电子邮件地址：链接目标为电子邮件地址。在"链接到"下单击"电子邮件地址"，在"电子邮件地址"框中，键入要链接到的电子邮件地址，或在"最近用过的电子邮件地址"框中，单击电子邮件地址。在"主题"框中，键入电子邮件的主题。

　　D. 创建文档：链接目标为新建文档。在"链接到"下，单击"新建文档"，在"新建文档名称"框中，键入要创建并链接到的文件名称，在"完整路径"下单击"更改"，选择存储文件的位置，在"何时编辑"下，单击相应选项以确定是现在更改文件还是稍后更改文件。

　　②创建指向视频文件的链接：从演示文稿链接到视频文件，可以减小演示文稿的文件大小，便于更改或更新视频文件。

　　选择要插入链接的幻灯片，在"插入"选项卡"媒体"组中，单击"视频"下方的箭头，单击"文件中的视频"，在打开的"插入视频文件"对话框（图 3-165）中选择目标文件。单击"插入"按钮上的下箭头，选择"链接到文件"。

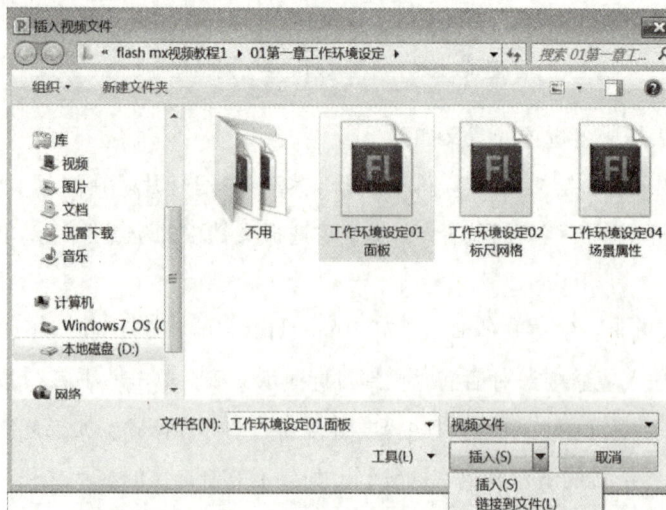

图 3-165　"插入视频文件"对话框

　　◆ 提示：链接视频无法保证链接视频文件的兼容性。为了防止链接不可用的情况，最好先将视频复制到演示文稿所在的文件夹中，然后再链接到视频。

③删除超链接：选择要删除超链接的文本或对象，在"插入"选项卡"链接"组中，单击"超链接"，然后在"编辑超链接"对话框中单击"删除链接"按钮。

（2）动作按钮　动作按钮是为所选对象添加操作，以指定单击该对象或者鼠标在其上悬停时应执行的操作。在 PowerPoint 中预置了一组带有特定动作的图形按钮，称为"动作按钮"，分别是指向前一张、后一张、第一张、最后一张幻灯片和播放声音及播放影片的链接。应用这些已经设置好的动作按钮，可在放映幻灯片时跳转到另一张幻灯片中、播放音频剪辑、运行程序或运行宏。除此之外，用户也可以自定义动作对象，例如对剪贴画、图片或 SmartArt 图形设置动作等。

①添加动作按钮：在"插入"选项卡"插图"组中，单击"形状"，然后在"动作按钮"下，选择要添加的按钮形状，在幻灯片上拖动鼠标绘制形状，松开鼠标后自动弹出"动作设置"对话框（图3－166），单击"单击鼠标"选项卡或"鼠标移过"选项卡，根据需要选择动作类型：

A. 无动作：只使用形状，但不指定相应动作。

B. 超链接到：创建指向下一张幻灯片、上一张幻灯片、最后一张幻灯片或另一个演示文稿的超链接。

图3－166　"动作设置"对话框

C. 运行程序：运行某个程序。单击"浏览"，然后找到要运行的程序。

D. 运行宏：单击"运行宏"，然后选择要运行的宏。只有演示文稿包含宏时，"运行宏"设置才可用。在保存演示文稿时，必须将它另存为"启用宏的 PowerPoint 放映"。

E. 对象动作：将形状用作执行动作的动作按钮。单击"对象动作"，选择要通过该按钮执行的动作。只有演示文稿包含 OLE 对象时，"对象动作"设置才可用。OLE 是一种可用于在程序之间共享信息的程序集成技术，可通过链接和嵌入对象共享信息。

F. 播放声音：为动作添加声音。选中"播放声音"复选框，然后选择要播放的声音。

②用图片或剪贴画作为动作按钮：在"插入"选项卡"插图"组中，单击"图片"或"剪贴画"，然后找到要添加的图片或剪贴画，然后单击"插入"。单击选中所添加的图片或剪贴画，然后在"插入"选项卡"链接"组中，执行"动作"命令，在"动作设置"对话框（图3－166）中进行动作设置。

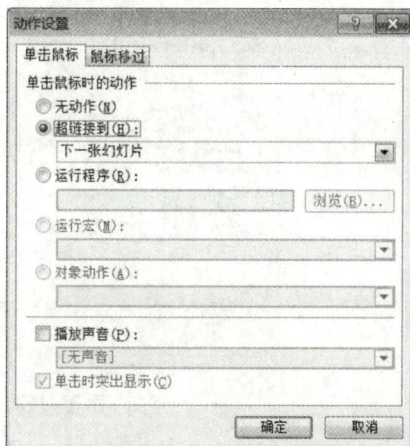

3.4.3　演示文稿的放映与打印

在制作完成演示文稿后，可以通过各种方式设置演示文稿的放映方式，也可以将演示文稿打印。

1. 演示文稿的放映

在"幻灯片放映"选项卡"开始放映幻灯片"组中，可选择"从头开始""从当前幻灯片开始""广播幻灯片"和"自定义幻灯片放映"之一进行放映。

NOTE

（1）从头开始　从演示文稿的第一张幻灯片开始放映

（2）从当前幻灯片开始　先选择所要播放的幻灯片为当前幻灯片，然后选择该方式进行播放。

（3）广播幻灯片　这种方式是 PowerPoint 2010 新增加的一种功能，可以将演示文稿通过 Windows Live ID 账户发布到互联网中，以通过网页浏览器观看。

（4）自定义幻灯片放映　通过这种方式，建立自定义的幻灯片放映列表，在"定义自定义放映"对话框（图 3 - 167）中可以指定从哪一张幻灯片开始播放，或者从演示文稿中选取需要的进行播放。

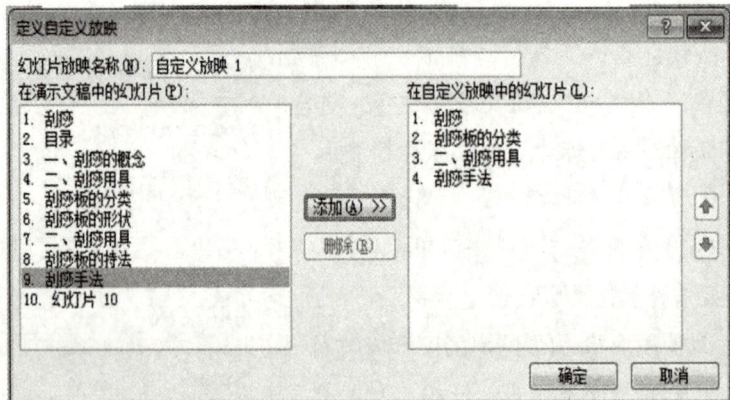

图 3 - 167　"定义自定义放映"对话框

2. 设置放映方式

演示文稿制作完成后，有的由演讲者播放，有的让观众自行播放，这需要通过设置幻灯片放映方式进行控制。在"幻灯片放映"选项卡"设置"组中，单击"设置幻灯片放映"按钮，在打开"设置放映方式"对话框（图 3 - 168）进行放映方式的设置。幻灯片的放映类型有以下三种：演讲者放映（全屏幕）、观众自行浏览（窗口）、在展台浏览（全屏幕）。

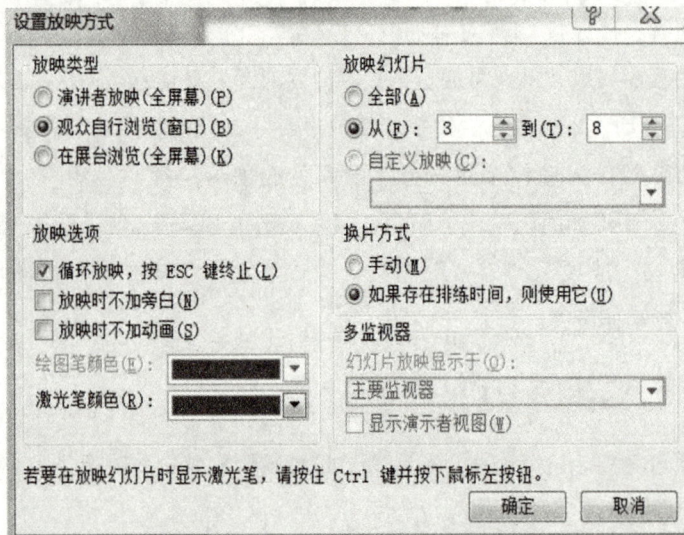

图 3 - 168　"设置放映方式"对话框

操作方法：选择一种"放映类型"（如"观众自行浏览"），确定"放映幻灯片"范围

（如第 3～8 张），设置好"放映选项"（如"循环放映，按 ESC 键终止"）。再根据需要设置好其他选项，确定退出即可。

3. 设置隐藏幻灯片

PowerPoint 2010 中可以使用隐藏幻灯片命令，让演示文稿中的某些幻灯片在放映时不显示。操作方法是：选择要隐藏的幻灯片，执行菜单"幻灯片放映"选项卡→"隐藏幻灯片"命令。取消隐藏方法是重复以上步骤。

4. 自动播放演示文稿

演示文稿的"自动播放"功能为用户可以实现各张幻灯片的自动链接播放。操作方法：执行"文件"选项卡→"另存为"命令，打开"另存为"对话框。将"保存类型"设置为"PowerPoint 放映（*.ppsx）"，然后按下"保存"按钮。

这样，只要直接双击上述文件，即可快速进入放映状态。注意，此文件只能将幻灯片从头到尾直接播放，不能再进行编辑。

5. 放映控制

在幻灯片放映过程中，如何实现对放映的控制呢？PowerPoint 2010 主要提供了三种形式：定位幻灯片、控制屏幕显示、利用指针。

在放映过程中右击鼠标，在出现的快捷菜单中，选择"定位至幻灯片"选项（图 3 - 169），选择需要定位的幻灯片（如第七张幻灯片），屏幕会自动定位到指定的幻灯片上。

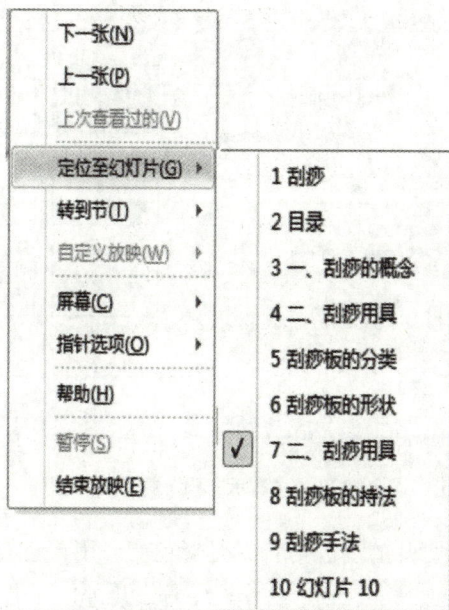

图 3 - 169　"定位至幻灯片"选项对话框

在演示文稿放映过程中，如果想临时标记幻灯片中的重点内容，可以右击鼠标，在出现的快捷菜单中，选"指针选项"→"笔"选项，此时鼠标变成一支"笔"，可以在屏幕上随意绘画。

◆ 注意：右击鼠标，在随后弹出的快捷菜单中，选择"指针选项"→"墨迹颜色"选项，即可修改"笔"的颜色。在退出播放状态时，系统会提示是否保留墨迹注释，根据需要做出选择即可。

6. 排练计时与录制幻灯片

PowerPoint 2010 具有排练计时与录制幻灯片功能，这给演讲者准备演讲提供了很好的工具。演示文稿在正式使用前，可以进行排练，将幻灯片播放的节奏预先设计好，在"幻灯片放映"选项卡"设置"组中，单击"排练计时"按钮，系统会自动记录下幻灯片之间切换的时间间隔。

在"幻灯片放映"选项卡"设置"组中，单击"录制幻灯片演示"按钮可进行相关操作。

7. 演示文稿的打印

在 PowerPoint 2010 中，可以将制作好的演示文稿通过打印机打印出来。打印时，根据不同目的将演示文稿打印为不同形式。对演示文稿进行打印有很多种方法：以"幻灯片"形式进行打印、以"演讲者备注"形式打印、以"听众讲义"形式打印和以"大纲"形式打印。

在"文件"选项卡上单击"打印"命令，在右窗格（图 3 - 170）中，进行所需的设置，其中包括设置打印份数，在"打印机属性"对话框中进行打印属性设置，在"编辑页眉和页脚"对话框中设置幻灯片与备注及讲义的页眉和页脚，设置演示文稿打印范围、打印版式、打印输出幻灯片的颜色和灰度等。设置完毕，单击"打印"按钮即可完成对演示文稿的打印。在选择打印版式时，一般选择"讲义"方式，这样可以在一页中打印多张幻灯片。

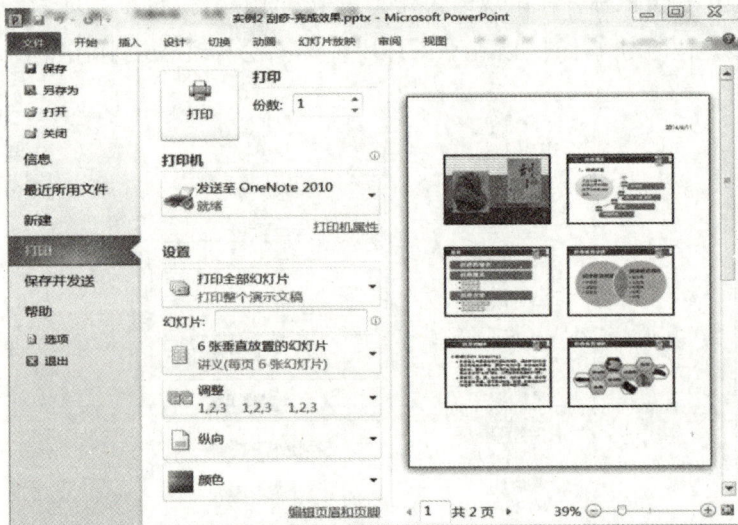

图 3 - 170   "演示文稿"打印对话框

◆ 注意：由于大多数幻灯片的内容与背景是彩色的，用单色打印机打印时很难区分各种颜色，最好选用"单色"打印。操作方法是在"颜色/灰度"下拉列表框中选择"灰度"或"纯黑白"。

8. 演示文稿的保存

在"文件"选项卡上单击"保存并发送"按钮，在右窗格中打开发布演示文稿界面。

（1）保存为自动放映文件 在"文件类型"区域中选择"更改文件类型"选项，在打开的"更改文件类型"窗口中双击"PowerPoint 放映（＊. ppsx）"选项，创建"＊. ppsx"的PowerPoint 放映文件。

（2）保存为 PDF 或 XPS 文件 在"文件类型"区域中选择"创建 PDF/XPS 文档"选项，在打开的"创建 PDF/XPS 文档"窗口中单击"创建 PDF/XPS"按钮，在打开的"发布为 PDF

或 XPS"对话框中设置相关参数，单击"发布"按钮，即在指定位置处保存了一个"*.pdf"或"*.xps"的文件。

（3）保存为 CD 文件 在"文件类型"区域中选择"将演示文稿打包成 CD"选项，在打开的窗口中单击"打包成 CD"按钮，在"打包成 CD"对话框中进行各项打包参数设置。

还可以通过电子邮件发送、保存到 Web 等方式将演示文稿发送给其他人。

习题与实验

一、选择题

1. Word 文档文件的扩展名是

   A. .txt
   B. .wps
   C. .dotx
   D. .docx

2. Word 中，如果用户选中了大片文字后，按了空格键是

   A. 在选中的文字后插入空格
   B. 在选中的文字前插入空格
   C. 选中的文字被空格代替
   D. 选中的文字被送入回收站

3. 在 Word 中，有图 1、图 2……图 10，共计 10 张图，如果删除了图 2，希望图 3、图 4……图 10 自动变为图 2、图 3……图 9，则应将图 1、图 2……图 10 设置成

   A. 脚注
   B. 尾注
   C. 题注
   D. 索引

4. 在 Word 中打开文件操作会实现

   A. 将文件从内存调入寄存器
   B. 将文件从外存调入内存
   C. 将文件从 U 盘调入硬盘
   D. 将文件从硬盘调入寄存器

5. 在 Word 中，要设置字符颜色，应选文字，再选择"开始"功能区什么分组的命令

   A. 段落
   B. 字体
   C. 样式
   D. 颜色

6. 在 Word 中"页面设置"对话框中的"文档网络"选项卡中，当选择什么选项时，只能设置每行与每页的参数值

   A. 无网络
   B. 只指定行网络
   C. 指定行与字符网络
   D. 文字对齐字符网络

7. 在 Word 中，更改页眉与页脚的显示内容时，除了在"插入"选项卡中的"页眉与页脚"选项组中单击"页眉"下三角按钮并选择"编辑页眉"选项之外，还可以通过什么方法来激活页眉与页脚，从而实现编辑页眉与页脚的操作

   A. 双击页眉或页脚
   B. 按 F9 键
   C. 单击页眉
   D. 右击页眉与页脚

8. 在 Excel 2010 中，输入分数时，由于日期格式与分数格式一致，所以在输入分数时需要在分子前添加

   A. "–"号
   B. "/"号
   C. 0 和空格
   D. 00

9. 在 Excel 2010 中，筛选数据时，用户可以使用什么组合键进行快速筛选操作

A. Ctrl + Shift + I   B. Ctrl + Shift + L

C. Alt + Shift + L   D. Alt + Ctrl + L

10. 下列选项中，对分类汇总描述错误的是

    A. 分类汇总之前需要排序数据

    B. 汇总方式主要包括求和、最大值、最小值等方式

    C. 分类汇总结果必须与原数据位于同一个工作表中

    D. 不能隐藏分类汇总数据

11. 下列各选项中，对数据透视表描述错误的是

    A. 数据透视表只能放置在新工作表中

    B. 可以在"数据透视表字段列标"任务窗格中添加字段

    C. 可以更改计算类型

    D. 可以筛选数据

12. 在 Excel 2000 中，用于统计给定区域满足特定条件的单元格数目的函数是

    A. SUMIF（　　）

    B. COUNTIF（　　）

    C. COUNT（　　）

    D. SUM（　　）

13. 在 PowerPoint 2010 中，单击什么选项卡中的"幻灯片母版"按钮，可以进入"幻灯片母版"视图

    A. 格式   B. 视图

    C. 工具   D. 文件

14. 在 PowerPoint 2010 中，通过使用什么可以在对象之间复制动画效果

    A. 格式刷

    B. 动画刷

    C. 在"动画"选项卡的"动画"组中进行设置

    D. 在"开始"选项卡的"剪贴板"组的"粘贴选项"中进行设置

15. PowerPoint 的超链接命令可以实现

    A. 中断幻灯片的放映

    B. 实现演示文稿幻灯片的移动

    C. 实现幻灯片之间的跳转

    D. 在演示文稿中插入幻灯片

16. 在什么视图下可对幻灯片进行插入、编辑对象的操作

    A. 幻灯片   B. 阅读

    C. 幻灯片浏览   D. 备注页

17. 如果要终止幻灯片的放映，可直接按什么键

    A. Ctrl + Z   B. Esc

    C. End   D. Alt + F4

18. 如果将演示文稿置于另一台没有安装 PowerPoint 软件的计算机上放映，那么应该对演

示文稿进行

    A. 复制   B. 打包

    C. 移动   D. 打印

19. 在 PowerPoint 2010 中，幻灯片上可以插入什么多媒体信息

    A. 图片、屏幕截图、剪贴画   B. 动画、声音和视频

    C. 形状、SmartArt 图形   D. 以上都可以

20. 什么是在演示期间可将全屏幻灯片投射到一个监视器上，同时在另一个监视器上显示包括观众看不到的备注和计时等信息的特殊的幻灯片放映视图

    A. 幻灯片视图   B. 演示者视图

    C. 幻灯片浏览视图   D. 备注页视图

二、填空题

1. 在 Word 2010 中不仅可以将文档设置为两栏、三栏、四栏等格式，同时还可以在栏与栏之间添加分隔线，只需在_____对话框中选中_____复选框即可。

2. 在 Word 2010 页眉与页脚分别位于页面的顶部与底部，是每个页面的_____中的区域。

3. 在 Word 2010 文档中，节与节之间的分界线是一条双虚线，该双虚线被称为_____。

4. 在 Word 2010 中，可以利用索引功能标注关键词或语句的出处与页码，并能按照一定的规律进行排序。在创建索引之前，需要将创建索引的关键词或语句进行_____。

5. 在 Word 2010 中，样式是一种命名的_____，规定了文档中的字、词、句、段与章等文本元素的格式。

6. 在 Word 2010 中"开始"选项卡中的"样式"选项组中单击"对话框启动器"按钮，并单击"新建样式"按钮，在弹出的_____对话框中设置样式格式。

7. Word 2010 中用户可以在"页面设置"对话框中的_____选项卡中，设置页面中节的起始位置、页眉和页脚、对齐方式等格式。

8. Excel 2010 中，色阶作为一种直观的指示，可以帮助用户了解数据的分布与变化情况，分为_____与_____。

9. Excel 2010 中，在应用样式后，用户可以通过执行"开始"选项卡"样式"选项组中的"单元格样式"命令中的_____选项进行清除。

10. Excel 2010 中趋势线主要用来_____。而误差线主要用来显示_____，每个数据点可以显示一个误差线。

11. Excel 2010 中在对数据进行排序时，如果用户只选择数据区域中的部分数据，当执行"升序"或"降序"命令时，系统会自动弹出_____对话框。

12. Excel 2010 中在排序或筛选数据时，用户还可以执行"开始"选项卡_____选项组中的_____命令，进行排序或筛选操作。

13. Excel 2010 中在创建分类汇总之前，需要对数据_____，以便将数据中关键字相同的数据集中在一起。

14. Excel 2010 中，计算区域 A1：D5 中包含数字单元格个数的公式是_____。

15. PowerPoint 2010 演示文稿文件的扩展名是_____。

16. 在 PowerPoint 2010 中，母版视图分为_____、讲义母版和备注母版三类。

17. 在 PowerPoint 2010 中，要让不需要的幻灯片在放映时得以隐藏，可通过单击"幻灯片放映"选项卡中"设置"组的_____按钮来进行设置。

18. 在 PowerPoint 2010 中，可以从文本或对象创建超链接，链接可以指向_____中的幻灯片、其他演示文稿中的幻灯片、网页或电子邮件地址等。

19. 主题是主题颜色、_____和主题效果三者的组合。

20. 在 PowerPoint 2010 中，单击"插入"选项卡中的"文本"组中的"幻灯片编号"、"页眉和页脚"和_____三个中的任何一个按钮，都可以进入"页眉和页脚"对话框。

三、简答题

1. 简述在 Word 2010 中设置页眉和页脚的步骤

2. Word 2010 中如何把需要的内容截成图片插入文档中？

3. 简述在 Word 2010 中目录与索引的作用，并简述创建目录的操作步骤。

4. 简述创建共享工作簿的操作步骤。

5. 如何创建一个自定义序列。

6. 如何隐藏行和列？又如何把隐藏的行和列显示出来。

7. 如何插入人工分页符。

8. 如何设置超链接和动作按钮？

9. 在幻灯片设计过程中，幻灯片的主题、版式以及母版之间有什么区别？

10. 如何设置幻灯片的动画及切换效果？

11. 如何在所有的幻灯片中快速插入相同的图片或文字？

12. 如何在幻灯片中插入音频和视频？

四、实验

1. 打开第三章实验一"中医养生之我见_源.docx"，参考"中医养生之我见_样稿.docx"，完成下列操作。

（1）设置文稿标题格式为"隶书""初号""居中"，并添加文本效果"渐变填充－紫色，强调文字颜色4，映像"，段后间距为1行。

（2）设置正文格式为首行缩进"2个字符"、字号大小为"小四"、行间距为"固定值：18磅"。

（3）对文稿第一段设置首字下沉"2行"、距正文"0厘米"、下沉文字格式为"加粗""幼圆"。

（4）将文稿中"1. 饮食"所在段落中的"中医"格式替换为"蓝色""黑体""突出显示"。

（5）将文稿中"饮食""睡眠""运动""其他"四个段落添加"1. 2. 3…"格式的编号。

（6）删除文稿"3. 运动"部分中的空格。

（7）设置页面为"A4"上下页边距"2.5厘米"，左右页边距"3厘米"。

（8）设置页眉"中医养生知识"居中，页脚"第×页 共×页"。

（9）表格操作：

①不显示文章中"饮食""睡眠""运动""其他"表格的框线。

②将"饮食""睡眠""运动""其他"设置超链接，分别连接到文稿中的"1. 饮食""2. 睡眠""3. 运动""4. 其他"（先分别对文稿中"饮食""睡眠""运动""其他"设置为书签。）

③将表格设置"浅色网格 – 强调文字颜色 5"的表格样式；再将表格标题行单元格设置"浅蓝色"填充颜色。

④在表格最后插入一行，将其合并为一个单元格，输入文字"让我们一起关注自己的健康！"（宋体，五号，加粗，水平居中）。

⑤为表格设置外边框线为"1.5 磅""深红色"的实线，内框线不变。

2. 打开第三章实验二"中药 de 起源_ 源.docx"，参考"中药 de 起源_ 样稿.docx"，完成下列操作。

（1）插入文本框：位置任意；高度 7cm、宽度 9cm；内部边距均为 0，无填充色、无线条色。

（2）在文本框内输入文本"从远古时期到秦皇朝建立，人们通过生产、生活和医疗实践逐步发现、认识和使用药物，从感性的经验过渡到理性的认识，从最初的口耳相传到形成文字记载，是中药的起源阶段，也是中药学的萌芽时期。"字体宋体、倾斜、四号字、黑色，单倍行距、两端对齐。

（3）插入艺术字：插入"中药""de""起源"，并设置为图所示样式和排版。

（4）绘制椭圆形：填充黑白横向渐变、线条色为蓝色。

（5）手工绘制线条，并调整颜色和位置到"样稿"所示的样式。

（6）在文档中输入如下密码验证流程图。

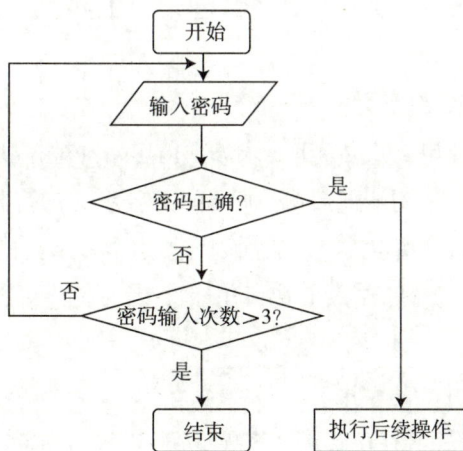

（7）在文档末输入如下数学公式。

$$(uv)^{(n)} = \sum_{k=0}^{n} C_n^k u^{(n-k)} v^{(k)}$$

$$= u^{(n)} v + n u^{(n-1)} v' + \frac{n(n-1)}{2!} u^{(n-2)} v'' + \cdots + \frac{n(n-1) \cdots (n-k+1)}{k!} u^{(n-k)} v^{(k)} + \cdots + uv^{(n)}$$

3. 打开第三章实验三"论文排版_ 源.docx"，参考"论文排版_ 样稿.docx"，完成下列操作。

（1）将论文中章名使用样式"标题 1"，并居中；编号格式为："第 X 章"，其中 X 为自动排序。

（2）将小节名使用样式"标题2"，左对齐；编号格式为：多级符号X.Y，X为章数字序号，Y为节数字序号（如2.1）。

（3）新建样式，样式名为"样式+学号"，其中：

①字体：中文为"宋体"，西文字体为"Times New Roman"，字号为"五号"。

②段落：首行缩进2字符，行距为22磅。

③其余格式，默认设置。

（4）将（3）中样式应用到正文中无编号的文字。（注意：不包含章名、小节名、表文字、表和图的题注）。

（5）对正文中的表格添加题注，位于表格上方、居中。要求题注随章节编号，编号为"章节号"-"表在章中的序号"（第2章第一个表格设为"表2-1"）。

（6）对正文中的图添加题注，位于图片底部、居中。要求题注随章节编号，编号为"章节号"-"图在章中的序号"（第3章第一个图设为"图3-1"）。

（7）对正文中的《神农本草经》添加脚注，注释符号为"1"，注释文字：《神农本草经》，简称《本草经》或《本经》，是我国现存最早的药物学专著，起源于神农氏，代代口耳相传，于东汉时集结整理成书，成书作者不详。

（8）在正文前按序插入一节，使用"引用"中的目录功能，生成如下内容：

①目录。标题"目录"使用样式"标题1"，并居中。"目录"下为目录项。

②表索引。标题"表索引"使用样式"标题1"，并居中。"表索引"下为表索引项。

③图索引。标题"图索引"使用样式"标题1"，并居中。"图索引"下为图索引项。

④中文摘要。标题"摘要"使用样式"标题1"，并居中。"摘要"下为中文摘要内容。

⑤Abstract。标题"Abstract"使用样式"标题1"，并居中。"Abstract"下为英文摘要内容。

（9）对正文作分节处理，每章为单独一节。

（10）添加正文页眉。使用域，按以下要求添加内容，右对齐显示；对于奇数页，页眉的文字为"章序号"+"章名"；对于偶数页，页眉的文字为"节序号"+"节名"。

（11）添加页脚。使用域，按以下要求添加内容，居中显示：正文前的节，页码采用"i，ii，iii…"格式，且封面不设页码；正文页码采用"1，2，3…"格式，页码连续，并且每节总是从奇数页开始。

（12）更新目录、图索引、表索引。

4. 打开第三章实验四"患者住院费用结算单_源.docx"，参考"患者住院费用结算通知单_样稿.docx"，完成下列邮件合并操作。

（1）创建主文档。主文档中包含了文档的固定内容，可以像创建Word文档一样，输入住院费用结算单相应内容。

（2）使用邮件合并命令。单击"邮件"选项卡中的"开始邮件合并"组中的"开始邮件合并"→"邮件合并分步向导"，出现邮件合并窗格，按向导进行操作。

（3）选择文档类型。在邮件合并窗格的"选择文档类型"中选择"信函"，再单击"下一步：正在启动文档"。

（4）选择数据列表。在邮件合并窗格的"选择开始文档"中选择"使用当前文档"，再单击"下一步：选取收件人"。

（5）选择数据列表。在邮件合并窗格的"选择收件人"中选择"使用现有列表"，单击"浏览"，找到文件"患者住院费用明细表.xlsx"，单击"打开"，选择"Sheet1 $"，单击"确定"按钮，在出现的"邮件合并收件人"对话框中，可以添加或更改列表，现在不作更改，单击"确定"按钮，再单击"下一步：撰写信函"。

（6）主文档中插入合并数据域。将鼠标移至文档中要插入的地方（依次移至编号姓名、药品费、床位费、治疗费、总费用之后），在邮件合并窗格的撰写信函中，单击"其他项目"，在出现的"插入合并域"对话框中选择"病人编号"，单击"插入"，此时光标所在处会出现"《病人编号》"，单击"关闭"。将鼠标移至文档中姓名之后，再单击"其他项目"，在出现的"插入合并域"对话框中选择"姓名"，单击"插入"，此时光标所在处会出现"《姓名》"，单击"关闭"。再将鼠标移至文档表格中药品费右侧空白栏处，单击"其他项目"，在出现的"插入合并域"对话框中选择"药品费"，单击"插入"，此时光标所在处会出现"《药品费》"，单击"关闭"。重复上述步骤，直至将"床位费"、"治疗费"和"总费用"全部插入后。单击"下一步：预览信函"。

（7）预览合并后的效果。在预览合并窗格的"预览信函"中，可以单击"《"或"》"按钮，预览不同患者的住院费用明细，单击"下一步：完成合并"。

（8）打印或编辑单个信函。在邮件合并窗格的"完成合并"中，可以单击"打印"，在"合并到打印机"对话框中，根据需要选择打印部分和全部内容。本题单击"编辑单个信函"，在出现的"合并到新文档"对话框中选择"全部"，单击"确定"，这时产生一个新文档，且姓名各异，费用不同，该文档像普通文档一样可编辑。

也可单击"页面布局"选项卡"页面设置"组中右下侧的下拉箭头，在弹出的"页面设置"对话框中选择"页面范围"下的下拉箭头，选择"拼页"，再单击"确定"，即可实现拼页显示。

5. 打开第三章实验五"Excellx_ 1.xlsx"文件，参照样稿"Excellx_ 1_ 样稿.xlsx"文件，完成下列操作。

（1）在A1单元格输入表格标题"某医院2010年药品表"，并合并居中。

（2）设置标题字体格式：华文仿宋，20磅，加粗，紫色。

（3）使用Excel的自动填充功能添加药品编码，从00001开始，前置0要保留。

（4）设置A2：I17区域单元格样式为黑色，宋体，10号，居中对齐，细田字边框线，适合的列宽。

（5）设置"单价""金额"区域单元格为货币格式，货币格式为"￥"，保留2位小数。使用公式求出各药品的金额，并填入相应单元格中。在表格最后增加一行"合计"，一行"平均"，使用函数求出所有药品金额的合计及平均值，并填入相应的单元格。

（6）把"单价" >100的药品名称单元格处添批注，内容为"贵重药品"。

（7）在Sheet1工作表中，把单价大于或等于100的用红色加粗显示，小于10元的用绿色、倾斜表示。

（8）把Sheet1表中药品类型为"片剂"的记录复制到Sheet2中，并把Sheet2更名为"片剂表"。

NOTE

6. 打开第三章实验六"Excellx_ 2. xlsx"文件，参照样稿"Excellx_ 2_ 样稿.xlsx"文件，完成下列操作。

（1）把"Excellx_ 2. xlsx"中 sheet1 中的数据复制到 Sheet3，并更名为"药品库存金额表"。

（2）在该表第二列增加一列，命名为"完整药品编码"。使用 IF 函数对"完整药品编码"字段进行填充，规则是药品编码字段前加上该药品类型的前两个汉字的拼音首字母，例如药品类型是片剂，则在该药品编码前加"PJ"，胶囊则加上"JN"等。

（3）使用 COUNTIF 函数统计出单价大于 100 元的贵重药品的个数，以及各种药品类型的药品个数。比如片剂药品几个、针剂药品几个、胶囊剂药品几个、院内制剂药品几个。

（4）使用 MAX 函数求出最高药品单价。

（5）利用"药品库存表"中的药品名称和单价，创建一个柱形图，标题为"药品单价比较"，位于图表上方，图例项为"单价"，在右侧显示，设置图表填充颜色为"渐变""从左下角"。

（6）把图表中的单价改变为折线图，并加上数据标签，显示在数据上方，并把折线图表移动到一个新的工作表中，命名为"折线图表"。

（7）利用"药品库存表"中的药品名称和库存金额，创建一个三维饼图，标题为"药品库存金额"，位于图表上方；图例项为"药品名称"，在底部显示，添加数据项（放置于最佳位置）；图表区填充效果为深色木质纹理。放置于一个新工作表中"库存金额饼图"。

7. 打开第三章实验七"Ecellx_ 3. xlsx"文件，参照样稿"Excellx_ 3_ 样稿.xlsx"文件，完成下列操作。

（1）在"挂号表"中用 IF 函数在相应的单元格中填写挂号单价，规则为职称为"主任医师"挂号单价为"7.5"，"副主任医师"挂号单价为"5.5"，其余为 3.5；用公式或函数求出挂号金额，填入相应单元格；并为挂号表添加表格题目"医师挂号记录表"，设置标题字体格式：华文行楷，18 磅，粗体，橄榄色，强调文字颜色 3，强度 50%，设置 A2：F21 的区域为细田字边框，居中对齐，适合的列宽。

（2）将"挂号表"的数据复制到"排序表"，在排序表中按职称升序、挂号人次降序排列数据。

（3）在"挂号表"中使用 RANK 函数，对挂号表中的每个医师挂号人次情况进行统计，并将排名结果保存到表中的"挂号排名"列当中。

（4）筛选出挂号金额前 5 位的记录，结果保存到"筛选表"。

（5）将"挂号表"的数据复制到"高级筛选表"中，筛选出"科室"＝内科、"职称"＝副主任医师、"挂号人次"＞＝12000 的记录。

（6）对各科室的挂号人次和挂号金额进行分类汇总，汇总方式为求和。

（7）创建数据透视表对各科室的每个职称的挂号人次及挂号金额的汇总统计。

8. 新建 PowerPoint 文件"手太阴肺经.ppt"，利用第三章实验八素材文件夹中的"手太阴肺经.txt"文字资料及图片素材，参照样稿文件"手太阴肺经_ 样稿.pdf"文件，按以下要求编辑一个介绍手太阴肺经的演示文稿。

（1）第一张：标题幻灯片版式。主标题为"手太阴肺经"，字体为华文新魏，字号为 66。

插入音频，文件名为"高山流水.mp3"，在"音频工具"→"播放"选项卡下设置开始为"跨幻灯片播放"，复选"循环放映，直到停止"，复选"放映时隐藏"。

（2）第二张：标题和内容版式。标题为"目录"；内容为"手太阴肺经.txt"文件中"目录："部分的文字内容。为每个标题插入超链接，使其链接到相对应的幻灯片。

（3）第三张：标题和内容版式。标题为"十二经脉之一"；内容为"手太阴肺经.txt"文件中"十二经脉之一："部分的文字内容。将它转为，类型为"射线列表"，在 SmartArt 图形中导入图片"手太阴肺经.tif"。

（4）第四张：两栏内容版式。标题为"1. 经脉循行"；内容为"手太阴肺经.txt"文件中"1. 经脉循行"部分的文字内容，左侧为原文，右侧为译文。字号为20。

（5）第五张：标题和内容版式。标题为"手太阴肺经循行图"；插入图片"循行图.tif"，并将该图片删除背景。参考图片"手太阴肺经.tif"，为每个穴位插入图形"圆角矩形标注"，并添加文字（穴位名称）。设置自定义动画，使各个圆角矩形标注按照手太阴肺经循行顺序先后出现，动作效果为"出现"，开始为"上一动画之后"，延迟为"0.5秒"。

（6）第六张：两栏内容版式。标题为"2. 经脉病候"；内容为"手太阴肺经.txt"文件中"2. 经脉病候"部分的文字内容，左侧为原文，右侧为译文。字号为20。

（7）第七张：两栏内容版式。两栏内容版式。标题为"3. 作用配伍"；右侧文字内容为"手太阴肺经.txt"文件中"3. 作用配伍"部分的文字内容，字号为28。在左侧插入图片"手太阴肺经.tif"，并将该图片删除背景。

（8）为所有幻灯片应用一个你喜欢的主题，例如"暗香扑面"。

（9）除标题幻灯片外，在其他幻灯片中插入幻灯片编号。

（10）除标题幻灯片外，利用幻灯片母版，在其他幻灯片中设置其标题样式为：华文新魏、字号44，内容文字字体为华文新魏。

（11）设置目录幻灯片的标题部分为向上"浮入"动作效果，内容部分为向右"擦除"动作效果。

（12）除标题幻灯片外，使用幻灯片母版为每张幻灯片添加"后退或前一项"、"前进或下一项"和"第一张"动作按钮，并将其链接到"上一张幻灯片"、"下一张幻灯片"和目录幻灯片。

（13）将制作好的演示文稿以文件名"实验九"、文件类型"演示文稿（*.pptx）"保存。

9. 新建 PowerPoint 文件"慢性乙型肝炎.ppt"，利用第三章实验九素材文件夹中的"乙肝简介.txt"中的文字及图片资料，参照样稿文件"慢性乙型肝炎_样稿.pdf"文件，按以下要求编辑介绍"乙型肝炎"的演示文稿。

（1）第一张：标题幻灯片版式。主标题为艺术字"慢性乙型肝炎"，字体：华文彩云；字体样式：加粗 倾斜；字号大小：54。副标题为学号、姓名。

（2）第二张：标题和内容版式。标题为"慢性乙型肝炎简介"；内容为"乙肝简介.txt"文件中"乙肝简介："部分的文字内容。

（3）第三张：空白版式。插入 SmartArt 图形：选择图形选项中的"垂直图片重点列表"图形，设为3个项目，3个项目的图片和文本内容分别为：乙肝病毒，乙肝症状，乙肝的治疗，分别添加超链接，使每一个项目连接到各自的详细介绍幻灯片。添加按钮："末页"，鼠标单击时，超链接到最后一张幻灯片。

（4）第四张：垂直排列标题与文本版式。标题为：乙肝病毒，内容为"乙肝简介.txt"文件中"乙肝病毒："部分的文字内容。添加"返回"动作按钮，并建立超级链接到第三张幻灯片。

（5）第五张：垂直排列标题与文本版式。标题为：乙肝症状，内容为"乙肝简介.txt"文件中"乙肝症状："部分的文字内容。添加"返回"动作按钮，并建立超级链接到第三张幻灯片。

（6）第六张：垂直排列标题与文本版式。标题为：乙肝的治疗，内容为"乙肝简介.txt"文件中"乙肝的治疗："部分的文字内容。添加"返回"动作按钮，并建立超级链接到第三张幻灯片。

（7）第七张：空白版式。文字内容为"谢谢观赏！"，字体设为"隶书，80号字，蓝色"。

（8）为所有幻灯片设置"暗香扑面"的主题。

（9）把第二张幻灯片的标题设置为动画"擦除"，"效果选项"选择"自左侧"。

（10）将第四至第六张幻灯片的切换效果分别设置为"框"、"库"和"门"。

（11）在第六和第七张幻灯片之间插入一张空白版式的幻灯片。

（12）在第七张幻灯片上，插入"乙肝资料"文件夹中的动画文件"hbv_01.swf"。

4　计算机网络基础知识与应用

随着社会的进步，经济的发展和计算机的广泛应用，以及 Internet 全球化的普及，计算机网络应用几乎遍及社会的各个领域和人类活动的方方面面。计算机网络技术已被誉为"近代最深刻的技术革命"，人们已用"网络时代"和"网络经济"等术语来描述计算机网络对社会、经济发展的影响。社会对信息、数据的分布式处理和资源共享等应用需求，推动着计算机网络的迅速发展。本章重点介绍计算机网络基础与安全、Internet 的主要应用和计算机网络发展应用。

4.1　计算机网络概述

计算机网络是计算机技术与通信技术紧密结合的产物。在以网络为核心的信息时代，计算机网络无处不在，已经成为现代社会不可或缺的基础设施，在人类的政治、经济、军事和文化等领域中起着非常重要的作用，成为社会发展的重要标志之一。

4.1.1　计算机网络的形成与发展

计算机网络最早出现于 20 世纪 50 年代，是通过通信线路将远方终端资料传送给主计算机处理，形成一种简单的联机系统。其发展过程经历了一个从简单到复杂、由单机到多机、从低级到高级的演变过程。主要分为面向终端的计算机网络、共享资源的计算机网络、具有标准化网络体系结构的计算机网络和因特网应用与无线网络时代四个阶段。

1. 第一阶段：面向终端的计算机网络

该阶段又称以单个计算机为中心的远程联机系统（图 4-1）。建于 20 世纪 50 年代初，其特点是由许多分散在不同地理位置上的终端通过通信线路连接到一台中央主计算机上。除主机具有独立的数据处理能力外，系统中所连接的终端设备均无独立处理数据的功能，只能在终端和主机之间进行通信，不同主机之间无法通信。

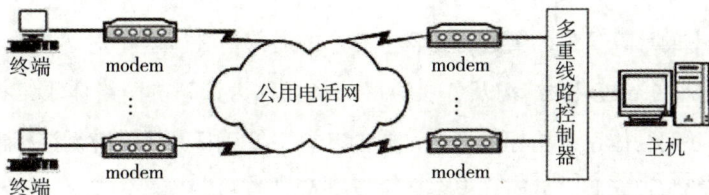

图 4-1　面向终端的计算机网络结构示意图

NOTE

2. 第二阶段：共享资源的计算机网络

从 20 世纪 60 年代开始，随着计算机应用的发展，出现了多台计算机通过网络互联，共享软件、硬件与数据资源的需求。这一阶段的典型代表是美国国防部高级计划研究局（Advanced Research Projects Agency，ARPA）开始实施的 ARPAnet，即 ARPA 网。

ARPA 网是计算机与计算机互连的网络，在逻辑上可分为通信子网和资源子网（图 4-2）。以负责数据传输的通信子网为中心，主机和终端都处在网络的边缘，称为资源子网，两者合一构成了以资源共享为目的的计算机通信网络。用户通过终端不仅可以共享与其直接相连的主机上的软、硬件资源，还可以通过通信子网共享网络中其他主机上的软硬件资源。这种结构的计算机网络常称为第二代计算机网络。其特点主要是资源共享、分散控制、分组交换、采用专门的通信控制处理机、分层网络协议。这种多台计算机互联的网络就是我们目前通称的计算机网络。ARPA 网的建成，标志着现代计算机网络的诞生，ARPA 网使用的网络概念、结构和网络设计技术为后来所引用，为现代计算机网络打下了坚实的基础。

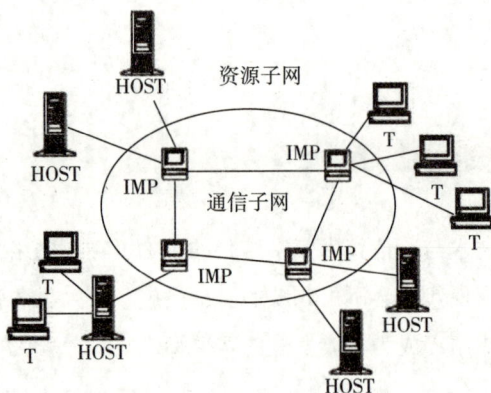

图 4-2   共享资源的计算机网络结构示意图

3. 第三阶段：具有标准化网络体系结构的计算机网络

20 世纪 70 年代到 80 年代，随着局域网的迅速发展，许多公司纷纷推出了自己的网络产品，其中最具有代表性的是美国的 Xerox、DEC 和 Intel 公司以 CSMA/CD 介质访问技术为基础的以太网（Ethernet）产品，由于没有统一体系结构和标准，不同厂家的网络产品在技术、结构上有着很大的差异，难以实现互联，产品和技术的封闭性使所建成的大量计算机网络变成了孤岛，不能达到资源共享与信息通信的需求。

1977 年国际标准化组织（Inernational Organization for Standardization，ISO）下属的计算机与信息处理标准化技术委员会成立了专门委员会，研究计算机网络的标准化问题。1983 年国际标准化组织正式颁布了开放系统互联参考模型（Open System Interconnection/Reference Model，OSI/RM）。网络中的计算机之间要进行正常、有序的通信，必须遵守一定的约定，这就是协议（Protocol），计算机网络的层次结构及各层协议的集合称为计算机网络体系结构。这是一个实现各种计算机互联网络体系结构标准框架，它的基本宗旨就是开放，遵循该标准的系统必须是相互开放的，能够实现互联，进而确保各厂家生产的计算机和网络产品之间的互联。虽然 OSI 标准在实施时受到诸多因素的制约，最终没有达到预期的效果。但是 OSI 提出的很多概念和技术被人们广泛应用，推动了计算机网络体系结构的标准化，形成了以标准网络体系结构和协议

NOTE

为特征的第三代计算机网络（图4-3）。

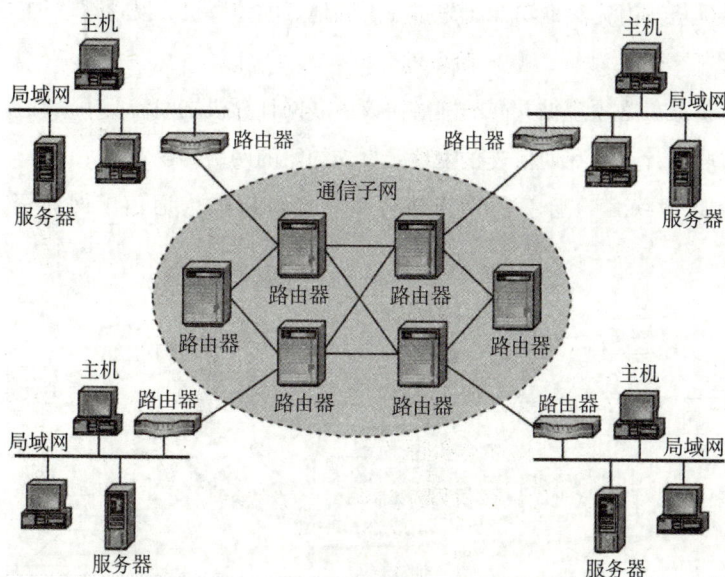

图4-3 计算机互联网络结构示意图

4. 第四阶段：因特网应用与无线网络时代

20世纪90年代，计算机网络的发展进入了互联网络时代。因特网的应用从科研机构到教育、商业领域，逐步发展到人类社会活动的各个方面，极大地改变了人们的生活方式和社会的发展进程。

美国军方ARPA网开发过程中产生了TCP/IP协议族，并于20世纪80年代初期在ARPA网正式使用，1984年ARPA网分成两部分，一部分用于军事，称为MILNet，另一部分是用于民用教育和科研的ARPANet。

1984年，美国国家科学基金会（National Science Foundation，NSF）组建NSFnet，以分布于全美各地的6个超级计算机中心为主构成主干网、区域网和校园网的三级层次结构，连接了美国100多所大学和研究所。形成了大学的主机接入校园网，校园网接入地区网，地区网接入主干网，主干网通过高速通信线路与ARPANet连接的网络结构。接入校园网的主机通过NSFnet可以访问任何超级计算机中心的资源。NSFnet采用TCP/IP协议，成为因特网的主要组成部分。20世纪90年代，大量公司接入因特网，使网络通信量迅速增加。与此同时，许多欧美发达国家也相继建立本国的主干网，因特网逐渐成为全球性的互联网。

4.1.2 计算机网络的功能与分类

1. 计算机网络定义

计算机网络是指把若干台地理位置不同且具有独立功能的计算机，通过通信设备和线路相互连接起来，以功能完善的网络软件实现各种数据处理设备间的信息交换、资源共享和协同工作的系统。

（1）计算机网络的含义

①计算机网络的核心功能是实现资源共享。共享资源包含了计算机硬件、软件与数据。网络用户既可以使用本地资源，也可以通过网络访问联网的远程计算机中的资源，并且可以与网

络内的其他计算机共同完成网络计算任务。

②互联的计算机具有完整的功能。分布在不同地点的计算机，既可以联网工作，也可以独立工作。

③联网计算机通信必须遵循共同的网络协议。联网计算机之间需要不断交换数据，互相通信，这要求所有联网计算机在通信过程中遵守事先约定的网络协议。

（2）网络的逻辑功能　计算机网络按逻辑功能可以分为通信子网和资源子网两部分（图4-4）。

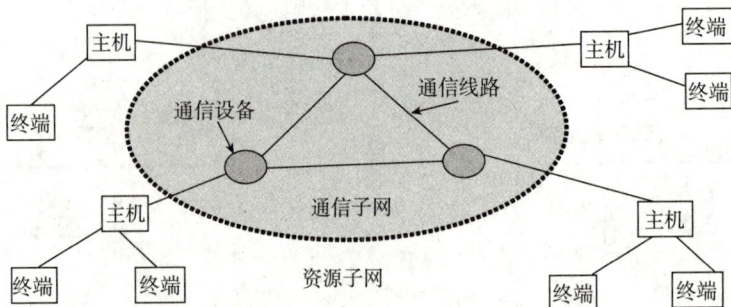

图4-4　计算机网络示意图

①通信子网：提供网络通信功能，能完成网络主机之间的数据传输、交换、通信控制和信号变换等通信处理工作，是由通信控制处理机 CCP、通信线路和其他通信设备组成的数据通信系统。因特网的通信子网一般由路由器、交换机和通信线路组成。

②资源子网：处于通信子网的外围，由主机系统、终端控制器、请求服务的用户终端、通信子网的接口设备、提供共享的软件资源和数据资源（如数据库和应用程序）构成。负责全网的数据处理业务，向网络用户提供各种网络资源和网络服务。主机系统是资源子网的主要组成部分，它通过高速通信线路与通信子网的通信控制处理机相连接。

2. 计算机网络功能

计算机网络最主要的功能是资源共享和信息交换，除此之外还有负荷均衡、分布处理和提高系统安全可靠性等功能。

（1）信息交换　信息交换是计算机网络基本功能之一，用以实现计算机之间各种数据信息的快捷传输。利用这一功能，地理位置分散的生产单位或业务部门可通过计算机网络连接起来进行集中控制和管理。

（2）资源共享　这是计算机网络的重要功能。网络中的各种资源可以相互通用，用户能在自己的位置上部分或全部使用网络中的软件、硬件和数据。

（3）分布式处理　把一项复杂的任务划分成若干个部分，由网络上各个计算机分别承担其中的一部分任务，同时作业，同时完成，这样可缩短计算时间，并提高系统的可靠性，使整个系统的性能大为增强。

（4）负荷均衡　负荷均衡是指将网络中的工作负荷均匀地分配给网络中的各计算机系统。当网络上某台主机负载过重时，通过网络和一些应用程序的控制和管理，将任务交给网络上其他计算机去处理，充分发挥网络系统上各主机的作用。

（5）系统可靠性　系统的可靠性对于军事、金融和工业过程控制等部门的应用特别重要，计算机通过网络中的冗余部件可大大提高可靠性。例如在工作过程中，一台机器出了故障，可以使用网络中的另一台机器；网络中一条通信线路出了故障，可以取道另一条线路，从而提高了网络整体系统的可靠性。

3. 计算机网络的分类

计算机网络可从不同角度进行分类。按照网络覆盖范围分为局域网、城域网和广域网；按照拓扑结构分为总线型结构、星型结构、环型结构、树型结构、网状结构和混合型结构；按交换方式分为电路交换网、报文交换网、分组交换网和混合交换网；按传输介质可分为有线网和无线网；按传输技术可分为广播式网和点对点网；按用途可分为教育网、校园网、科研网、商业网和军事网等。但按网络覆盖的地理范围分类和拓扑结构分类是其中最重要的分类方法。

（1）按地理范围分类　由于网络覆盖的地理范围不同，需采用不同的网络通信技术与服务功能。

①局域网：局域网（Local Area Network，LAN）用于较小地理范围内的计算机、终端设备与外部设备用高速通信线路连接成网，一般覆盖地理范围从几米到几千米，例如一个实验室、一幢大楼或一个校园等。局域网技术应用广泛，技术发展迅速，是目前应用最活跃的网络技术领域。

②城域网：城域网（Metrpolitan Area Network，MAN）的覆盖范围介于局域网与广域网之间。主要是满足一个城市范围内的局域网或计算机之间的数据、语音、视频等资源的共享，目前宽带城域网是接入互联网的一个重要途径。

③广域网：广域网（Wide Area Network，WAN）所覆盖的地理范围为几十千米到几千千米。可将一个国家、一个地区，或横跨几个洲的计算机设备或网络互相连接起来，实现资源共享。广域网的出现大大提高了信息的共享，互联网就是一个最典型的广域网。

（2）按拓扑结构分类　计算机网络的拓扑结构指网络中计算机系统（包括通信线路和节点）的几何排列形状，它反映了网络各部分的结构关系和整体结构，影响着整个网络的设计、可靠性、功能和通信费用等重要指标，并与传输介质、介质访问控制方法等密切相关。选择网络拓扑时，应考虑以下几个因素：功能强、技术成熟、费用低、灵活性好、可靠性高。

①总线型拓扑结构：总线型结构采用一条单根的通信线路（总线）作为公共传输通道，所有的节点都通过相应的接口直接连接到总线上，并通过总线进行数据传输（图4-5）。总线型网络通常采用广播通信方式，每个节点都可在总线上收发信息，同时，发出的信息可被网络上多个节点接收，这样就会造成冲突，需要通过介质访问控制方法来分配信道，以保证一段时间内只允许一个信道来传送信息；由于单根电缆仅支持一种信道，因此连接在电缆上的计算机和其他共享设备共享电缆的所有容量。连接在总线上的主机越多，网络发送和接收数据就越慢。

总线型拓扑结构的优点：结构简单、灵活，易于安装，费用低，扩展性强，共享能力强，便于广播式传输；网络响应速度快；局部站点故障不影响整体，可靠性较高，但是，负荷重时性能下降迅速，如果总线出现故障，则将影响整个网络。总线型拓扑结构早期主要应用在用同轴电缆的粗、细缆构建的以太网。

②星型拓扑结构：星型拓扑结构是以中央结点为中心，外围节点通过点到点链路与中央节点相连，常用中心交换设备有交换机、集线器等（图4-6）。中央节点对设备间的通信和信息

NOTE

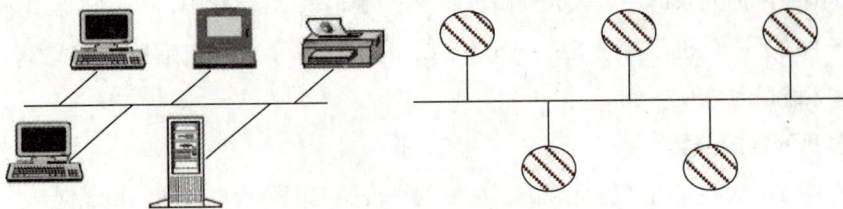

图 4 - 5 总线型拓扑结构

交换进行集中控制与管理，即一个节点如果向另一个节点发送数据，首先将数据发送到中央节点，然后由中央节点将数据转发到目标节点。信息的传输是通过中央节点的存储转发技术实现的，并且只能通过中央节点与其他节点通信。星型网络是局域网中最常用的拓扑结构。

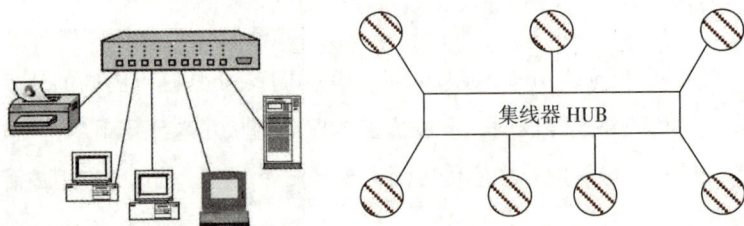

图 4 - 6 星型拓扑结构

星型拓扑结构的优点是结构简单，便于管理和维护；建网容易，易实现结构化布线；结构易扩充，易升级。其缺点是由于集中控制，对中央节点的依赖性较大，中央节点的可靠性决定了整个网络的可靠性，中央节点一旦出现故障，会导致全网瘫痪；并且中央节点负担重，易成为信息传输的瓶颈。

③环型拓扑结构：环型拓扑结构是由各个网络节点通过环接口首尾相接连形成一个闭合环型通信线路（图 4 - 7）。数据在环上单向流动，每个节点按位转发所经过的信息，即数据绕着环向一个方向发送。通常采用令牌协议控制协调各个节点的数据发送。

环型拓扑结构的优点是结构简单，节省传输介质，容易管理，可以实现无冲突传输。但节点过多时影响传输效率，并且网络的可靠性对环路依赖性高。

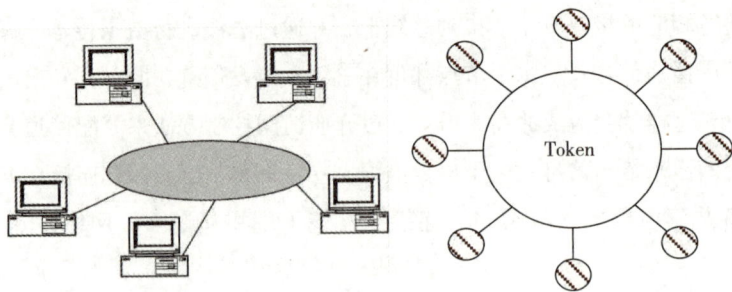

图 4 - 7 环型拓扑结构

④树型拓扑结构：树型拓朴结构是从星型拓扑结构派生出来的，网络中的各节点设备按一定的层次连接起来，形成一个倒置的树。树型拓扑结构中有多个中心节点，形成层次明显的分级管理结构，一般来说，越靠近树根，节点的处理能力就愈强（图 4 - 8）。

树型拓扑结构的优点是连接容易，管理简单，维护方便，故障易隔离，可靠性高。但对根节点的依赖性大，一旦根节点出现故障，将导致全网瘫痪。

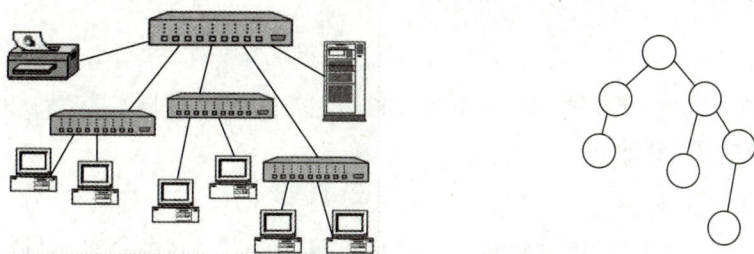

图4-8　树型拓扑结构

⑤网状拓扑结构：网状拓扑结构中各节点通过通信线路互相连接起来，形成不规则的形状，并且每个节点至少与其他两个节点相连，或者说每个节点至少有两条链路与其他节点相连（图4-9）。大型互联网一般都采用这种结构，如我国的教育科研网 CERNET、Internet 的主干网。

网状结构的优点是具有较高的可靠性；但其实现起来费用高，结构复杂，管理和维护的技术要求较高。

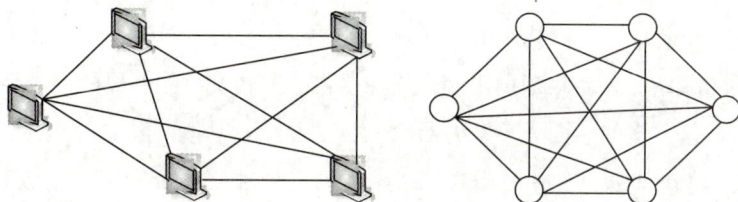

图4-9　网状拓扑结构

4.1.3　计算机网络的组成

根据应用范围、目的、规模、结构以及采用的技术不同，组成计算机网络的部件可能不同，但总的来说分为硬件和软件两大部分组成。网络硬件实现数据处理、数据传输和通信信道的建立；网络软件控制数据通信。软件各种功能依赖硬件去完成，二者缺一不可。计算机网络的基本组成主要有计算机系统、通信线路与通信设备、网络软件。

1. 计算机系统

具有独立功能的计算机系统是计算机网络的重要组成部分，计算机网络连接的计算机可以是巨型机、大型机、小型机、工作站或微机，以及笔记本电脑或其他数据终端设备。

计算机系统是网络的基本模块，是被连接的对象。它的主要作用是负责数据信息的收集、处理、存储、传播和提供共享资源，包括硬件资源（如巨型计算机、高性能外围设备、大容量磁盘等）、软件资源（如各种软件系统、应用程序、数据库系统等）和信息资源。

2. 通信线路与通信设备

计算机网络的硬件部分除了计算机本身以外，还要有用于连接这些计算机的通信线路和通信设备，即数据通信系统。通信线路分为有线通信线路和无线通信线路。有线通信线路指的是传输介质及其介质连接部件，包括光纤、同轴电缆、双绞线等；无线通信线路是指无线电、微波、红外线和卫星等。通信设备指网络连接设备、网络互联设备，包括网卡、中继器、集线器、交换机、网桥、网关和路由器等通信设备。使用通信线路和通信设备将计算机互联起来，在计算机之间建立一条物理通道以传输数据，是连接计算机系统的桥梁，是数据传输的通道，负责控制数据的发出、传送、接收或转发。

（1）网卡（Network Adapter）　网卡又称为网络适配器或网络接口卡，是计算机与网络传输介质的物理接口，主要作用是接收和发送数据。网卡可以将计算机连接到网络中，实现网络中各计算机相互通信和资源共享的目的。

（2）中继器（Repeater）　中继器是局域网环境下用来延长网络距离的最简单、最廉价的互联设备，工作在 OSI 参考模型的物理层，作用是对传输介质上传输的信号接收后，经过放大和整形，再送到其传输介质上，经过中继器连接的两端电缆上的工作站就像在一条加长的电缆上工作一样。

（3）集线器（Hub）　集线器可以说是一种特殊的中继器，区别在于集线器能够提供多端口服务，每个端口连接一条传输介质，也称为多端口中继器。集线器上的端口彼此相互独立，不会因某一端口的故障影响其他用户。用户可以用双绞线通过 RJ–45 接头连接到集线器上。

（4）交换机（Switch）　交换机是一种新型的网络互联设备，它将传统的网络"共享"传输介质技术改变为交换式的"独占"传输介质技术，提高了网络的带宽。

（5）网桥（Bridge）　网桥类似于中继器，但网桥多了隔离网络、过滤盒转发功能。它可以有效地连接两个 LAN，使本地通信限制在本网段内，并转发不同网段的信号至另一网段。网桥通常用于连接数量不多的、同一类型的网段。

（6）路由器（Router）　路由器是在网络层提供多个独立的子网间连接服务的一种存储/转发设备，工作在 OSI 参考模型的物理层，路由器转发的策略称为路由选择，可根据传输费用、转接时延、网络拥塞或终点间的距离来选择最佳路径。如果要对遵守不同协议的网络进行互联，就要使用路由器。可见路由器作为不同网络之间互相连接的枢纽，构成了基于 TCP/IP 协议的因特网主体脉络，或者说，路由器构成了因特网的骨架。

（7）网关（Gateway）　网关是在互连网络起到高层协议转换的作用。换句话说，如果两个网络不仅网络协议不一样，而且硬件和数据结构也大相径庭，那么就要用网关来转换。

3. 网络软件

网络软件是一种在网络环境下使用和运行或者控制和管理网络工作的计算机软件。网络软件系统包括网络操作系统、网络通信协议软件和网络应用软件等。

（1）网络操作系统　网络操作系统是网络软件的核心，它向网络用户提供与计算机网络的交互界面。其除了具有操作系统的基本功能外，还具有与硬件独立、网桥/路由联接、支持多用户、网络管理、安全和存取控制等特征。

网络操作系统为网上用户提供了便利的操作和管理平台。它主要可划分为两类：一类是客户机/服务器（Client/Server）模式网络操作系统，比如 UNIX、Linux、Novell 的 Netware、Microsoft 的 Windows NT（Server 2003）、IBM 的 OS/2；另一类是端对端对等方式的网络操作系统，如 Microsoft 的 Windows 9X 和 Windows For Workgroup。这两类网络操作系统各有特点。

（2）网络通信协议软件　协议是指通信双方必须共同遵守的约定和通信规则，如 TCP/IP 协议、NetBEUI 协议、IPX/SPX 协议。通信的双方必须遵守相同的协议，才能正确地交换信息，就像人们谈话要用同一种语言一样。可见协议在计算机网络通信中至关重要。一般说来，协议的实现是由软件和硬件分别或配合完成的。

（3）网络应用软件　网络应用软件是建构在网络操作系统之上的应用程序，它扩展了网络操作系统的功能。不同的网络应用软件可满足用户在不同情况下的需求。例如网络数据库系统提供大容量数据的检索和管理，网络函件系统让用户在网络内相互发送电子函件等。每一种扩展的网络服务，都需要相应的网络应用程序。

4.2　Internet 基础与应用

4.2.1　Internet 概述

Internet 即因特网，又称为国际互联网，本意指相互连接而形成的网络，现在多指全球范围内的计算机互联网。

互联网是基于一定的通信协议（TCP/IP 协议）建立的国际信息网络，是"万网之网"，即"计算机网络的网络"。接入 Internet 的主机必须用唯一的 IP 地址标识，为了便于记忆，还可以通过域名系统为主机用字符命名，又称为域名。

从本质上讲，Internet 是一个使世界上不同类型的计算机能够交换各类数据的媒介；从广义上讲，Internet 是遍布全球的联络各个计算机平台的总网络，是成千上万信息资源的总称，是一个全球性的巨大资源库。因特网就像在计算机与计算机之间架起的一条条高速公路，各种信息在上面快速地传递，这种高速公路网遍及世界各地，形成了蜘蛛网一样的网状结构，使得人们在全球范围内交换各种信息，它的应用和普及极大地改变了人们的工作和生活方式。

1. Internet 的起源与发展

（1）Internet 的产生与发展　Internet 最早起源于美国的 ARPAnet。1969 年，美国国防部成立的高级研究计划管理局 ARPA 计划建立一个名为 ARPAnet 的计算机网络，以实现异地不同计算机之间的军事通信服务。

随着接入计算机数量的逐渐增多和应用的需要，1983 年 ARPAnet 分裂为新的民用网络 ARPAnet 和专为军事服务的 MILnet。ARPAnet 实际上是一个网际（Internetwork），被当时的研究人员简称为 Internet，同时，研究人员用 Internet 特指为研究而建立的网络原型，这一称呼被沿袭至今。

1986 年美国国家科学基金会 NSF（National Science Foundation）建立了 NSFnet，取代 ARPAnet 成为 Internet 的主干网，并将 Internet 向全世界开放，为 Internet 的推广做出了巨大贡献。

进入 20 世纪 90 年代，人们发现了 Internet 所蕴藏的巨大商业价值。从此，Internet 不仅用于教育和科研，也开始进入商业领域，为大众提供各种方便、快捷的信息服务。Internet 的商业化带来了其发展史上一个新的飞跃。

当 Internet 成为现代商业运营中的一个极其重要的工具后，它也为自身的发展、壮大注入了更大的活力。其内容包罗万象、无所不有。人们可以方便地使用 Internet 所提供的一系列服务，如收发电子邮件、检索信息资料、下载软件、发布产品信息、网上购物等。正是由于 Internet 所提供的服务丰富多彩，吸引了越来越多的人走进 Internet 世界。

（2）Internet 在中国的发展　1987 年，中国科学院高能物理研究所通过国际网络线路接入

Internet，揭开了国人使用 Internet 的序幕。

Internet 在中国的发展历程可大概分为三个阶段：第一阶段为 1987 至 1993 年，我国一些科研部门通过 Internet 建立电子邮件系统，并在小范围内为国内少数重点高校和科研机构提供电子邮件服务。第二阶段为 1994 至 1996 年，1994 年，我国正式向 Internet 注册，作为第 81 个成员正式进入 Internet，建立了代表中国的最高层域名（CN）服务器。自此，我国互联网建设全面展开。第三阶段为 1997 年至今，是快速增长阶段。1997 年年底，我国已建成中国科技网（CSTNET）、中国教育和科研网（CERNET）、中国公用计算机互联网（ChinaNET）和中国金桥信息网（ChinaGBN）四大骨干网联入国际互联网，从而开通了 Internet 的全功能服务。我国四大骨干网的基本情况如下：

①中国科技网：中国科技网（Chinese Science and Technology Network，CSTNET）是在中国国家计算机与网络设施 NCFC（常称为"中关村教育研究示范网络"）和中国科学院网 CAS-NET 的基础上建设和发展起来的覆盖全国范围的大型计算机网络，是我国最早建设并获国家认可的具有国际信道出口的中国四大互联网络之一。它主要是为中国科学院在全国的研究所和其他相关研究机构提供科学数据库和超级计算资源。

CSTNET 是非营利、公益性的网络，也是国家知识创新工程的基础设施，主要为科技界、科技管理部门、政府部门和高新技术企业服务。它建于 1989 年，并于 1994 年首次实现了我国与国际互联网的直接连接，同时在国内管理和运行中国顶级域名 CN。

中国科学院计算机网络信息中心是 CSTNET 的网络管理运行部门。同时该中心经国家主管部门授权，管理和运行中国互联网络信息中心（China Internet Network Information Center，CIN-IC），向全国提供域名注册服务。CSTNET 网络中心为中国科学院计算机网络信息中心，二级网络节点分布在全国各主要城市，组成 CSTNET 骨干网。

②中国教育和科研计算机网：中国教育和科研计算机网（Chinese Education and Research Network，CERNET）是由国家投资建设、教育部负责管理的全国教育与学术性计算机网络。1994 年，在教育部主持下，由清华大学、北京大学、北京邮电大学等十几所大学共同建设的项目。该项目的目标是建设一个全国性的教育科研基础设施，把全国大部分高校连接起来，实现资源共享。它是全国最大的公益性网络。

CERNET 已建成由全国主干网、地区网和校园网在内的三级结构网络。CERNET 分四级管理，分别是全国网络中心、地区网络中心和地区主节点、省教育科研网以及校园网。CERNET 全国网络中心设在清华大学，负责全国主干网的运行管理；地区网络中心设在北京大学、北京邮电大学、上海交通大学、西安交通大学、华中科技大学、华南理工大学、电子科技大学、东南大学、东北大学等 10 所高校，负责地区网的运行管理和规划建设。

目前，CERENT 已经有 28 条国际和地区性信道，与美国、加拿大、英国、德国、日本以及中国香港特别行政区联网，总带宽达到 10G。与 CERNET 联网的大学、中小学等教育和科研单位达 2000 多家（其中高等学校 1600 所以上），联网主机 120 万台，用户超过 2000 万人。

CERNET 还是中国开展下一代互联网研究的试验网络，它以现有的网络设施和技术力量为依托，建立了全国规模的 IPv6 试验网。1998 年 CERNET 正式参加下一代 IP 协议（IPv6）试验网 6BONE，同年 11 月成为其骨干网络成员。CERNET 在全国第一个实现了与国际下一代高速网 INTERNET2 的互联，目前国内仅有 CERNET 的用户可以直接顺利访问 INTERNET2。

CERNET 还支持和保障了一批国家重要网络应用项目，例如全国网上招生录取系统。

③中国公用计算机互联网：中国公用计算机互联网（ChinaNET）是中国最大的 Internet 服务提供商（ISP）。它是由原邮电部（现为信息产业部）投资建设的公共计算机互联网，现由中国电信经营和管理，于 1995 年正式向公众提供业务，它是中国第一个商业化的计算机互联网，旨在为国内广大用户提供 Internet 服务，推进信息产业的发展。

ChinaNET 由骨干网和接入网组成。骨干网是 ChinaNET 的主要信息通路，连接各直辖市和省会网络接点，骨干网已覆盖全国各省市、自治区，包括 8 个地区网络中心和 31 个省市网络分中心。接入网是由各省内建设的网络节点形成的网络。

ChinaNET 的快速增长和顺利建设在很大程度上得益于中国电信的商业化运营机制和雄厚的经济实力，同时说明了网络的商业化发展需要商业化的经济实力来推动。

④中国金桥信息网：中国金桥信息网（ChinaGBN）简称金桥网，是国家公用经济信息通信网，是国民经济信息化基础设施，由吉通通信有限责任公司负责建设、运营和管理。

金桥工程是"九五"期间国家重点项目。ChinaGBN 以卫星传输为基础，实行"天地一网"，即天上卫星网和地面光纤网互联互通、互为备用，覆盖全国各省市和自治区，实行国际联网，建立了全程全网的技术和运营体制。ChinaGBN 提供数据、语音、图像传输业务和各种增值业务、多媒体通信业务，是国内技术先进、智能化程度较高的计算机通信网络。

2. Internet 的接入方式

提供 Internet 接入、访问和信息业务的公司和商业机构，称为互联网服务提供商 ISP（Internet Service Provider）。根据提供服务的不同，可进一步分为 IAP 和 ICP。其中，IAP（Internet Access Provider，互联网接入提供商）为用户提供 Internet 的接入服务；ICP（Internet Content Provider，互联网内容提供商）向广大用户综合提供互联网信息业务和增值业务等内容服务。

ISP 是众多企业和个人用户接入 Internet 的桥梁和驿站。用户须通过 ISP 提供的某种服务器才能接入 Internet。根据用户采用的设备、线路或通信网络不同，可分为多种不同的 Internet 接入方式。目前，Internet 的基本接入方式大体分为拨号接入和专线接入两大类。

（1）拨号接入　拨号接入方式是我国家庭使用最广泛且连接最为简单的一种 Internet 连接方式。用户需要使用调制解调器（Modem）拨号而与 ISP 的主机连接，自动获得 ISP 动态分配的地址，通过电话线接入 Internet。

目前，常见的拨号接入方式主要有：PSTN 拨号接入、数字电话 ISDN 接入和 ADSL 接入。

①PSTN 接入：PSTN（Published Switched Telephone Network，公用电话交换网）技术是利用 PSTN 通过调制解调器拨号实现用户接入的方式（图 4-10）。这种接入方式使用国际电信联盟电信标准化委员会（ITU-T）发布的 V.90 协议，该协议为从 ISP 主机到客户端提供最高可达 56kbps 的传输速度，为从客户端到主机提供最高可达 33.6kbps 的传输速度。一般 PSTN 入网方式，如图 4-10 所示。其中 Modem 的 RS-232 接口连接计算机的串口 Com1 或 Com2；RJ-11 接口连接电话线，将用户端计算机接入 PSTN 模拟电话网络，通过 ISP 系统最后接 Internet 网络。

②数字电话 ISDN 接入：ISDN（Integrated Service Digital Network）接入技术，即综合业务数字网，俗称"一线通"，它采用数字传输和数字交换技术，将电话、传真、数据、图像等多种业务综合在一个统一的数字网络中进行传输和处理。用户利用一条 ISDN 用户线路，可以在上网的同时拨打电话、收发传真，就像两条电话线一样。ISDN 基本速率接口（BRI）由 2 个速

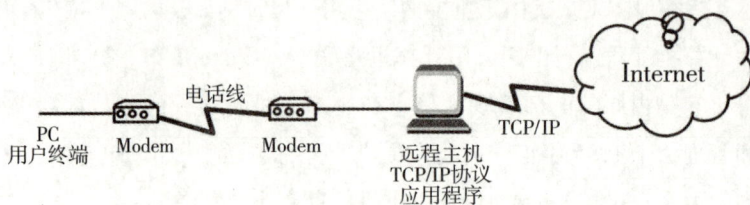

图 4 – 10　PSTN 接入方式

率为 64kbps 的 B 信道和 1 个速率为 16kbps 的 D 信道组成，简称 2B + D，其中，B 信道用于传输数据和语音；D 信道用于传输控制信号。当有电话拨入时，它会自动释放一个 B 信道来进行电话接听。

ISDN 入网方式如图 4 – 11 所示。ISDN 为终端适配器，其 RS – 232 接口连接用户端计算机的串口 Com1 或 Com2，S/T 接口连接网络终端 NT1，NT1 为 ISDN 适配器提供接口和接入方式，其 U 接口连接 ISDN 数字电话网络，最后通过 ISP 接入 Internet 网络。

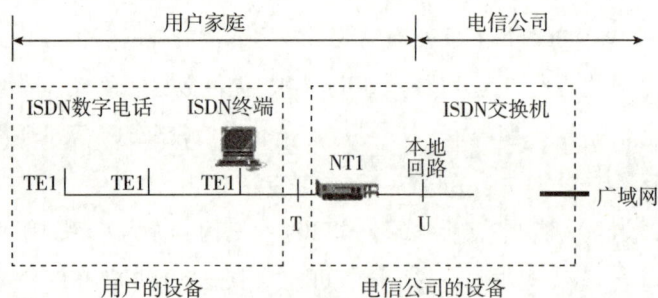

图 4 – 11　数字电话 ISDN 接入方式

③ADSL 接入：ADSL（Asymmetrical Digital Subscriber Line），即非对称数字用户环路，是一种能够通过普通电话线提供宽带数据业务的技术，是目前运用最广泛的通信接入方式。所谓非对称主要体现在上行速率（640kbps ~ 1Mbps）和下行速率（1Mbps ~ 8Mbps）的非对称性上。其有效的传输距离在 3 ~ 5 千米。

ADSL 接入 Internet 有虚拟拨号和专线接入两种方式。虚拟拨号方式接入 Internet 时需要输入用户名与密码，与原有的 MODEM 和 ISDN 接入相同，但 ADSL 连接的并不是具体的接入号码如 163，而是所谓的虚拟专网 VPN 的 ADSL 接入的 IP 地址。采用专线接入的用户只要开机即可接入 Internet。其典型的 Internet 接入方案如图 4 – 12 所示，其中局域网通过交换机连接到路由器，再通过 ADSL MODEM 连接到电话网络，最后通过 ISP 接入 Internet。在 ADSL 接入方式中，每个用户都有单独的一条线路与 ADSL 中心端相连，它的结构可以看作是星型结构，数据传输带宽是由每一个用户独享的。

ADSL2 + 速率可达 24Mbps 下行和 1Mbps 上行。另外，最新的 VDSL2 技术可以达到上下行各 100Mbps 的速率。其特点是速率稳定、带宽独享、语音数据不干扰等。适用于家庭、个人等用户的大多数网络应用需求，如 IPTV、视频点播（VOD）、远程教学、可视电话、多媒体检索、LAN 互联、Internet 接入等。

ADSL 技术具有以下一些主要特点：可以充分利用现有的电话线网络，通过在线路两端加装 ADSL 设备为用户提供宽带服务；它可以与普通电话线共存于一条电话线上，接听、拨打电

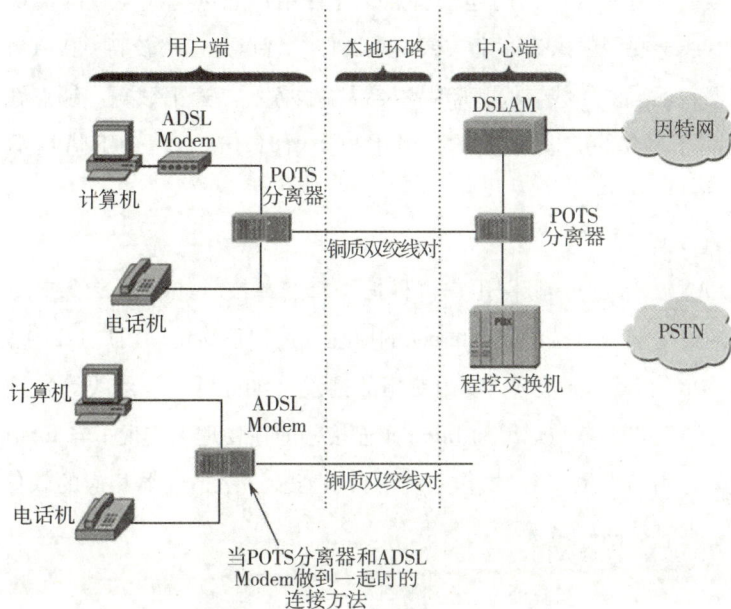

图 4 – 12 ADSL 专线接入

话的同时进行 ADSL 传输，而又互不影响；进行数据传输时不通过电话交换机，这样上网时就不需要缴付额外的电话费，可节省费用；ADSL 的数据传输速率可根据线路情况自动调整，它以"尽力而为"的方式进行数据传输。

目前，拨号网络一般采用 SLIP 和 PPP 两种远程访问通信协议将一台计算机通过电话线接入 Internet。SLIP（Serial Line Internet Protocol），即"串行线路网络协议"，用于 Unix 连接。PPP（Point to Point Protocol），即"点对点协议"，用于 Windows 系统连接。两者功能基本相同，都可实现与 Internet 的连接，并获得 IP 地址。相对于 SLIP，PPP 是一种比较新的连接方式，功能较为强大，是现在主要采用的上网方式。

（2）专线接入 在企业级用户中，主要采用的是专线接入方式。常用方式是 DDN、Cable – Modem 接入等。专线接入的速率比拨号接入的速率要大得多，一般从 64kbps 至 10Mbps。

①DDN 接入：DDN（Digital Data Network），即数字数据网，是一种利用数字信道传输数据信号的数据传输网，适用于网络的实时连接，是点对点的连接方式。其通信传输速率可根据用户需要在 N×64kbps（N = 1～32）之间进行选择。其主干网传输媒介有光缆、数字微波、卫星信道以及用户端可用的普通电话电缆和双绞线。在我国，电信公司为用户开放的接入线路主要是普通电话电缆。DDN 将数字通信技术、计算机技术、光纤通信技术以及数字交叉连接技术有机地结合在一起，提供了高速度、高质量的通信环境，可以向用户提供点对点、多点对多点透明传输的数据专线出租电路，为用户传输数据、图像、声音等信息。

用户选择入网方式有两种：用 DTU 接入、选 V. 24 或 V. 35 接口用 Modem 接入。

DDN 网具有以下特点：采用数字电路，传输速率高，网络延时小。电路采用全透明传输，并可自动迂回，可靠性高。一线可以多用，可开展传真、接入 Internet、会议电视等多种多媒体业务。方便地组建虚拟专用网（VPN），建立自己的网管中心，自己管理自己的网络。主要缺点是使用 DDN 专线上网，需要租用一条专用通信线路，租用费用较高。

②Cable – Modem 接入：Cable – Modem，即线缆调制解调器，是一种基于有线电视网络铜

线资源的接入方式。具有专线上网的连接特点，允许用户通过有线电视网实现高速接入互联网。适用于拥有有线电视网的家庭、个人或中小团体。特点是速率较高，接入方式方便（通过有线电缆传输数据，不需要布线），可实现各类视频服务、高速下载等。缺点在于基于有线电视网络的架构是属于网络资源分享型的，当用户激增时，速率就会下降且不稳定，扩展性不够。

（3）其他接入方式

①局域网（LAN）接入：局域网用户可根据需求选择拨号连接和专线连接这两种 Internet 接入方式。单机通过局域网直接访问 Internet 的原理及过程很简单。用户 PC 内安装好专用的网络适配器（如太网卡的 NE2000 等），使用专用的网线（如光纤、双绞线等）连接到集线器或网络交换机上，在通过路由器与远程的 Internet 连接，即在物理上实现了与 Internet 的连接（图 4 – 13）。硬件连好之后，再根据 PC 操作系统平台，安装网络适配器相应的软件驱动程序，并进行正确的配置，即可访问网络资源。

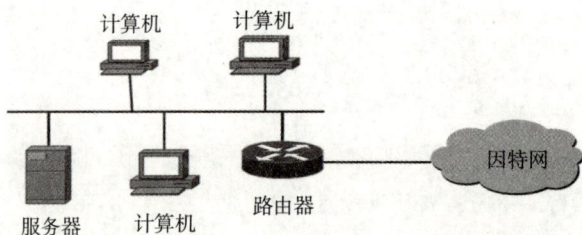

图 4 – 13   局域网接入方式

②无线网接入（WLAN）：WLAN（Wireless – LAN），即无线网络，是一种有线接入的延伸技术，如图 4 – 14 所示，使用无线射频（RF）技术越空收发数据，减少使用电线连接。无线网络与有线网络的用途类似，最大的不同在于传输媒介的不同，利用无线电技术取代网线，可以和有线网络互为备份。在公共开放的场所或者企业内部，无线网络一般会作为已存在有线网络的一个补充方式，装有无线网卡的计算机通过无线手段方便接入互联网。

目前，无线网络在生活工作中应用十分广泛。我国 3G 移动通信有三种技术标准，中国移动、中国电信和中国联通各使用自己的标准及专门的上网卡，网卡之间互不兼容。

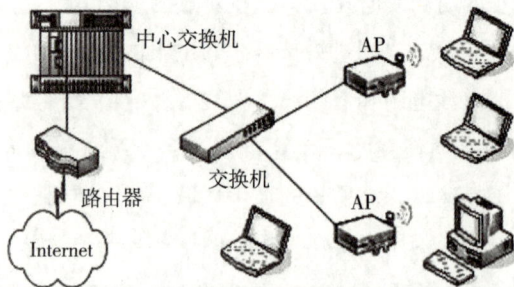

图 4 – 14   无线局域网的组成

3. Internet 的地址与域名系统

无论是从使用 Internet 的角度还是从运行 Internet 的角度看，IP 地址和域名都是十分重要的概念。为了实现 Internet 上计算机之间的通信，每台计算机都必须有一个地址，就像每部电话要有一个电话号码一样，每个地址必须是唯一的。Internet 中有两种主要的地址识别系统，即 IP 地址和域名系统。

（1）IP 地址

①IP 地址的概念：在 Internet 上有成千上万台主机，为了区分这些主机，人们给每台主机都分配了一个专门的"编号"作为标识，这个标识就是 IP 地址。IP 地址是 IP 协议提供的一种统一格式的地址，为 Internet 上的每个网络和每台主机分配一个网络地址，每个 IP 地址在 Internet 上是唯一的，是运行 TCP/IP 的唯一标识。换句话说，在互联网上的每一台主机都有一个唯一的 IP 地址。

②IP 地址结构：目前使用的 IP 版本是 IPv4（IP 第 4 版本），它规定了 IP 地址长度为 32 位。IP 地址是一个 32 位二进制数（4 个字节）地址。为了便于理解，通常用 4 组十进制数来表示，即将每个字节用其等效的十进制数字表示，各组之间用圆点"."分隔开。由于每组十进制数对应 8 位二进制数，所以每组十进制数的取值范围是 0～255，全 0 和全 1 系统另用，因此每段取值 1～254。这种表示 IP 地址的方法称为"点分十进制法"。

例如，IP 地址（二进制）   11010010   00100110   01100000   00000001
　　　IP 地址（十进制）   210.   38.   96.   1

IP 地址是 Internet 主机的一种数字型标识，是层次性的地址，由网络地址（network）和主机地址（host）两部分组成。网络地址表示某一个网络的地址。处于同一网络内的各主机，其网络地址部分是相同的。主机地址部分则表示了该网络中的某个具体节点，如工作站、服务站、路由器或其他 TCP/IP 设备等。

③IP 地址的分类：由于基于 IP 地址的网络大小各不相同，根据网络地址的范围 IP 地址通常分为 A、B、C、D、E 五类，前三类由各国互联网信息中心在全球范围内统一分配，后两类为特殊地址。每类网络中 IP 地址的结构即网络标识长度和主机标识长度都有所不同。其中 A 类地址的最高位为"0"，是大型网络；B 类地址的高两位为"10"，是中型网络；C 类地址的高三位为"110"，是小型网络。D 类地址为组播（multicast）地址，E 类是保留的实验性地址，如图 4-15 所示。

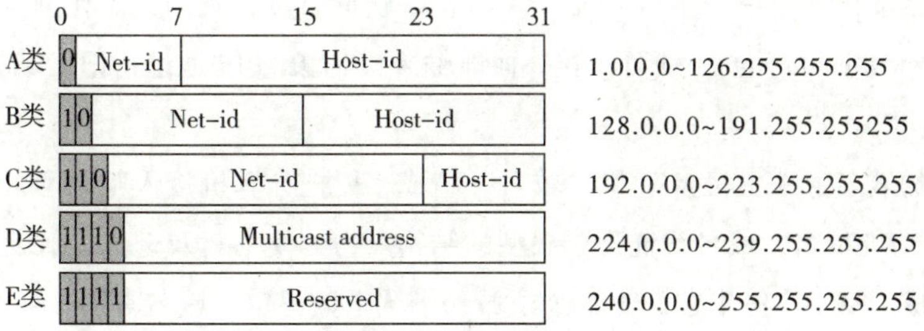

图 4-15 IP 地址分类

A 类地址：网络地址空间占 7 位，主机地址由 24 位组成，一个 A 类网络可以提供（$2^{24}-2$）个主机地址，可供使用的网络地址有 126（2^7-2）个。其中，由于网络地址全 0 的 IP 地址是保留地址，意思是"本网络"，而网络号 127（即 01111111）保留为本机软件回路测试（Loopback Test）之用。A 类地址适用于拥有大量主机的大型网络。

B 类地址：网络地址空间占 14 位，允许 2^{14} 个不同的 B 类网络。主机地址由 16 位组成，每个 B 类网络可以提供（$2^{16}-2$）约 65000 个主机地址，一般用于中等规模的网络，例如大公司和大机构。

C 类地址：网络地址空间占 21 位，总共可有约 200 万个 C 类网络，但主机号由 8 位组成，每个 C 类网络只提供 254（2^8-2）个节点地址。所以 C 类地址一般用在小型网络中。

D 类地址：被多播组用来从特定的应用程序或服务器提供的服务中接受数据。

E 类地址：是一个试验性的地址类。

对于分类 IP 地址，只要根据第一个十进制数的值，便可以判断出所属网络的等级，进而可以得知其网络地址和主机地址。例如：某主机的 IP 地址为 193.2.1.12。我们从第一个数字"193"便可以判断属于 C 类地址，因此，该 IP 地址的前 24 位"193.2.1."为网络地址，最后 8 位"12"为主机地址。

④IP 地址的分配：在分类 IP 地址的实际应用时，以下 IP 地址具有特殊的含义和用途，在分配 IP 地址时需要特别注意。

A. 网络地址：主机地址全 0 用来表示所在的网络地址，例如 C 类地址 193.2.1.0，表示所在的网络地址。

B. 广播地址：主机地址全 1 为广播地址，代表网络中的所有设备。例如一个 C 类网络的地址 193.2.1.0，若网络中某主机发送数据包的目的地址是 193.2.1.255，即表示这是对 193.2.1.0 这个网络的广播包，该网络的所有设备均会接收此信息包。

C. 环回地址：以 127 开头的 IP 地址是环回地址（Lookback），用于测试本地主机的网络连通性。例如：当 IP 数据包的目的地址是：127.0.0.1，网络接口设备不会把它发送到实体网络上，而是送给系统的 Lookback 驱动程序来处理，因此我们可以通过执行命令：Ping 127.0.0.1 来判断本机的网络配置与网卡的通信是否正常。

（2）域名系统：IP 地址用 4 组十进制数字来表示，不便于人们记忆和使用，为此，Internet 引入了一种字符型的主机命名机制——域名系统（Domain Name System，DNS），用来表示主机的地址。当用户访问网络中的某个主机时，只需按名访问，不需关心它的 IP 地址。也就是说，域名系统允许用户名使用更为人性化的字符标识而不是 IP 地址来访问 Internet 上的主机，即用英文字母给 Internet 上的主机取名字。例如访问百度，我们只需在浏览器的地址栏中输入其域名"www.baidu.com"便可链接，而非输入其抽象的 IP 地址，记忆域名比记忆 16 位数字容易很多。

一个完整的域名由"主机名"和"域名"组成，要把计算机接入互联网，必须获得唯一的 IP 地址和对应的域名，域名系统是层次型的结构。为方便书写及记忆，域名由小数点分隔的几组字符组成。每个字符串被称为一个子域，子域个数不定。域名常用 3~4 个子域，位于最右边的子域级别最高，称为顶级域；越往左，子域级别越低，表示范围越具体，位于最左边的子域就是 Internet 上主机的名字。每一级的域名都由英文字母和数字组成（不超过 63 个字符，并且字母不区分大小写），完整的域名不超过 255 个字符。典型的域名表示如下"计算机主机名.机构名.网络名.顶级域名"。

例如，有一台主机的域名为 www.ccucm.edu.cn，其中，"www"表示这台主机名；"ccucm"表示机构名，指长春中医药大学；"edu"表示网络名，指教科网（教育机构）；"cn"表示国家名，指中国。

　　顶级域名目前采用两种划分方式：以机构或行业领域作为顶级域名；以国家和地区作为顶级域名。常见的顶级域名如表 4 - 1 和表 4 - 2 所示。

表 4 - 1　行业领域的顶级域名

域名	类型	全称
Com	商业机构	commercial organization
Edu	教育机构	educational institution
Gov	政府机构	Government
Int	国际性机构	international organization
Mil	军队	Military
Net	网络机构	networking organization
Org	非营利机构	non - profit organization

表 4 - 2　部分国家和地区的顶级域名

域名	国家和地区	域名	国家和地区
au	澳大利亚	in	印度
br	巴西	it	意大利
ca	加拿大	jp	日本
cn	中国	kr	韩国
ge	德国	sg	新加坡
fr	法国	tw	中国台湾
hk	中国香港	uk	英国

　　顶级域名由 Internet 网络中心负责管理。在国别顶级域名下的二级域名由各个国家自行确定。我国顶级域名 "cn" 由 CNNIC 负责管理，在 cn 下可由经国家认证的域名注册服务机构注册二级域名。我国将二级域名按照行业类别或者行政区域划分。行业类别大致分为 . com（商业机构）、. edu（教育机构）、. gov（政府机构）、. net（网络服务机构）、. ac（科研机构）等；行政区域二级域名用于各省、自治区、直辖市，共 34 个，采用省市名的简称，如 bj 为北京市，jl 为吉林省，cc 为长春市等。自 2003 年始，在我国国家顶级域名 cn 下也可以直接申请注册二级域名，由 CNNIC 负责管理。可见，Internet 域名是逐层、逐级由大到小地划分的，这样既提高了域名解析的效率，同时也保证了主机域名的唯一性。

　　Internet 上的 IP 地址是唯一的，一个 IP 地址对应着唯一的一台主机。相应地，给定一个域名地址也能找到一个唯一对应的 IP 地址。这就是域名和 IP 地址之间的一对一的关系。有时用一台计算机提供多个服务，如既作为 WWW 服务器又作为邮件服务器，这时计算机的 IP 地址仍然是唯一的，但可以根据计算机所提供的多个服务器给予不同的域名，这时 IP 地址与域名间可能是一对多的关系。域名系统 DNS 是 TCP/IP 协议中应用层的服务，IP 地址是 Internet 上唯一的、通用的地址格式，所以当以域名方式访问某台远程主机时，域名系统首先将域名 "翻译" 成对应的 IP 地址，通过 IP 地址与该主机联系，并且以后的所有通信都将使用该 IP 地址。

　　4. 子网掩码

　　子网掩码是一个 32 位的二进制数，若它的某位为 1，表示该位所对应 IP 地址中的一位是

NOTE

网络地址部分中的一位；若某位为 0，表示它对应 IP 地址中的一位是主机地址部分中的一位。通过子网掩码于 IP 地址的逻辑"与"运算，可分离出网络地址。如果一个网络没有划分子网，子网掩码的网络号全为 1，主机号各位全为 0，这样得到的子网掩码为默认子网掩码。A 类网络的默认子网掩码为 255.0.0.0，B 类网络的默认子网掩码为 255.255.0.0，C 类网络的默认子网掩码为 255.255.255.0。

4.2.2　Internet 应用

1. WWW 应用

WWW 是目前应用最广泛的一种 Internet 技术。WWW 是环球网（World Wide Web）的缩写，其核心技术是 Web 技术，是一个基于超文本（Hypertext）方式的 Internet 信息查询工具。WWW 将 Internet 中不同地点的所有相关信息组成一套"超文本"文档，为用户提供一种友好的信息查询接口，让用户方便且操作简单地对 Internet 中所有资源进行访问。Web 服务是互联网应用技术发展中的一个重要里程碑，使得互联网上的信息展示与传递以便捷、直观、形象的方式表现，并使互联网的使用迅速从计算机专业领域扩展到人类社会各个领域，使得互联网的应用普及成为了大众日常生活的主要工具。

目前，全世界有许多 Web 站点，每个 Web 站点都可以通过超链接与其他 Web 站点链接起来，任何人都可以设计自己的主页，放在 Web 站点上，再在主页上产生链接，与其他人的主页或其他 Web 站点链接。就编织了一张巨大的环球信息网。

利用 WWW，人们在 Internet 上实现信息的获取与发布。如电子邮件（E‑mail）、文件传输服务（FTP）、远程登录（Remote Login）、即时通信（网络聊天）、BBS（Bulletin Board System）和论坛、搜索引擎（Search Engines）、电子商务（Electronic Commerce）、博客和微博（Blog and Micro Blog）、社交网站（Social Nnetwork Site，SNS）。

WWW 可以说是当今世界最大的电子资料世界，甚至已经可以把 WWW 当成 Internet 的同义词。事实上，人们日常所说的"上网"指的就是 WWW。当然，除了 WWW 之外，Internet 还提供了其他丰富的功能。

浏览器是专门用于实现 WWW 访问的应用程序，微软公司开发的浏览器是 Internet Explorer（IE）。

【案例 4‑1】Internet 应用

（1）通过电子商务网站购置一套中医类（《黄帝内经》）书籍，完成下列操作：

①使用 IE 浏览器浏览电子商务网站的相关产品。

②检索出自己想要的产品，并确定购买的卖家。

③通过支付宝付款并完成网络购物。

（2）操作步骤

①打开 IE 浏览器，在地址框中输入淘宝网的网址 www.taobao.com，进入该网站（图 4‑16）。

②在搜索文本框中键入关键字"黄帝内经"，鼠标单击"搜索"后即出现所有相关的书籍，列表如图 4‑17、图 4‑18。

③通过浏览相关书目信息，多方面比较后从列表中选择出要购买的书籍（图 4‑19），单

图 4-16 IE 浏览器输入网址

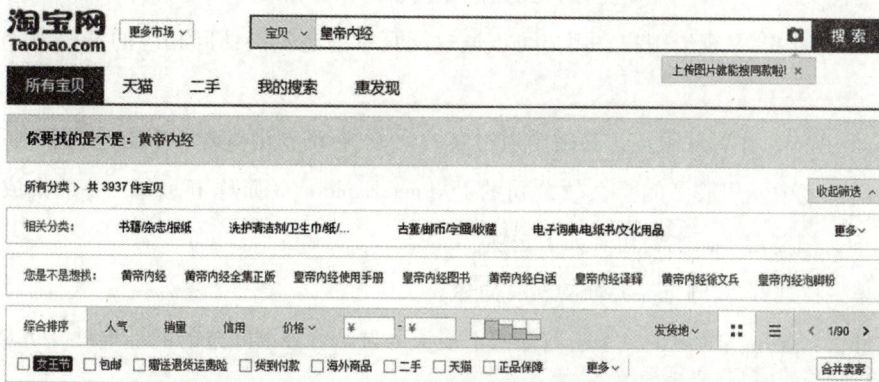

图 4-17 淘宝网输入关键字

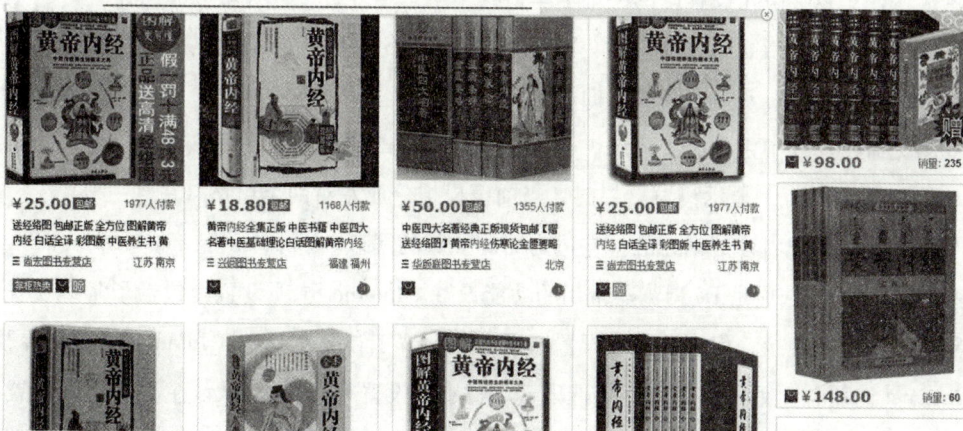

4-18 淘宝网搜索书籍列表

NOTE

击"加入购物车"后付款完成网购过程。

图 4 - 19　选择购买数目加入购物车

（1）WWW 的工作方式　Web 系统采用客户服务器（Client/Server，C/S）模式。客户端是访问服务器的工具，主要是各类 Web 浏览器（browser）；服务器是存放网页形式信息资源的软件和硬件。用户通过客户端浏览器向 Web 服务器发出请求，Web 服务器根据客户端的请求内容将相应的网页发送给客户端浏览器；浏览器在接收到该页面后对其进行解释翻译，最终将超媒体形式的网页内容呈现给用户，用户可以通过网页中的超链接访问相应的 Web 服务器中的网页。

Internet 用户使用 Web 服务，必须要通过客户端软件 Web 浏览器，Web 浏览器种类繁多，目前 WWW 环境中使用最多的是微软公司的 Internet Explorer（简称 IE）。IE 一般集成在 Windows 系统中，浏览器界面主要包含如下选项。

①菜单栏：列有 IE 浏览器界面的所有命令。

②地址栏：显示当前地址。单击右端的下箭头可显示曾经访问过的网址地址，可从中选择需要的网址，以免重新输入。

③标准按钮栏：用于 IE 浏览器窗口操作按钮。

④链接栏：包含事先设置好的网址。单击其中某个网址，可打开对应的网页。

⑤网页区：显示当前网页的内容。网络上有许多热链接，指向某个热链接时，鼠标变为手型，单击该链接，可打开一个新的页面。

⑥浏览器栏：其中包含历史记录、收藏夹、搜索等浏览工具，使用户方便快捷地访问搜索引擎和常用 Web 站点。显示浏览器栏时，当前窗口被分成左右两个窗格（图 4 - 20）。

⑦状态栏：其中内容是动态的。左边为当前主页的网址。

此外，Internet 选项是 IE 浏览器常用的功能设置。Internet 选项设置，包括了常规、安全设置、隐私、内容、连接、程序和高级设置。通过单击"工具"菜单的"Internet 选项设置"，打开"Internet 选项"对话框，共有 6 张选项卡。特别是设置 IE 浏览器默认主页和高级设置的一些功能，对用户高效使用浏览器很有帮助。

（2）WWW 的关键技术（HTTP、HTML、URL）　支持 Web 服务的 3 个主要关键技术是超文本传输协议 HTTP（Hyper Text Transfer Protocol）、超文本标记语言 HTML（Hyper Text Markup

图 4-20 打开 IE 浏览器

Language）和统一资源定位器 URL（Uniform Resource Locator）。

①超文本传输协议（HTTP）：打开网页需要在 IE 浏览器的地址栏输入网页的网址，例如，淘宝网的网址是 http：//www. taobao. com。系统默认用户使用的协议是 HTTP，即超文本传输协议。HTTP 是 Web 服务的应用层协议，负责超文本文档在浏览器与 Web 服务器之间传输。该协议是系统默认的协议，允许用户输入时省略，而系统自动加上。如，用户登录淘宝网可以直接在地址栏输入：www. taobao. com 而省略"http：//"部分。此外，每种访问协议都有一个默认的网络端口号，HTTP 协议的默认网络端口号是 80。若使用默认端口号，在 URL 中可以省略。

②超文本标记语言（HTML）：超文本是超级文本的简称，它是一种电子文档，是一种全局性的信息结构，它将文档中的不同部分通过关键字建立链接，使信息得以用交互方式搜索。超文本允许从当前阅读位置直接切换到超文本链接所指向的对象。利用超文本技术，可以在文本的任何位置建立大量的链接，这种超文本中的链接称为超链接（Hyperlink）。

超文本通常使用超文本标记语言（HTML）书写。HTML 给常规的文档增加标记，使一个文档可以链接到另一个文档，并且可以将不同媒体类型结合在一起。超文本（hypertext）是 Web 组织文档的基本形式，是用超链接的方法将各种不同空间的文字信息组织在一起的网状文本；超媒体（hypermedia）是超文本加多媒体，进一步扩展了超文本所链接的信息内容，用户不仅可以从超链接跳到另一个文本，而且可以链接到一段声音、图形等多媒体资源。

③统一资源定位器（URL）：众所周知，在 PC 机中查找某个文件需要指明路径。同样，在 WWW 中浏览 Web 也应该有一种机制保证准确定位，这就是所谓的统一资源定位器 URL（Uniform Resource Locator），也就是大家俗称的网址或 URL 地址。Web 上所能访问的资源都有一个唯一的 URL。URL 是一个简单的格式化字符串，由三个部分组成：第一部分是所用的服务类型（即访问协议），如 http 代表超文本传输协议；第二部分是存放该资源的主机（服务器）IP 地址，通常用域名来表示，如 www. ccucm. edu. cn；第三部分是端口号、资源在主机上的路径名。其中，第一和第二部分是必须有的，可用"//"分隔开来，第三部分可以省略。通过 URL 可以访问 Internet 上任何一台主机及主机上的文件夹和文件。

URL 的一般格式为：＜访问协议：//＞＜主机 IP 地址或 www. 域名＞［：端口号］/［资

源在主机上的路径名]

以上格式中，< >表示必选项，[ ]表示可选项。

（3）信息浏览与搜索引擎　互联网常用的两种信息查询方法为浏览与搜索。

①信息浏览：我们可以经常在网站上浏览新闻，查阅和搜集相关信息。在信息浏览过程中，常用到 IE 浏览器的一些功能，如收藏夹的使用、保存网页和图片等。

A. 收藏夹的使用：要记住互联网上每一个感兴趣网站的 URL 是很困难的。人们往往访问的是曾经访问过的网站，因此，IE 浏览器提供了收藏夹的功能。收藏夹以文件夹的形式，保存了用户收藏的网址。整理和分类存放所感兴趣的网站，给使用互联网资源带来快捷和便利。

B. 添加收藏夹：当浏览到自己感兴趣的网站，可以点击"收藏夹"→"添加到收藏夹"，打开"添加收藏夹"对话框（图 4-21）。填写"名称"，选择"创建位置"，这里在选定的文件夹下，也可以"新建文件夹"，这样可以实现按需分类保存。

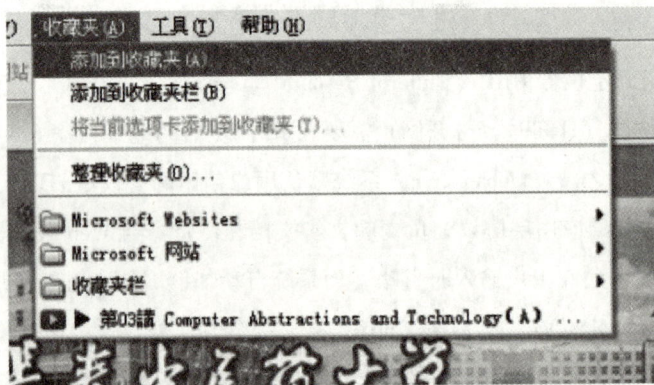

图 4-21　添加收藏夹

C. 整理收藏夹：若收藏夹内容比较杂乱，可以整理收藏夹，"收藏夹"→"整理收藏夹"，打开了"整理收藏夹"对话框（图 4-22、图 4-23），进行"新建文件夹""移动""删除""重命名"和"删除"操作。

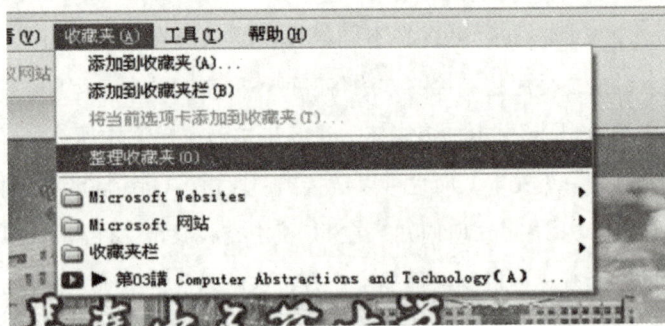

图 4-22　整理收藏夹

②保存网页和图片：在浏览网页中发现自己感兴趣的网页或图片等资料，可以通过 IE 保存到指定的文件夹，供以后调阅。

A. 保存网页：当浏览到想保存的网页（图 4-24），执行"文件"→"另存为"命令，弹出"保存网页"对话框，在"保存在"下拉框中选择保存位置，在"文件名"下拉框输入保存的文件名，"保存类型"下拉框选择保存网页的类型，"编码"下拉框选编码类型。

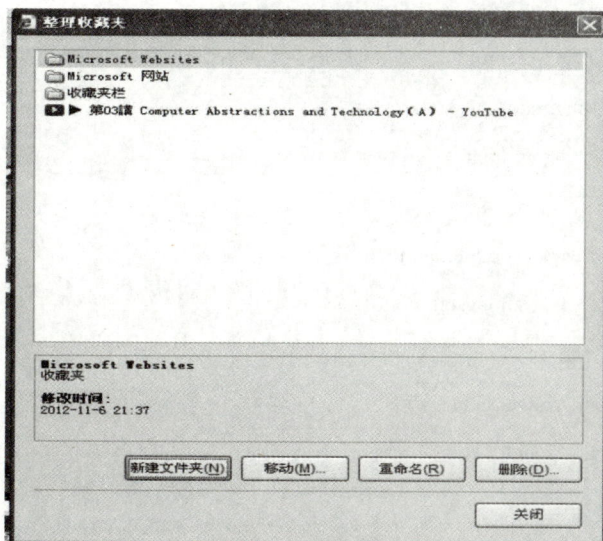

图 4 - 23 整理收藏夹

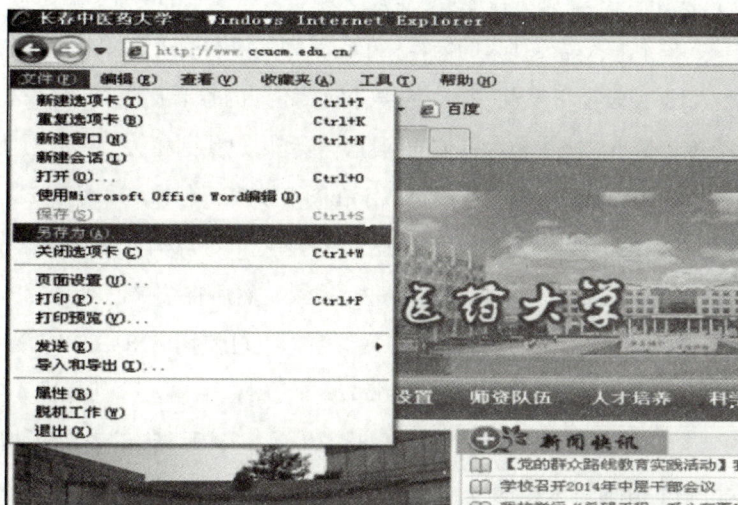

图 4 - 24 保存网页

B. 保存图片：对网页中感兴趣的图片，可以将鼠标移动到图片上，右键单击，在出现的快捷菜单中选择"图片另存为"，在"保存图片"对话框中选择图片保存位置、输入文件名和选择图片保存类型。

③搜索引擎：Internet 上的信息浩如烟海、包罗万象、瞬息万变。使用搜索引擎可以快速找到自己需要的信息。

A. 什么是搜索引擎：搜索引擎其实是 Internet 上的一个 Web 站点，它的主要任务是在 Internet 中主动搜索其他 Web 站点中的信息并对其自动索引，其索引内容存储在可供查询的大型数据库中。当用户利用关键字查询时，该 Web 站点会告诉用户包含该关键字信息的所有网址，并提供通向该网址的链接。因为这些 Web 站点提供全面的信息查询和良好的速度，就像发动机一样强劲有力，所以人们就把这些 Web 站点称为搜索引擎。

常用的中文搜索引擎：

百度：http://www. baidu. com

NOTE

新浪：http：//search. sina. com. cn

搜狐：http：//www. sohu. com. cn

必应：http：//cn. bing. com

搜狗：http：//www. sogou. com

雅虎：http：//www. yahoo. com

网易有道：http：//www. youdao. com

中国搜索：http：//www. zhongsou. com

常用的外文搜索引擎：

Yahoo：http：//www. yahoo. com

Google：http：//www. google. com

Excite：http：//www. excite. com

ASK：http：//www. ASK. com

EGOUZ：http：//www. lycos. com

B. 搜索引擎的使用：在 IE 浏览器地址栏中输入某一搜索引擎的网址，就可进入其搜索界面，在其搜索界面的输入框中输入需要搜索的内容，单击其相关搜索按钮即可。常见的搜索方法有：

a. 目录搜索：目录搜索是将搜索引擎中的信息分成不同的若干大类，再将大类分为子类、子类的子类，依此类推，最小的类中包含具体的网址，直到用户找到相关信息的网址，即按树型结构组成的供用户搜索的类和子类。这种查找类似于在图书馆找一本书，适用于按普通主题查找。

b. 关键字搜索：关键字搜索是搜索引擎向用户提供一个可以输入信息关键字的查询界面，用户按一定规则输入后，搜索引擎根据关键字进行搜索，然后将结果返回给用户。

用户在输入搜索关键字时，可以直接输入关键字，也可使用 AND、OR、NOT 和通用符号"*"或"?"（有些搜索引擎不完全支持）。例如，在搜索框中输入"计算机 AND 论文"将返回包含计算机也包含论文的网站信息；在搜索框中输入"显示器*"，除了搜索"显示器"外，还根据搜索引擎的分词技术搜索与显示相关的信息。

以"百度"搜索引擎为例，检索中医药历史的资料，其操作步骤如下：打开 IE 浏览器，进入"百度"的网站→在搜索文本框中键入关键字"中医药历史"→单击"百度一下"按钮，进行搜索（图4－25）。

图4－25　百度搜索引擎

2. 文献检索

【案例4-2】文献检索应用

（1）检索有关"针灸推拿学在西方国家的发展"的医学科学文献，下载至本地保存。要求：①通过知网进行文献检索操作。②熟悉通过检索关键字来确定检索的范围。③下载相关文献并进行保存。

（2）操作步骤

①打开 IE 浏览器，在地址框中输入文献检索网站中国知网的网址 http：//www.cnki.net/，进入该网站（图4-26）。

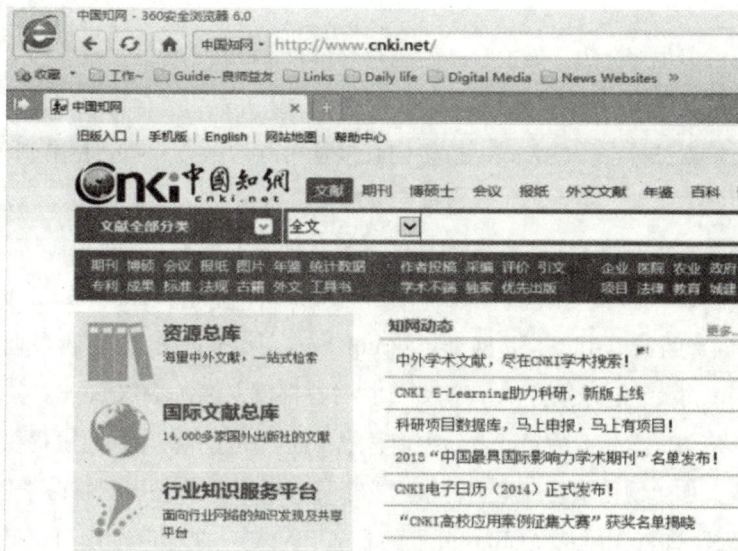

图4-26　中国知网

②在搜索文本框中键入关键字"针灸推拿学 西方国家 发展"，点击"检索"后回车（Enter 键）便出现相关的文献列表（图4-27）。

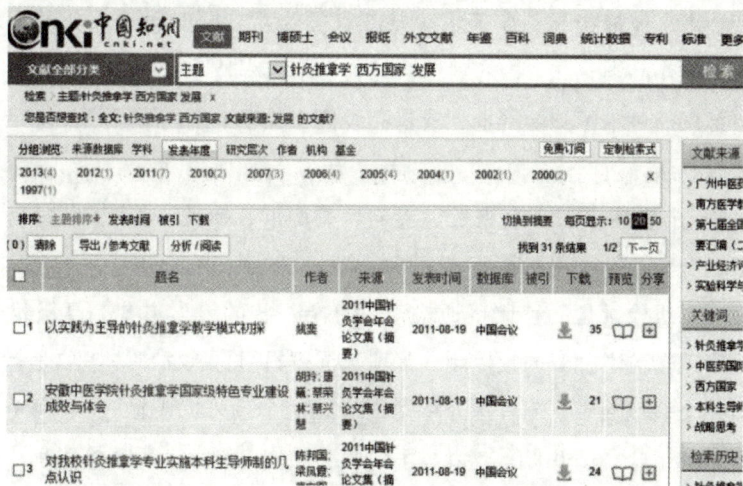

图4-27　检索关键字

③在文献列表中筛选出相关的论文，下载至本地保存。

文献检索就是从众多的文献中迅速、准确地查找符合研究需要的文献的过程。文献检索是

NOTE

利用文献获取知识、信息的基本手段。掌握文献检索技能是现代学习、科研的要求，不仅是知识更新的必要手段，而且有助于了解、掌握某一研究领域进展动态，对于开拓思路、继承和借鉴前人的成果，提高研究水平起到极其重要的作用。

（1）文献检索（Information Retrieval）　是以文献原文为查找对象的一种检索。是根据学习和工作的需要获取文献的过程。文献是记录有知识的一切载体。

按照文献出版形式和内容划分，文献的类型有图书、期刊报纸、科技报告、政府出版物、会议文献、学位论文、专利文献、标准文献、产品样本、其他零散资料。以电子载体呈现的文献，我们称为数字文献，按照数字文献的内容和表现形式可划分为数据库、电子图书、电子期刊、电子报纸等。

文献检索的方式主要分为普通检索、高级检索和专业检索三种。

①普通检索：普通检索是一种最简单直接的初级检索方式，包含检索词直接检索、数据库检索和文献分类检索三种常用的方式。检索词直接检索有两种方式：一种是基于 Internet 的文献检索工具——搜索引擎，另一种是在数据库中输入检索词进行直接检索。

这里推荐两个常用的用于文献检索的搜索引擎百度学术搜索和 PubMed。百度学术搜索可广泛搜索学术文献，很多文献都可以免费下载。其网址是：http://xueshu.baidu.com/。PubMed 是一个免费的搜索引擎，其网址是：http://www.pubmed.gov，收录期刊 5000 多种，主要提供生物医学方面的论文搜寻以及摘要。它的数据库来源为 MEDLINE。其核心主题为医学，但亦包括其他与医学相关的领域，如护理学或其他健康学科。它同时也提供生物医学相关资讯的全面支援，如生物化学与细胞生物学。这个搜寻引擎是由美国国家医学图书馆（NLM）下属的国家生物技术信息中心（NCBI）开发的、基于 WWW 的查询系统。PubMed 上的资讯并不包括期刊论文的全文，但可能提供指向全文提供者（付费或免费）的链接。

目前，国内主要的期刊论文全文数据库有同方知网（CNKI）的《中国期刊全文数据库》、重庆维普的《中文科技期刊数据库》、万方数据的《数字化期刊全文数据库》。《中国期刊全文数据库》是目前世界上最大的连续动态更新的中国期刊全文数据库，收录国内 9100 多种重要期刊，以学术、技术、政策指导、高等科普及教育类为主，同时收录部分基础教育、大众科普、大众文化和文艺作品类刊物，内容涵盖自然科学、工程技术、农业、哲学、医学、人文社会科学等领域，可以通过中国知网网址，或者高校图书馆的"数字资源"，登录中国期刊全文数据库并进行文献检索。

检索项包括 16 个检索字段，有主题、篇名、关键词、摘要、作者、第一责任人、单位、刊名、参考文献、全文、年、期、基金、中图分类号、ISSN、统一刊号。

②高级检索：高级检索是一种比普通检索要复杂一些的检索方式。高级检索特有功能如下：多项双词逻辑组合检索、双词频控制。多项双词逻辑组合检索中，多项是指可选择多个检索项；双词是指一个检索项中可输入两个检索词（在两个输入框中输入），每个检索项中的两个词之间可进行五种组合，即并且、或者、不包含、同句、同段，每个检索项中的两个检索词可分别使用词频、最近词、扩展词；逻辑是指每一检索项之间可使用逻辑与、逻辑或、逻辑非进行项间组合。

例如：要求检索 2015 年发表的篇名中包含"中药学"，但不包含"进展""综述""述评"的期刊文章。操作步骤：进入中国知网 http://www.cnki.net/，选中"高级检索"选项卡→使用三行逻辑检索行，每行选择检索项"篇名"，输入检索词"中药学"→选择"关系"［同一检索项中另一检索词（项间检索词）的词间关系］下的"不含"→在三行中的第二检索词框中分别输入"进展""综述""述评"→选择三行的项间逻辑关系（检索项之间的逻辑关系）"并且"→选择检索控制条件：从2015到2016－01－01→点击检索（图4－28）。

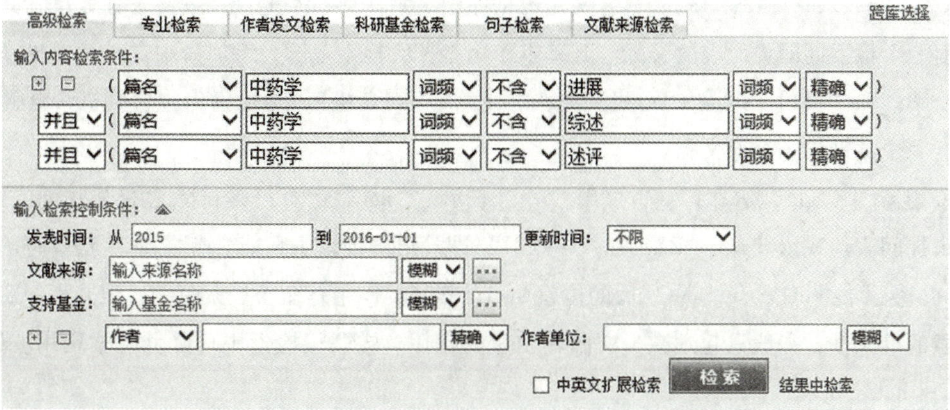

图4－28 "高级检索"栏

③专业检索：专业检索比高级检索功能更强大，但需要检索人员根据系统的检索语法编制检索式进行检索，适用于熟练掌握检索技术的专业人员。在图4－28所示的页面中，选择"专业检索"选项卡，即可进入专业检索页面（图4－29）。专业检索分单库检索和跨库检索，单库专业检索执行各自的检索语法表，跨库专业检索原则上可执行所有跨库数据库的专业检索语法表，但由于各库设置不同，会导致有些检索式不适用于所有选择数据库。

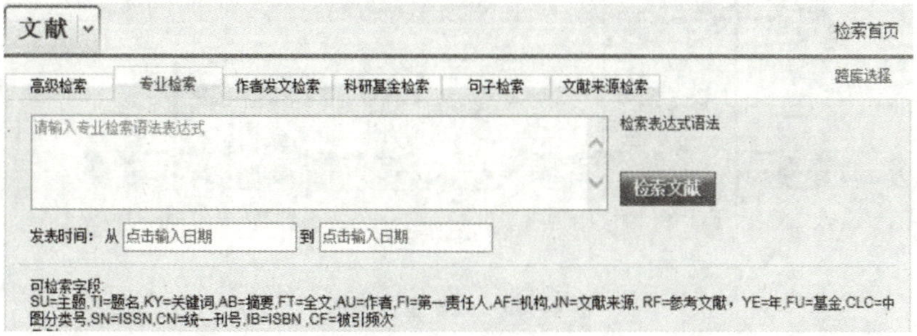

图4－29 "专业检索"栏

（2）数字文献检索技术　数字文献的检索技术主要包括布尔逻辑检索、截词检索、位置算符检索、字段检索（限定检索）等。其中，布尔逻辑检索是计算机信息检索的基本技术之一。

布尔逻辑检索指采用布尔逻辑表达式来表达用户的检索要求，并通过一定的算法和实现手段进行检索的过程。布尔逻辑表达式是采用布尔运算符（逻辑与and、逻辑或or、逻辑非not等）来连接运算检索词，以及表示运算优先级的括号组成的一种表达检索要求的算式，简称提问逻辑式。布尔逻辑式的原理与检索方法取自于布尔代数与集合运算。常用的布尔逻辑运算符有三种：分别是逻辑与and、逻辑或or、逻辑非not。

A. 逻辑与"and"运算符：也可用"＊"表示，用来组配不同概念的检索词。是一种概念相交和限定关系的组配。例如："A and B"或"A ＊f B"。其含义是：检出的信息中必须同时含有"A"和"B"两个检索词。其基本作用是对检索范围加以限定，逐步缩小检索范围，提高检索结果的查准率。例如，检索计算机在图书馆中应用方面的文献，其提问式可写成"计算机 and 图书馆"或"计算机 * 图书馆"。

B. 逻辑或"or"运算符：也可用"＋"表示，是用来组配具有同义或同族概念的检索词。例如："A or B"或"A ＋ B"。其含义是数据库记录中任何一条记录，只要含有"A"或"B"中任何一个检索词即为命中的文献。其基本作用是扩大检索范围，增加命中文献量，提高文献的查全率。如"微机 ＋ 电脑 ＋ PC 机""微机 or 电脑 or PC 机"，会检索出包含微机、电脑、PC 机任意一个关键词的全部文献。

C. 逻辑非"not"运算符：也可用"－"表示，"not"运算符是排除含有某些词的记录，其逻辑提问表达式为"A not B"或"A － B"，即检出的记录中只能含有"not"运算符前的检索词 A，但不能同时含有"not"后的检索词 B。其基本作用是缩小检索范围，但并不一定能提高检索的准确性，一般只起到减少文献输出量的作用。在联机检索中可降低检索费用。例如："计算机 not 微机"。

◆ 注意：由于"not"算符有排除相关文献的可能，因此，在实际检索中应慎重使用。优先级运算（）＞ not ＞ and ＞ or。

（3）文件传输　文件传输协议 FTP（File Transfer Protocol）是互联网最常用的应用之一，专门用于网络上文件的传输。通过 FTP 可以通过在两台计算机间传送文件，可以对远方计算机进行查看文件、改变文件目录、新建或删除文件目录、删除文件、上传下载文件等操作。

FTP 系统由服务器、FTP 服务软件和客户端软件组成（图 4 - 30）。

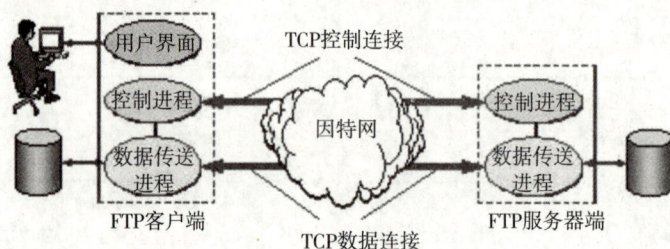

图 4 - 30　FTP 工作原理

客户端访问 FTP 服务器一般需要事先注册，账号密码认证通过才能访问 FTP 服务器资源；另一种 FTP 服务器采用匿名（anonymous FTP）登录，只要输入 FTP 服务器地址，任何用户不要账号就可以登录 FTP 服务器，使用相应资源。默认情况下，匿名用户的用户名是"anonymous"或不需账户登录 FTP 服务器。

FTP 客户端软件分浏览器和专用工具。大多数最新的网页浏览器和文件管理器都能和 FTP 服务器建立连接，这使得只要权限许可，通过 FTP 就可以操控远程文件，如同操控本地文件一样。浏览器登录功能通过给定一个 FTP 的 URL 实现。

另一种是通过客户端 FTP 工具软件进行登录的软件有 Cute FTP、Flash FTP 等，是针对 FTP 服务器原理，提供了连接 FTP 服务器配置功能，可以设置连接 FTP 服务器的 IP 地址、账号、密码以及传输性能设置等，并且具有断点续传、多线程传输等功能，可以提高传输速率和效率。

（4）电子邮件　电子邮件（electronic mail，简称 E – mail）是一种用电子手段提供信息交换的通信方式，是 Internet 上使用最广泛的一项服务。通过一台联网的计算机运行相应的电子邮件系统，用户可以高效（几秒钟之内可以发送到世界上任何指定的目的地）、价廉（不管发送到哪里，都只需负担网费）地与世界各地的网络用户联系。电子邮件可以是文字、图像、声音等多种形式。同时，用户可以得到大量免费的新闻、专题邮件，并实现轻松的信息搜索。

E – mail 是一种采用简单邮件传送协议 SMTP（Simple Mail Transfer Protocol）的电子式邮件服务系统。

①电子邮件系统：通常由三个部分组成，即用户代理、邮件服务器和收发邮件协议。

A. 用户代理：用户代理就是邮件系统安装在客户端的软件，如 Outlook Express、Foxmail 等，这种邮件客户端软件具有较强的收发邮件、管理邮件通信簿和已收邮件的功能；另一种是在各种互联网浏览器上登录邮件服务器网站收发邮件。

邮件的客户端软件具有四个主要功能：一是撰写邮件，提供方便的撰写、修改、回复邮件、上传附件的功能，电子邮件由邮件信封和内容组成，邮件信封主要是邮件的头部信息，包含发信人邮件地址、收信人邮件地址、邮件标题等信息，其中邮件地址格式是："邮箱名@邮箱所在服务器域名"。二是显示邮件，能在计算机屏幕上显示收到的邮件。三是处理邮件，包括发送、接收邮件，删除、保存、打印、转发邮件功能。四是通信，撰写完邮件后可用发送邮件协议发送邮件。

B. 邮件服务器：邮件服务器是由服务器硬件和邮件服务器协议等软件组成。邮件服务器的功能是发送邮件和接收邮件。邮件服务器存储了大量接收到的邮件，因此要求具有较大的硬盘存储容量；当邮件用户较多时，服务器需要具有较高的运算和处理速度，可将接收邮件服务器与发送邮件服务器分别配置在两台或多台不同的服务器上，以便减轻服务器的负担；邮件服务器需要 24 小时连续工作，并要有较完善的数据备份和安全措施，确保数据安全。

C. 邮件协议：邮件服务器需要安装发送邮件协议和接收邮件协议。通常发送邮件协议采用简单邮件传输协议 SMTP，因为 SMTP 仅可传送 7 位 ASCII 码，若需要传送声音、图像、视频等不同类型的数据时，需要采用因特网邮件扩充协议 MIME（Multipurpose Internet Mail Extensions），MIME 邮件可同时传送多种类型的数据，非常适用于多媒体通信环境。

②电子邮件的传递：电子邮件服务器按照客户/服务器模式工作，由代理服务程序（服务方）和用户代理程序（客户方）两个基本程序协同工作完成邮件的传递。收发电子邮件有两种方式。

A. 浏览器方式。大多数邮箱都支持浏览器方式收取信件，并且都提供一个友好的管理界面，只要在提供免费邮箱的网站登录界面（图 4 – 31），输入自己的用户名和密码，就可以收发信件并进行邮件的管理。

B. 通过客户端安装的专用邮箱方式。此类邮箱管理软件有 Outlook Express（图 4 – 32）、Foxmail 等。专用的邮件收发工具都是基于 POP3 和 SMTP 协议的，因此使用其收发邮件时需要进行相应的设置。

NOTE

图 4 – 31   163 网易免费邮箱

图 4 – 32   Outlook Express

4.3   信息安全基础

21 世纪是信息的社会,信息在国民经济建设、社会发展、国防和科学研究等领域的作用日益重要,信息已经不仅仅是一种十分重要的公用资源和商业资源,更是一种重要的战略资源。信息安全已经成为整个国家安全的重要组成部分,成为影响国家全面发展和长远利益的重大问题。

互联网是对全世界都开放的网络,任何单位或个人都可以在网上方便地传输和获取各种信息,互联网具有开放性、共享性、国际性的特点,对计算机网络安全提出了挑战。2013 年 6 月,前中情局(CIA)职员爱德华·斯诺顿曝光美国国家安全局的"棱镜"计划,使得各国更加重视计算机网络和信息安全问题。

4.3.1 信息安全概述

1. 信息安全的概念

信息安全（information security）的目的是保护信息的保密性、完整性、可用性、可控性和不可否认性等，包括攻（攻击）、防（防范）、测（检测）、控（控制）、管（管理）、评（评估）等多方面的基础理论和实施技术。

（1）保密性（Confidentiality）　防止非授权用户访问，保证信息为授权者享用，不泄漏给未经授权者。

（2）完整性（Integrity）　保证信息从真实的发信者传送到真实的收信者手中，传送过程中没有被他人添加、删除、修改和替换。

（3）可用性（Availability）　保证信息和信息系统随时为授权者提供服务，而不要出现非授权者可滥用却对授权者拒绝服务的情况。

（4）可控性（Controllability）　保证管理者对信息和信息系统实施安全监控和管理，防止非法利用信息和信息系统。

（5）不可否认性（Non-repudiation）　信息的行为人要为自己的信息行为负责，提供保证社会依法管理需要的公证、仲裁信息证据。

信息安全是一门涉及计算机科学、网络技术、通信技术、密码技术、信息安全技术、应用数学、数论、信息论等多种学科的综合性学科。

2. 信息安全的威胁

信息安全的威胁根据其性质不同，主要可以概括为以下几个方面。

（1）信息泄露　保护的信息被泄露或透露给某个非授权的实体。

（2）破坏信息的完整性　数据被非授权地进行增删、修改或破坏而受到损失。

（3）拒绝服务　信息使用者对信息或其他资源进行合法访问时被无条件地阻止。

（4）非法使用（非授权访问）　信息资源被某个非授权的人或以非授权的方式使用。

（5）窃听　用各种可能的合法或非法的手段窃取系统中的信息资源和敏感信息。

（6）业务流分析　通过对系统进行长期监听，利用统计分析方法对诸如通信频度、通信的信息流向、通信总量的变化等参数进行研究，从中发现有价值的信息和规律。

（7）假冒　通过欺骗通信系统（或用户）达到非法用户冒充成为合法用户，或者特权小的用户冒充成为特权大的用户的目的。

（8）旁路控制　攻击者利用系统的安全缺陷或安全性上的脆弱之处获得非授权的权利或特权。

（9）授权侵犯　被授权以某一目的使用某一系统或资源的某个人，却将此权限用于其他非授权的目的，也称作"内部攻击"。

（10）内部泄露　一个授权的人为了某种利益，或由于粗心，将信息泄露给一个非授权的人。

（11）计算机病毒　这是一种在计算机系统运行过程中能够实现传染和侵害功能的程序，行为类似病毒。

（12）信息安全法律法规不完善　由于当前约束操作信息行为的法律法规还很不完善，存

NOTE

在很多漏洞，很多人打法律的擦边球，这就给信息窃取、信息破坏者以可乘之机。

3. 信息安全保护技术

（1）**密码理论与技术**　密码理论与技术主要包括两个部分，一是基于数学的密码理论与技术，包括公钥密码、分组密码、序列密码、认证码、数字签名、Hash 函数、身份识别、密钥管理和 PKI 技术等；二是基于非数学的密码理论与技术，包括信息隐形、量子密码和基于生物特征的识别理论与技术。

（2）**安全协议理论与技术**　安全协议的研究主要包括安全协议的安全性分析方法研究和各种实用安全协议的设计与分析研究两个方面内容。安全协议的安全性分析主要有两类，一是攻击检验方法，二是形式化分析方法，形式化分析方法是安全协议研究中最关键的研究问题之一。

（3）**安全体系结构理论与技术**　安全体系结构理论与技术主要包括安全体系模型的建立及其形式化描述与分析，安全策略和机制的研究，检验和评估系统安全性的科学方法和准则的建立，符合这些模型、策略和准则的系统的研制。

（4）**信息对抗理论与技术**　信息对抗理论与技术主要包括黑客防范体系、信息伪装理论与技术、信息分析与监控、入侵检测原理与技术、反击方法、应急响应系统、计算机病毒、人工免疫系统在反病毒和抗入侵系统中的应用等。

4.3.2　计算机病毒及防范

1. 计算机病毒的概念和特征

"病毒"一词来源于生物学，"计算机病毒"最早是由美国计算机病毒研究专家 Fred Cohen 博士正式提出的，因为计算机病毒与生物病毒在很多方面都有着相似之处。Fred Cohen 博士对计算机病毒的定义是："病毒是一种靠修改其他程序来插入或进行自身复制，从而感染其他程序的一段程序。"这一定义作为标准被普遍接受。

计算机病毒具有传染性、隐蔽性、潜伏性、破坏性等特征。

2. 计算机病毒的分类

（1）**按照计算机病毒攻击的系统分类**　攻击 DOS 系统的病毒、攻击 Windows 系统的病毒、攻击 UNIX 系统的病毒、攻击 OS/2 系统的病毒。

（2）**按照病毒的攻击机型分类**　攻击微型计算机的病毒、攻击服务器的病毒、攻击工作站的病毒、攻击大中型计算机的病毒。

（3）**按照计算机病毒的链结方式分类**　由于计算机病毒本身必须有一个攻击对象以实现对计算机系统的攻击，计算机病毒所攻击的对象是计算机系统可执行的部分，如源码型病毒、嵌入型病毒、外壳型病毒、操作系统型病毒。

国际上对病毒命名的一般惯例为前缀＋病毒名＋后缀。前缀表示该病毒发作的操作平台或者病毒的类型，而 DOS 下的病毒一般是没有前缀的；病毒名为该病毒的名称及其家族；后缀一般可以不要的，只是用以区别某病毒家族中各病毒的不同，可以为字母，或者为数字以说明此病毒的大小。

3. 计算机病毒的结构

计算机病毒主要由潜伏机制、传染机制和表现机制构成。若某程序被定义为计算机病毒，只有传染机制的存在是强制性的，而潜伏机制和表现机制是非强制性的。

（1）潜伏机制　潜伏机制的功能包括初始化、隐藏和捕捉。潜伏机制模块随着感染的宿主程序被执行进入内存，首先，初始化其运行环境，使病毒相对独立于宿主程序，为传染机制做好准备。然后利用各种可能的隐藏方式，躲避各种检测，欺骗系统，将自己隐藏起来。最后，不停地捕捉感染目标交给传染机制，不停地捕捉触发条件交给表现机制。

（2）传染机制　传染机制的功能包括判断和感染。传染机制先是判断候选感染目标是否已被感染，感染与否是通过感染标记来判断，感染标记是计算机系统可以识别的特定字符或字符串。一旦发现作为候选感染目标的宿主程序中没有感染标记就对其进行感染，也就是将病毒代码和感染标记放入宿主程序之中。早期有些病毒是重复感染型的，它不做感染检查，也没有感染标记，因此这种病毒可以再次感染。

（3）表现机制　表现机制的功能包括判断和表现。表现机制首先对触发条件进行判断，然后根据不同的条件决定什么时候表现，如何表现。表现内容有多种多样，然而不管是炫耀、玩笑、恶作剧，还是故意破坏，或轻或重都具有破坏性。表现机制反映了病毒设计者的意图，是病毒间差异最大的部分。潜伏机制和传染机制是为表现机制服务的。

4. 计算机病毒的防治措施

计算机病毒带来的危害已经严重影响了人们的工作和生活，威胁着社会的秩序和安全。全球对病毒防治的关注和重视不断提高，病毒防治技术也随之迅速发展，与病毒制造技术展开了前所未有的竞赛。

计算机病毒的防治要从防毒、查毒、解毒三方面来进行；信息系统对于计算机病毒的实际防治能力和效果也要从这三方面来评判。

"防毒"是指根据系统特性，采取相应的系统安全措施预防病毒侵入计算机。"查毒"是指对于确定的环境，能够准确地报出病毒名称，该环境包括，内存、文件、引导区（含主导区）、网络等。"解毒"是指根据不同类型病毒对感染对象的修改，并按照病毒的感染特性所进行的恢复。该恢复过程不能破坏未被病毒修改的内容。感染对象包括内存、引导区（含主引导区）、可执行文件、文档文件、网络等。

4.3.3　网络安全

1. 网络安全的概念和内容

网络安全从其本质上来讲就是网络上的信息安全，它涉及的领域相当广泛，这是因为在目前的公用通信网络中存在各种各样的安全漏洞和威胁。从广义来说，凡是涉及网络上信息的保密性、完整性、可用性、真实性和可控性的相关技术和理论，都是网络安全所要研究的领域。

（1）网络安全的含义　网络安全是指通过各种计算机、网络、密码技术和信息安全技术，保护在公用通信网络中传输、交换和存储的信息的机密性、完整性和真实性，并对信息的传播及内容具有控制能力。网络安全的结构层次包括物理安全、安全控制和安全服务。

网络安全在不同的环境和应用下会有不同的解释。

①运行系统安全：即保证信息处理和传输系统的安全。包括计算机系统机房环境的保护，法律、政策的保护，计算机结构设计上的安全性考虑，硬件系统的可靠安全运行，计算机操作系统和应用软件的安全，数据库系统的安全，电磁信息泄露的防护等。它侧重于保证系统正常

运行，避免因为系统的崩溃和损坏而对系统存储、处理和传输的信息造成破坏和损失，避免由于电磁泄露，产生信息泄露，干扰他人（或受他人干扰），本质上是保护系统的合法操作和正常运行。

②网络系统信息的安全：包括用户口令鉴别，用户存取权限控制，数据存取权限、方式控制，安全审计，安全问题跟踪，计算机病毒防治，数据加密。

③网络信息传播的安全：即信息传播后果的安全。包括信息的过滤，不良信息的过滤等。它侧重于防止和控制非法、有害的信息进行传播后的后果，避免公用通信网络上大量自由传输的信息失控。本质上是维护道德、法律或国家利益。

④网络信息内容的安全：即我们讨论的狭义的"信息安全"。它侧重于保护信息的保密性、真实性和完整性。避免攻击者利用系统的安全漏洞进行窃听、冒充、诈骗等有损于合法用户的行为。本质上是保护用户的利益和隐私。

显而易见，网络安全的本质是在信息的安全期内保证其在网络上流动时或者静态存放时不被非授权用户非法访问，但授权用户可以访问。显然，网络安全、信息安全和系统安全的研究领域是相互交叉和紧密相连的。

（2）网络安全的内容　网络安全的内容大致上包括：网络实体安全、软件安全、网络中的数据安全和网络安全管理4个方面。

①网络实体安全：指诸如计算机机房的物理条件、物理环境及设施的安全，计算机硬件、附属设备及网络传输线路的安装及配置等。

②软件安全：是指诸如保护网络系统不被非法侵入，系统软件与应用软件不被非法复制、不受病毒的侵害等。

③网络中的数据安全：是指诸如保护网络信息数据的安全、数据库系统的安全，保护其不被非法存取，保证其完整、一致等。

④网络安全管理：诸如运行时突发事件的安全处理等，包括采取计算机安全技术、建立安全管理制度、开展安全审计、进行风险分析等内容。

2. 网络安全的基本措施

在通信网络安全领域中，保护计算机网络安全的基本措施主要有：

①改进、完善网络运行环境，系统要尽量与公网隔离，要有相应的安全链接措施。

②不同的工作范围的网络既要采用安全路由器、保密网关等相互隔离，又要在正常循序时保证互通。

③为了提供网络安全服务，各相应的环节应根据需要配置可单独评价的加密、数字签名、访问控制、数据完整性、业务流填充、路由控制、公证、鉴别审计等安全机制，并有相应的安全管理。

④远程客户访问中的应用服务要由鉴别服务器严格执行鉴别过程和访问控制。

⑤网络和网络安全部件要进行相应的安全测试。

⑥在相应的网络层次和级别上设立密钥管理中心、访问控制中心、安全鉴别服务器、授权服务器等，负责访问控制以及密钥、证书等安全材料的产生、更换、配置和销毁等相应的安全管理活动。

⑦信息传递系统要具有抗侦听、抗截获能力，能对抗传输信息的篡改、删除、插入、重

放、选取明文密码破译等的主动攻击和被动攻击，保护信息的紧密性，保证信息和系统的完整性。

⑧涉及保密的信息在传输过程中，在保密装置以外不以明文形式出现。

⑨堵塞网络系统和用户应用系统的技术设计漏洞，及时安装各种安全补丁程序，不给入侵者以可乘的机会。

⑩定期检查病毒并对引入的软盘或下载的软件和文档加以安全控制。应制定和实施一系列的安全管理制度，加强安全意识培训和安全性训练。

3. 网络安全的常用技术

解决网络信息安全问题的主要途径是利用密码技术和网络访问控制技术，密码技术主要用于隐蔽传输信息、认证用户身份等；网络访问控制技术用于对系统进行安全保护，抵抗各种外来攻击。用于解决网络安全问题常用的技术有：

（1）访问控制技术　在计算机的安全防御措施中，访问控制是极其重要的一环。访问控制是对进入系统的控制，目的是保证资源受控、合法地使用。用户只能根据自己的权限大小来访问系统资源，不得越权访问。

访问控制技术就是为了限制访问主体对访问客体的访问权限，如能访问系统的何种资源，以及如何使用这些资源，阻止未经允许的用户有意或无意地获取数据的技术。访问控制的手段包括用户识别代码、口令、登录控制、资源授权（例如，用户配置文件、资源配置文件和控制列表）、授权核查、日志和审计。

根据访问控制的策略不同，访问控制一般分为自主访问控制、强制访问控制和基于角色的访问控制。

①自主访问控制：所谓自主访问控制，又称任意访问控制（Discretionary Access Control，DAC），是指根据主题身份、主题所属组的身份或者二者的结合，对客体访问进行限制的一种方法。自主访问控制是访问控制措施中最常用的一种方法，这种访问控制方法允许用户可以自主地在系统中规定谁可以存取它的资源实体，即用户（包括用户程序和用户进程）可选择同其他用户一起共享某个文件。

自主访问控制的最大缺陷主要有两点：一是在基于DAC的系统中，主体拥有者对访问的控制有一定权力，负责设置访问权限，但是信息在移动的过程中其访问权限关系会被改变。二是自主访问控制很容易受到特洛伊木马的攻击。

②强制访问控制：强制访问控制（Mandatory Access Control，MAC）是根据客体中信息的敏感标记和访问敏感信息的主体的访问等级对客体访问实行限制的一种方法。它主要用于保护那些处理特别敏感数据（如保密数据）的系统。在强制访问控制中，用户的权限和客体的安全属性都是固定的，由系统决定一个用户对某个客体能否进行访问。

强制访问控制机制的特点主要有两点：一是强制性，这是它的突出特点，除了系统管理员外，任何主体、客体都不能直接或间接地改变它们的安全属性；二是限制性，系统通过比较主体和客体的安全属性来决定主体能否以它希望的模式访问一个客体。

③基于角色的访问控制：基于角色的访问控制（Role - Based Access Control，RBAC）其核心思想是将访问许可权分配给一定的角色，用户通过饰演不同的角色获得角色所拥有的访问许可权。

角色是指一个或一群用户在组织内可执行的操作的集合。RBAC 从控制主体的角度出发，根据管理中相对稳定的职权和责任来划分角色，通过给用户分配合适的角色，与访问权限相联系。角色成为访问控制中访问主体和受控客体之间的一座桥梁，如图 4 - 33 所示。

主体 ⟶ 角色 ⟶ 客体

图 4 - 33   基于角色的访问控制

（2）身份认证技术   身份认证（Identification and Authentication，I&A）即用户的身份识别与验证，是计算机安全的重要组成部分，它是大多数访问控制的基础，也是建立用户审计能力的基础。识别是用户向系统提供声明身份的方法，验证时建立这种声明有效性的手段。身份认证的方式可以分为以下三类：

①基于用户知道什么的身份认证（what you know）：普通的身份认证形式是用户标识（ID）和口令（Password）的组合，用户输入 ID 和 Password，系统将其与之前为该 ID 存储的口令进行比较，如果匹配就可以得到授权并获得访问权。这种方法的系统安全依赖于口令的保密性，一般的口令比较容易被偷窃。

②基于用户拥有什么的身份认证（what you have）：智能卡认证是基于"what you have"的方法，通过智能卡硬件不可复制来保证用户身份不会被仿冒。智能卡是由一个或多个集成电路芯片组成的设备，可以安全地存储密钥、证书和用户数据等敏感信息，防止硬件级别的篡改。智能卡芯片在很多应用中可以独立完成加密、解密、身份认证、数字签名等对安全较为敏感的计算任务，从而能够提高应用系统抗病毒攻击以及防止敏感信息的泄露。

一些认证系统中组合了以上认证机制，在认证过程中至少提供两个认证因素，如"智能卡＋密码"即双因素身份认证。例如利用银行的自动柜员机（ATM）取款，用户取款时必须先插入所持银行卡（what you have），然后再输入密码（what you know），才能提取其账户中的款项。目前常用的基于"what you have"的方法还有 U - key、手机短信密码、动态口令牌等。

③基于用户是谁的身份认证（who you are）：基于用户是谁的身份认证是依靠用户独有的识别特征来确认的，这种机制采用的是生物识别技术，可识别的生物特征包括一是生理特征，如指纹、视网膜、脸型、掌纹等；二是行为特征，如声纹、手写签名等。生物特征与人体是唯一绑定的，防伪性好，不易伪造或被盗，安全性好，多用于控制访问极为重要的场合。

（3）数据加密   数据加密的基本过程包括对称为明文的可读信息进行处理，形成称为密文或密码的代码形式。该过程的逆过程称为解密，即将该编码信息转化为其原来的形式的过程。加密在网络上的作用就是防止有价值信息在网络上被拦截和窃取，基于加密技术的身份认证就是用来确定用户是否是真实的。

加密算法通常是公开的，一般把受保护的原始信息称为明文，编码后的称为密文，尽管大家都知道使用的加密方法，但是对密文进行解码必须要有正确的密钥，而密钥是保密的。基于密钥的算法通常有两类：对称算法和公用密钥算法。对称算法有时也叫传统密码算法，就是加密密钥能够从解密密钥中推导出来，反过来也成立；公用密钥算法也叫非对称算法，用作加密的密钥不同于用作解密的密钥，而且解密密钥不能根据加密密钥计算出来。

（4）签名和数字证书   数字签名（digital signature）以电子形式存在于数据信息之中，或作为其附件或逻辑上与之有联系的数据，可用于辨别数据签署人的身份，并表明签署人对数据信息中包含的信息的认可。数字签名是非对称密钥加密技术与数字摘要技术的应用。

数字签名是只有信息的发送者才能产生的别人无法伪造的一段数字串，这段数字串同时也是对信息的发送者发送信息真实性的一个有效证明。数字签名和手写签名类似，满足以下条件：

①签名是可以被确认的，即收方可以确认或证实签名确实是由发方签名的；

②签名是不可伪造的，即收方和第三方都不能伪造签名；

③签名不可重用，即签名是消息（文件）的一部分，不能把签名移到其他消息（文件）上；

④签名是不可抵赖的，即发方不能否认他所签发的消息；

⑤第三方可以确认收发双方之间的消息传送但不能篡改消息。

数字证书（digital certificate）在因特网上，用来标志和证明网络通信双方身份的数字信息文件。数字证书是一种权威性的电子文档，由权威公正的第三方机构，即 CA 中心签发的证书。

数字证书采用公钥体制，即利用一对互相匹配的密钥进行加密、解密。每个用户自己设定一把特定的仅为本人所知的私有密钥（私钥），用它进行解密和签名；同时设定一把公共密钥（公钥）并由本人公开，为一组用户所共享，用于加密和验证签名。当发送一份保密文件时，发送方使用接收方的公钥对数据加密，而接收方则使用自己的私钥解密，这样信息就可以安全无误地到达目的地了。通过数字手段保证加密过程是一个不可逆过程，即只有用私有密钥才能解密。在公开密钥密码体制中，常用的一种是 RSA 体制。

数字证书绑定了公钥及其持有者的真实身份，它类似于现实生活中的居民身份证，所不同的是数字证书不再是纸质的证照，而是一段含有证书持有者身份信息并经过认证中心审核签发的电子数据，可以更加方便灵活地运用在电子商务和电子政务中，在电子交易的各个环节，交易的各方都需验证对方数字证书的有效性，从而解决相互间的信任问题。

（5）防火墙技术　防火墙（Firewall）作为网络防护的第一道防线，由软件和硬件设备组合而成，在内部网和外部网之间、专用网与公共网之间的界面上构造的保护屏障。

防火墙是由管理员为保护自己的网络免遭外界非授权访问但又允许与因特网连接而发展起来的，从网际的角度，防火墙可以看成是安装在两个网络之间的一道栅栏，用来阻挡外部不安全因素影响的内部网络屏障，其目的就是防止外部网络用户未经授权的访问。防火墙一般分为以下几种：包过滤型防火墙、应用级网关型防火墙、电路级网关型防火墙、状态检测型防火墙和自适应代理型防火墙。

防火墙是由硬件和软件组成的，放置在两个网络之间，一般具有以下性质：所有进出网络的通信流都应通过防火墙；所有穿过防火墙的通信流都必须有安全策略和计划的确认和授权；防火墙本身不会影响信息的流通。

所有来自因特网的传输信息或从内部网络发出的信息都必须穿过防火墙（图 4 - 34），防火墙能确保如电子邮件、文件传输、远程登录或在特定的系统间信息交换的安全。

防火墙的基本功能有：

①防火墙能够强化安全策略。防火墙是为了防止不良现象发生的"警察"，它执行站点的

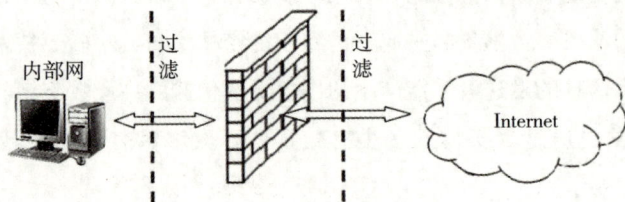

图 4 - 34   防火墙示意图

安全策略，仅仅容许"许可的"和符合规则的请求通过。

②防火墙能有效地记录因特网上的活动。因为所有进出的信息都必须通过防火墙，所以防火墙记录着被保护的网络和外部网络之间进行的所有事件，它能记录下这些访问并做日志记录，同时也能提供网络使用情况的统计数据。

③防火墙限制暴露用户点。防火墙能够用来隔开网络中一个网段与另一个网段，这样就能够有效控制影响一个网段的问题通过整个网络传播。

④防火墙是一个安全策略的检查站。所有进出网络的信息都必须通过防火墙，防火墙便成为一个安全检查点，使可疑的访问被拒绝。

但是防火墙也是有缺点的，它的缺点主要表现在以下几个方面：

①防火墙不能防范恶意的知情者。防火墙可以防止外来非法用户的入侵，但是如果入侵者已经在防火墙内部，就无能为力了。如内部用户不通过网络连接发送，而是通过复制到磁盘的方式偷窃数据，破坏硬件和软件或者修改程序。

②防火墙不能防范不通过它的连接。防火墙能够有效地防止通过它进行传输信息，然而不能防止不通过它而传输的信息。例如，如果站点允许对防火墙后面的内部系统进行拨号访问，那么防火墙绝对没有办法阻止入侵者进行拨号入侵。

③防火墙不能防备全部的威胁。一个好的防火墙设计方案，可以防备一些新的、已知的威胁，但是不能自动防御所有信息的威胁。

④防火墙不能防范病毒。防火墙不能消除网络上 PC 机的病毒。虽然许多防火墙扫描所有通过的信息，以决定是否允许它通过内部网络，但是扫描是针对源、目标地址和端口号的，而不扫描数据的确切内容。再加上现在的病毒种类繁多，有些病毒是隐藏在数据中的，不易被发现。

（6）入侵检测技术

①入侵检测：所谓入侵检测就是对入侵行为的发觉，通过对计算机网络或计算机系统中若干关键点收集信息并对其进行分析，从中发现网络或系统中是否存在违反安全策略的行为和被攻击的迹象，同时做出响应。入侵检测的一般过程如图 4 - 35 所示。

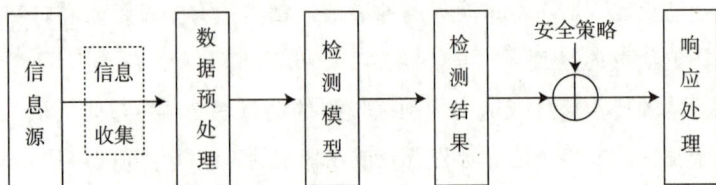

图 4 - 35   入侵检测的一般过程

　　进行入侵检测的软件与硬件的组合就是入侵检测系统（Intrusion Detection System，IDS）。入侵检测系统作为动态安全防御技术的应用实例，是防火墙之后的第二道安全防线。入侵检测在不影响网络性能的情况下对网络进行检测，从而提供对内部攻击、外部攻击和误操作的实时保护。入侵检测系统在发现入侵后，及时做出响应，包括断开网络连接、通知管理员、产生检测报告等。入侵检测系统的主要功能有：监测并分析用户和系统的活动；核查系统配置和漏洞；评估系统关键资源和数据文件的完整性；识别已知的攻击行为并向相关人士报警；统计分析异常行为；操作系统的审计跟踪管理，并识别违反安全策略的用户活动。

　　②入侵检测系统的分类：按照入侵检测系统的数据来源，可将其分为基于主机的入侵检测系统（HIDS）、基于网络的入侵检测系统（NIDS）和分布式的入侵检测系统。按照入侵检测系统采用的检测方法，可将其分为：基于行为的入侵检测系统、基于模型的入侵检测系统和采用两种混合检测的入侵检测系统。按照入侵检测的时间，可将其分为：实时入侵检测系统和事后入侵检测系统。

4.3.4　计算机安全法规

　　计算机技术的快速发展，对经济的发展和社会的进步产生着重大影响，但也产生了许多道德问题，主要涉及隐私问题、犯罪问题、正确性问题、产权问题、存取权问题等。信息道德作为信息安全管理的一种手段，与信息政策、信息法律有密切的关系，它们从不同角度实现对信息及信息行为的规范和管理。信息道德以其巨大约束力在潜移默化中规范人们的信息行为，信息政策和信息法律的制定和实施是以信息道德为基础的，在自觉、自发的道德约束无法涉及的领域，以法制手段调节信息活动中的各种信息政策和信息法律则能够发挥充分的作用。

　　1992 年，计算机道德标准联盟合并为计算机道德标准协会（CEI），该协会主要关注信息技术的发展中的接口、道德标准和公司公共政策。该协会制定了计算机道德标准十项戒律：①你不能使用计算机伤害其他人；②你不能干涉其他人的计算机工作；③你不能在其他人的计算机文件中巡视；④你不能使用计算机进行偷窃；⑤你不能使用计算机作伪证；⑥你不能拷贝和使用你没有购买的专利软件；⑦你不能在没有授权或适当补偿的情况下使用其他人的计算机资源；⑧你不能盗用其他人的智力产品；⑨你应该考虑到你正在为系统设计所编写程序的社会后果；⑩你应该以确保体谅和尊重你的同事的方式使用计算机。

　　计算机犯罪（Computer Crime）是指行为人通过计算机操作所实施的危害计算机信息系统安全以及其他严重危害社会的并应当处以刑罚的行为。计算机犯罪产生于 20 世纪 60 年代，随着计算机的普及和计算机技术的发展，到 21 世纪计算机犯罪已十分猖獗。

　　计算机犯罪常用的方法主要有：

　　（1）以合法的手段作为掩护，查询、查看未被授权访问的文件。

　　（2）利用技术手段，非法侵入计算机信息系统，破坏或窃取系统中的重要数据或文件。

　　（3）修改程序文件，破坏系统功能，导致系统瘫痪。

　　（4）在数据输入或传输的过程中，干扰系统，非法修改数据内容。

　　（5）未经计算机软件著作权人授权，复制、发行他人的软件作品，侵犯知识产权。

　　（6）利用技术手段制作、传播计算机病毒或者有害信息。

　　1990 年以来，我国已经颁布了相当数量的信息安全方面的法律规范，形成了三大体系的保障，一是基本法律体系，如《宪法》第 40 条，《刑法》第 285、286、287 条等；二是政策法规体系，强化对信息系统安全保护的力度，如《中华人民共和国计算机信息系统安全保护条例》等；三是强制性技术标准体系，如《计算机信息系统安全保护等级划分准则》《计算机场地安全要求》等。与信息安全相关的一些法律法规还有《计算机软件保护条例》《关于维护互联网安全的决定》《计算机信息网络国际联网出入口信道管理办法》《计算机信息网络国际联网安全保护管理办法》《计算机信息系统国际联网保密管理规定》《中华人民共和国计算机信息网络国际联网管理暂行规定》《中国互联网络域名注册暂行管理办法》《计算机软件著作权登记办法》《中国公用计算机互联网国际联网管理办法》《计算机病毒防治管理办法》等。

4.4   计算机网络发展应用

新技术的突飞猛进，不仅促使了计算机技术的发展，同时也推动了计算机网络技术的发展。被人称为后 PC（个人计算机，又称电脑）时代或 PC + 时代，计算机已不再是传统意义上的个人电脑。手机、平板电脑、普通电脑、电视机甚至其他的一些设备都可以成为计算机终端，并能完成一些日常工作。三网合一（电信网络、有线电视网络和计算机网络）推广了计算机网络技术的发展和应用。计算机网络技术深入到各行各业，当今网络技术让人们的日常工作和生活依托网络，甚至离不开网络。

4.4.1   3G 网络

1999 年摩托罗拉推出了一款名为天拓 A6188 的手机（图 4 - 36）。它是全球第一部触摸屏手机，同时也是第一部中文手写识别输入手机。它采用了摩托罗拉自主研发的龙珠（Dragon ball EZ）16MHz CPU，支持 WAP1. 1 无线上网，采用了 PPSM（Personal Portable Systems Manager）操作系统。A6188 是智能手机的鼻祖。龙珠（Dragon ball EZ）16MHz CPU 也成为了第一款在智能手机上运用的处理器。它为以后的智能手机处理器奠定了基础，有着里程碑的意义。

图 4 - 36   摩托罗拉天拓 A6188 手机

智能手机带给了人们众多的方便和娱乐。人们对智能手机的依赖越来越强，也对智能手机的功能提出了更高的要求。为了满足人们的需求，3G 网络应运而生。

第三代移动通信技术（the 3rd Generation，3G），是将无线通信与国际互联网等多媒体通信结合的新一代移动通信系统。是指使用支持高速数据传输的蜂窝移动通信技术的第三代移动通信技术的线路和设备铺设而成的通信网络。

3G 与 2G 网络最主要区别是在传输声音和数据的速度上的提升，它能够在全球范围内更好地实现无线漫游，并处理图像、音乐、视频流等多种媒体形式，提供包括网页浏览、电话会议、电子商务等多种信息服务，并与第二代系统兼容良好。在室内、室外和行车的环境中 3G

分别支持 2Mbps、384kbps、144kbps 的传输速度。

3G 主要特征是可提供移动宽带多媒体业务。

4.4.2　4G 网络

2013 年 12 月 4 日，工信部发放了 4G 牌照，标志着中国电信产业正式进入 4G 时代。

第四代移动通信技术（4G），是一种超高速无线网络，不需要电缆的信息超级高速公路，使电话用户以无线及三维空间虚拟实境连线。4G 最大限度提高通话质量和数据通信速度，可支持 100Mbit/s 的数据传输率。技术的先进性确保成本大大减少，4G 的通信费用较低。4G 的终端产品会更加丰富。

4G 作为一代新的通信技术，它具有以下特征：

（1）通信速度更快　专家预估，第四代移动通信系统可以达到 10Mbps 至 20Mbps，甚至最高可以达到 100Mbps 速度传输无线信息，这种速度将是目前手机的传输速度的 1 万倍左右。

（2）网络频谱更宽　据研究 4G 通信的 AT&T 的执行官们说，估计每个 4G 信道将占有 100MHz 的频谱，相当于 W－CDMA 3G 网路的 20 倍。

（3）通信更加灵活　未来 4G 手机更应该算得上是一台小型电脑，以后将以方便和个性为前提，任何物品都有可能成为 4G 终端，如眼镜、手表、化妆盒、旅游鞋等。4G 将使通信更加方便、容易。

（4）智能性更高　第四代移动通信的智能性更高，不仅表现在 4G 通信的终端设备的设计和操作具有智能化，例如对菜单和滚动操作的依赖程度将大大降低，更重要的是 4G 手机可以实现许多难以想象的功能。例如 4G 手机将能根据环境、时间以及其他设定因素适时提醒手机的主人此时该做什么事，或者不该做什么事。

（5）兼容性更平滑　4G 应当具备全球漫游、接口开放、能跟多种网络互联、终端多样化、向下兼容的特点，并能使以前的用户平稳过渡。

（6）提供各种增殖服务　4G 并不是 3G 的简单升级，它的核心建设技术是正交多任务分频技术（OFDM），利用这种技术可以实现例如无线区域环路（WLL）、数字音讯广播（DAB）等方面的无线通信增殖服务；同时，考虑与 3G 的过渡，4G 采用 OFDM 和 CDMA 技术等多种技术。

（7）实现更高质量的多媒体通信　4G 能满足第三代移动通信尚不能达到的在覆盖范围、通信质量、造价上支持的高速数据和高分辨率多媒体服务的需要，4G 提供的无线多媒体通信服务，即将包括语音、数据、影像等大量信息透过宽频的信道传送。4G 移动通信系统也称为"多媒体移动通信"。4G 不仅提高多媒体的传输需求，更重要的是提高通信品质。

（8）频率使用效率更高　4G 在开发研制过程中使用和引入许多功能强大的突破性技术，如提高无线因特网的主干带宽宽度，引入交换层级技术，该技术能同时涵盖不同类型的通信接口。4G 主要是运用路由技术为主的网络架构，从而提高使用频率。

（9）通信费用更加便宜　4G 不仅解决与 3G 的兼容性问题，让更多现有通信用户能轻易地升级到 4G，而且 4G 引入了许多尖端的通信技术，保证 4G 能提供一种灵活性非常高的系统操作方式，使得 4G 通信部署容易且速度快；同时在建设 4G 通信网络系统时，通信营运商将考虑直接在 3G 通信网络的基础设施之上，采用逐步引入的方法，有效地降低运行者和用户的费用。

3G 网络曾经带来了巨大的颠覆，如带动智能手机的发展，催生了移动互联网行业的发展。4G 网络也将带来电信行业、手机行业、网络电视行业、视频网站、视频在线教育、数字化广告业、家电、汽车智能化等产业的发展。

4.4.3　Wi-Fi 技术

"Wi-Fi" 是由 "wireless"（无线电）和 "fidelity"（保真度）两个单词组成。

1. Wi-Fi 的定义

Wi-Fi 是一种能够将个人电脑、手持设备（如 Pad、手机）等终端以无线方式互相连接的技术。Wi-Fi 是一个无线网路通信技术的品牌，由 Wi-Fi 联盟（Wi-Fi Alliance）所持有。其目的是改善基于 IEEE 802.11 标准的无线网路产品之间的互通性。使用 IEEE 802.11 系列协议的局域网就称为 Wi-Fi，甚至把 Wi-Fi 等同于无线网络（Wi-Fi 是无线局域网中的一大部分）。

Wi-Fi 原先在无线局域网的范畴指 "无线相容性认证"，实质上是一种商业认证，同时也是一种无线联网技术。以前通过网线连接电脑，2010 年开始使用无线电波来联网。常见方式是使用无线路由器，无线路由器电波覆盖的有效范围内都可以采用 Wi-Fi 连接方式进行联网，如果无线路由器连接了一条上网线路，被称为 "热点"。

Wi-Fi 最主要的优势在于不需要布线，非常适合移动办公用户的需要。

2. Wi-Fi 的发展历程

Wi-Fi 是 IEEE 定义的无线网技术，在 1999 年 IEEE 官方定义 802.11 标准的时候，IEEE 选择并认定 CSIRO 发明的无线网技术是当时世界上最好的无线网技术。CSIRO 的无线网技术标准成为 2010 年 Wi-Fi 的核心技术标准。

Wi-Fi 技术由澳洲政府的研究机构 CSIRO 在 20 世纪 90 年代发明并于 1996 年在美国成功申请了专利。发明人是悉尼大学工程系毕业生 Dr John O Sullivan 领导的研究小组。

IEEE 曾请求澳洲政府放弃其 Wi-Fi 专利让世界免费使用这一技术，但遭到拒绝。此后，世界上几乎所有含有 Wi-Fi 技术的电子设备均需包含 Wi-Fi 专利使用费。2010 年全球每天估计有 30 亿台电子设备使用 Wi-Fi 技术，而到 2013 年底 CSIRO 的无线网专利过期之后，这个数字增加到 50 亿。

Wi-Fi 被澳洲媒体誉为澳洲有史以来最重要的科技发明，其发明人 John O Sullivan 被澳洲媒体称为 "Wi-Fi 之父"，并获得了澳洲国家最高科学奖，以及欧盟、欧洲专利局、European Patent Office（EPO）颁发的 European Inventor Award 2012，即 2012 年欧洲发明者大奖。

3. Wi-Fi 的组建

一般架设无线网络的基本配备就是无线网卡及一台 AP（Access Point，一般译为 "无线访问接入点" 或 "桥接器"），如此便能以无线模式，配合有线架构来分享网络资源，架设费用和复杂程度远低于传统的有线网络。如果只是几台电脑的对等网，也可不要 AP，只需要每台电脑配备无线网卡。

对于家庭用户，一般只需购买无线路由器，对其进行适当的设置后，即可组建一个无线网络，享受 Wi-Fi 服务。

NOTE

4. Wi‑Fi 应用

由于 Wi‑Fi 的频段在世界范围内无须任何电信运营执照，因此 WLAN 无线设备提供了一个世界范围内可以使用的、费用极其低廉且数据带宽极高的无线空中接口。有了 Wi‑Fi 的支持，用户可以在其覆盖区域内方便快速地打长途电话（包括国际长途）、浏览网页、收发电子邮件、音乐下载、数码照片传递等，再无须担心速度慢和花费高的问题。

Wi‑Fi 在掌上设备应用越来越广泛。与早前使用的蓝牙技术不同，Wi‑Fi 具有更大的覆盖范围和更高的传输速率，因此 Wi‑Fi 手机成为 2010 年后移动通信界的时尚潮流。

2010 年 Wi‑Fi 的覆盖范围在国内越来越广泛，如高级宾馆、豪华住宅区、飞机场，甚至咖啡厅、地铁等区域都有 Wi‑Fi 接口。

4.4.4　物联网

1. 物联网的概念

物联网是在互联网的基础上，将用户端延伸和扩展到任何物品与物品之间，进行信息交换和通信的一种网络（图 4‑37）。物联网是指通过射频识别（RFID）、红外感应器、全球定位系统、激光扫描器等信息传感设备，按约定的协议，把任何物品与互联网相连接，进行信息交换和通信，以实现智能化识别、定位、跟踪、监控和管理的一种网络概念。

物联网就是物物相连的互联网。包含两层含义：第一，物联网的核心和基础仍然是互联网，是在互联网基础上延伸和扩展的网络；第二，其用户端延伸和扩展到了任何物品与物品之间，进行信息交换和通信。

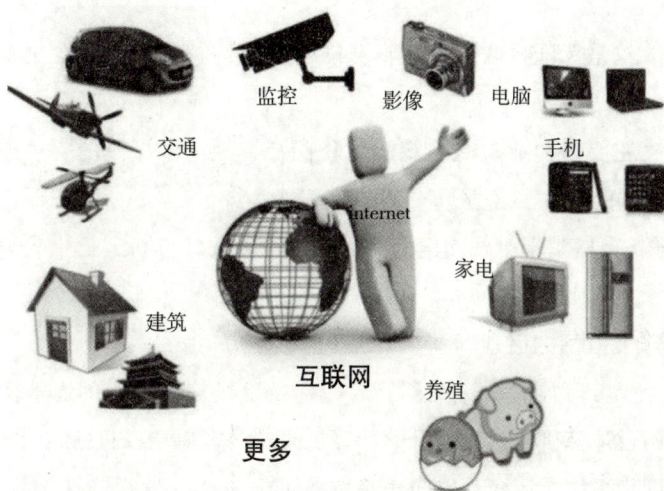

图 4‑37　物联网示意图

2. 物联网的特点

（1）学科综合性强　物联网是联接数字世界和物理世界的桥梁，通过互联网、云计算和应用，使信息的产生、获取、传输、存储、处理形成有机的全过程。物联网技术涉及计算机、半导体、网络、通信、光学、微机械、化学、生物、航天、医学、农业等众多学科领域，发展物联网将对相关学科发展起到极强的带动作用。

（2）产业链条长　一方面，发展物联网将加快信息材料、器件、软件等的创新速度，使信息产业迎来新一轮的发展高潮，大大拓展信息产业发展空间。另一方面，发展物联网将带动传感器、芯片、设备制造、软件、系统集成、网络运营以及内容提供和服务等诸多产业发展。

（3）渗透范围广　物联网将物理基础设施和 IT 基础设施整合为一体，将使全球信息化进程发生重要转折，即从"数字化"阶段向"智能化"阶段迈进。物联网将大大加快信息化进程，拓展信息化领域，其各种应用将快速渗透到经济、社会、安全等各个方面，并极大提高社会生产效率。

3. 物联网的功能

物联网最基本的功能是提供"无处不在的连接和在线服务"。还具备其他十大基本功能。

（1）在线监测　是物联网最基本的功能，物联网业务一般以集中监测为主、控制为辅。

（2）定位追溯　一般基于传感器、移动终端、工业系统、楼控系统、家庭智能设施、视频监控系统等 GPS（或其他卫星定位，如北斗）和无线通信技术，或只依赖于无线通信技术的定位，如基于移动基站的定位、RTLS 等。

（3）报警联动　主要提供事件报警和提示，有时还会提供基于工作流或规则引擎的联动功能。

（4）指挥调度　基于时间排程和事件响应规则的指挥、调度和派遣功能。

（5）预案管理　基于预先设定的规章或法规对事物产生的事件进行处置。

（6）安全隐私　由于物联网所有权属性和隐私保护的重要性，物联网系统必须提供相应的安全保障机制。

（7）远程维保　这是物联网技术能够提供或提升的服务，主要适用于企业产品售后联网服务。

（8）在线升级　这是保证物联网系统本身能够正常运行的手段，也是企业产品售后自动服务的手段之一。

（9）领导桌面　主要指商业智能系统个性化门户，经过多层过滤提炼的实时资讯，可供主管负责人实现对全局的"一目了然"。

（10）统计决策　是指基于对联网信息的数据挖掘和统计分析，提供决策支持和统计报表功能。

4. 物联网与传统互联网的区别

（1）定义的区别　互联网是由广域网、局域网及单机按照一定的通信协议组成的国际计算机网络，是指将两台计算机或两台以上的计算机终端、客户端、服务端通过计算机信息技术的手段互相连接的网络系统，用户可以与千里之外的朋友相互发送邮件、共同完成一项工作、共同娱乐等。

物联网是通过各种信息传感设备，如传感器、射频识别（RFID）技术、全球定位系统、红外感应器、激光扫描器、气体感应器等各种装置与技术，实时采集任何需要监控、连接、互动的物体或过程，采集其声、光、热、电、力学、化学、生物、位置等各种需要的信息，与互联网结合形成的一个巨大网络。其目的是实现物与物、物与人，所有物品与网络连接，方便识别、管理和控制。

（2）联网方式的区别　互联网，英文名称为 Internet，是电脑互连的网络，联网的设备主要有电脑、手机、掌上电脑、电视机顶盒等。

物联网，英文名称是 Internet of Things，即"物物相连的网络"。人们既可以把它看作传统互联网的自然延伸；也可以把它看作是一种新型网络，其用户端延伸和扩展到物品与物品、物品与人之间的相互连接，这与互联网的"电脑相连的网络"有所区别。

（3）联网特征的区别　物联网虽然是建立在互联网基础之上的，但却有着很多互联网没有的特点：

①终端多样化：人们开发物联网技术，就是希望借助它将我们身边的所有东西都连接起来，小到手表、钥匙以及各种家电，大到汽车、房屋、桥梁、道路，甚至有生命的东西（包括人和动植物）。网络的规模和终端的多样性，显然要远大于现在的互联网。

②感知自动化：物联网在各种物体上植入微型感应芯片，依靠 RFID（射频识别）技术实现物品与物品之间"有感受、有知觉"。例如，洗衣机可以"知晓"衣服对水温和洗涤方式的要求；人们出门时物联网会提示是否忘记带公文包；人们还可以了解孩子一天中去过什么地方、接触过什么人、吃过什么东西等。现在，我们坐公交时所用的公交卡刷卡系统、高速公路上的不停车收费系统就是采用了 RFID 技术的物联网，借助 RFID 这种特殊"语言"，人和物体、物体和物体之间可以进行"对话"与"交流"。

③智能化：物联网通过感应芯片和 RFID 时时刻刻地获取人和物体的最新特征、位置、状态等信息。利用这些信息，人们可以开发出更高级的软件系统，使网络能变得和人一样"聪明睿智"，不仅可以眼观六路、耳听八方，还会思考、联想。

5. 我国物联网的发展状况

全新的物联网将给经济与社会带来巨大的变化。物联网被认为是未来网络技术发展的新亮点，它将催生一个庞大的新兴产业。据美国权威咨询机构 Forrester（弗雷斯特研究公司）预测，到 2020 年世界上物联网业务将达到互联网业务的 30 倍。物联网被称为继计算机、互联网之后，世界信息产业的第三次浪潮。

对我国而言，物联网发展还具有特别的战略意义。互联网诞生于美国，多年来，美国一直引领着互联网的发展，中国的互联网发展跟随着美国亦步亦趋，相对被动。而面对着新兴的物联网，我国与其他国家都处于同一起跑线上，这无疑为我国摆脱发达国家在网络技术上的垄断提供了一次良机。事实上，我国的科研机构早在 1999 年就提出了"感应网络"的概念，比国外提出"物联网"概念早了五六年，现在我国在某些感应技术方面也处于世界领先水平。因此，在未来的物联网浪潮之中，我国完全有可能也有潜力站在世界之巅。

物联网的发展，对推动我国经济发展方式转变也有着重要作用。它既可以形成物联网相关的各种高新产业，也为传统互联网的发展开拓了新的空间。同时物联网可以提升我国传统制造业的水平。

当前，我国许多领域积极开展了物联网的应用探索与试点，在电网、交通、物流、智能家居、节能环保、工业自动控制、医疗卫生、精细农牧业、金融服务业、公共安全等领域取得了初步进展。

工业领域，物联网可以应用于供应链管理、生产过程工艺优化、设备监控管理以及能耗控制等各个环节，目前在钢铁、石化、汽车制造业有一定应用，此外在矿井安全领域的应用也在试点。

金融服务领域，在"金卡工程"、二代身份证等政府项目推动下，我国已成为继美国、英

NOTE

国之后的全球第三大 RFID 应用市场，但应用水平相对较低。新型发展起来的电子不停车收费 ETC、电子 ID 以及移动支付等应用将带动物联网在金融服务领域应用朝纵深方向发展。

电网领域，2009 年国家电网公布了智能电网发展计划，智能变电站、配网自动化、智能用电、智能调度、风光储能等示范工程先后启动。

交通领域，物联网在铁路系统应用较早并取得一定成效，在城市交通、公路交通、水运领域的示范应用刚刚起步，其中视频监控应用最为广泛，智能车路控制、信息采集和融合等应用尚在发展中。

物流领域，RFID、全球定位、无线传感等物联网关键技术在物流各个环节都有所应用，但受制于物流企业信息化和管理水平，与国外差距较大。

农业领域，在农作物灌溉、生产环境监测以及农产品流通和追溯方面，物联网技术已有试点应用；医疗卫生领域，我国已启动了血液管理、医疗废物电子监控、远程医疗等应用的试点工作；节能环保领域，在生态环境监测方面进行了小规模试验示范；公共安全领域，在平安城市、安全生产和重要设施防入侵方面进行了探索；民生领域，智能家居已经在一线重点城市有小范围应用，主要集中在家电控制、节能等方面。

目前，我国已形成基本齐全的物联网产业体系，部分领域已形成一定市场规模，网络通信相关技术和产业支持能力与国外差距相对较小，传感器、RFID 等感知端制造产业、高端软件与集成服务与国外差距相对较大。仪器仪表、嵌入式系统、软件与集成服务等产业虽已有较大规模，但真正与物联网相关的设备和服务尚在起步阶段。

4.4.5 云计算

1. 云计算的发展历程

1983 年，太阳电脑提出"网络是电脑"。2006 年 3 月，亚马逊推出弹性计算云服务。

2006 年 8 月 9 日，Google 首席执行官埃里克·施密特在搜索引擎大会首次提出"云计算"（Cloud Computing）的概念。Google"云端计算"源于 Google 工程师克里斯托弗·比希利亚所做的"Google 101"项目。

2007 年 10 月，Google 与 IBM 开始在美国大学校园推广云计算计划，希望能降低分布式计算技术在学术研究方面的成本，并为大学提供相关的软硬件设备及技术支持（包括数百台个人电脑及 BladeCenter 与 System x 服务器，这些计算平台将提供 1600 个处理器，支持包括 Linux、Xen、Hadoop 等开放源代码平台）。而学生则可以通过网络开发各项以大规模计算为基础的研究计划。

2008 年 1 月 30 日，Google 宣布在台湾启动"云计算学术计划"，与台湾大学、台湾交通大学等学校合作，将这种先进的大规模、快速计算技术推广到校园。

2008 年 2 月 1 日，IBM 宣布在中国无锡太湖新城科教产业园建立全球第一个云计算中心（Cloud Computing Center）。

2008 年 7 月 29 日，雅虎、惠普和英特尔宣布一项涵盖美国、德国和新加坡的联合研究计划，推出云计算研究测试床，推进云计算。该计划创建 6 个数据中心作为研究试验平台，每个数据中心配置 1400 至 4000 个处理器。

2008 年 8 月 3 日，美国专利商标局网站信息显示，戴尔正在申请"云计算"（Cloud Computing）商标，此举旨在加强对这一未来可能重塑技术架构的术语的控制权。

2010 年 3 月 5 日，Novell 与云安全联盟（CSA）共同宣布一项供应商中立计划，名为"可信任云计算计划（Trusted Cloud Initiative）"。

2010 年 7 月，美国国家航空航天局和包括 Rackspace、AMD、Intel、戴尔等支持厂商共同宣布"OpenStack"开放源代码计划，微软在 2010 年 10 月表示支持 OpenStack 与 Windows Server 2008 R2 的集成；而 Ubuntu 已把 OpenStack 加至 11.04 版本中。

2011 年 2 月，思科系统正式加入 OpenStack，重点研制 OpenStack 的网络服务。

2. 云计算的概念

云计算是继大型计算机到客户端－服务器的大转变之后的又一种巨变。

云计算（Cloud Computing）是网格计算（Grid Computing）、分布式计算（Distributed Computing）、并行计算（Parallel Computing）、效用计算（Utility Computing）、网络存储（Network Storage Technologies）、虚拟化（Virtualization）、负载均衡（Load Balance）等传统计算机和网络技术发展融合的产物。

（1）网格计算：分布式计算的一种，由一群松散耦合的计算机组成的一个超级虚拟计算机，常用来执行一些大型任务。

（2）效用计算：IT 资源的一种打包和计费方式，比如按照计算、存储分别计量费用，像传统的电力等公共设施一样。

（3）自主计算：具有自我管理功能的计算机系统。

云计算是一种基于互联网的计算方式，通过这种方式，共享的软硬件资源和信息可以按需提供给计算机和其他设备。云计算也是基于互联网相关服务的增加、使用和交付模式，通常通过互联网提供动态易扩展且经常是虚拟化的资源。云是网络、互联网的一种比喻。云计算服务可以通过浏览器等软件或者其他 Web 服务来访问，而软件和数据都存储在服务器上。软件和数据可存储在数据中心（图 4－38）。

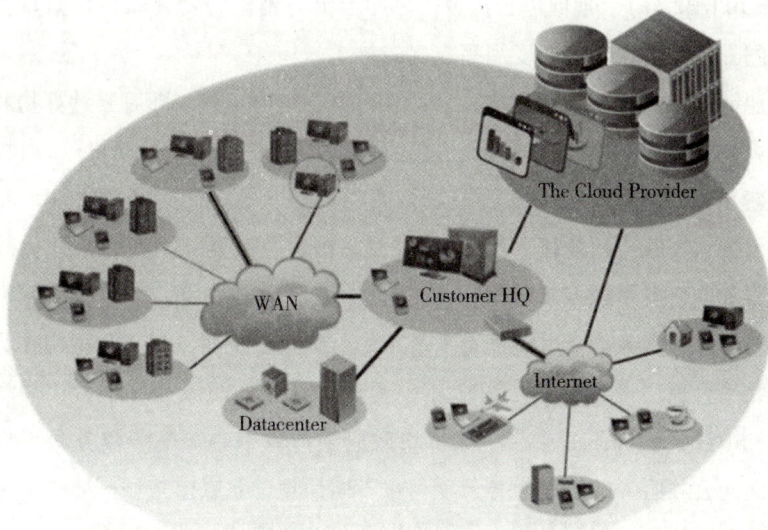

图 4－38 云计算示意图

狭义云计算指 IT 基础设施的交付和使用模式，通过网络以按需、易扩展的方式获得所需资源；广义云计算指服务的交付和使用模式，通过网络以按需、易扩展的方式获得所需服务。

NOTE

云计算是世界各大搜索引擎及浏览器数据收集、处理的核心计算方式。

3. 云计算的特点

（1）超大规模　"云"具有相当的规模，如 Google 云计算已经拥有 100 多万台服务器，IBM、微软、Yahoo 等的"云"均拥有几十万台服务器。

（2）虚拟化　云计算支持用户在任意位置、使用各种终端获取应用服务。所请求的资源来自"云"，而不是固定的有形实体。应用在"云"中某处运行，但实际上用户无须了解，也不用关心应用运行的具体位置。

（3）高可靠性　"云"使用了数据多副本容错、计算节点同构可互换等措施来保障服务的高可靠性，使用云计算比使用本地计算机可靠。

（4）通用性　云计算不针对特定的应用，在"云"的支撑下可以构造出千变万化的应用，同一个"云"可以同时支撑不同的应用运行。

（5）高可扩展性　"云"的规模可以动态伸缩，满足应用和用户规模增长的需要。

（6）按需服务　"云"是一个庞大的资源池，用户可以按需购买。服务者提供一组资源支撑，资源组中的任何一个物理资源对于服务来讲应该是抽象的、可替换的；同一份资源被不同的客户或服务共享，而非隔离的、孤立的。用户在使用云服务就像使用自来水、电、煤气。

（7）低成本　由于"云"的特殊容错措施可以采用极其廉价的节点来构成云，"云"的自动化集中式管理使大量企业无须负担日益高昂的数据中心管理成本，"云"的通用性使资源的利用率较传统系统大幅提升，有效降低服务的运行维护成本。

（8）资源使用计量　与资源共享相关，在共享的基础上，服务提供者可通过计量去判定每个服务的实际资源消耗，用于成本核算或计费。

4. 我国云计算发展的现状

我国高度重视云计算产业发展，国务院颁布的《关于加快培育和发展战略性新兴产业的决定》（国发〔2010〕32 号），把促进云计算研发和示范应用作为发展新一代信息技术的重要任务。目前，我国云计算物联网产业发展呈良好态势。

物联网产业链和产业体系初步形成，云计算由概念走向实战。随着云计算物联网技术的更加成熟，云计算物联网创新应用将成为促进信息网络产业发展的"发动机"，市场规模呈指数级增长，爆发新一轮的信息消费热潮。

电子政务云进入实践应用阶段。2010 年 10 月，国家发改委与工业和信息化部印发了《关于做好云计算服务创新发展试点示范工作的通知》，确定首先在北京、上海、深圳、杭州、无锡 5 个城市开展云计算服务创新发展试点示范工作。确立了陕西、福建和海南作为基于云计算的电子政务公共平台顶层设计试点。2012 年，福建省政务外网云计算平台、天津滨海新区电子政务云中心、镇江"云神"云平台、成都市政府云计算中心等电子政务云工程相继进入实体运作阶段。面向公共服务的电子政务云项目也不断涌现。北京市东城区建立了针对特殊人群的云计算电子政务系统和社区服务网，无锡推出基于云计算的"感知民生"8 个电子政务民生应用项目，福建省建设了面向社保、医疗等的"民生服务云"，扬州市搭建了"12345"政府服务热线云平台。

消费电子与云计算融合发展。当前，消费电子市场正在加速与云计算产业融合。以国内三大电信运营商为主导的电信增值服务，以苹果 iPhone 手机为代表的云手机应用，以电视机厂商为主导的云电视应用等不仅推动了消费电子市场快速发展，也成为率先落地的云计算应用，为促进云计算产业发展发挥了良好的示范作用。

习题与实验

一、选择题

1. 计算机网络组成包括

    A. 传输介质和通信设备

    B. 通信子网和资源子网

    C. 用户计算机和终端

    D. 主机和通信处理机

2. Internet 上许多不同的复杂网络和许多不同类型的计算机互相通信的基础是

    A. ADSL   B. Modem

    C. 双绞线   D. TCP/IP

3. 电子邮件地址的一般格式为

    A. 用户名@域名   B. 域名@用户名

    C. IP 地址@用户名   D. 域名@IP 地址

4. IP 地址 98.0.46.201 的默认子网掩码是

    A. 255.0.0.0   B. 255.255.0.0

    C. 255.255.255.0   D. 255.255.255.255

5. 数字签名技术是公开密钥算法的一个典型的应用，在发送端，它是采用何种措施对要发送的信息进行数字签名

    A. 发送者的公钥   B. 发送者的私钥

    C. 接收者的公钥   D. 接收者的私钥

二、填空题

1. 计算机网络按照覆盖范围，通常可分为_____、_____和_____。

2. 计算机网络最主要的功能是_____和_____。

3. 在 Internet 中每一个主机或路由器至少有一个全球唯一的地址，该地址称为_____。

4. _____是一组计算机指令或者程序代码，能自我复制，通常嵌入在计算机程序中，能够破坏计算机功能或者毁坏数据，影响计算机的使用。

5. 对称加密算法又称传统密码算法，或单密钥算法，其采用了对称密码编码技术，其特点_____。

三、思考题

1. 简述计算机网络的组成及各部分的作用。

2. 一台主机 IP 地址为"202.192.160.69"，子网掩码为"255.255.255.240"。请说明这个 IP 地址的网络地址和主机地址。

3. 简述无线局域网常用通信协议。

4. 计算机病毒有哪些特点？如何防治？

5. 数字签名的特点有哪些？其技术基础是什么？

NOTE

四、实验

1. IE 浏览及网上购物

（1）打开 IE 浏览器，在地址框中输入淘宝网的网址 www. taobao. com，进入该网站。

（2）在搜索文本框中键入关键字"黄帝内经"，鼠标单击"搜索"后即出现所有相关的书籍列表。

（3）通过浏览相关书目信息，多方面比较后从列表中选择出要购买的书目，单击"加入购物车"后完成网购过程。

（4）付款环节不执行。

2. 文献检索

（1）打开 IE 浏览器，在地址框中输入文献检索网站中国知网的网址 http：//www. cnki. net/，进入该网站。在搜索文本框中键入关键字"针灸推拿学 西方国家 发展"，点击"检索"后按回车键便出现相关的文献列表，在文献列表中筛选出相关的论文，下载至本地保存。

（2）打开 IE 浏览器，在地址框中输入文献检索网站中国知网的网址 http：//www. cnki. net/，进入该网站，单击选择高级检索，检索满足以下条件的文献：

①在文献分类目录栏中选择学科领域，医药卫生科技→临床医学→护理学。

②检索年限：从 1994 年到 2014 年。

③检索词：青年，高血压。在文献列表中筛选出相关的论文，下载至本地保存。

3. 网络监听工具和扫描工具的应用

（1）下载 X－scan3. 3 并安装：将下载到的 X－scan3. 3 解压缩到某个目录，运行 xscan_gui. exe 图形界面主程序（Windows 7 下注意是否有 npptools. dll 文件，如果没有请下载并拷贝至软件目录下），在主界面中有软件的使用说明以及更新的版本等信息。

（2）X－scan3. 3 的使用：打开 Xscan_ gui. exe，在菜单栏中选择设置，首先在检测范围中设置要扫描的主机 IP 地址，也可以设置 IP 地址范围。

（3）选择扫描参数，弹出扫描参数设置框，然后在全局设置中选择扫描模块，在扫描模块选中"开放服务"、"IIS 编码/解码漏洞"和"漏洞检测脚本"等。

（4）其他选项可以按照默认，然后点击开始扫描。

（5）扫描完成后会生成一个报告并以网页形式显示在 IE 浏览器中。

（6）这样用户就可以根据生成的报告对系统进行设置或安装补丁，以提高系统的安全性。针对生成报告对一些漏洞打补丁以后，再次进行同样的扫描，生成检测报告。

5 多媒体技术基础

5.1 多媒体技术概述

多媒体技术是一门综合计算机、通信、视听以及多学科和信息领域成果的技术，是信息社会发展的一个新方向。多媒体技术已经成为计算机研究、开发和应用领域的新兴热点，它为计算机产业的持续发展提供了机会。同时，多媒体计算机正逐步进入家庭和社会的各个方面，给人类社会的工作和生活带来深刻的变化。

5.1.1 多媒体与多媒体技术

媒体（media）在计算机领域有两种含义：一是指传播信息的载体，如语言、文字、图像、视频、音频等；二是指存贮信息的载体，如 ROM、RAM、磁带、磁盘、光盘等，目前，多媒体信息的存储载体有移动硬盘、优盘、光盘、网络存储器等。多媒体技术中的媒体主要是指信息传播媒体。

多媒体一词源自 20 世纪 80 年代初出现的英文单词 Multimedia。多媒体就是由媒体复合而成的，是融合两种以上媒体的人机交互式信息交流和传播的媒体，多媒体具有以下特征：

（1）信息载体的多样性 多样性是指信息媒体的多样性，即能综合处理文本、图形、图像、动画、音频及视频等多种信息。

（2）多种媒体的交互性 交互性是指用户可以与计算机的多种信息媒体进行交互操作，从而为用户提供更加有效的控制和使用信息的手段。

（3）多种媒体的集成性 集成性是指以计算机为中心综合处理多种媒体信息，它包括信息媒体的集成和这些媒体设备的集成。这种集成包括信息的多通道统一获取，多媒体信息的统一存取、组织与合成等方面。硬件方面，具有能够处理多媒体信息的高速及并行 CPU 系统、大容量的存储、适合多媒体多通道的输入输出能力及带宽的通信接口。对软件来说，应该有集成一体化的多媒体操作系统。

（4）媒体信息的数字化 媒体信息的数字化是针对现实中的模拟信号而言的，如我们现实中看到的和听到的信息都是时间上连续的模拟信号，而到目前为止，最为广泛使用的计算机依然是数字计算机，因此目前媒体信息在计算机中主要是以数字化形式存在。图像通过数码相机、扫描仪、绘图软件等输入计算机。常规计算机是用二进制进行信息处理的，在用计算机处理图片之前需要先进行数字化。同样视频信息由一连串相关的静止图像组成，组成视频的一幅图像称为一个帧，在用计算机进行视频处理时同样需要进行数字化。

NOTE

（5）媒体信息的实时性　实时性是指多媒体系统对声音和视频等媒体提供实时处理的能力。是指声音、动态图像（视频）随时间变化，各种信息有机结合同步出现。在多媒体信息远程传输中，多路多媒体信息传输的实时性尤为重要，解决的常用方案是打包、多线程机制、多内存轮流。流媒体（Streaming Media）是一种新兴的网络传输技术，流媒体技术包括流媒体数据采集、视/音频编解码、存储、传输、播放等领域。流媒体的体系构成包括编码工具，用于创建、捕捉和编辑多媒体数据，形成流媒体格式；流媒体数据；服务器，用于存放和控制流媒体的数据；适合多媒体传输协议甚至实时传输协议的网络；播放器，供客户端浏览流媒体文件。

多媒体技术就是利用计算机把文字、图形、图像、动画、声音及视频等媒体信息数字化，并将其有机集成在一定的交互式界面上，使计算机具有交互展示不同媒体形态的功能。多媒体技术利用计算机技术把文本、图像、图形、动画、音频及视频等多种媒体综合一体化，使之建立起逻辑上的联系，并能够对它们获取—编码—编辑—处理—存储—传输—再现。

多媒体技术的出现，极大地改变了人们获取信息的传统方法，符合了人们在信息时代的阅读方式。

5.1.2　多媒体技术的应用

多媒体技术应用是当今信息技术领域发展最快、最活跃的技术，是新一代电子技术发展和竞争的焦点。多媒体技术被广泛应用在人们生产生活的多个方面，包括咨询服务、图书、教育、通信、军事、金融、医疗等诸多行业，并正潜移默化地改变着我们生活的面貌。以下略举几方面的应用实例。

1. 图像与视频处理

面向三维图形、环绕立体声和彩色全屏幕运动画面的处理技术。通过数据压缩，为图像、视频和音频信号的压缩，还有文件存储和分布式利用、提高传输效率等应用提供有效的技术手段，同时，使计算机实时处理音频、视频信息，以保证播放出高质量的视频、音频节目，常见的包括语言、音乐、各种图像、图形、动画、文本等多种形式。

2. 语音识别

随着计算机的普及，如何给不熟悉计算机的人提供一个友好的人机交互手段，是人们非常感兴趣的问题，而语音识别技术就是多媒体技术的一种重要应用。当前，语音识别正处在一个非常关键的时期，各种高层次应用——非特定人、大词汇量、连续语音的听写机系统正处于快速发展阶段，多媒体技术在这方面的应用方兴未艾。

3. 多媒体会议系统

可以实现点对点、多点对多点的通信，充分利用其他媒体信息，如图形、图像、文本等信息进行交流，对数字化的视频、音频及文本、数据等多媒体进行实时传输，利用计算机系统提供的交互功能和管理功能，实现人与人之间的互动的虚拟会议环境，是一种快速高效的沟通技术手段，也是多媒体技术的一种重要应用。

5.1.3　多媒体计算机系统

多媒体计算机系统是对基本计算机系统的软、硬件功能的扩展，是拥有多媒体功能的计算机系统。作为一个完整的多媒体系统，它包括5个层次的结构。

第一层：多媒体硬件系统。包括计算机硬件、音频/视频处理器、多种媒体输入/输出设备、信号转换装置、通信传输设备及接口装置、各种模式识别设备等。其主要任务是实时地综合处理文、图、声、像信息，实现全动态视像和立体声的处理。同时还需对多媒体信息进行实时压缩和解压缩。图5-1为当前比较典型的多媒体输入/输出系统，图5-2为常用多媒体信号传输系统。

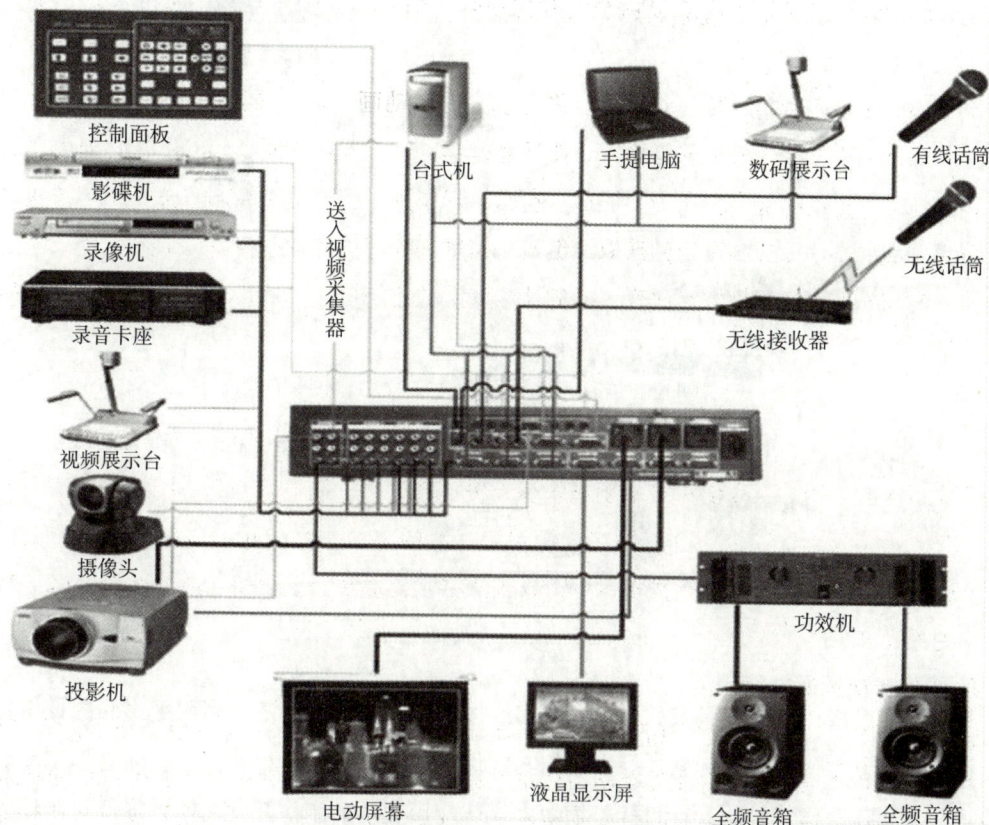

图5-1　多媒体输入/输出系统连接图

第二层：多媒体软件系统。主要包括多媒体操作系统、多媒体通信软件等部分。操作系统具有实时任务调度、多媒体数据转换和同步控制、多媒体设备的驱动和控制以及图形用户界面管理等功能。为支持计算机对文字、音频、视频等多媒体信息的处理。解决多媒体信息的时间同步问题，提供了多任务环境。主流微机操作系统是 Windows 操作系统和用于苹果机的 MAC OS X 操作系统。多媒体通信软件主要支持网络环境下的多媒体信息的传输、交互控制。

第三层：多媒体应用程序接口。多媒体应用程序接口是为上一层提供软件接口的，为了能够让程序员方便地开发多媒体应用系统，Microsoft 公司推出了连接硬件和软件的 Direct X 多媒体编程接口，由 C++编程语言实现，遵循 COM（Componet Object Model，组件对象模型），COM 是一种说明如何建立可动态互变组件的规范，此规范提供了为保证能够交互操作，客户和组件应遵循的一些二进制和网络标准。通过这种标准将可以在任意两个组件之间进行通信而不用考虑其所处的操作环境是否相同、使用的开发语言是否一致以及是否运行于同一台计算机。Direct X 被广泛用于 Microsoft Windows、Microsoft Xbox 和 Microsoft Xbox 360 电子游戏开发，并且只能支持这些平台。使 Windows 变成一个集声音、视频、图形和游戏于一体的增强平台。

NOTE

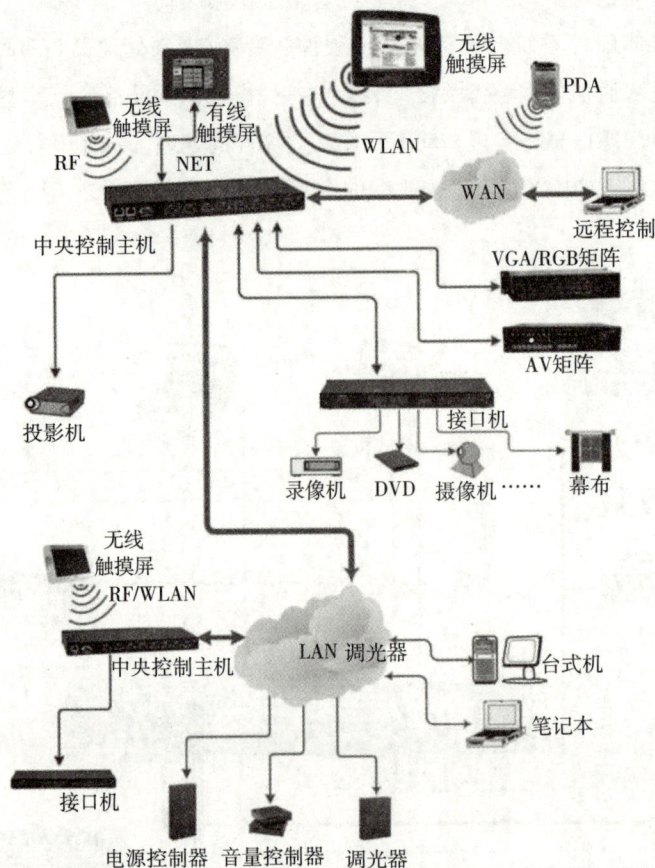

图 5 – 2　多媒体信号传输系统

第四层：多媒体制作工具及软件。它在多媒体操作系统的支持下，利用图形和图像编辑软件、视频处理软件、音频处理软件等来编辑与制作多媒体节目素材，并在多媒体著作工具软件中集成。多媒体著作工具的设计目标是缩短多媒体应用软件的制作开发周期，降低对制作人员技术方面的要求。

第五层：多媒体应用系统，这一层直接面向用户，它是为满足用户的各种需求服务的。多媒体应用系统要求有较强的多媒体交互功能、良好的人机界面。

5.2　多媒体信息处理技术

5.2.1　数字压缩技术

数字化时代数据的存储容量相当庞大，这给存储器、通信干道以及计算机的处理速度带来了极大的压力。解决这一问题，单纯靠扩大存储容量和增加传输带宽会使成本大大提高，所以，对多媒体数据进行压缩编码是解决存储和传输问题的有效途径。采用恰当的编码算法对图像、音频和视频进行压缩，既能节省存储空间又能提高通信介质的传输效率，同时也使计算机实时处理和播放多媒体信息成为可能。

多媒体数据的压缩技术主要分为无损压缩和有损压缩两种。

无损压缩是利用数据的统计冗余进行压缩，可完全恢复原始数据而不引起任何失真，但压缩率受到数据统计冗余度的理论限制，一般为 2∶1 到 5∶1。这类方法广泛用于文本数据、程序和特殊应用场合的图像数据（如指纹图像、医学图像等）的压缩。由于压缩比的限制，仅使用无损压缩方法不可能解决所有图像和数字视频的存储和传输问题。经常使用的无损压缩方法有 Shannon – fano 编码、Huffman 编码、游程（Run – length）编码、LZW（Lempel – ziv – welch）编码、算术编码等。

有损压缩利用人类对图像或声波中的某些频率成分不敏感的特性，允许压缩过程中损失一定的信息。虽然不能完全恢复原始数据，但是所损失的部分对理解原始图像的影响小，而换来的是较大的压缩比。有损压缩广泛应用于语音、图像和视频数据的压缩。在多媒体应用中，常见的压缩方法有 PCM（脉冲编码调制）、预测编码、变换编码等。如多媒体中音频格式 mp3、wma，图像格式 jpg，视频格式 rm、rmvb、wmv 等都采用的是有损压缩。

5.2.2　数字音频处理技术

声音是人与社会交流的主要媒介之一，对声音的良好处理也是多媒体数据处理的重要工作之一。

【案例 5 – 1】数字音频处理技术应用

（1）使用 GoldWave 数字音乐编辑器软件，打开音频文件"我的声音 . wav"，完成下列操作。

①录制声音；

②音频编辑；

③调整音量与混音；

④设置音乐淡入淡出效果。

（2）操作步骤

①录制声音。打开 GoldWave（图 5 – 3），单击"新建"按钮，在弹出的"新建声音"对话框中设置声音文件的声道数、采样频率、初始化长度，最后单击"确定"按钮。

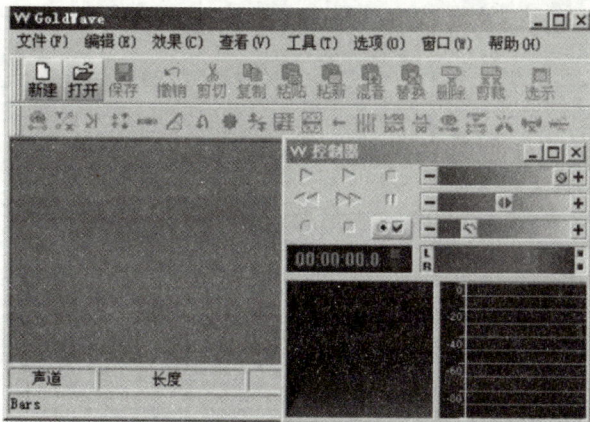

图 5 – 3　GoldWave 界面

单击控制器窗口中的"开始录音"按钮 ⏺ 开始录音，在此用户可以使用麦克风录入一段已准备好的文字。单击控制器窗口中的"停止录音"按钮，停止录音。

单击控制器窗口中的"保存"按钮，在弹出的"保存声音为"对话框中保存声音文件为"我的声音"，在"保存类型"下拉列表框中可以选择要保存的文件类型，例如 wav、mp3、wma 等，在"属性"下拉列表框中可以设置要保存的声音文件的属性，例如声音编码方法、量化位数、声道数等。保存文件结束后即可退出系统。

②音频编辑。再次运行 GoldWave，单击主窗口中"打开"按钮，打开声音文件"我的声音.wav"，在声音开始（大约 0.01 秒）处的波形上单击，在弹出的快捷菜单中执行"设置开始标记"命令设置所选波形的开始点；在声音结束（大约 57 秒）处波形上右击，在弹出的快捷菜单中执行"设置结束标记"命令，设置选中波形的结束点，这时选中的波形以较亮的颜色并配以蓝底色显示，未选中的波形以较淡的颜色配以黑底色显示（图 5-4）。单击工具栏上的"剪裁"按钮，剪裁选中的波形段，删除未选中的波形段。

③调整音量与混音。在声音文件"我的声音.wav"被打开的基础上，继续打开素材库中的声音文件"月亮河.mp3"（图 5-5）。

调整"月亮河.mp3"的音量。单击"月亮河.mp3"窗口，单击"效果"→"音量"→

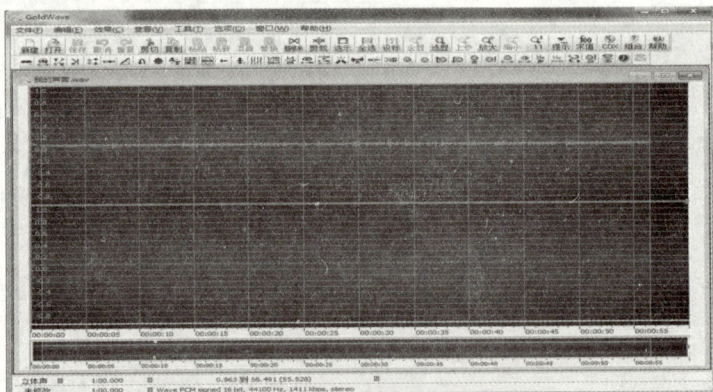

图 5-4　被选中的波形段

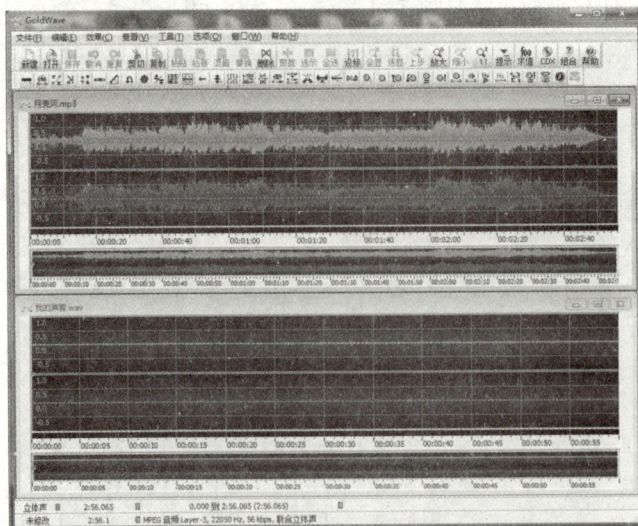

图 5-5　打开 2 个文件的音频窗口

"更改音量"命令,在弹出对话框(图5-6)中向右拖动音量滑块即可。在"更改音量"对话框中单击"试听当前设置"按钮 ▶,收听调整音量后的效果,满意后按"确定"按钮。以相同的方式增大"我的声音.wav"的音量。

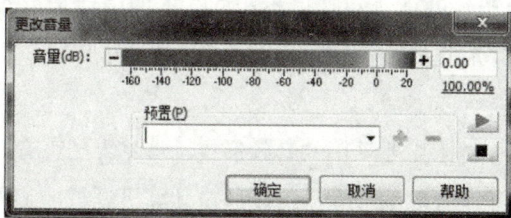

图5-6 "更改音量"对话框

在"我的声音.wav"文件窗口中选中整个波形,单击"复制"按钮,将波形段复制到剪贴板中。在"月亮河.mp3"文件窗口中单击要粘贴的位置,单击"混音"按钮,在弹出的"混音"对话框(图5-7)中设置混音的起始时间。

图5-7 "混音"对话框

播放混音后的音频文件,收听混音效果。保存文件。

④音乐淡入淡出效果:单击"淡入"按钮,在弹出的"淡入"对话框(图5-8)中将"初始音量"后面的滑块拖动到-60位置,在"淡化曲线"选项组中选择"直线图"单选按钮。单击"确定"按钮,确认淡入效果。单击"淡出"按钮,在弹出的"淡出"对话框中将"最终音量"后面的滑块拖动到-60位置,单击"确定"按钮,确认淡出效果。

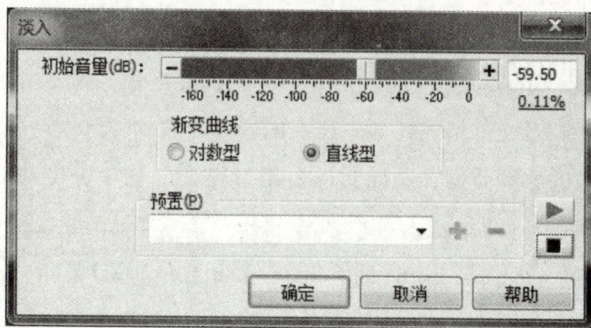

图5-8 "淡入"对话框

最后播放音频文件,收听淡入淡出效果,并保存文件。

1. 数字音频的概念

声音是一种波,最简单的声音表现为正弦波,表述正弦波需要三个物理参数。一是振幅,即振动的大小,用于衡量声音产生的压力大小,代表声音的强度;二是周期,即振动的间隔;

三是频率，用于衡量声音每秒振动的次数，声音的振幅是连续值。

多媒体技术处理的声音主要是人耳可听到的 20Hz～20kHz 频率范围内的音频信号。频率低于 20Hz 的声音叫作"次声"，高于 20kHz 的声音叫作"超声"。频率范围被称为"频带"或"带宽"。不同种类的声源产生的声音频带也不相同。人的说话声，即话音或语音，其频率范围为 200～3400Hz。现实世界中人可感知的其他声音，如音乐声、风雨声、汽车声等，频带范围为 20Hz～20kHz。

数字音频信号是多媒体技术主要采用的音频形式，自然界的声音、语音和音乐都能通过数字音频信号来表达。由于数字音频信号本身可以通过计算机进行加工和处理，使得音频效果更加丰富完美，因此广泛应用于多媒体展示系统、多媒体广告、视频特技等领域。

（1）模拟音频与数字音频　以模拟录音等方式所获得的连续音频信号即为模拟音频信号，模拟音频信号经量化后所得到的离散数据就是数字音频信号。

在声音压缩方面，模拟信号的压缩率低，压缩后，音质受损严重。而数字音频，如目前流行的 MP3 音频格式，压缩率达到了 7% 左右，并能保持良好的音质。随着压缩技术的进一步提高，数字音频在互联网上广泛传播。

在声音存储方面，模拟音频信号存储在模拟介质中，如磁带和唱片等，这些存储介质难以保存，当受到温度和湿度等因素的影响时，音质会下降，甚至损坏。另外，通常一卷磁带只能存储几十分钟的音频信息，音频录制往往需要大量的磁带介质，成本较高。数字音频信号是经过处理的二进制信号，文件的存储在光存储介质中或是磁存储介质中，可以实现长久保存，并随着光存储和磁存储的容量的提高，存储成本大大降低。

在声音处理方面，模拟音频信号的编辑合成等修正工作复杂，对设备、人员的要求高，因此在录制时尽量要做到一次成功，难度较大。数字音频技术在声音处理方面具有很大优势，尤其在后期处理中，很容易进行修正加工，极大程度地简化了音频编辑工作的难度。

（2）数字音频文件格式　数字化音频文件依据编码方式的差别形成不同的格式。音频格式数不胜数，而且还在不断丰富中。为了方便用户使用和传播，主张采用符合国际统一标准或由行业权威机构制定并得到广大用户承认的格式。

目前常用的声音文件有以下一些类型的文件：

①WAV 格式：这是 Windows 系统存储数字声音的标准格式，主要用在 PC 上。该格式目前已成为一种通用的数字声音文件格式，几乎所有的音频处理软件都支持 WAV 格式。由于 WAV 格式存放的是未经压缩的音频数据，所以文件占用量很大（如 1 分钟的 CD 音质需要 10MB），不适于在网络上传播。

②MIDI 格式：MIDI（musical instrument digital interface）是计算机描述乐谱的语言，是数字乐器与计算机通信的国际标准。在 MIDI 文件中存储的是一些指令，把这些指令发送给声卡，由声卡按照指令，将声音合成出来。

③CDA 格式：即 CD－DA 文件，在 Windows 环境中使用 CD 播放器播放。其采样率为44.1kHz，每个采样值使用 16 位二进制存储。这种文件的特点是音质好，但数据量大。

④WMA 和 ASF 格式：WMA 和 ASF 都是微软公司开发的新一代网上流式数字音频压缩技术。特点是同时兼顾了保真度和网络传输要求。这种格式在录制时可调节音质，音质堪比 CD，压缩率较高，可以用于网络传播。

⑤RA 和 RM 格式：这两种扩展名的音频文件是 Real 公司开发的流式声音文件，可一边下载一边播放，流式文件可以随着网络带宽的不同而改变声音的质量，在保证大多数人听到流畅声音的前提下，令带宽较大的听众获得较好的音质。

⑥VQF 格式：VQF 是日本 YAMAHA 公司购买 NTT 公司的技术而开发的一种音频压缩格式。它的压缩比高于 MP3，音质也好于 MP3。但由于 VQF 是 YAMAHA 公司的专有格式，能支持播放这种格式的播放器相当有限，所以普及程度不如 MP3。

⑦MP3 格式：MP3 就是一种采用 MPEG－1 层 3 编码的高质量数字音乐，它能以 10 倍左右的压缩比降低高保真数字声音的存储量，码率为每秒 112～128kb（每分钟约 1MB），一张普通 CD 光盘上可以存储大约 100 首 MP3 歌曲。MP3 支持声音和数据的复合，播音乐时，可播放或显示其他相关信息。MP3 是目前最流行的音乐格式，WinAMP 软件播放 MP3 非常出色，也可使用 MP3 随身听等来播放。

从音质角度，对常见声音的回放效果做一个简单的比较，由好至差的顺序为：MIDI＋电子乐器 ＞ 音乐 CD ＞ WMA ＞ MP3 ＞ RA。

WAV 文件格式最为通用，能适合各种应用程序和场合；WMA 与 RA 都具有流媒体特性，适合网上实时收听，但 WMA 音质比 RA 要高很多。

2. 音频的数字化

将连续的模拟声音信号转换成计算机可处理的二进制数字编码的过程称为声音信号的数字化。声音的数字化过程涉及采样、量化和编码三个过程。

采样是按照固定的时间间隔截取音频信号的振幅值，所以采样是把时间上连续的信号转换成时间上离散的信号。量化是把每个样本从模拟量转换成数字量。量化的是声音的幅值，即声音的大小。编码就是将量化后的整数值用二进制数来表示。为减少数据量，编码时往往要进行数据压缩，以便计算机存储和处理及在网络上进行传输等。

3. 音频处理软件简介

（1）Windows 录音机　可以进行录音，还可以对 WAV 格式音频文件进行混音、改变音量、改变播放速度、添加回音、反转等处理。

（2）CoolEdit　可以高质量地完成录音、编辑、合成等任务，还能够记录的音源包括 CD、卡座、话筒等，并且可以对它们进行降噪、扩音、剪接等处理，并给它们添加立体环绕、淡入淡出、3D 回响等奇妙音效。

（3）GoldWave　是一个集音频播放、录制、编辑、转换多功能于一体的音频制作处理软件。

①简单编辑处理。对所编辑的声音文件进行剪切、复制、粘贴、删除等操作。音频编辑与 Windows 其他应用软件一样，在操作中也大量使用剪切、复制、粘贴、删除等基础操作命令，从而完成对声音文件的合成、裁剪等操作。

②音频特效制作。在 GoldWave 的"效果"菜单中，提供了 10 多种常用音频特效的命令，从压缩到延迟再到回声等，每一种特效都是日常音频应用领域使用最为广泛的效果，掌握它们的使用，能够更方便地在多媒体制作、音效合成方面进行操作，得到令人满意的效果。

③其他功能。GoldWave 除了提供丰富的音频效果制作命令外，还提供了 CD 抓音轨、批量格式转换、多种媒体格式支持等非常实用的功能。

NOTE

5.2.3   数字视频处理技术

视觉信息是人类获取外界信息最直接的方式，在多媒体应用系统中，视觉信息主要通过视频媒体来体现，可以说视频是携带信息最丰富、表现力最强的一种媒体，它具有直观、生动并容易让人接受的特点。按照视频数据存储、传输方式的不同，视频技术中所处理的视频信息包括模拟视频和数字视频，模拟视频必须转换为数字视频才能在多媒体计算机应用系统中充分发挥作用。以数字视频为基础的各种视频应用与处理技术在多媒体处理技术具有相当重要的位置。这些技术主要包括视频压缩技术、视频会议、视频点播技术，以及随着网络技术发展而兴起的流媒体技术等。

【案例 5 - 2】数字视频处理技术应用

（1）利用 Windows Live 套装软件中的影音制作（Movie Maker）软件以及视频文件"hiv1. wmv"和"hiv2. wmv"，制作"Hiv 病毒的感染机制"视频，实现视频的基本编辑功能。完成下列操作：

①添加、剪辑视频。

②控制播放速度。

③音频处理。

④制作片头、片尾。

⑤选择主题并保存。

（2）操作步骤

①添加视频：Windows Live 是微软推出的包含一系列在线应用服务的套装软件，其中的影音制作（Movie Maker）软件操作简单，功能较强大，可方便地实现视频编辑、视频特效、视频转场等功能。Windows 影音制作软件用户界面（图 5 - 9）主要包含标题栏、功能选项卡、视频预览区、素材区等区域。

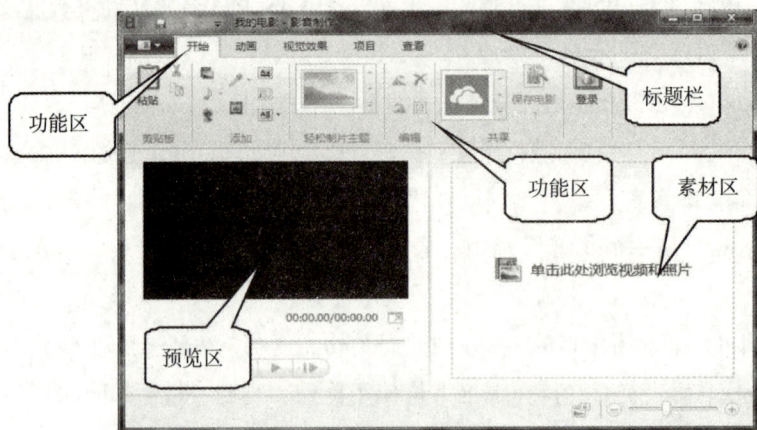

图 5 - 9   影音制作 Movie Maker 用户界面

首先在影音制作中添加任何要使用的视频，然后开始制作电影并对其进行编辑。在"开始"选项卡的"添加"组中，单击"添加视频和照片"。在弹出的"打开文件"对话框中选择素材文件夹下视频文件夹中的"hiv1. wmv"和"hiv2. wmv"视频文件，然后单击"打开"按钮，这时可以看到在素材区中有两个视频文件的缩略图，如要改变视频文件的播放次序，可以直接拖动缩略图以安排它们的位置，在此，我们确定"hiv1. wmv"在前，"hiv2. wmv"在后。

剪辑视频：选中"hiv2. wmv"缩略图，单击"视频工具"下的"编辑"动态选项卡，单击"编辑"组中的"剪裁工具"按钮，在弹出的对话框中进行设置（图 5 – 10）：起始点为 48.12 秒；终止点为 48.13 秒，然后单击"保存剪裁"按钮。

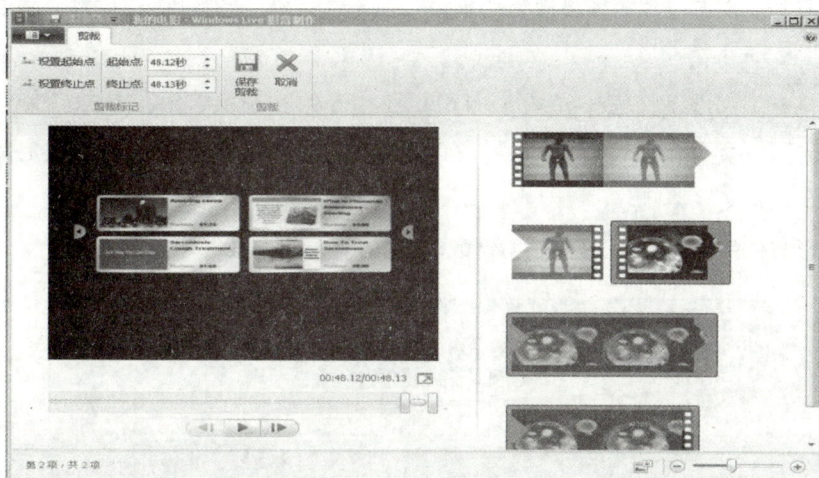

图 5 – 10　剪裁视频

②控制播放速度：选中"hiv 2. wmv"缩略图，在"视频工具"下的"编辑"选项卡上的"调整"组中，单击"速度"列表，将其中的数值确认为 1x。

③音频处理：选中"hiv1. wmv"缩略图，在"视频工具"下的"编辑"选项卡上"音频"组中，单击"视频音量"按钮，将音量设置为最小（静音）状态，这个操作的目的是去除掉拍摄视频时所带的杂音。对"hiv2. wmv"视频进行相同的操作。

按照步骤①制作声音文件，采用录音的方式以基本上与视频节奏同步的速度录入如下内容（供参考）：

"人类免疫缺陷病毒，HIV（艾滋病毒）是一种逆转录病毒。逆转录病毒是一种只有一条 RNA 链的病毒。HIV 可以感染多种细胞，其中它感染率最高的是白细胞。比如，CD4 – T 淋巴细胞。HIV 的感染过程可以归纳为三个步骤：

①接触，HIV – 1 病毒细胞附着于细胞表面的 CD4 – T 淋巴细胞受体上，通过 GP120 信号。包膜蛋白基因会加强病毒接触细胞的效果。

②共同受体绑定，某种共同受体通过 GP120 信号与病毒绑定，发生可被确认到的变化。这种共同受体可以是 CXCR5 或 CXCR4。如果没有 CD4 绑定这个步骤，包膜蛋白基因无法接触到共同受体，感染就不会发生了。

③融合，HIV 病毒与细胞膜融合，通过 GP41 信号发生结构性改变。"

录音完毕后，同样可以配上适当的音乐，形成声音文件。

将时间活动滑标拖曳到最前端，在"开始"选项卡的"添加"组中，单击"添加音乐"下拉菜单，选择"在当前点添加音乐"项目。选择制作好的声音文件，然后单击"打开"。

④制作片头、片尾：在"开始"选项卡的"添加"组中，单击"片头"按钮。这时可看到在窗口的素材区的最前端生成了一个新的缩略图，保持该缩略图为选中状态，设置图片的播放长度为 5 秒；设置该影片的背景色为"蓝色 – 80% 亮度"；单击"开始"选项卡的"添加"

NOTE

组中的"字幕"按钮，在弹出的文本框中输入文字："Hiv 病毒的感染机制"，选中文字，单击"文本工具"动态选项卡，设置文字格式为"宋体""72 号"和"鲜绿色"；设置文字的放映效果为"缩放"→"放大"→"大"。

在"开始"选项卡的"添加"组中，单击"片尾"按钮，在弹出的文字对话框中输入文字"谢谢观看！"，同时设置字体格式为"宋体""72 号"和"亮黄色"；设置文字的放映效果为"摇摆"→"向下摇摆"。

⑤保存：电影文件制作完毕（图 5 – 11），在"开始"选项卡中，单击"保存电影"按钮，在弹出的下拉菜单中选择"计算机"，在紧接着弹出的保存文件对话框中设定保存文件的位置、文件名以及文件类型。

创建电影文件就是将视频、图像、音频和文本等素材组合成一个视频文件。

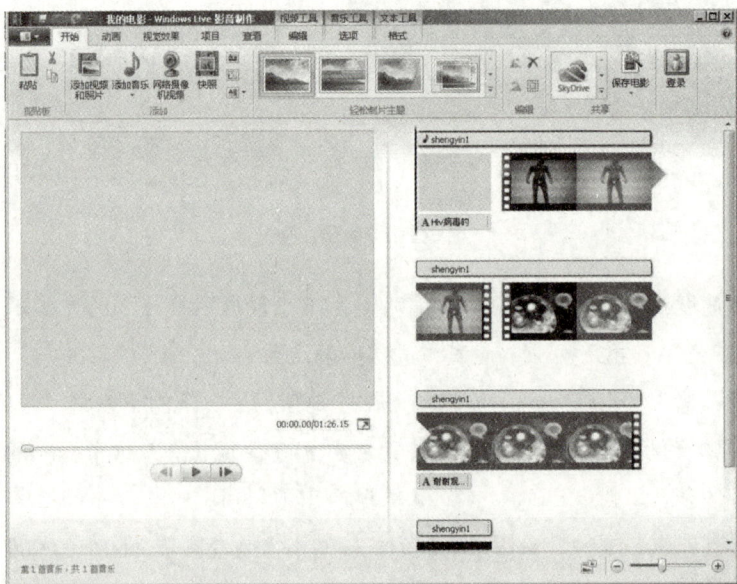

图 5 – 11　影片制作完成后的界面

1. 视频基础知识

视频信息是来源于现实世界的运动画面和伴随画面的音频信息的总称，一般可以通过摄像机拍摄而产生，各种电视画面是最常见的视频形式。与音频信号相似，按照存储与处理方式的不同，视频信号同样分为模拟视频和数字视频。模拟视频信号是以连续的模拟信号方式存储、处理和传输的视频信息，所用的存储介质、处理设备以及传输网络都是模拟的。传统的电视技术即为模拟视频技术。在 20 世纪 50 年代，以模拟视频信息为基础的电视技术开始兴起，之后随着计算机技术和数字信号处理技术的飞速发展，从 20 世纪 70 年代起，数字视频技术逐步发展，到 20 世纪 90 年代以后，网络技术的发展给数字视频技术带来了新的机遇和广阔的应用领域。由于数字视频的诸多优点，目前，模拟视频正在逐步被数字视频所取代，并且应用到了许多新的领域。

数字视频是基于数字技术记录的，在时间和幅度上都是离散的，它通过离散的数字信号方式实现表示、存储、处理和传输，所用的存储介质、处理设备以及传输网络都是数字化的。如：采用数字摄像设备直接拍摄的视频画面，通过数字宽带网络传输，使用数字设备接收播放或用数字化设备将视频信息存储在数字存储介质上。数字视频相对于模拟视频而言有以下特点：

①易于处理：数字视频已融入计算机化制作环境中，能够很方便地进行各种编辑和处理，能够根据人们的需要任意添加各种特技效果，目前市场上有多种数字视频处理软件能够满足人们的需要。

②传输稳定、抗干扰能力强，不失真：由于数字视频是采用二进制数字编码，并且在编码和传输过程中使用了多种校验和纠错的方法，所以具有很强的抗干扰能力，能够进行稳定的传输、多次复制而不失真。

③交互能力强，集成各种视频应用：随着人们对各种信息选择的主动性不断增强，信息交互已成为一种潮流，基于数字视频的各种信息交互平台正在成为人们新的信息获取方式。

④按照需要和传输能力，改变图像质量和传输速率：由于不同环境对视频质量和传输速率的要求不同，比如，有些环境需要高清晰的流畅的视频；有些环境则对图像的清晰度或传输速率要求不高。数字视频技术提供多种图像质量的编码方式，可以根据不同网络带宽要求设定数据的传输速率。

2. 数字视频信号的文件格式

数字视频以文件形式保存在计算机的硬盘中，由于视频数据的来源及压缩、编码方式等方面的不同，数字视频有多种文件格式，下面介绍一些主要的视频文件格式。

（1）音频视频交错格式（audio video interleaved，AVI）　AVI格式是将语音和影像同步组合在一起的文件格式。它于1992年被Microsoft公司推出，随Windows 3.1一起被人们所熟知。AVI支持256色和RLE压缩，这种视频格式的优点是图像质量好，可以跨多个平台使用，其缺点是体积过于庞大，并且压缩标准不统一，导致高版本Windows媒体播放器播放不了采用早期编码技术的AVI格式视频，而低版本Windows媒体播放器又播放不了采用最新编码技术的AVI格式视频。所以，用户在进行一些AVI格式的视频播放时，常会出现由于视频编码问题而造成视频不能播放，或者即使能够播放，但存在不能调节播放进度和播放时只有声音没有图像等一些莫名其妙的问题，不过，这些问题可以通过下载相应的解码器来解决。

（2）活动图像专家组（moving picture experts group，MPEG）　MPEG是专门制定多媒体国际标准的一个组织。该组织成立于1988年，由全世界大约300名多媒体技术专家组成。包括MPEG视频、MPEG音频和MPEG系统（视、音频同步）三个部分。

MPEG压缩标准是针对运动图像而设计的，基本方法是：在单位时间内采集并保存第一帧信息，然后只存储其余帧相对第一帧发生的变化，以达到压缩目的。MPEG压缩标准可实现帧之间的压缩，其平均压缩比可达50∶1，压缩率比较高，且又有统一的格式，兼容性好。

（3）高级串流格式（advanced streaming format，ASF）　是Microsoft为Windows 98所开发的串流多媒体文件格式。音频、视频、图像以及控制命令脚本等多媒体信息通过这种格式，以网络数据包的形式传输，实现流式多媒体内容发布。其中，在网络上传输的内容就称为ASF串流格式。ASF支持任意的压缩/解压缩编码方式，并可以使用任何一种底层网络传输协议，具有很大的灵活性。ASF格式主要有如下优点：

①本地或网络回放：ASF用于排列、组织、同步多媒体数据，以利于通过网络传输。它最适于通过网络发送多媒体流，也同样适于在本地播放。任何压缩/解压缩运算法则（编解码

器）都可用来编码 ASF 流。

②可扩充的媒体类型：ASF 格式提供了非常有效的允许制作者定义符合 ASF 格式的新的媒体流类型的方法。

③部件下载：特定的有关播放部件的信息（如解压缩算法和播放器）能够存储在 ASF 文件头部分，这些信息能够帮助客户机找到合适的所需播放部件的版本。

④可伸缩的媒体类型与流的优先级化：ASF 是设计用来表示可伸缩媒体类型的"带宽"之间的依赖关系。ASF 存储的各个带宽就像单独的媒体流，媒体流之间的依赖关系存储在文件头部分，为客户端以一个独立于压缩的方式解释可伸缩的选项提供了丰富的信息流优先级化。多媒体内容的制作者要能够根据流的优先级表达他们的参考信息，比如最低保证音频流的传输，如果带宽足够，则传输视频流。随着可伸缩媒体类型的出现，流优先级的安排变得复杂起来，因为在制作时很难决定各媒体流的顺序，ASF 允许内容制作者有效地表达他们的意见（有关媒体的优先级）。

⑤多语言支持：ASF 设计为支持多语言，媒体流能够有选择地指示所含的媒体语言。这个功能常用于音频和文本流，一个多语言 ASF 文件指的是包含不同语言版本的同一内容的一系列媒体流，其允许客户机在播放的过程中选择最合适的版本。

（4）WMV 格式　是 Microsoft 推出的另一种流媒体格式，它是在 ASF 格式升级延伸出来的。在同等视频质量下，WMV 格式的体积非常小，因此很适合在网上播放和传输。WMV 文件一般同时包含视频和音频部分。视频部分使用 Windows Media Video 编码，音频部分使用 Windows Media Audio 编码。

（5）RM 与 RMVB 格式　Real Networks 公司所制定的音频和视频压缩规范主要包含 RealAudio、RealVideo 和 RealFlash 三部分。其中 RealAudio 用来传输接近 CD 音质的音频数据，RealVideo 用来传输不间断的视频数据，RealFlash 则是一种高压缩比的动画格式。RM（real media）格式主要特点是：文件小，但画质仍能保持得相对良好，适用于在线播放；可以根据不同的网络传输速率制定出不同的压缩比率，从而实现在低速率网络上进行影像数据实时传送和播放。

RMVB 格式是在流媒体的 RM 影片格式上升级延伸而来。VB 即 VBR，是 variable bit rate（可改变之比特率）的英文缩写。RMVB 则打破了原先 RM 格式平均压缩采样的方式，在保证平均压缩比的基础上，设定了一般为平均采样率两倍的最大采样率值。将较高的比特率用于复杂的动态画面（歌舞、飞车、战争等），而在静态画面中则灵活地转为较低的采样率，合理地利用了比特率资源，使 RMVB 在牺牲少部分察觉不到的影片质量情况下，最大限度地压缩了影片的大小，最终拥有了近乎完美的接近于 DVD 品质的视听效果。

（6）MOV 格式　MOV 即 QuickTime 影片格式，它是 Apple 公司开发的一种音频、视频文件格式，用于存储常用数字媒体类型，如音频和视频。QuickTime 支持领先的集成压缩技术，提供 150 多种视频效果，并配有提供了 200 多种 MIDI 兼容音响和设备的声音装置。它无论是在本地播放还是作为视频流格式在网上传播，都是一种优良的视频编码格式。QuickTime 因采用了有损压缩方式的 MOV 格式文件，所以具有跨平台、存储空间要求小等技术特点，其画面效果较 AVI 格式要稍微好一些。到目前为止，它共有 4 个版本，其中以 4.0 版本的压缩率最好。这种编码支持 16 位图像深度的帧内压缩和帧间压缩，帧率每秒 10 帧以上。目前，某些非线性编辑软件可以对它进行处理，其中包括 Adobe 公司的专业级多媒体视频处理软件 Aftereffect 和 Premiere。

3. 数字视频的获取

数字视频的来源有很多，如来自于摄像机、录像机、影碟机等视频源的信号，包括从家用级到专业级、广播级的多种素材，还有计算机软件生成的图形、图像、连续的画面等。对视频信号进行数字化时，首先是通过模拟视频输出的设备，如录像机、电视机、电视卡等提供模拟的视频信号，然后通过对模拟视频信号进行采集、量化和编码的设备，如专门的视频采集卡来完成视频的采集。最后，由多媒体计算机接收和记录编码后的数字视频数据。在这一过程中，起主要作用的是视频采集设备，它不仅提供接口以连接模拟视频设备和计算机，而且具有把模拟信号转换成数字信号的功能。

5.2.4 数字图像处理技术——Photoshop CS4 的使用

【案例 5 - 3】Photoshop CS4 应用 1

（1）使用图层进行图像合成，打开图像文件 pic1. jpg、pic2. jpg，完成下列操作：

①在 Photoshop 界面上同时打开两个文件；

②适当调整图片的亮度；

③整合图片；

④适当调整图片大小；

⑤保存文件。

（2）操作步骤

①打开素材文件夹下图像文件夹中的 pic1. jpg、pic2. jpg，如图 5 - 12、图 5 - 13 所示。

图 5 - 12　pic1 图片

图 5 - 13　pic2 图片

②选择"pic2. jpg"为当前图像，单击"图像"→"调整"→"亮度与对比度"命令，在弹出的亮度与对比度对话框中增加 pic2 图像的亮度为 60。

③使用多边形套索工具选中 pic2 图像的画布部分，执行"编辑"→"拷贝"命令；选中pic1 图像，执行"编辑"→"粘贴"命令，把油画粘贴到镜框中，这时可以看到在 pic1 图像中增加了一个"图层 1"图层，选中该图层，执行"编辑"→"自由变换"命令，适当调整"图层 1"大小，合成结果如图 5 - 14 所示。

图 5 – 14   使用图层合并后的效果

【案例 5 – 4】 Photoshop CS4 应用 2

（1） 打开图像文件 "shamo. jpg"，制作 "沙漠" 文字，制作效果如图 5 – 16 所示。

（2） 操作步骤

①打开需要制作蒙版文字的素材文件 "shamo. jpg"。

②打开工具箱中的文字工具，选择蒙版文字，设置字体大小为 280 点，字体：华文行楷，并输入文字 "沙漠"，按住 Ctrl 键不放，同时按鼠标左键将文字拖到适当的位置，然后确认。

③执行 "图层" → "复制图层" 命令，在弹出的对话框中直接单击 "确定" 按钮。

④单击图层面板下方的 "添加图层蒙版" 按钮，为图像添加蒙版。

⑤执行 "图层" → "图层样式" → "斜面与浮雕" 命令，在弹出的对话框中设置其参数为：深度：250%；大小：10 像素。单击 "确定" 按钮。

⑥合并所有的图层，保存文件成 "jpg" 类型，图片制作效果如图 5 – 15 所示。

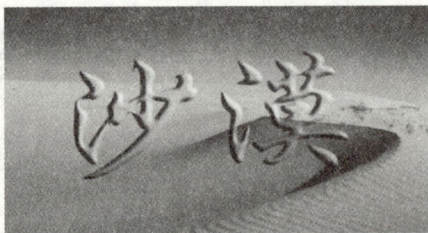

图 5 – 15   使用文字蒙版的效果

【案例 5 – 5】 Photoshop CS4 应用 3

（1） 参照图 5 – 16 燃烧文字最终效果图，制作燃烧文字。

（2） 操作步骤

①执行 "文件" → "新建" 命令，在弹出的对话框中，设置新图片宽度为 15 厘米、高度 6 厘米及显示分辨率为 72 像素，背景色为黑色，单击 "确定" 按钮。

②在工具箱中将 "前景色" 设置为白色，选择工具箱中的文字工具，设置字体大小为 110 点，并输入文字 "燃烧"，确认后按住 Ctrl 键不放，同时按鼠标左键将文字拖到适当的位置。

③执行 "图层" → "合并图层" 命令，将文字层和背景层进行合并。

④执行 "图像" → "旋转画布/90 度（顺时针）" 命令，使图像顺时针旋转 90 度。

⑤执行 "滤镜" → "风格化/风" 命令，设置其参数为：方法：风；方向：从左。如果执

行一次命令的效果不明显，则可按下"Ctrl + F"键重复几次，加强其效果。

⑥执行"图像"→"旋转画布"→"90度（逆时针）"命令，使图像逆时针旋转90度。

⑦执行"图像"→"模式"→"灰度"命令，若有警告框弹出，单击"确定"按钮。将图像由RGB模式转换为灰度模式。

⑧执行"图像"→"模式"→"索引颜色"命令，将图像由灰度模式转换为索引颜色。

⑨执行"图像"→"模式"→"颜色表"命令，弹出颜色表对话框，设置颜色表为"黑体"，单击"确定"按钮。

⑩执行"图像"→"模式/RGB颜色"命令，将图像由索引颜色还原成最初设置的RGB模式。

⑪执行"滤镜"→"扭曲"→"波纹"命令，弹出波纹对话框，在其中设置：数量：100；大小：中，单击"确定"按钮。图片制作效果如图5-16所示。

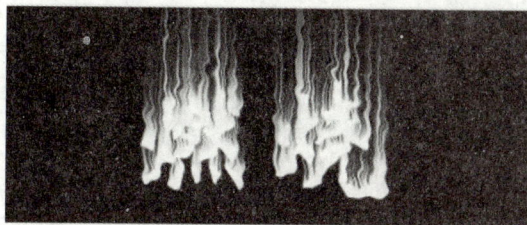

图5-16　燃烧文字最终效果图

1. 数字图像的基本概念

（1）像素和分辨率　像素（pixel）是计算机图像中不可分割的基本单位。图像是由许多像素以行和列的方式排列而成。像素没有具体的尺寸。分辨率（DPI、PPI）是指在单位长度内所含有的点或像素的多少。其单位为DPI（dots per inch，点/英寸）或PPI（pixels per inch，像素/英寸）。在Photoshop中，图像分辨率与图像大小成正比关系。图像分辨率越高，所包含的像素越多，图像越清晰，所产生的图像文件也就越大。

（2）位图和矢量图　Photoshop处理的图像类型可以分为两类，即位图（bitmap images）和矢量图（vector graphics）。位图是由许多点（像素）组成，是目前最常用的图像表示方法，与分辨率有关。放大或缩小位图图像将出现图像失真现象，因为在变化过程中，像素的数量没有发生变化，只是增大或缩小了单位像素，这样就导致了图像分辨率的降低。通过数码相机和扫描仪获取的图像都属于位图。矢量图是用数学方式的矢量来记录图像内容，其基本组成单元是锚点与路径。矢量图与分辨率无关，放大或缩小矢量图不会出现图像失真现象，但其缺乏丰富的色彩，适用于线性图的表示。

（3）颜色模式　在Photoshop中，颜色模式决定了用于显示和打印图像的颜色模型，决定了如何描述和重现图像的色彩。常见的颜色模式有以下几种：

①RGB颜色模式：RGB是Photoshop的默认模式，主要由R（红）、G（绿）、B（蓝）三种基本色进行颜色加法来配色。

Photoshop将24位RGB图像看作由三个颜色通道组成。这三个颜色通道分别为：红色通道、绿色通道和蓝色通道。其中每个通道使用8位颜色信息，该信息都是由从0～255的亮度值来表示的。通过这三个通道，可以组合产生1677多万种不同的颜色。这种模式适用于视频

NOTE

和显示器。

②CMYK 颜色模式：CMYK 模式是最佳打印模式。当对图像进行印刷时，必须将它的颜色模式转换为 CMYK 模式。此模式主要是由 C（青）、M（洋红）、Y（黄）、K（黑）四种颜色进行颜色减法而配色的，组成了青、洋红、黄、黑四个通道。

在处理图像时，一般不采用 CMYK 模式，因为这种模式的图像文件占用的存储空间较大。此外，在这种模式下，Photoshop 提供的很多滤镜都不能使用，因此，人们只是在印刷时才将图像颜色模式转换为 CMYK 模式。

③灰度模式：灰度模式的图像只有灰度，没有其他颜色。如果将彩色图像转换成灰度模式后，所有的颜色信息将被 100 级灰色所代替。

④位图模式：位图模式是用黑色和白色来表现图像的，不包含灰度和其他颜色。如果将一副图像转换成位图模式，应首先将其转换成灰度模式。这种模式适合于那些只由黑白两色构成而且没有灰色阴影的图像。

⑤索引模式：索引模式是按照颜色索引表控制图像中的颜色，这样可以使图像空间大大减小。将图像转换成索引模式之前，图像的模式必须是 RGB、灰度或双色调模式。这种颜色模式的图像多用于制作多媒体数据。

⑥Lab 颜色模式：Lab 颜色模式是 Photoshop 在不同颜色模式之间转换时使用的内部颜色模式。Lab 模式是由亮度（L）及两个颜色分量 a、b 表示的。其中，L 的取值范围为 0 ~ 100，a 分量表示由绿色到红色的变化，而 b 分量代表由蓝色到黄色的变化，且 a 和 b 的取值范围为 – 120 ~ 120。

⑦双色调模式：在对图像进行印刷时，如果图像中只包含两种色彩及其所搭配的颜色，可以使用双色调模式。如果将一幅其他模式的图像转换为双色调模式，首先要将其转换为灰度模式。

⑧多通道模式：RGB、CMYK、Lab 颜色模式的图像删除某一个颜色通道时，图像就会转换为多通道模式。这种显示模式通常用于处理特殊打印。

2. 数字图像文件格式

Photoshop 能够处理的文件格式有许多，不同的文件格式会产生不同的效果。常见的有以下几种：

（1）PSD 格式   PSD 格式是 Photoshop 的默认格式，支持全部颜色模式的图像格式，可以快速打开和保存图像，还可以保存图像处理中的每个图层、样式、通道和颜色的模式，但其占用空间特别大。

（2）TIFF 格式   TIFF 格式是广泛使用的图像文件格式，可支持 RGB、CMYK、Lab、索引及灰度颜色模式，可以显示图层、图层样式。

（3）JPG 格式   JPG 格式是一种有损压缩格式，占用空间小，可支持 RGB、CMYK、Lab、灰度颜色模式，但不能显示通道、图层。

（4）BMP 格式   BMP 格式是 windows 中的标准图像文件格式，是一种无损压缩格式。可支持 RGB、索引、灰度及位图等模式，但不支持 Alpha 通道，图像文件的尺寸较大。

（5）GIF 格式   GIF 格式是一种连续色调的无损压缩格式，支持索引、灰度及位图模式，能够创建具有动画效果的图像。

3. 数字图像处理技术

Photoshop CS4 的工作界面（图 5 – 17）包括标题栏、菜单栏、工具选项栏、工具箱、图像编辑窗口、控制面板、状态栏。

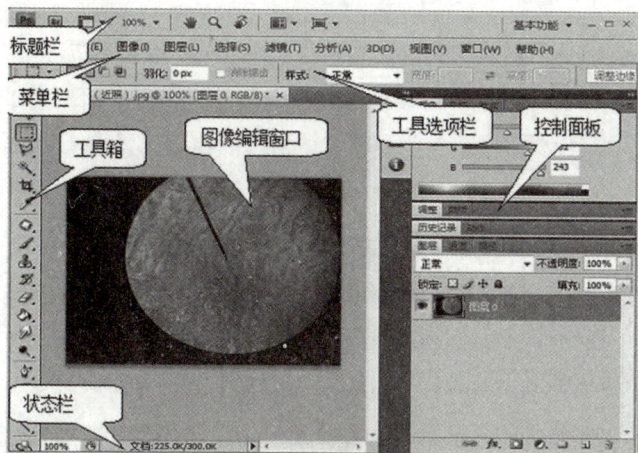

图 5 – 17　Photoshop CS4 用户界面

（1）标题栏　标题栏位于窗口的顶端，用于显示当前应用程序的名称（即 Adobe Photoshop），但将图像窗口最大化时，标题栏显示的内容还会增加图像的文件名称、显示比例、颜色模式等信息。

（2）菜单栏　菜单栏位于标题栏的下方，包括文件、编辑、图像、图层、选择、滤镜、视图、窗口和帮助9个菜单项。使用这些菜单可以完成 Photoshop CS4 的主要功能，也可使用快捷键（同时按住 Alt 键和菜单名带下划线的字母）来执行操作。

（3）工具选项栏　工具选项栏位于菜单栏的下方，用于设置当前所选工具的各个参数，选择工具箱中的不同工具时，选项栏中的选项也会随之改变。

（4）工具箱　工具箱位于 Photoshop CS4 窗口的左侧，包括用于创建和编辑图像的各种工具。在工具箱中，可以看到大多数工具图标的右下角有个小三角符号，用鼠标右键单击这些工具图标，即可显示各工具组内的所有工具，用户可根据需要进行相应的选择，还可以移动工具箱或者使用快捷键 Tab 对之隐藏。

（5）图像编辑窗口　图像编辑窗口是用于显示、编辑、处理图像的区域，每打开一个图像文件就显示一个图像编辑窗口。

（6）控制面板　控制面板位于 Photoshop CS4 窗口的右侧，可以进行各种图像处理、控制各种工具的参数设置。它包括导航器、信息、样式、颜色等面板，可以移动、隐藏（使用快捷键 Shift + Tab），操作方便。

（7）状态栏　状态栏位于 Photoshop CS4 窗口的底部，底部左下角用于显示当前窗口内图像的显示比例；中间区域用于显示当前窗口内图像的文档大小、文档配置文件、暂存盘大小、效率等图像文件的基本信息，用户可根据自己的需要，单击状态栏中间的小三角形按钮来选择要显示的图像文件的信息；右下角则用于显示当前正在使用工具的用法简要说明。

NOTE

4. 文件的基本操作

文件的基本操作有文件的建立、打开、保存、关闭等。使用 Photoshop CS4 进行图像处理前，可以新建一个图像文件，也可以打开一个已有的图像文件。

5. 选区的确定

在用 Photoshop 对图像处理前，首先要选择处理的区域，区域确定后，Photoshop 的各种操作都只对当前选取范围以内的图像区域有效，对选取以外的图像区域不起作用。

确定选取的方法有很多种，选取工具、色彩范围、通道、蒙版等都可以用来确定选区。Photoshop 的选取工具有多个，针对不同形状的选区可以使用不同种类的工具，要充分地利用 Photoshop 的强大处理能力，通常采用多种工具混合使用来处理。

对于规则区域的选取通常使用工具箱中的"选框工具组"，该工具组包括矩形选框工具、椭圆选框工具、单行选框工具和单列选框工具。对于不规则区域的选取，通常使用工具箱中的套索工具，包括套索工具、多边形套索工具、磁性套索工具以及魔棒工具。

对选区进行创建和选择时，不但可以使用选取工具，还可以使用【选择】菜单中的相关命令进行选区的操作，包括全选、取消选择、反选等命令。

6. 图像的校正

在这里关于图像的校正主要指的是图像色调、色阶的调整，执行"图像"→"调整"命令，可以弹出调整子菜单，它包括色阶、自动色阶、自动对比度、自动颜色等指令。使用这些功能可以对图像的色彩平衡、图像的对比度进行调整，可以改变图像中像素值的分布并能在一定精度范围内调整色调。

单击"图像"→"调整"→"色阶"选项，或者按下快捷键"Ctrl + L"可以弹出色阶对话框。在进行色阶调整过程中，如果需要恢复图像原始的参数时，可以先按下 Alt 键，此时取消按钮会变为复位按钮，然后同时单击复位按钮即可恢复对话框中的原始参数设置。曝光问题是拍摄过程总比较难以掌握的环节，由于光线环境不好，或者没有开启闪光灯辅助拍摄，或者光圈快门控制失误等等，都会导致出现曝光不足和过度的情况，可以通过使用色阶、曲线、亮度/饱和度等命令来进行后期的调整。图 5 – 18 为曝光不足的图像，通过色阶命令来对该图进行调整。在色阶调整图中，将输入色阶的三个文本框分别设置为 53、1.0、167，经调整后的效果如图 5 – 19 所示。

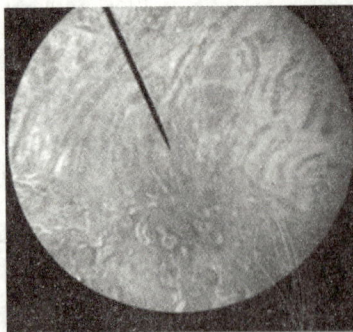

图 5 – 18   曝光不足的原图

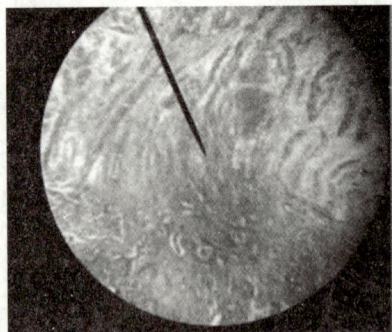

图 5 – 19   色阶调整后的效果图

NOTE

7. 图像的修饰与修复

用于图像的修饰与修复的一种工具是仿制图章工具，仿制图章工具是以图像中指定的像素点为复制基准点，将其周围的图像复制到该图的其他位置或者其他图像中。使用该工具时，首先按下"Alt"键，同时在需要复制的图像上，用鼠标左键单击确定复制的基准点，然后将鼠标移动到需要复制的目的图像上，来回移动鼠标即可。

如图 5–20 所示，图中静脉血管、动脉血管和周围区域均有污点，下面采用仿制图章工具对该图进行修复，效果如图 5–21 所示。

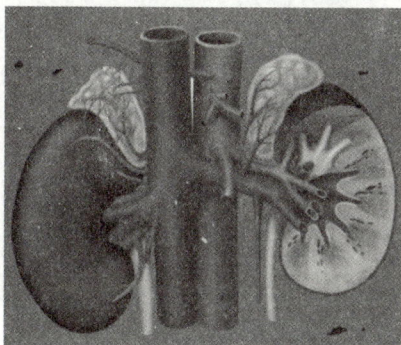

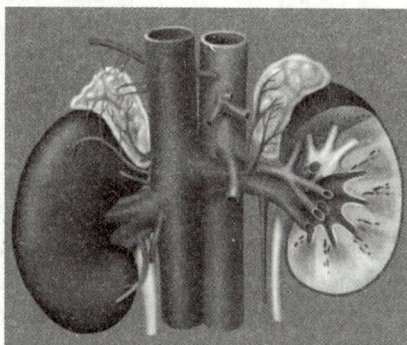

图 5–20　有污点的原图　　　　　图 5–21　仿制图章工具修复后的效果

用于图像的修饰与修复的另一种工具是修补工具，单击工具箱中的"修补工具"，然后在图像中用修补工具选择需要修补的区域，或者先用选区工具选择好需要修补的区域，然后再单击"修补工具"，接着在修补工具选项栏中选择"源"或者"目标"单选框，再将鼠标移动到选区内，按下鼠标左键移动选区，直到需要修补的区域被目标区域完全填充，松开鼠标即可。

8. 图层

图层处理功能是 Photoshop 中使用最多的功能之一，使用图层可以方便地修改图像，并且可以运用图层和混合图层模式创建出各种特效，形成更加完美的图像。

图层实质上就是层层叠放的图片，每个图层都有各自的图像对象，将它们叠放在一起，就形成一幅完整的图像。各个图层既相互联系，又相互独立，用户可以根据需要对这些图层进行任意的组合来合并，也可以对不同图层的图像进行处理，并且不会影响到其他图层内的图像。

专门用于管理图层的工具是图层面板。在图层面板中，可以显示带图层名的所有图层和每个图层图像的缩览图。单击"窗口"→"图层"选项，或者按下 F7 键，即可弹出图层面板（图 5–22）。

Photoshop 中的图层有多种，例如普通、背景、文字、填充、形状等图层。其中普通图层和背景图层只可以存放图像和绘制图像，一个图像文件只有一个背景图层；文字图层只可以输入和编辑文字；填充图层和调整图层用来存放图像的色彩等信息；形状图层用来绘制形状图形。

9. 滤镜

滤镜是一种光学处理镜头，通常使用这种光学镜头是为了过滤掉图像的部分元素，从而改进图像的最终效果。使用 Photoshop 的滤镜进行图像处理，不仅可以改善图像的效果，还可以在原有图像的基础上产生许多特殊的效果。

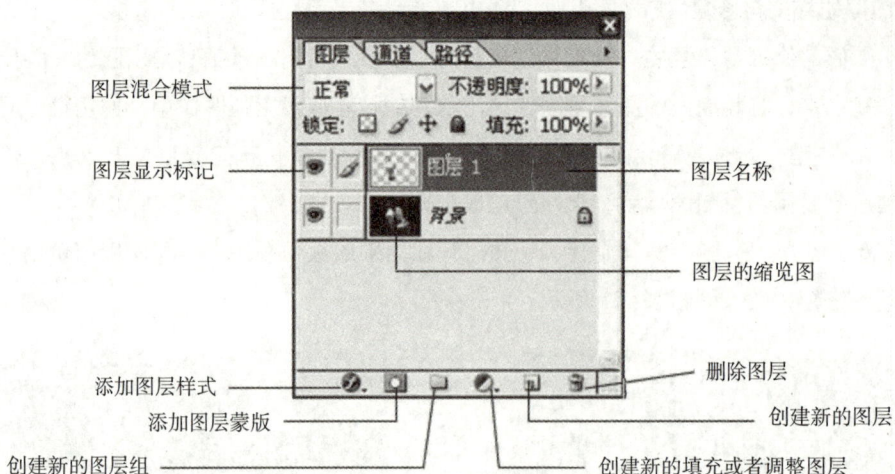

图 5－22　图层面板

滤镜的所有命令都在"滤镜"的下拉菜单中，操作时只要先选择好需要处理的对象，然后点击这些命令即可。

Photoshop 除了本身包含有多种内置滤镜外，还允许从外部装入一些其他的滤镜，达到不同的效果。通常称这些滤镜为外挂滤镜。安装完这些外挂滤镜后，它们会像内置滤镜命令一样，都在"滤镜"菜单下显示，使用方法也同内置滤镜基本一致。

10. 蒙版

图层蒙版可以用来控制图层或者图层组中不同区域的指定内容的显示和隐藏。通过更改图层蒙版，可以实现对图层应用的各种效果，并且不会影响该图层上的像素。

创建图层蒙版的方法是：先将背景图层转换为普通图层，只要在背景图层上双击，然后在弹出的新窗口（图 5－23）中设置即可，然后使用选区工具选择要添加蒙版的区域，然后单击"图层"调板底部的添加蒙版按钮，这样在所选图层的右边会出现一个白色蒙版图层。

图 5－23 中白色部分为图像的显示区域，黑色部分为图像的隐藏区域。执行"图层"→"添加图层蒙版"命令，弹出的子菜单中包括显示全部、隐藏全部、显示选区和隐藏选区的选项，通过不同的选择，可以控制要添加蒙版的图层产生不同的效果。

图 5－23　创建图层蒙版

11. 文字设计

在用 Photoshop 进行处理时，文字工具是常用的工具之一，使用该工具可以设计出各种各样的文字效果。文字是图像中不可缺少的一部分，Photoshop 为用户提供了四种文字工具，分别是横排文字工具、直排文字工具、横排文字蒙版工具和直排文字蒙版工具（图 5－24），通过对这些工具的使用，可以在图像的水平或者垂直方向创建文字或者文字蒙版。

图 5－24　文字工具选项栏

使用工具栏中的选项，可以更改文本方向，设置不同的字体、字型、字体大小，选择消除锯齿的方法，设置文字的对齐方式和文本颜色等。

文字图层是在使用横排和直排文字工具在图像中输入文字时自动生成的。如果需要用其他工具对文字图层进行编辑，需要先将文字图层转换为普通图层。执行"图层"→"栅格化"命令，即可将文字图层转变为普通图层。需要注意的是，文字图层和其他图层一样，可以执行"图层样式"中定义的各种效果，但当文字图层转换为普通图层后，将不能再转换回文字图层。

与文字工具不同的是，使用文字蒙版工具只是在图像中选取一个文字形状的选区，然后对这个选区进行操作，就可以创作出一些特殊的效果。需要注意的是，制作中所用的文字应该选用比较饱满的黑体字，这样蒙版的效果会比较好。

5.2.5　动画制作

随着互联网技术的迅猛发展、带宽问题的解决，如今的网页已经不再像以前那样受下载速度的制约，制作动态交互网页将成为今后的时尚，Flash 就是制作动画和动态网页的工具。

Flash 影片丰富多彩、变化万千，但其常用手段和基本概念却是不变的。本章将介绍 Flash 动画设计原理、基本概念和一些常用的技术手段，并讲解 Flash 影片的一般制作过程。

【案例 5-6】动画制作应用

（1）创建一个动画，预期效果为　由红色的文字"悬壶济世"字逐渐变形，最后成为蓝色的文字"仁心仁术"。完成如下操作：

①新建文件。

②输入文字。

③分离文字。

④创建动画。

⑤测试动画并保存文件。

（2）操作步骤

①在 FlashCS4 工作窗口中，执行"文件"→"新建"命令来建立一个新的 Flash 文件，命名为 meword. fla，系统默认该文件包含一个带有一个关键帧的图层 1。下面就在这一帧开始编辑。

②从绘图工具栏上选择文本工具，在属性面板上设置文本属性，设置字体为"宋体"，字号为40，设置文本颜色为红色。使用文本工具，在这个工作区画面上合适的位置输入文字"悬壶济世"。

③选择工作区中的文本，执行"修改"→"分离"命令，此时可看到工作区中的文字变成了被各个选中的状态；再次执行"修改"→"分离"命令，此时可以看见文字上被麻点覆盖，已经变成形状了。

在第10帧右键单击，从弹出菜单里执行"插入关键帧"命令，插入关键帧，从这一帧里把已有的"悬壶济世"字删除。

再次从绘图工具栏上选择文本工具，在属性面板上设置文本属性，设置字体为"宋体"，字号为40，设置文本颜色为蓝色。使用文本工具，在被删除的"悬壶济世"文字相同位置处输入文字"仁心仁术"。

同样对于"仁心仁术"文字执行两次"修改（M）"→"分离（K）"命令。

④鼠标右击选择第 1~9 帧之中的任意一帧，在弹出的快捷菜单上选择"创建补间形状"

即可。

⑤执行"文件（F）"→"保存（S）"命令，保存编辑文件（.fla）。执行"测试"→"测试影片"命令，测试动画并保存动画文件（.swf）。

1. 动画基础知识

所谓动画，就是一个画面序列，每一个画面称为一帧，每一帧的内容总比前一帧有稍微的变化，这样，当这些画面被连续播放时，人的肉眼就会产生运动的错觉，每一帧都很短并且很快被后一帧所代替，运动的画面就产生了。

计算机动画一般可以分为二维动画和三维动画两种。

二维动画又叫作平面动画，它可以通过一帧帧画面的连续变化来产生动画的效果。制作过程和观看效果和传统动画相似。在二维动画制作软件 Flash 中，大量使用了补间动画技术，该技术的引入，给计算机辅助动画设计带来了一场革命。一些有规律可寻的运动和变形，只需创建好起始帧和结束帧，计算机就能通过更改起始帧和结束帧之间对象的大小、旋转、颜色或其他属性自动创建中间帧，这样动画运动的效果就出来了。

三维动画又叫空间动画，它创建三维立体空间，利用三维立体模型展现物或人，并使物或人在这个空间中展开活动，它可以构造一个虚拟的世界。

2. 常用动画制作软件

（1）Flash　Flash 是 Macromedia 公司开发的平面动画制作软件，它制作的动画是矢量格式，具有体积小、兼容性好、直观、互动性强、支持音乐等优点。目前广泛应用于 Web 网站，同时也是开发多媒体应用软件和游戏的好工具。Flash 具有跨平台性，只要安装了 Flash 的播放器，就可观看动画。本章主要以该动画制作软件 FlashCS4 为例，介绍二维动画的制作。

（2）Animator　Animator 是美国 Autodesk 公司开发的制作平面动画的软件，它能够进行平面图形处理和动画设计，并能进行音乐编辑合成。

（3）GIF Construction Set　GIF Construction Set 是加拿大 Alchemy Mindworks Inc 公司开发的创建和处理 Gif 格式动画的软件，它将事先准备好的每帧画面组织在一起，形成 GIF 动画。

（4）3D MAX　3D MAX 是 AutoDesk 公司开发的三维动画制作软件，它能够方便地创建各种三维模型，添加各种材质、布光等产生电影的效果。

（5）Maya　Maya 是 Alias 公司开发的三维动画制作软件，在模型的建立、材质处理、渲染和动画特技支持方面功能非常强大。

3. Flash CS4 简介

在 Flash 创作环境中创建和保存文档时，文档为 FLA 文件格式，即保存时文件扩展名为 .fla。要在 Macromedia Flash Player 中显示文档，必须将文档发布或导出为 SWF 文件，即创建扩展名为 .swf 的文件。

Flash 提供的多帧编辑、"洋葱皮"等辅助工具，使得帧动画的制作更加直观、方便。打开 Flash 软件，默认有一个场景 1，这个场景有一个舞台，在这个舞台中，有图层 1，在这图层中，又有一个时间轴，组成时间轴的是一个一个的帧，这些帧就好比是一个个演员，而主导演员的导演就是你。实际上，你需要做的是在对应的时间轴的对应帧上面，表达出自己的意思，这样，很多的图层，很多的帧，最终组成了一个美妙的动画。

Flash 还拥有强大的编程功能，它的脚本编写语言可以使影片具有交互性。动作脚本提供了一些元素，例如动作、运算符以及对象。可以将这些元素组织到脚本中，指示影片要执行什么操作，可以对影片进行脚本设置，从而使鼠标单击和按下键盘键之类的事件可以触发这些脚本。

　　Flash CS4 的运行界面如图 5 – 25 示，其中这个大的窗口中，包括不同的部分，各部分的名称在图中都有对应标注。

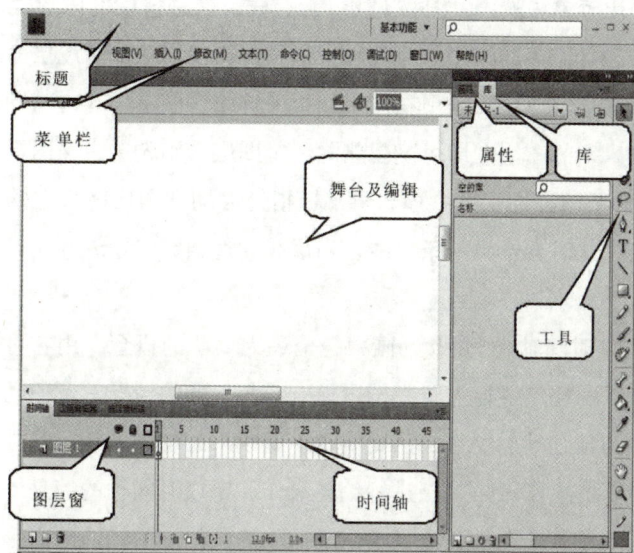

图 5 – 25　Flash CS4 界面

　　（1）场景　场景是 Flash 提供的组织动画的工具，Flash 程序运行后自动默认建立场景 1，例如把第一个场景作为动画的片头，则该场景中的全部动画播放完毕后，再播放下一个场景中的动画。当一个动画中包含多个场景时，Flash 将按照场景面板中的场景顺序播放。如果要改变各个场景之间的顺序，只需要在场景面板中上下拖动相应的场景就可以了。

　　（2）舞台与工作区　在 Flash 中，把绘制和编辑图形的区域称为舞台。舞台是用户观看自己作品的场所，也是对动画中的对象进行编辑、修改的唯一场所，对于没有特殊效果的动画，可以在这里直接播放。

　　舞台是一个矩形区域，可以在其中绘制和放置动画的内容。工作区则是一个更大的范围，包括舞台及其周围的灰色区域。它通常用作动画的开始点和结束点，即对象进入和离开舞台的地方，其作用与现实中的舞台后台相类似。在工作区内舞台之外的内容在 Flash 动画播放时是看不见的。

　　（3）图层　每一个动画的制作都依赖于 Flash 的一个最基本但又很强大的设计：图层。简单来说，图层就是一些特定对象的组合，类似于堆叠在一起的透明的玻璃画。在不包含内容的图层区域中，可以看到下面图层中的内容。图层有助于组织文档中的内容，它是时间轴的一部分，它按顺序一层一层相互叠加在一起，每一层中都可以包含任何数量的对象，这些对象通过层而被组合在一起，在时间轴窗口中，这些对象是以整体的形式出现的。在 Flash 中，图层分为普通图层、遮罩图层、被遮罩图层、引导图层和被引导图层。不同类型的图层在动画制作中起到不同的作用。

　　在 Flash 中，当用户创建一个新的场景、影片剪辑或按钮元件时，Flash 总是默认建立单独一个层，该层默认名称为"图层1"。用户可以在适当的位置创建新的图层，根据需要还可以建立和使用任意多层。在大型动画的制作中，由于使用的符号、图像较多，往往需要上百个图层甚至更多，所以在 Flash 中引入图层文件夹，这样就可以将多个相关图层归入一个图层文件夹中，不同作用的图层就可以通过图层文件夹分门别类地进行管理。

在创建新的图层之前应先考虑新建图层放置的顺序，然后在层面板中选中新层的下一图层，右键单击，从弹出菜单中选择"插入图层"，这样就在刚选中的图层之上增加了一个新的层，新层默认自动增加足够多的帧来与时间轴上最长的帧序列匹配。图层命名对后续制作动画很有帮助，所以要命名某一图层时，可在图层面板上选中该图层，双击其图层名，此时图层名变成可编辑状态，输入新的图层名即可。要删除一个图层，则先选中该图层，然后在右键菜单中选择"删除图层"。要改变图层的顺序，将鼠标指针移动到图层面板中的一个图层上，按住鼠标左键拖动图层名，这时会产生一条虚线，当虚线到达预定位置放开左键，就完成了图层的移动。

（4）时间轴和帧　时间轴是 Flash 动画中一个最为重要的概念，用它可以对动画的基本组成部分——帧进行编辑和控制。通过时间轴可以查看每一帧的情况，调整动画播放的速度，安排帧的内容，改变帧与帧之间的关系，从而实现不同效果的动画展示。此外，在时间轴窗口也可以对另外一个很重要的元素——图层进行编辑操作，组成时间轴的帧是动画的最基本构成部分，我们看到的动画不是真的在动，而是很快地播放静止的一帧帧的画面形成的，由于视觉残留的作用就成为动画。在动画制作中为了提高效率，降低文件尺寸，可以定义关键帧。关键帧是必须由创作者自己指定的，两个关键帧之间可以没有内容，在时间轴上，各种帧呈现出不同的样子，没有被使用的帧被称为空白帧，为了方便计数，每5帧会用灰色标明一次。有内容的帧称为实帧，呈灰色显示；关键帧上都有一个圆形，不同的是空白关键帧上的圆圈是空心、白背景；有内容的关键帧上是实心、灰背景。两个关键帧之间，如果有中间帧的过渡动画效果，会有一个箭头标记。

在为动画制作背景时，通常会需要制作一幅跨越许多帧的静止图像，这就要在这个层中将帧延伸，使添加的帧中包含前面关键帧中的图像，这些帧就叫作延伸帧。

（5）元件和实例　元件是一些可以重复使用的图像、动画或者按钮，它们被保存在库中。实例是出现在舞台上或者嵌套在其他元件中的元件。元件的使用可以使影片的编辑更加容易，因为在需要对许多重复的元素进行修改时，只要对元件做出修改，程序就会自动根据修改的内容对所有该元件的实例进行更新。

如果把元件比作图纸，实例就是依照图纸生产出来的产品。依照一个图纸可以生产出多个产品。同样，一个元件可以在舞台上拥有多个实例。对某个产品的修改只会影响这一个产品，而修改图纸会影响到所有的产品。同样，修改了一个元件，舞台上所有的实例都会产生相应的变化。

元件分为影片剪辑、按钮和图形。影片剪辑元件是一个独立小影片，它可以包含交互控制、音效，甚至能包含其他的图形、按钮和影片剪辑元件。按钮元件用于在影片中创建对鼠标事件（如单击和滑过）响应的互动按钮。制作按钮，首先要制作与不同的按钮状态相关联的图形，为了使按钮有更好的效果，还可以在其中加入影片剪辑或者音效文件。图形元件既可存放静态的图像也可存放动画，但一般情况用于存放静态的图像。当用图形元件来创建动画时，

NOTE

动画中可包含其他的元件，但不能加上交互控制和声音效果。

在 Flash 中创建元件有三种方式：将已经有的对象转换为元件，自己亲手创建一个元件，也可以从别的文件中将其已有的元件引进来使用。

（6）库面板　库面板是存储和组织在 Flash 中创建的各种元件的地方，它还用于存储和组织导入的文件，包括位图图形、声音文件和视频剪辑。库面板可以组织文件夹中的库项目，查看项目在文档中使用的频率，并按类型对项目排序等。

4. 动画的制作

（1）逐帧动画　在制作动画时，如果每一帧都由制作者亲自绘制，尽管这样作品会很精细，能很忠实地反映制作者的意愿，达到最好的动画效果，但会耗费制作者大量的时间和精力。实际工作中，通常只在某些对变换过程要求极为严格，无法通过别的方式来实现的片段，才会通过逐帧动画的方式来制作。

【案例5-7】制作动画"箱子从画面左侧滑到画面右侧"。

具体实现步骤如下：

①新建一个（action script 3.0）文件，命名为 slide. fla。执行"插入"→"新建元件"命令，在"元件属性"对话框中选"图形"，命名为"create"。在元件编辑窗口中，从绘图工具栏上选择矩形工具绘制一个矩形。

②绘制好 create 后，回到场景1的工作区，选择图层1的第1帧，从库窗口中将 create 拖入工作区，并放置在左侧的位置，然后在这一层的第2帧，右键单击鼠标，在弹出菜单里选择"插入关键帧"。此时，第2帧里自动复制了第1帧的内容。在这一帧里进行修改，用选择工具选择这个箱子，拖动它向画面右侧移动一小段距离，接下来的工作和这个相似，从第3～10帧都插入关键帧，而且在每一帧里都将箱子向画面右侧拖动一小段距离，直到最后在第10帧它被拖动到画面的右侧。

这样，一个简单的逐帧动画就制作完成了，按 Ctrl + Enter 组合键就可以欣赏作品了。

（2）运动动画　前面介绍了逐帧动画的制作，客观地讲，此方法主要是介绍制作动画的原理，实用价值并不是很高。在实际动画制作过程中，更多的是使用运动动画或形变动画，将它们加以组合和创意，然后在适当的地方少量使用一些逐帧动画，所有这些加起来就组成了一件动人的作品。

运动动画可以设置各种对象的运动和过渡，利用运动过渡，可以设置大小、倾斜、位置、旋转、颜色及图符和群组透明度的过渡。合理利用这些功能，就可以创建出网页上常见的各种 Flash 渐变效果。此外，如果利用路径引导层将运动动画和路径（任意形状的线条）结合起来使用，就可以创造出按照各种复杂路径移动的运动对象。

运动动画的制作思路很简单，用户自己制作首尾两个关键帧，设置好运动对象在这两帧里的状态，余下的工作就交给 Flash 来做，它会自动计算出中间各帧中运动对象应该处于什么状态，并显示在画面上。当然，Flash 不可能智能地响应人们头脑中的设想，这就要求合理计划、设置运动动画，或者说，让 Flash 有足够的信息知道人们希望它做什么以及怎么做。

【案例5-8】制作一辆小车从画面的左边运动到画面右边的动画。

操作步骤如下：

①执行"文件"→"新建"命令，建立一个新（action script3.0）文件。起始系统默认文

档包含一个带有一个关键帧的图层 1，下面就在这一帧开始编辑。

②执行"文件"→"导入"→"导入到库"命令，在弹出的对话框中选择素材文件"xi-aoche. gif"，这时可以看到在库中有一辆小车的图片。

③将小车图从库窗口中拖曳到舞台，执行"修改"→"转换为元件"命令，此时会弹出一个对话框，选择符号类型为图形，并将其命名为 car，这样，画面中的小车就变成符号 car 的一个实例。

④选择时间轴上的第 25 帧，右键单击，在弹出菜单中执行"插入关键帧"命令。这样将在第 1 帧之后插入 24 帧，其中第 25 帧是关键帧，而这 24 帧的内容都和第 1 帧完全相同。

⑤编辑第 25 帧，用选择工具选中小车，将其横向拖动到画面右侧。

⑥在第 1～24 帧的任何一帧上单击鼠标右键，从弹出菜单中选择"创建补间动画"。

为什么可以利用第 1～24 帧的任何一帧来设置运动动画呢？这是因为：第 1 帧是关键帧，而第 2～24 帧都是非关键帧。在 Flash 中，非关键帧本身是不能作为编辑对象的，除非将它转化为关键帧。因此看起来是对它们进行编辑，实际上接受编辑的是它们前面的那个关键帧，也就是第 1 帧。因此，在第 1～24 帧的任何一帧上设置运动动画，效果都是一样的，相当于直接对第 1 帧进行编辑。

⑦按组合键"Ctrl + Enter"，就可以看到动画效果。

⑧执行"文件"→"保存"命令，在弹出的保存文件对话框中将动画文件保存为"che. fla"，保存文件完毕后，执行"控制"→"测试影片"命令，可以在动画播放窗口看到动画效果，同时在"che. fla"文件的相同位置，会自动生成一个名为"che. swf"的动画文件。

上面完成的动画是名副其实的最简单动画，不仅是对象简单，而且运动本身完全是按照 Flash 默认方式进行的。下面介绍运动动画中的参数设置，合理使用这些参数可以大大方便动画制作，实现神奇的效果。

设置了运动动画之后，属性面板上显示了一些与运动动画相关的选项：

①缩放（调整大小）：如果希望做出大小渐变的效果，就应该选中这个选项。否则对象在运动过程中的大小保持不变，只有在播放到动画的最后一帧时，才突然进行缩放。

②速度调整：它使过渡动画在起始点的速度快于或慢于终止点的速度，用于加速和减速，可以通过调整滑杆来设置值：负值——使对象在起始点运动较慢，逐渐加速；正值——使对象在起始点运动较快，逐渐减速；值设置为 0——运动对象的速度在整个过程中保持恒定。

③旋转：利用该选项可以设置运动过程中运动对象的旋转，在"旋转"项目后面直接点击并输入数值就可以指定整个动画中对象所需要旋转的次数。

④颜色：它使过渡动画在起始点的颜色变换至终止点的颜色。

⑤透明度：在动画播放过程中改变实例对象的透明状态。

要注意的是，判断一段运动动画设置得是否正确，还可以利用时间轴面板上的信息（图 5 - 26），时间轴上虽然显示有一个运动动画，但所用的虚线在提醒大家该运动动画还有问题。

（3）形变动画　形变动画是 Flash 中另外一个主要组成部分，它描述了在一段时间内将一个对象变形为另一个对象的过程。在 Flash 中，可以通过形变动画来改变对象的颜色、形状、透明度、大小和位置等。例如，可以让 Flash 把一个红色的圆变成一个蓝色的矩形，所需要的操作步骤相当简单。

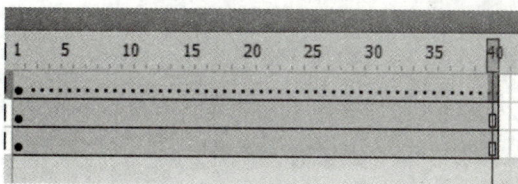

图 5 - 26　存在问题的动画时间轴

但是应该提醒的是，虽然 Flash 通常试图以最有逻辑的方式来在两个形状之间进行过渡，并不会产生一些附属的输出，但有时（实际上是很多的时候）它会产生令人不满意的结果。因此需要对形变动画进行一些额外的控制，才能使 Flash 按照用户想要的方式进行这次形变。例如，添加一些关键帧；或者利用"形状暗示"在开始和结束形状中选择公共点，这些公共点在过渡中形状保持不变。这样，就可以较为精确地控制整个形变过程。

【案例 5 - 9】简单的形变动画制作。预期效果是：一个红色的"日"字逐渐地变形，最后成为夏日的骄阳。

步骤如下：

①执行"文件"→"新建"命令来建立一个新的 Flash 文件，命名为 shape. fla，系统默认该文件包含一个带有一个关键帧的图层 1。下面就在这一帧开始编辑。

②从绘图工具栏上选择文本工具，在属性面板（图 5 - 27）上设置文本属性，设置字体为"宋体"，字号为 40，设置文本颜色为红色。

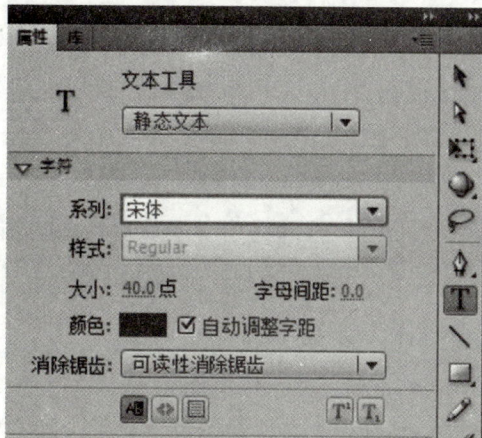

图 5 - 27　设置字体属性

使用文本工具，在这个工作区画面上合适的位置输入一个"日"字。

③选择工作区中的文本，执行"修改"→"分离"命令，此时可以看见文字上被麻点覆盖，已经变成形状了。

④在第 10 帧右键单击，从弹出菜单里执行"插入关键帧"命令，在第 10 帧插入关键帧，从这一帧里把已有的"日"字删除（也可以在弹出菜单里直接选择"插入空白关键帧"）。

⑤从绘图工具栏里选择椭圆工具，在属性面板上将笔触色设置为"无"，填充色设置为红色。在与原来"日"字同样的位置，绘制一个红色的圆。

⑥鼠标右键单击选择第 1 ~ 9 帧之中的任意一帧，在弹出的快捷菜单上选择"创建补间形

状"即可。

⑦按"Ctrl + Enter"组合键，测试动画并保存文件。

（4）引导图层动画　用 Flash 制作动画时，对象的运动默认为直线运动。如果想让对象沿着某条曲线路径运动，可以利用 Flash 提供的引导图层。

引导图层分为普通引导图层和传统引导图层两种。普通引导图层以 图标显示，起到辅助静态定位作用。传统引导图层以 图标显示，在制作动画时起到运动路径的向导作用。普通引导图层是在普通图层的基础上建立的，传统引导图层则是一个新的图层，在应用中必须指定是哪个图层上的运动路径。

传统引导图层是一种特殊的辅助设计层，通过该图层能够使规划 Flash 动画变得容易。传统引导图层只是在编辑动画的过程中显示，在最终的电影中不会显示该层的内容，除此之外，传统引导图层和普通层没有太大的区别。

【案例 5 – 10】引导层的应用。

操作步骤如下。

①建立一个新文件，在图层窗口单击鼠标右键，在弹出的快捷菜单上选择"添加传统引导层"。

②执行"文件"→"导入"→"导入到库"命令，把素材树叶图形文件"shuye. gif"导入到库中。

③选中图层 1 的第 1 帧，按 F11，从库中把树叶图形拖入舞台中，使用工具栏上的缩放工具，将该图形进行适当缩小。选中该图形，右键单击，从快捷菜单中选择"转换为元件"，设置行为为"影片剪辑"，名称为"树叶"，选中图层 1 的第 40 帧，按 F6 插入关键帧。

④选中引导层的第 1 帧，选中绘图工具中的铅笔工具，在舞台上画一个曲线（树叶的运动路径）。

⑤选中图层 1 的第 1 帧，拖动树叶元件使其中心自动吸附到所画曲线的起点上，选中图层 1 的第 40 帧，拖动树叶元件使其中心自动吸附到所画曲线的终点上，选中图层 1 的第 1 ~ 40 帧中间的任意一帧，右键单击，选择"创建传统补间"。

⑥保存文件，然后按"Ctrl + Enter"键，欣赏动画。

（5）遮罩图层动画　遮罩图层是一个特殊的图层，利用遮罩图层可以制作出一些特殊效果的动画，如探照灯效果、书写效果等。遮罩图层就像一张不透明的纸，可以在这张纸上面挖一个洞，透过这个洞可以看到下面的物体，当洞下面的物体运动经过洞口时，就产生了一个小动画。此外，还可以让遮罩图层下面的物体不动，而让遮罩图层的洞运动，这就获得了另一种动画效果。例如，在遮罩图层下面的图层中放一张楼房的图片，在遮罩图层上画一个圆，并让这个圆在楼房上来回运动，即可得到探照灯效果。

【案例 5 – 11】遮罩层的应用

具体操作如下：

①建立一个新文件，执行"修改"→"文档"命令，在弹出的修改文档对话框中设置文档宽度为 500，高度为 200，背景颜色为深蓝色，然后单击"确定"按钮。

②在图层 1 中建立一个文本对象："欢迎学习动画"，设置文字字体为"华文行楷"，文字

大小为"120"，文字颜色为"亮黄色"，选中第20帧，按F5。

③选中文字，执行"编辑"→"复制"命令，单击 按钮，在该图层上边创建一个新图层（默认为图层2），执行"粘贴"→"粘贴到当前位置"命令，然后把粘贴上去的文字的颜色改为铁灰色。

④用拖曳的方法将图层2拖到图层1的下方，将2个图层对调位置。

⑤单击 按钮，在图层1上创建一个新图层，双击该新图层，将其命名为mask。

⑥选用椭圆绘图工具，在mask图层第1帧，在舞台左侧绘制一个笔触颜色为无、填充颜色为任意的圆，并将该圆转换为影片剪辑原件，选中第20帧，按F6，并将圆形原件拖动到右边的位置，在第1~20帧中间任意一帧点击鼠标右键，选择"创建补间动画"。

⑦右键单击mask图层，从弹出的快捷菜单中选择"遮罩层"。

⑧保存文件，执行"控制"→"测试影片"命令，动画运行效果如图5-28所示。

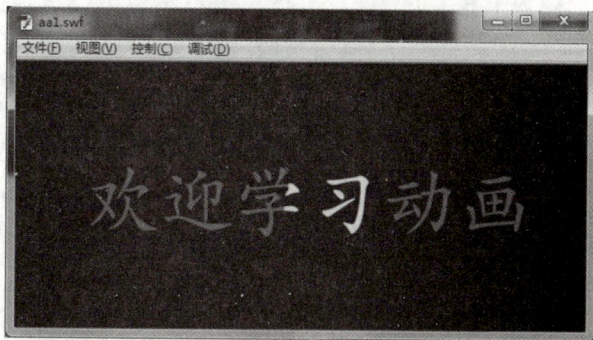

图5-28　制作遮罩效果

习题与实验

一、单选题

1. Adobe Photoshop 是处理什么的软件

　A. 音频　　　　　　　　　　B. 动画

　C. 视频　　　　　　　　　　D. 图像

2. 下列各项中不属于多媒体设备的是

　A. 光盘驱动器　　　　　　　B. 声卡

　C. 鼠标　　　　　　　　　　D. 图像解压卡

3. 以下叙述正确的是

　A. 解码后的数据与原数据不一致称为无损压缩编码

　B. 编码时删除一些无关紧要数据的压缩是无损压缩

　C. 解码后的数据与原数据不一致是有损压缩

　D. 编码时删除一些冗余数据的方法是无损压缩

4. 计算机只能处理数字声音，在数字音频信息获取过程中，下列顺序正确的是

　A. 模数转换、采样、编码　　　B. 采样、编码、模数转换

　C. 采样、模数转换、编码　　　D. 采样、数模转换、编码

5. 以下哪种文件类型不是计算机中使用的声音文件格式

A. WAV　　　　　　　　　　　　B. MP3

C. TIF　　　　　　　　　　　　D. MID

6. 以下哪个文件是视频影像文件格式

A. MPG　　　　　　　　　　　　B. AVl

C. MID　　　　　　　　　　　　D. GIF

7. 在"录音机"窗口中，要提高放音音量，应用什么菜单中的命令

A. 文件　　　　　　　　　　　　B. 效果

C. 编辑　　　　　　　　　　　　D. 选项

8. 在 RGB 彩色模式中，R = G = B = 255 的颜色是

A. 白色　　　　　　　　　　　　B. 黑色

C. 红色　　　　　　　　　　　　D. 绿色

9. 在 Photoshop 中，魔棒工具

A. 能进行图像的复制　　　　　　　　B. 能产生神奇的效果

C. 是一种滤镜　　　　　　　　　　D. 可按照颜色选取图像的某个区域

10. 以下有关过渡动画叙述正确的是

A. 中间的过度帧由计算机通过首尾帧的特征以及动画属性要求计算得到

B. 过渡动画是不需建立动画过程的首尾两个关键帧的内容

C. 动画效果主要依赖于人的视觉暂留特征而实现的

D. 当帧速率达到 12fps 以上时，才能看到比较连续的视频动画

11. 在动画制作中，一般帧速选择为

A. 60 帧/秒　　　　　　　　　　B. 30 帧/秒

C. 25 帧/秒　　　　　　　　　　D. 12 帧/秒

二、填空题

1. 多媒体计算机系统是＿＿＿＿功能的计算机系统。

2. 扩展名 ovl、gif、bat 中，代表图像文件的扩展名是＿＿＿＿。

3. 数据压缩算法可分无损压缩和＿＿＿＿压缩两种。

4. ＿＿＿＿是使多媒体计算机具有声音功能的主要接口部件。

5. ＿＿＿＿计算机获得影像处理功能的关键性的适配卡。

6. 波形文件的扩展名是＿＿＿＿。

7. 在计算机音频处理过程中，将采样得到的数据转换成一定的数值，以进行转换和存储的过程称为＿＿＿＿。

8. 单位时间内的采样数称为＿＿＿＿频率，其单位是 Hz。

9. 表示图像的色彩位数越多，则同样大小的图像所占的存储空间越＿＿＿＿。

10. 多媒体信息在流媒体网络上的传输技术被称为＿＿＿＿技术。

三、解答题

1. 数字视频数据有哪些存储格式？关注你身边的数字视频设备（比如数字摄像机、MP4 播放器等）所采用存储格式，说明这种存储格式的特点。

2. 多媒体包含哪些特征？

四、实验

1. 自行选择一段音乐，用 GoldWave 截取文件中 1.50 秒到 4.50 秒之间的 3 秒声音，并将声音音量进行适当提高，将新的声音以"声音段 . wav"为文件名加以保存。

2. 打开素材文件夹下图像文件夹中的图片 hua. jpg，使用仿制图章工具另外复制两串红色花朵。

3. 打开素材文件夹下图像文件夹中的图片 shanhe. jpg，复制原图层，在新图层输入蒙版文字"湖光山色"，字体华文隶书，大小 14 点；为该图层添加蒙版并使用斜面浮雕图层样式制作透明字效果；给画面下半部分添加"海洋波纹"滤镜特效，保存图片为 photo. jpg。

4. 打开 sc. fla 文件，参照样张（Yangli. swf）制作动画（"样张"文字除外）。

操作提示：

（1）设置影片大小为 600px × 484px，帧频为 12 帧/秒。将"beijing"元件作为动画背景，动画总长为 90 帧。

（2）新建图层，在第 15 ~ 45 帧，创建"diqiu"元件从上移动到下的动画效果。并静态延迟至 90 帧。

（3）新建图层，在舞台左侧插入"wenzi1"元件，设置其透明度（Alpha）为 0%，创建从第 45 帧到第 75 帧从透明到完全不透明的效果，并静态延迟至 90 帧。

（4）新建图层，在舞台右侧插入"wenzi2"元件，设置其透明度（Alpha）为 0%，创建从第 45 帧到第 75 帧从透明到完全不透明的效果，并静态延迟至 90 帧。

5. 打开"fenghuang1. wmv"和"fenghuang2. wmv"，制作视频文件"凤凰古城"。

操作提示：

（1）首先在影音制作中添加任何要使用的视频，然后开始制作电影并对其进行编辑。在"开始"选项卡的"添加"组中，单击"添加视频和照片"。在弹出的"打开文件"对话框中选择素材文件"fenghuang1. wmv"和"fenghuang2. wmv"然后单击"打开"按钮，这时可以看到在素材区中有两个视频文件的缩略图，如要改变视频文件的播放次序，可以直接拖动缩略图以安排它们的位置，在此，我们确定"fenghuang1. wmv"缩略图在前，"fenghuang2. wmv"缩略图在后。

（2）剪辑视频：单击"fenghuang2. wmv"缩略图，单击"视频工具"下的"编辑"动态选项卡，单击"编辑"组中的"剪裁工具"按钮，在弹出的对话框中进行如图 5 - 29 所示的设置，然后单击"保存剪裁"按钮。

（3）控制播放速度：单击"fenghuang2. wmv"缩略图，在"视频工具"下的"编辑"选项卡上的"调整"组中，单击"速度"列表，将其中的数值改为 0.5x。

（4）音频处理：单击"fenghuang1. wmv"缩略图，在"视频工具"下的"编辑"选项卡上的"音频"组中，单击"视频音量"按钮，将音量设置为最小（静音）状态，这个操作的目的是去除掉拍摄视频时所带的杂音。对"fenghuang2. wmv"视频进行相同的操作。

（5）将时间活动滑标拖曳到最前端，在"开始"选项卡的"添加"组中，单击"添加音乐"下拉菜单，选择"在当前点添加音乐…"项目。选择素材音乐文件"平湖秋月 . mp3"，然后单击"打开"。

（6）制作片头、片尾：在"开始"选项卡的"添加"组中，单击"添加视频和照片"。选择素材文件"ff. jpg"，然后单击"打开"。然后在素材区中把图片拖动到视频的最前端，设

NOTE

图 5 – 29   剪裁视频

置图片的播放长度为 5 秒；保持图片缩略图为选中状态，单击"开始"选项卡的"添加"组中的"描述"按钮，在弹出的文本框中输入文字："美丽古城——凤凰"，并设置文字格式为"华文行楷"，"72 号"和"鲜绿色"。

（7）在"开始"选项卡的"添加"组中，单击"片尾"按钮，在弹出的文字对话框中输入文字："谢谢观看！"，同时设置适当的字体。

（8）选择主题：单击"fenghuang1. wmv"缩略图，在"开始"选项卡的"轻松制片主题"组中，为该部分视屏设置"蝴蝶结"的主题效果，同样为"fenghuang1. wmv"缩略图设置"对角线"的主题效果。

（9）保存：电影文件制作完毕，如图 5 – 30 所示，在"开始"选项卡中，单击"保存电影"按钮，在弹出的下拉菜单中选择"计算机"，在紧接着弹出的保存文件对话框中设定保存文件的位置，文件名以及文件类型。

图 5 – 30   影片制作完成后的界面

主要参考书目

［1］王海舜，刘师少，等．信息技术应用导论．北京：科学出版社，2012.

［2］孙纳新，肖二钢，余从津．医用计算机应用基础．北京：科学出版社，2011.

［3］王世伟，周怡．医学信息系统教程．北京：中国铁道出版社，2006.

［4］赵绪辉，张丽娟．大学计算机基础．北京：机械出版社，2009.

［5］何振林，罗奕．大学计算机基础——基于 Windows 7 和 Office 2010 环境．3 版．北京：中国水利水电出版社，2014.

［6］何振林，胡绿慧．大学计算机基础上机实践教程——基于 Windows 7 和 Office 2010 环境．3 版．北京：中国水利水电出版社，2014.

［7］彭爱华，刘晖，王盛麟．Windows 7 使用详解．北京：人民邮电出版社，2010.

［8］王琛．精解 Windows7．北京：人民邮电出版社，2009.

［9］赵建民．大学计算机基础．3 版．杭州：浙江科学技术出版社，2013.

［10］庄伟民，严颖敏．办公自动化基础与高级应用．北京：电子工业出版社，2013.

［11］吴华，兰星．Office 2010 办公软件应用标准教程．北京：清华大学出版社，2012.

［12］陈垚．最新 Office 2010 从入门到精通．北京：中国铁道出版社，2012.

［13］冯晓霞，沈睿．计算机科学基础实验指导．北京：电子工业出版社，2013.

［14］苑俊英，徐琴，郭中华，等．计算机应用基础．2 版．北京：电子工业出版社，2012.

［15］庄伟民，严颖敏．办公自动化基础与高级应用．北京：电子工业出版社，2013.

［16］许勇．计算机基础案例教程．北京：科学技术出版社，2011.

［17］白金牛，苗玥，陈志国．新编医学计算机应用．北京：科学技术出版社，2012.

［18］鲍剑洋．计算机网络基础与应用．北京：中国中医药出版社，2008.

［19］严春．计算机网络基础．北京：北京邮电大学出版社，2008.

［20］陈素．计算机应用基础（案例版）．北京：北京邮电大学出版社，2010.

［21］蒋加伏，沈岳．大学计算机．4 版．北京：北京邮电大学出版社，2013.

［22］孙淑霞，陈立潮．大学计算机基础．3 版．北京：高等教育出版社，2013.

［23］刘远生，辛一．计算机网络安全．北京：清华大学出版社，2009.

NOTE